ALÍ BEY Y LOS VIAJEROS EUROPEOS A ORIENTE

COLECCIÓN ALBORÁN

Colección dirigida por

Eloy Martín Corrales

Patricia Almarcegui

Alí Bey y los viajeros europeos a Oriente

edicions bellaterra

Diseño de la cubierta: Joaquín Monclús

Navas de Tolosa, 289 bis
08026 Barcelona
www.ed-bellaterra.com

Impreso en España
Printed in Spain

ISBN: 978-84-7290-371-5
Depósito Legal: B. 42.035-2007

Impreso por Romanyà Valls. Capellades (Barcelona)

A Duly y a Daniel, mis padres

Índice

Nota previa

Los criterios formales seguidos en esta investigación son los siguientes. He reproducido los *Documents* adecuándolos a las normas actuales ortográficas. He transcrito los términos del árabe según las normas de la revista *al-Qantara* y he reproducido castellanizados los topónimos. Los textos citados de los *Viajes* corresponden, en el apartado relativo a Marruecos, a la edición de S. Barberá (1997) y el resto del viaje, a la de J. Barceló (1997). Las traducciones de los textos de los libros de viaje leídos por Badía (a excepción de la existente de Mungo Park en castellano) y el resto de los textos teóricos sobre él, el viaje y Oriente han sido realizados por la autora. Uso la palabra *Viajero* para nombrar a Badía, Viajero para citar a los viajeros posrevolucionarios que leyó y *Viajes* para los *Voyages d'Alí Bey el Abbassi*.[1]

1. Agradezco los comentarios y correcciones que, en la última redacción del libro, han realizado Alicia Almarcegui, Virginia Tabuenca y Víctor Pallejà de Bustinza.

Introducción

A lo largo de las últimas décadas, los libros de viaje han sido objeto de una creciente atención por parte de la crítica literaria y de los estudios culturales. El presente trabajo es deudor de uno y otro esfuerzo. Realiza una aproximación teórica al estudio del género, al viaje como forma cultural y a las representaciones de Oriente. Para ello, se centra en el análisis de los libros escritos por viajeros europeos a Oriente a finales del siglo XVIII y en el de las imágenes que presentan de este destino.[1] El eje central en torno al cual se ha configurado lo constituye la investigación de la vida del *Viajero* Domingo Badía y Leblich (1767-1818), Alí Bey, de su obra, *Voyages d'Alí Bey el Abbassi en Afrique et en Asie pendant les années 1803, 1804, 1805, 1806 et 1807* (1814), traducida al español en 1836 como *Viajes de Alí Bey el Abbassi (Don Domingo Badía y Leblich) por Africa y Asia durante los años 1803, 1804, 1805, 1806 y 1807*, y de los libros de viaje que leyó.

Entre los viajeros europeos que fueron a Oriente, Badía destacó por diversos motivos que merecen ser recordados. Fue el tercer europeo en visitar La Meca y realizar la más antigua estimación de su posición geográfica y el primero en hacer una descripción empírica de los wahhābíes en Europa; adquirió una educación ilustrada a la altura de los desplazamientos que protagonizó y se convirtió en la fuente principal de los posteriores viajeros europeos a La Meca; recogió materiales etnológicos usados por antropólogos del siglo XX, como Westermarck y Eickelman; aportó descubrimientos geográficos, datos climatológicos, y latitudes y longitudes renovadas de, al menos, diez ciudades de Oriente. Y, sobre todo, fue un caso aislado dentro del panorama español de los viajeros al citado destino a comienzos del XIX. Habrá que esperar casi medio siglo para que J. M. Murga, J. Gatell y, posteriormente, E. Bonelli, C. Benítez, J. Lerchundi, A. Rivadeneyra o M. Malo de Molina se desplacen y escriban principalmente sobre Marruecos, quizás el Oriente español del XIX.

Este trabajo comienza con la reconstrucción de la *biografía* de Badía con objeto de establecer las condiciones y el contexto en los que se llevaron a cabo los libros de viaje y la representación de Oriente. Para ello, he intentado reunir el corpus más completo de manuscritos e impresos sobre el *Viajero*, lo que me ha permitido hallar manuscritos inéditos y revisar, por primera vez, un amplio material apenas citado por alguno de sus investigadores. Las fuentes primarias más relevantes de este trabajo son el *Index Alí Bey* del Fondo Eduard Toda del Archivo Histórico de la Ciudad de Barcelona (a partir de ahora lo llamaré *Documents*), formado por manuscritos de planes, obras, correspondencia y partidas oficiales de Badía, agrupado en los siguientes volúmenes: *Manuscrits copias* I y II, *Documents originals* I, II y IV, *Memorias originals* III (bajo este título se recoge la documentación que tendría que encontrarse en el tomo III de los *Documents*) y *Caja de cartón*. Otro grupo destacado se encuentra en el Fondo Rodríguez Marín de la Biblioteca General de Humanidades del Consejo Superior de Investigaciones Científicas de Madrid, formado por los manuscritos autógrafos: *Cuadernillo de notas de Alí Bey*, *Mi colección de Arabia*, *Atlas de mi viaje a Arabia y al mar Rojo*, *Observaciones astronómicas*, *Plano del Haram*, *Borrador del plano de La Meca*, *Relación de cuentas* y el manuscrito no autógrafo *Viaje a Arabia: de Jedda a El Cairo*. En el mismo fondo, se hallan dos cartas enviadas por el arabista P. de Gayangos al cónsul J. Camps y Soler sobre el *Viajero*, y una de contestación de Camps a Gayangos. El último grupo lo constituyen cartas originales de Badía y sobre él actualmente en el Archivo Histórico Nacional.

Gracias al estudio de las fuentes primarias, he podido contrastar la bibliografía sobre la vida del *Viajero* y sus obras con los manuscritos originales, lo que me ha llevado a rectificar numerosas noticias y a añadir otras nuevas al amplio espectro de la información existente. Este cotejo ha dado lugar a la primera *biografía* detallada de Badía que no presenta un carácter novelesco. El trabajo realizado se centra, principalmente, en la reproducción y el contraste de los datos de los manuscritos. Quedan abiertos, por lo tanto, la contextualización y el análisis en el marco de otras disciplinas, una labor que enriquecerá de forma necesaria la biografía.

Además, la revisión del *corpus* me ha permitido identificar las *lecturas* que realizó Badía, fuente de su formación. He detallado las obras de carácter general pertenecientes a las bibliotecas de Vera y Córdoba, así como la relación y descripción de los libros de viaje que leyó hasta 1814, una identificación que amplía el trabajo al campo de la literatura comparada, y coincide con los libros de los más relevantes viajeros a Oriente en las fechas. Con este estudio, he establecido las razones que motivan el viaje, así como el análisis de las representaciones de

Oriente, para cuya investigación he aplicado el campo metodológico del orientalismo. El límite cronológico de los veintiocho viajeros identificados se sitúa entre 1761, fecha en la que C. Niebuhr inicia su itinerario, y 1808, en la que Badía vuelve del primero de sus viajes.

La influencia y la recepción de Badía tras la publicación de su libro de viajes es el objeto del siguiente capítulo. He reconstruido el contexto en el que surge el interés por su trabajo a partir de 1833 en España y he llevado a cabo un repaso crítico al amplio número de investigaciones sobre su vida y las diferentes ediciones de sus *Viajes*, realizadas en francés, inglés, italiano, alemán, español y catalán.

Los capítulos «Poéticas del viaje» y «El descubrimiento de Oriente por los viajeros europeos» presentan el análisis crítico de la investigación. Recogen una aproximación teórica a los libros de viaje y las razones principales del traslado de los viajeros. El apartado «La búsqueda en el viaje» analiza las percepciones y descripciones del viajero, y «El encuentro en el viaje» recoge los elementos más relevantes en la estructura del desplazamiento y la influencia que tienen en los viajeros.

«El descubrimiento de Oriente por los viajeros europeos» analiza la imagen de Oriente de los citados autores. En «La imagen del Viajero» describo la forma en que se altera la identidad en contacto con uno de los conceptos más relevantes del viaje, el Otro, Oriente en esta investigación. Para desarrollarlo, he estudiado las representaciones del Viajero de Oriente y los procedimientos que actúan e intervienen en ellas. «El reflejo del Viajero» presenta un análisis de las razones por las que Oriente se convierte en uno de los destinos preferidos en la época y analiza los atributos negativos del Otro para recorrer la manera en la que se han construido. Para ello, he aislado las imágenes negativas de los textos y he buscado sus antecedentes más inmediatos, que arrancan en la filosofía política y social del siglo XVI, especialmente en J. Bodin, y continúan con Voltaire y Montesquieu. La investigación finaliza con «Los deseos del Viajero», una reflexión que muestra los deseos, la fantasía y el maginario que Badía proyectó en Oriente: un espacio vacío para construirse a sí mismo. Un análisis que no cierra el trabajo, sino que inaugura –y avanza hacia ella– una época de ausencias y tensiones que está ligada a la mirada de los viajeros estudiados en este libro y es consecuencia de ésta.

Notas

1. «Oriente» será identificado en este trabajo con el Oriente Medio, Magreb y la religión y cultura del islam que los integra, como lo sostienen, entre otros, H. Djaït, T. Hentsch y M. Rodinson.

1
La biografía de Domingo Badía y Leblich

Domingo Badía y Leblich, viajero, explorador, arbitrista, ilustrado, escritor, inventor, príncipe, dibujante, científico, bibliotecario, dramaturgo, orientalista, astrónomo, articulista, geógrafo y usurpador de identidades, nació el 1 de abril de 1767 en la ciudad de Barcelona.[1] Según la partida de bautismo, el mismo día del nacimiento fue bautizado en la catedral de la Seo de la ciudad con el nombre de Domingo Francisco Jordi, ante la presencia de sus padres, Pedro Badía, secretario del gobernador de Barcelona, y Catalina Leblich.[2]

El apellido paterno era originario de Francia y llegó a tierras jacetanas en época de la Reconquista: «En consecuencia de este principio, su casa fue después creada casa infanzonada de las montañas de Jaca en Aragón, donde actualmente existe».[3] Los documentos relativos a los Badía demuestran, entre otras cosas, que la situación económica y social de la futura familia del *Viajero* distaba bastante de ser cómoda, lo que influiría de manera determinante en su posterior educación y traslados geográficos peninsulares. A la muerte del tío abuelo paterno del *Viajero*, Domingo Badía, clérigo de menores e hijo de Pedro y Cándida Serrés, legó todos sus bienes a: «D. Pedro Badía su sobrino (padre de Badía), de todo cuanto en lo sucesivo pudiera pertenecerle respecto de ser en la actualidad pobre de solemnidad».[4]

Sus ancestros maternos, George Leblich y su mujer María Gilson, eran oriundos de Wabria (Bélgica). Tuvieron once hijos y el segundo, Juan Francisco, vino a España probablemente como militar y se casó en Toledo, donde tuvo dos hijos, Lamberto y Nicolás Jorge.[5] Joan Leblich,[6] hijo de Nicolás y bisabuelo materno de Badía, ya aparece atestiguado en Barcelona, donde siguió la carrera militar y se convirtió en teniente de caballería de la compañía del capitán Antonio Vilana y Vilamala, alrededor de 1707. Su hijo, Jorge Leblich, se casó con Catalina Leblich Mestres, de cuya unión nació la futura madre de Badía, Catalina Leblich, que se casó finalmente el 4 de octubre de 1764 con Domingo Pedro Badía, futuro padre del *Viajero*, que había llegado a Barcelona desde Tortosa. De este matrimonio nacieron tres hijos: Domingo Badía y dos hermanas.[7] Estas últimas nunca han sido citadas en los estudios sobre el *Viajero*.

Domingo Pedro Badía ejerció diferentes profesiones, pero casi la mayor parte de su vida profesional se mantuvo vinculado al que fue durante veinte años secretario del gobernador de Barcelona, Bernardo O'Connor Phaly, conde de Ofelia. En la relación de servicios y méritos del padre del *Viajero* destacaban los siguientes destinos y trabajos:

> Desde veinte y dos de septiembre de mil setecientos cincuenta y nueve (sirvió) en los Gobiernos de Pamplona y Barcelona: Comandancias Generales de Navarra y Cataluña; y Capitanías Generales de Castilla la Vieja, y Costa, y Reino de Granada que obtuvo de S. E.; cuyo general expresa, y recomienda el particular mérito de Don Pedro Badía, por lo mucho que trabajó con motivo del tumulto que hubo en Barcelona el cuatro de mayo de mil setecientos setenta y tres, con principio de repetición el quince de junio siguiente: y asimismo el continuo excesivo trabajo de Badía por las expediciones y otras providencias que, desde Málaga, mandó dicho General para socorro y defensa de Melilla y Peñón en los cinco meses que el rey de Marruecos tuvo sitiados aquellos presidios, hasta diez y nueve de marzo de mil setecientos setenta y cinco. También obtuvo Don Pedro Badía las Secretarías de las Juntas Provincial y de Hospicios de Cataluña para entender en la revisión de las Juntas Municipales de las temporalidades de los ex jesuitas, y en la planificación de hospicios en aquellos obispados. Mediante Real Despacho de veinte y ocho de septiembre de mil setecientos setenta y ocho confirió S. M. a Don Pedro Badía la Contaduría de Guerra, y Tenencia de Tesorero del Partido de Vera en dicha costa de Granada, con ejercicio, y distintivo de Comisario de Guerra (jefe de la administración militar de las zonas con categoría hoy de teniente coronel) que sirvió hasta que, a consecuencia de Real orden de veinte y siete de noviembre de mil setecientos ochenta y seis, se le confirió la plaza de oficial de la Segunda Mesa de la Secretaría del Fondo Pío-beneficial del Reino, en que continúa.[8]

> Su padre ocupado siempre en distinguidos empleos, ha logrado servir de apoyo a un infinito número de respetables eclesiásticos en el destino que actualmente ocupa; pero la prueba más auténtica de su religiosa justificación es haber merecido de la piedad del rey el encargo del establecimiento de los Hospicios Generales de España, para cuyo desempeño trabajó y viajó años enteros en varias provincias, sin admitir jamás un maravedí; bajo ningún título de gratificación, sueldo, indemnización, ni regalo, conservando en su poder actualmente originales. Las repetidas órdenes de la Corte para que tomase fondos a su arbitrio, de las que jamás quiso hacer uso alguno; y al contrario, entusiasmado por el bien público

y de los pobres, llegó al extremo de desprenderse de su plata y alhajas cuando los gastos extraordinarios lo exigieron.[9]

1.1. La formación de Badía

Con motivo del traslado del padre del *Viajero* a Málaga, la familia pasó de Barcelona al sur de España en 1774. Más tarde, alrededor de 1785, Pedro Badía se desplazó a Madrid con el fin de ejercer la oficialidad de la Segunda Mesa de la Secretaría del Fondo Pío-beneficial del Reino, lo que aprovechó para solicitar que el puesto de trabajo que ejercía en aquellos momentos pasase a su hijo.[10] A la edad de dieciocho años, y no catorce como se ha venido sosteniendo, el *Viajero* era nombrado administrador de utensilios de la costa de Granada y, tres años después, ascendía a contador de guerra con honores de comisario de Vera.[11] Durante su servicio en este último trabajo, tuvo a su cargo los siguientes apoyos militares: la compañía de infantería, distribuida entre las poblaciones de Vera, los castillos de Terreros, Escobetas y Carboneras, y «los cabos y torreros de las siguientes torres: de la mesa de Roldán, del Rayo, del Peñón, de la Rambla de Moros y del Cristal».[12]

Badía mantuvo, al mismo tiempo que su carrera profesional, una clara incidencia en la vida pública y política que anunciaría la labor que desarrollaría en años posteriores, sobre todo tras la vuelta de su viaje a Francia y sus posteriores trabajos en Córdoba y Segovia. El 31 de diciembre de 1792, fue elegido diputado de la provincia de Vera (Almería) y, ese mismo año, se atestiguó su primer viaje a Madrid, ciudad con la que mantuvo una relación más estrecha debido, quizás, al anterior traslado de su padre a la capital. Según sus *Documents*, solicitó un permiso para ausentarse de su trabajo y solucionar en dicha ciudad unos asuntos urgentes que, por desgracia, no he podido llegar a descubrir:

> Teniendo pendientes en esa Corte algunos asuntos del mayor interés, para cuya evacuación es necesaria su presencia [...] suplica se digne concederle en Real Licencia para pasar a Madrid, a cuyo favor quedará eternamente reconocido.[13]

A lo largo de los quince años que residió en Vera, comenzó a conformar su imaginario sobre Oriente y a consultar las fuentes para organizar su primer viaje a ese destino. En esta población, un lugar de donde apenas ciento cincuenta años atrás se había expulsado a los moriscos, debió de mantener sus primeros contactos con el mundo oriental formado por musulmanes, beréberes y árabes. Vera era, debido a su situación geográfica, un lugar de intercambio mercantil entre el sur de España y el norte marroquí, en el que se aprovisionaban las tropas hispanas destinadas en Ceuta y Melilla. Lo mismo debió de suceder con las lenguas árabe y amazigh, que fueron probablemente escuchadas y aprendidas en esta localidad, y se convirtieron en algo fonéticamente cercano. En Vera empezó también a formarse intelectualmente. La población no estaba desligada del ambiente ilustrado que existía por aquel entonces en España y se había fundado en ella, poco antes de su llegada, la Sociedad de Amigos del País.

Badía comenzó sus estudios en Barcelona con los monjes de Santo Domingo. Allí estudió con el profesor M. Sánchez, y más tarde pasó a la escuela de dibujo que la Junta de Comercio había organizado en el edificio de la Lonja. En esta última, aprendió a dibujar con el grabador P. P. Moles.[14] De su juventud en adelante, su formación fue principalmente autodidacta y se caracterizó por una gran inquietud, tal y como demuestran sus posteriores trabajos e investigaciones. Aunque casi todos sus estudiosos coinciden de forma incorrecta en que no había realizado estudios superiores,[15] Badía aseguraba, en 1796, que sí los había cursado, ya que tenía: «La satisfacción de ver mi nombre inscrito en la Real Academia de San Fernando y en las Reales Escuelas de Física y Química».[16]

Al mismo tiempo, heredero fiel de la tradición ilustrada de su época en España, y aunque no pertenecía a una familia aristocrática ni acomodada, se aproximó conceptualmente a temas muy variados. Con una gran inquietud y con los libros que pudo consultar, que incluían temas habituales heredados del espíritu dieciochesco, llegó a adquirir conocimientos de botánica, geografía, inglés, italiano, árabe, francés, latín, música, dibujo, arqueología, matemáticas, física, química, geografía, filosofía, retórica, arquitectura civil y militar, poesía, baile, historia, política y astronomía.[17] A modo de ejemplo, en 1790, realizó la traducción con la que inició una labor investigadora y científica que no abandonó a lo largo de su vida: *Discurso sobre la Poesía Épica y excelencia del Poema de Telémaco*, escrito por A. M. Ramsay, vertido del *Discours sur la poésie épique et de la excellence du poème de Telémaque* (1717) del mismo autor.[18] Esta traducción nunca llegó a ser editada, pues alguien se le adelantó y la publicó antes. En la explicación que efectuó sobre la necesidad de la obra, insertó un interesante comentario sobre la relevancia de las traducciones para la España de la época. En su opinión, constituían uno de los medios más eficaces para facilitar la instrucción del país, el cual debía parte de su cultura a las producciones extranjeras que permitían la reflexión sobre los propios problemas internos: «Es innegable, que la abundancia de traducciones es uno de los más eficaces medios que facilitan la instrucción de la nación».[19]

También conoció en la localidad de Vera a la que sería su mujer hasta su muerte y le esperaría pacientemente del regreso de sus dos viajes a Oriente. El 26 de noviembre de 1791, se casó con María Lucía Burruezo Campoy,[20] natural de Vera e hija de «D. Pedro Burruczo»[21] y «D.ª Antonia Campoy», oriundos también de esta ciudad. De este enlace nació un año después, el 6 de julio de 1792, su primer hijo, Pedro, y el 10 de agosto de 1794, su hija María de la Asunción, Catalina Antonia Josefa, Francisca de Paula Ramona Lorenza Badía y Burruezo.

Apenas dos años después de su boda, el 28 de junio de 1793, abandonó la ciudad de Vera y su puesto de contador de guerra para desplazarse a Córdoba y ocupar el cargo de administrador de la Real Renta de Tabacos en la ciudad, gracias nuevamente al celo de su padre, quien cuidaba de entregar los puestos de trabajo a su hijo, a medida que los iba abandonando:

> Habiendo dimitido D. Pedro Calderón de la Barca de Administración del Tabaco del casco de Córdoba, que se le había conferido, ha nombrado el rey para ella a D. Domingo Badía, Contador de Guerra en la costa de Granada, con el sueldo de su dotación y por el tiempo de su Real Voluntad, bajo las acostumbradas fianzas.[22]

Este destino le permitió ir desarrollando y aplicando los estudios que había realizado hasta la fecha, así como publicar y poner en práctica sus primeros experimentos como hombre de ciencias del XVIII. Más establecido social y económicamente, comenzó la publicación de diversos trabajos y elucubraciones científicas que demostraban alguna de las fuentes y métodos de estudio que utilizó después en sus *Viajes*.

Un ejemplo de ello es su *Ensayo sobre el gas y máquinas o globos aerostáticos*, una obra no autógrafa de Badía que, aunque firmada con el pseudónimo de Polindo Remigio, con toda probabilidad había sido escrita por él. La temática de la obra coincidía directamente con las producciones, estudios y aplicaciones que realizó durante su estancia en Córdoba.[23] A esta obra se le añadieron muchos otros trabajos de temas diversos que volvían a mostrar los conocimientos que había ido adquiriendo durante sus estancias en Vera y Córdoba, años indefectiblemente de formación, que conformarían las percepciones de su viaje posterior. Entre estos trabajos se incluían las observaciones meteorológicas realizadas mientras paseaba al sureste de la ciudad:

> Hacía un terrible temporal de agua, viento y truenos: la nube principal se hallaba situada sobre nuestras cabezas verticalmente y entre varios re-

lámpagos, vi partir uno muy grande de la parte sur de la nube, que pareció llegar a la tierra, y al mismo momento, vi partir otro de la tierra, a la parte norte de la misma nube que ocuparía al parecer unos tres cuartos de legua de atmósfera, hallándome entre dos fuegos.[24]

O el trabajo dedicado a la navegación aérea, al que hacía referencia en una carta enviada al corregidor de Córdoba en la que añadía que había sido publicado en la prensa de Murcia. También estudió el problema sobre la coagulación de la mezcla del aceite y el agua. Una exposición en la que afirmaba su pobre competencia en esta materia, aunque seguramente se trataba de una mera fórmula retórica: «Lo que me falta de ciencia, me sobra de afición».[25] Asimismo, investigó y escribió sobre el vacío de la máquina neumática, del que el químico británico R. Boyle había realizado los estudios más significativos. Igualmente, realizó una propuesta para fabricar una olla que economizase carbón y leña, que le sirvió como excusa para describirse a sí mismo casi como el único que podía poner remedio en la ciudad de Córdoba a los abusos en los precios de estos dos combustibles:

Estoy molido viendo quejarse en todos los rincones de esta ciudad del alto precio que ha tomado el carbón y leña, y me enfada el ver que, semejante al enfermo perezoso, nadie parece buscar el remedio.[26]

Dentro de este contexto ilustrado, caracterizado por la aplicación de sus estudios científicos, comenzó la empresa más complicada que había realizado hasta el momento: la construcción de un globo aerostático, perfectamente detallada en sus *Documents*.[27] Badía llevaba cuatro años trabajando en el proyecto, documentándose y tratando de hallar la fórmula matemática necesaria para la ascensión del globo en el que tanto sus amigos y familiares como él mismo habían invertido sus capitales.[28] La construcción y elevación de los aerostáticos era un tema característico en los trabajos de los ilustrados europeos, quienes veían en ello las posibilidades creativas de la ciencia moderna. Las primeras ascensiones con globos se realizaron en Francia en 1783 y se atestiguaron en España a partir de ese mismo año.[29]

Sin embargo, tuvo que esperar hasta el 28 de marzo de 1795 para recibir la licencia y la aprobación del Consejo de Castilla para la voladura del aparato, tal y como indicaron las palabras de Badía sobre el corregidor de la ciudad de Córdoba, B. Muñoz.

Se sorprendió como es natural en un hombre que carece de los más leves conocimientos en la materia, y por consiguiente resistió la verificación de mi proyecto, pero al fin convencido por mí, después de tres largas sesiones sobre la seguridad y utilidades de mis experimentos determinó ponerlo en noticia del Gobernador del Real y Supremo Consejo de Castilla.[30]

En el plan de elevación del globo aparecían ya las inquietudes científicas y estratégicas que más tarde se encontraron en sus *Viajes*. En primer lugar, tenía como finalidad realizar el transporte interior de granos. La carencia de trigo fue uno de los motivos que el gobierno español defendió en su viaje, pues deseaba que negociara con el sultán la exportación desde el país. Otra razón de la construcción del globo fue el uso militar, que coincidió con el posterior objetivo político del viaje:

> Ni creo que opondrán las variaciones que el hallazgo de la dirección del aerostático introduce en la táctica militar [...]. Usando ya nuestros enemigos de esta máquina en su favor cuando lo juzgan conveniente.[31]

Y, por último, para rectificar observaciones atmosféricas, tal y como también realizaría en los *Viajes*: «Hacer varios experimentos en las regiones más elevadas de la atmósfera».[32]

La historia de la voladura del globo fue bastante azarosa, y determinó en cierta manera su traslado posterior a Madrid y la primera tentativa de realización de su viaje a África. *El Guadalupe* se comenzó a construir el 19 de mayo y, terminado, se instaló la noche del 30 de ese mismo mes en el tablado del Campo de la Merced de Córdoba.[33] Allí se intentó elevar por primera vez nueve días más tarde, pero una tempestad le causó graves destrozos, por lo que tuvo que permanecer varado en tierra. En el aerostático iban Badía y P. Martínez de la Torre, ayudados por R. de la Pineda, quien había colaborado en su construcción y reparación.[34] Los días 8 y 9 de junio, se dedicaron a arreglar los desperfectos.[35] El 10 se volvió a elevar, pero nuevamente se produjeron incidentes y se rompió la punta de uno de los mástiles. Entre 11 y el 19 se sucedió una serie de tempestades que imposibilitaron de nuevo la salida. El día 20 se hicieron dos pruebas para alzar el vuelo: la primera no pudo realizarse debido a los fuertes vientos y la segunda resultó imposible, pues las intensas lluvias que había soportado el globo deshicieron la cúpula. El 4 de julio la cúpula recién reconstruida se quemó. El 17, a las cuatro de la mañana, se ató la barca a la red y a las cuerdas principales que lo circundaban; pero el viento hizo que se acercara demasiado el fogón a la manga, lo que obligó a abandonar de nuevo la voladura.

Finalmente, el complicado proyecto tuvo que posponerse, pero no debido a las adversas condiciones climáticas, sino al propio padre del *Viajero*, quien, alarmado por el peligro que significaba la inflamación del gas para la vida de su hijo, escribió una carta al Consejo de Castilla en la que desaconsejaba su alzamiento. El mismo 4 de julio, el Consejo obligaba a suspender toda operación hasta nueva orden:

> El Consejo ha tenido noticia de los dos experimentos que ha hecho D. Domingo Badía para llenar de gas el globo aerostático que ha construido y el ninguno efecto que ha causado, en cuyo supuesto ha acordado este Supremo Tribunal se de orden a Usted [corregidor de Córdoba] para que no permita que por ahora y hasta nueva providencia haga aquel uso de la licencia que se le concedió.[36]

El *Viajero* escribió una misiva en la que expresaba su disgusto por el proceder de su padre y describía los pobres conocimientos que este podía tener sobre los globos aerostáticos, por lo que lo consideraba totalmente incapacitado para opinar nada al respecto:

> Mi padre, sin haber antes tenido la más leve noticia de mi empresa, se halló sorprendido por las extravagantes que supo forjarle la rudeza de su sujeto que pasó a Madrid desde esta ciudad, el que careciendo absolutamente de toda noción en el asunto, agregaba a esto la más torpe explicación natural que pueda figurarme.[37]

Varias veces solicitó que se le remitieran los documentos originales en los que se había basado el Consejo para retirarle la licencia de la voladura del globo, puesto que deseaba mandarlos a las Reales Escuelas de Física y Química para que se decidiera sobre la posibilidad de su alzamiento. Pero nunca le fueron enviados, y los instrumentos que había traído desde Inglaterra para sus observaciones atmosféricas se mantuvieron sin utilizar en el Campo de la Merced: «Mis considerables gastos preventivos, en un surtido de instrumentos que traje de Inglaterra para las observaciones, y varias obras extranjeras [...] resultan inútiles».[38] Este primer viaje a Inglaterra demostraba que se había trasladado al país mucho antes de lo que habitualmente se había creído, es decir, en junio de 1802, antes de su salida hacia Tánger.

Todos estos inconvenientes anteriores, sumados al dinero que habían invertido Badía, sus suegros y sus amigos en el proyecto, le llevaron a la total ruina económica.[39] Y, aunque intentó revocar la licencia para el alzamiento del globo varias veces, esta nunca llegó a ser aprobada y en octubre del mismo año tuvo que abandonar definitivamente el proyecto. Poco tiempo después, decidió marcharse de Córdoba. Entre las razones de su salida se hallaban la necesidad de terminar con su inestable situación económica y sus complicadas relaciones cordobesas:[40] «Esta detención y averías causadas por los malos temporales dio motivos a las voces infundadas esparcidas entre el vulgo y fomentadas por críticos mordaces y poco instruidos».[41] A esta coyuntura se sumaron los problemas de salud que le obligaron a solicitar una permuta con A. López de Ochoa para el puesto de teniente de la Ronda Montada del Resguardo General de Rentas, de la ciudad de Sanlúcar de Barrameda: «El temperamento de esta ciudad enteramente opuesto a su constitución natural lo que le ha tenido desde su llegada a este destino, privado de la salud que siempre había disfrutado».[42] La población le parecía, dada su temperatura más cálida, más conveniente para su salud: «Gozando en Sanlúcar de un clima más análogo a su salud que le facilite el desempeño del servicio a caballo».[43] Sin embargo, no debió de llegar a trasladarse, pues ese mismo año fue destinado a Puerto Real (Cádiz):[44] «Antes de presentarme a este destino habiéndose cambiado varios empleados de Puerto Real, fui destinado a servir aquella tenencia[45] [Sanlúcar de Barrameda]».[46] El mismo año, pasó a formar parte de las sociedades que iban poblando la España dieciochesca: la Real Sociedad Sevillana de Amigos del País y, más tarde, la Real Sociedad Patriótica de Murcia.

Dos años más tarde, se trasladó a Madrid con el objetivo de pedir justicia.[47] Deseaba ser indemnizado por el Consejo de Castilla por la suspensión de la licencia para la voladura del globo. Antes de abandonar su puesto de trabajo en Puerto Real, solicitó que su cargo en la población pasara a ser desempeñado por su suegro. Badía intentaba evitarle la ruina que le había causado la construcción del aerostático y ahorrar a su familia, que se había quedado en Vera y se encontraba a cargo de sus padres políticos, la precaria situación en la que se hallaba:

> Últimamente viendo arruinados a mis infelices padres políticos por esta causa (pues eran mis fiadores) he solicitado pase a ellos mi empleo para que puedan alimentarse aquellos desdichados ocho individuos que hoy día están encerrados en un cuarto comiendo escasamente de la limosna que hace un amigo mío cuya caridad no podrá extenderse a muchos días [...]. La sola demora en este asunto debe acarrear las más funestas consecuencias, estando aquellos desdichados en la situación más horrible, quebrantada su salud, especialmente los niños, siendo su único alimento un infeliz pan de maíz.[48]

Sin embargo, esta petición no fue atendida y se vio obligado durante su estancia en Madrid a intentar pagar a los acreedores que había dejado en Vera.[49]

A su llegada a la capital, se instaló, el 18 de noviembre de 1799, en el número 33 de la calle de la Puebla y, apenas siete meses después, el 27 de mayo de 1800, en la casa n.º 2, manzana 552 de la calle de Legatinos. Esta última residencia la atestiguó Camps y Soler, futuro cónsul en Alejandría, cuando lo visitó en su domicilio antes de que emprendiera el traslado a África. Según Camps, Badía estaba confeccionando en aquellos momentos un gran mapa sobre aquel continente.[50] Durante todo el tiempo en Madrid, se mantuvo económicamente gracias al trabajo de bibliotecario y secretario de P. Sangro y de Merode, príncipe de Castelfranco, un militar napolitano que había ingresado al servicio de España en tiempos de Carlos III y había sido designado virrey de Navarra:[51] «Explico en mi memorial que me encuentro desde hace dos años trabajando a la orden del príncipe antes citado al cargo de su biblioteca».[52] Resulta una verdadera lástima que no haya quedado ninguna referencia en los *Documents* de los títulos que conformaban la biblioteca del príncipe, algunos de los cuales, con toda probabilidad, formaron parte de sus lecturas. Sin embargo, existen indicios de los libros de viaje que le interesaron, principalmente trabajos físicos o matemáticos en francés, aunque no pudiera comprarlos durante la estancia en la capital:

> Durante el tiempo de su permanencia en Madrid, Badía recorrió todas las Bibliotecas. En sus papeles hay numerosos apuntes de títulos de obras, sin duda alguna por él estudiadas. Veía también los libreros de la calle de Carretas, llevando nota de los libros franceses que recibían y que por escasez de recursos no podía comprar. Casi todas las obras se refieren a ciencias físicas o matemáticas. En 1800 empiezan sus apuntes de libros de viajes al África.[53]

También quedó una interesante y relevante prueba de las obras que había leído hasta la fecha y que correspondían a los libros que formaron parte de su biblioteca en Córdoba y Vera. Se trataba de una lista de títulos, que identificaré en el segundo capítulo de esta investigación y que fue entregada a su amigo de Puerto Real, J. Benítez, para que los vendiera y pudiera ir pagando a los acreedores que había dejado tras su salida de Córdoba. Las temáticas principales de las obras que reunió en sus bibliotecas constituyeron una prueba fehaciente de la formación autodidacta de esos años y demostraron que comenzó a idear su plan de viaje en ambas poblaciones. Los temas (por orden de prioridad) fueron los siguientes: literatura, matemáticas, filosofía, química, viajes, física, historia, astronomía, construcción de máquinas, educación física, lengua latina, farmacia, alquimia, leyes, electricidad, armas, masonería, oficios religiosos católicos, naturaleza, prensa y la construcción de globos y esferas. Al final de la nómina de títulos aparecía un apartado para la música, pero se hallaba en blanco.

Badía prosiguió en Madrid con la labor de investigación comenzada en Vera, al tiempo que realizó varias traducciones y trabajos que abarcaron los ámbitos de la economía, de la milicia y de los estudios atmosféricos. En 1798, publicó la traducción del francés de la obra científica sobre conocimientos meteorológicos *Ensayos sobre la higrometría*, de H. B. de Saussure, dedicada al rey,[54] texto que trataba, en términos generales, de la humedad del aire, la condensación del agua, la génesis de las lluvias y la sucesión de las capas de la atmósfera.[55]

Seguidamente escribió el *Plan de Campaña para Portugal*,[56] un proyecto militar que estudiaba y mostraba las tácticas necesarias para invadir dicho país. Estaba formado por una introducción (donde aparecía el número de habitantes de las diferentes poblaciones de Portugal) y los apartados «Destacamentos y convoyes», «Marchas» y «Forrajes de campaña».[57]

Un poco más tarde, presentó el trabajo económico *Plan de un establecimiento que debe titularse Banco de la Real Piedad de María Luisa*,[58] un proyecto financiero que pretendía aliviar y remediar los problemas de la hacienda pública. Este trabajo coincidió con la crisis del papel moneda, al que el Estado quería dar una cotización forzada, lo que no evitó su depreciación en un 70 % al siguiente año y el ocultamiento del metálico por la población. El objetivo del *Plan* era:

> Proporcionar anualmente su casamiento a tres mil doncellas, ayudar a la manutención de muchos centenares o millares de viudas de pobres militares y socorrer a millares de infelices, que por inevitables desgracias van a caer en la horrible sima de la indigencia.[59]

El mismo año comenzó su traducción más ambiciosa, el *Dictionaire des merveilles de la nature*, del físico J. A. Sigaud de la Fond (1781). De esta empresa llegó únicamente a realizar el primer tomo, con cuya venta pensaba pagar los gastos de la traducción del siguiente, y así hasta el cuarto y último.[60] En su versión española llevaba por título *Diccionario de las maravillas de la naturaleza que contiene indagaciones profundas sobre los extravíos de la naturaleza, ecos, evacuaciones, fecundidad, enfermedades, hombres, marinos, comedores, buzos, imaginación, instinto, antipatía, cadáveres, luz, mar, mofetas, petrificaciones, mudos, enanos, lluvias, magnetismo, terremotos, cavernas, fuentes, incendios, terror, muerte aparente, rayos, nieves, huracanes, sueño, volcanes, vejez, etc.* (1782-1792). Los volúmenes sucesivos (serían finalmente seis) fueron traducidos por T. Lope. La traducción provocó algunas reacciones negativas que fueron contestadas por Badía. Dichas reacciones achacaban a la obra y a su traductor una creencia excesiva en lo que se consideraban sorprendentes, por extraños y desacostumbrados, contenidos. El *Viajero* las contestó y se defendió con el siguiente texto:

Señor Lector, dos palabritas: no hay duda que al leer uno u otro artículo de esta obra supondrá Usted un algo en ascuas y exclamará quizá ¡Caramba y qué creederas tenía el Sigaud de la Fond! Echando algunas maldiciones de camino al traductor, que tal obra le han hecho comprar [...]. Este diccionario contiene un corto número de artículos [...] pero estos van explanados la mayor parte con un gran número de hechos que apoyándose mutuamente, tal hecho que leyéndolo Usted aislado le parecerá increíble, leyendo los que le acompañan lo juzgará incontestable.[61]

A pesar de esta recepción negativa, la obra le supuso la notoriedad de una publicación y un paso en su carrera profesional.

Según la mayoría de sus biógrafos, se dedicó en Madrid a confeccionar un proyecto de viaje científico al interior de África,[62] proyecto que había comenzado durante su estancia en Vera y Córdoba. Así lo confirmaba la lista de libros, documentos, traducciones y publicaciones anteriores, muchos de cuyos contenidos coincidían, como se verá más adelante, con los de aquel, con la edición de los *Viajes* y con la forma en que percibió y describió empíricamente los lugares que visitó.

Algunos investigadores añadieron que el motivo de su viaje obedecía exclusivamente a una necesidad económica.[63] Pero este no fue el único, ni el principal motor que le llevó a confeccionar su proyecto. Badía deseaba realizar su traslado a África por las motivaciones fundamentales del viaje en época ilustrada: conocimiento, investigación y utilidad. Y estas son las razones por las cuales ideó su plan de viaje de 1801 y no, como la mayoría de las veces se señala, el objetivo de conquista de Marruecos, que, aunque más tarde incluyó como propósito, no formó parte del plan inicial.

Por fin, el 8 de abril de 1801, presentaba el proyecto para su viaje a África a Manuel Godoy, Príncipe de la Paz y ministro de Carlos IV. Nada se sabe de cómo pudo acceder a él.[64] El plan volvía a tener el tono desorbitado que caracterizó algunos de sus trabajos. En este caso su proyecto geográfico era francamente desmesurado:

Formó Badía el designio de atravesar el centro del África, y recorrer por tres líneas diferentes un país de más de medio millón de leguas cuadradas o como vez y media la Europa que se encierra dentro de esta parte del mundo, y en el cual ignoramos absolutamente cuanto existe; y para ello formó su Plan de Viaje, n.º 1 [*Plan de un viaje; recorriendo todo el interior de África*], en el que procuró reunir a los objetos políticos que se proponía, todos los científicos que juzgaba poder desempeñar en sus travesías por aquellas desconocidas regiones. Este Plan, acompañado del Memorial n.º 2 [*Memoria de Badía*] de una Carta Geográfica que formó sobre los nuevos descubrimientos hechos en aquella parte del globo; y de sus documentos personales, lo presentó al Excelentísimo Sr. Príncipe de la Paz en Madrid el día 8 de abril de 1801, sin recomendación ni apoyo de persona alguna, diciendo solamente al Príncipe en medio de toda su Corte, señor si este asunto fuere digno de la atención del Gobierno espero no desmerecerá la protección de V. E. El Príncipe miró la portada del plan, que al parecer le chocó, y dijo a Badía, «*Éntremelo usted en mi cuarto*»; lo que hizo Badía acompañado de un criado, y lo puso sobre su mesa.[65]

En primer lugar, Badía señaló en su plan lo que creía que era una forma nueva para penetrar en el interior de África sin ser reconocido: mostrar el aspecto de un musulmán, pues era necesario, para no levantar sospechas durante el traslado, ocultar su religión. Para ello:

> Solo era necesario poseer un poco el árabe, aprender algunas oraciones del *Corán*; vestir su traje: sujetarse a todas sus ceremonias y gestiones ostensibles. Y tomarse un nombre musulmán y hacerse reputar sectario del islamismo.[66]

El *Viajero* sabía que adquirir estos hábitos podría crear suspicacias en su país de origen, pero él, advertía, no se comportaba como un «ilusionero»,[67] sin objetivos racionales, es decir, movido por las supersticiones que tanto disgustaban a los ilustrados, sino como «un explorador».[68] Si algunos devotos mal entendidos creían que su propuesta era contraria a la moral y a la fe cristiana, él pensaba que bien realizada podía reportar enormes beneficios para el país:

> Puede tener resultados gloriosos para la misma religión. En primer lugar, las palabras y acciones (mientras no se opongan a una santa moral), no tienen más valor que el de signos representativos de las ideas, faltando cuyo enlace, quedan reducidas a cero o a un nuevo mero movimiento del aire o del cuerpo sin relación.[69]

Si hasta la fecha, proseguía, no había sido posible descubrir lo que el continente africano albergaba en su interior, se debía a que los viajeros extranjeros no habían adquirido la apariencia de sus habitantes y: «Viajaban como europeos: viajaban como cristianos».[70] Como había sucedido, por ejemplo, con los viajeros ingleses M. Park,[71] el mayor Houghton,[72] W. G. Browne[73] y J. Bruce,[74] a quienes le robaron y asaltaron durante sus viajes debido a que se trasladaban con hábitos occidentales. La indumentaria europea les impedía mezclarse con la población y elaborar los objetivos de sus investigaciones. El impedimento más grande con el que se encontraban la mayor parte de los que emprendían el traslado al interior de África eran estas diferencias exteriores, que levantaban suspicacias entre los musulmanes:

> El fanatismo de las naciones musulmanas, que mirando como enemigo detestable a todo profesor de distinto culto por el suyo, y aún mucho más si es cristiano, juzgan un acto meritorio a su religión todo ultraje o atentado que conspire a la destrucción de un infiel [...]. El religioso musulmán que mira con un cariño fraterno a todo sectario de Mahoma, detesta con horror a todo incrédulo, le reta, le asesina, y luego muy tranquilo reza al eterno este sacrificio.[75]

Badía se equivocaba en que antes que él nadie había cambiado sus trajes y costumbres para visitar África, pues otros viajeros lo habían hecho anteriormente. Uno de los primeros fue Niebuhr, quien se trasladó a Turquía, Egipto e Irak entre 1761 y 1768, y en algunos momentos de su viaje, como a su paso por Turquía, se vistió con los hábitos árabes.[76] Otro fue el inglés Browne, que en algunos destinos de su recorrido por Egipto (entre Alejandría y Siwa) se disfrazó de «Mahometano».[77] Y el italiano C. M. Sonnini, quien durante su estancia en El Cairo adoptó algunas veces las mismas vestiduras.[78]

El *Viajero* deseaba visitar un territorio desconocido para Europa, cuyas riquezas pudieran beneficiar a España:

> Un viajero que atravesase dicho gran territorio, pudiera hallar cosas del primer interés, tanto por lo que respecta a productos de la naturaleza, como del arte. A muchos parecerá exótica esta proposición, pero no sucederá así al que maduramente reflexione, que, un terreno que abraza los climas más fecundos, necesariamente debe ofrecer las producciones más ricas [...] y que un país donde fijaron su residencia los árabes, ya perseguidores, ya perseguidos, cuanto sucedió la irrupción de los Califas inmediatos a Mahoma; no pueden hallarse destituidos de artes y ciencias, pues a ellos debemos las principales invenciones que forman la base de nuestros conocimientos e instrucción.[79]

El proyecto incluía un viaje preparatorio a Londres donde se adquirían los instrumentos necesarios para las observaciones científicas y se recogerían noticias de otros viajeros a África.[80] Desde el punto de vista geográfico, proponía el siguiente itinerario. En primer lugar, pensaba permanecer dos meses en Fez, de tal manera que pudiera aprender el mandingo (lengua hablada en el noroeste de África) y realizar una gramática para su propia instrucción.[81] Pensaba equivocadamente que esta lengua era la necesaria para comunicarse con los habitantes del interior de África. De allí, pasaría a Larache y de esta plaza, a Santa Cruz (hoy Agadir) hasta llegar a la ciudad de Marruecos (Marrakech). A partir de aquí, penetraría en el desierto del Sahara y llegaría a Walata (Mauritania), Tumbuctú y Haussa, hasta llegar a San Jorge de las Minas, en el golfo de Guinea. En segundo lugar, pasaría de San Jorge a Melinde (Kenia) a través de toda el África ecuatorial, para, finalmente, ir de Melinde a Abisinia, y pasar por Darfur, Kurdufan (Sudán), Nubia y Kanem (en las orillas del lago Tchad), hasta llegar a su último destino, Trípoli:[82] «Sobre nuestro Mediterráneo que será el término de mi viaje del África».[83] Badía pensaba que las 3.250 leguas que cubría el viaje podían realizarse en cuatro años.

La fuente principal de este plan la constituía los viajes de G. Lalande, plasmados en *Mémoire sur l'intérieur de l'Afrique* (1790), y no los de Park, como se ha señalado varias veces. Así lo afirmaba el propio Badía en una nota de prensa que escribió más adelante:

> El sabio Lalande hablando sobre el interior de África dice: «La travesía desde el Senegal hasta el Mar Rojo, y desde Túnez hasta las costas del océano por el centro de África, es el viaje más curioso de cuantos pueda hacerse actualmente sobre la superficie de la tierra». Y después añade «En esta parte del mundo pudieran establecerse relaciones que serían muy útiles a la geografía, a la historia natural, al comercio y, lo que es más interesante que todo, a la perfección de una parte de la humanidad».[84]

En París, visitó a Lalande antes de salir hacia Marruecos. El viajero francés se ratificó en sus apreciaciones: «En el interior de África hay alrededor de 800 lugares, desde el Senegal hasta el Nilo, donde los europeos no han estado jamás y de los que no conocen absolutamente nada».[85] E indicó que para viajar a este destino había que aprender el mandingo y el árabe, así como llevar sus vestimentas,[86] lo mismo que señalaba Badía en su proyecto.

El itinerario del *Viajero* era similar al de Lalande y estaba formado por tres apartados en los que describía la forma de realizar las investigaciones. Las descripciones constituían un ejemplo de su formación ilustrada y la consecuencia de los libros de viaje que había leído hasta la fecha.

En el apartado titulado «Método del viaje»,[87] incluyó las investigaciones científicas que había que realizar sobre el terreno. Para ello, describiría, anotaría y dibujaría por duplicado sus observaciones (un ejemplar de estas permanecería en su poder y el otro lo remitiría a España al llegar al golfo de Guinea). Esto lo haría en la medida en que pudiera evitar su aspecto europeo: «Procurando con el mayor cuidado evitar el formar un objeto de su singularidad, y confundirme con ellos en cuanto lo permita mi color y las facciones de mi rostro».[88]

En el segundo apartado, «Ciencias y Artes»,[89] anotó la diversidad de elementos que tenía que observar y el tipo de descripción que realizaría, la mayoría de carácter científico: las variaciones atmosféricas; el estado del cielo; la fertilidad o aridez del terreno; las capas, ángulos y materias de las montañas y las vulcanizaciones; las nieves; la naturaleza de las aguas; la utilidad de plantas y semillas; las diferentes facciones del rostro; las fuerzas corporales; las expresiones de gozo, placer y dolor; la edad de pubertad en hombres y mujeres; si los hombres tienen pechos de leche; la duración media de la vida; el color de la piel; los alimentos digeribles; si duermen en camas o esteras; las ocupaciones de los dos sexos; la fuerza o delicadeza de los sentidos; las voces; la velocidad o lentitud del pulso; si las mujeres tienen la menstruación; el nombre de los vestidos; las enfermedades del país y sus remedios o medicinas; si construyen hospitales, qué pueblos envenenan sus flechas y con qué sustancia, y, finalmente, en qué estado se halla la circuncisión. Al mismo tiempo, debía recoger una colección de vestidos, armas, adornos, muebles, utensilios e instrumentos de música y realizar un herbario.

En el tercer apartado, dedicado a la «Política y comercio»,[90] señalaba que había que describir las relaciones comerciales de Marruecos con Inglaterra y el resto de Europa; el genio y el capricho de sus naturales respecto al lujo; sus modales y estado de civilización; las relaciones entre las ciudades y los habitantes del desierto; los géneros y productos del desierto; el influjo de los países europeos en la parte oriental de África; los pesos, medidas y monedas; los medios de facilitar el transporte por el interior de estos países; las maderas; la naturaleza y extensión del comercio de las diversas regiones; las fuerzas militares; la policía; la naturaleza y productos del terreno, y, por último, el genio, carácter, usos, costumbres, temperamentos y lenguajes.

En general, si se examinan los índices de los libros de viaje que Badía había leído hasta la fecha, se comprueba la influencia que tuvieron en la distribución de los apartados de sus *Viajes* y cómo coincidían en la organización de su proyecto. Igualmente, gran parte de sus objetivos eran semejantes a algunas de las descripciones realizadas en ellos, de lo que se deduce que su formación ilustrada se desarrolló de forma fundamental durante su estancia en Vera, Córdoba y Madrid, es decir, antes de su salida hacia Marruecos, y que, posteriormente, se consolidó en Francia.

El contenido de su proyecto muestra claramente que no realizó ninguna alusión a una posible anexión territorial de Marruecos. Incluyó descripciones de tipo militar, pero insertas dentro de las coordenadas descriptivas y utilitarias de los viajeros ilustrados, lo que significó que el proyecto fue organizado desde su comienzo como un viaje científico que permitía además, como era igualmente corriente en las obras de los ilustrados, conseguir información económica sobre África que fuera de utilidad para España. Fue posteriormente, en el contexto de los avatares a los que se tuvo que someter el proyecto para que fuera aceptado y subvencionado por el gobierno español, cuando se decidió que adquiriera el carácter de conquista o anexión territorial.

El largo y complicado proceso para la aprobación y financiación gubernamental del viaje comenzó con una carta «lisonjera»[91] de Godoy desde Aranjuez, en la que aseguraba a Badía que «había presentado y recomendado al rey el Plan, y que acudiese a la Secretaría de Estado a saber las resultas».[92] Más tarde, el ministro depositó el *Plan* en la Real Academia de la Historia para que emitiera un informe positivo.[93] El *Viajero* solicitó entonces presentarse a los comisionados encargados de la consulta de su plan y discutirlo con ellos. Esta comisión estaba formada por J. Guevara, historiador, M. Fernández de Navarrete, oficial de la Secretaría del Despacho de Marina, y J. Cornide, secretario de la Academia. Sin embargo, la propuesta de discusión del proyecto con los comisionados nunca fue aceptada y la Academia envió una respuesta desfavorable sobre el proyecto al Ministerio de Estado el 14 de junio: «Informe de la Academia de la Historia sobre el viaje al interior de África propuesto por D. Domingo Badía».[94] Se recomendaba más provechoso enviarlo a América, debido, entre otras causas, a sus pobres conocimientos de árabe y de mandingo, una paradoja, puesto que había sido él mismo el que había hecho alusión a la necesidad de conocer estas lenguas para viajar al interior de África:

> Los conocimientos de este, aunque apreciables en un aficionado, no tienen toda la profundidad y extensión que se requieren para los adelantamientos que propone resultarían de su viaje [...] para lo cual es también grave obstáculo el carecer del uso y posesión de la lengua árabe, y de la mandinga [...] tan difícil de no ser descubierto por europeo, caminando con una carga de instrumentos y máquinas desconocidas o sospechosas entre aquellas gentes [...]. A pesar de todas estas reflexiones, ha parecido a la Academia tan laudable el celo y espíritu de Badía para ejecutar empresas arriesgadas, que opina se le podría emplear en las de más directa utilidad para España, como en viajes del interior de la América septentrional en los confines de nuestras posesiones.[95]

Tan pronto como conoció esta contestación, envió una memoria dirigida al secretario de Estado del Despacho, P. Ceballos, para responder a las objeciones que se le hacían.[96] Badía pensó que Ceballos habría leído la respuesta de la Academia, pero no así la suya, pues era larga, y decidió esperar a que la Corte se acabase de instalar en el Sitio de San Ildefonso para recibir el informe de la resolución que había enviado al secretario. Sin embargo, al no obtener ninguna respuesta, decidió hablar con Godoy para acelerar el comienzo de su viaje, y fue aquí donde se produjo el primer cambio sustancial en el plan. Por las razones que sean, se modificó el objetivo de su traslado, como ya se lo había podido imaginar:

> No quedó a Badía más recurso que acudir al Príncipe de la Paz, lo que no había querido hacer hasta entonces, por no separarse sin bastante motivo del curso del negocio.[97]

Badía conocía lo que suponía pedir favores al ministro. En prinmer lugar, apartarse del «curso del negocio» inicial del viaje, es decir, el científico. En segundo, someterse a la voluntad del Estado. Si bien no conocemos en qué consistió exactamente ese «apartamiento» del curso del negocio, se puede imaginar por la carta enviada inmediatamente después a Godoy, donde le pide «su poderoso influjo».[98] En ella, el *Viajero* hace un repaso a las ventajas de su viaje e incluye, por primera vez, una nueva:

> ¿Es acaso un obstáculo tan terrible la potencia marroquí? La posesión de aquel fértil reino no haría la felicidad de un príncipe europeo [...]. No me detendré a formar un Plan de Conquista pero sí diré, que los obstáculos no son tan considerables como a primera vista parece [...] todo prueba, que establecido allí un príncipe europeo con un gobierno bien organizado y adaptado a las circunstancias del país, se podría formar en poco tiempo una potencia de las más respetables, y que podría servir de singular apoyo a la nación madre.[99]

La carta continuaba con una somera descripción de las tropas del sultán de Marruecos, Muley Suleymān;[100] su deficiente organización y fragilidad facilitaría una victoria en caso de que se decidiera atacarlas. La misiva añadía una curiosa reflexión del *Viajero* sobre su propio proyecto, que demuestra que conocía perfectamente la reacción que podría ocasionar su plan. Lo tachaba de fruto del subconsciente –«sueño»– y parecía adivinar la opinión que se iba conformando de él en algunos órganos del gobierno español:

> Perdone Vuestra Excelencia esta digresión que podrá llamarse quizá un «sueño», a la que me ha arrastrado la pequeñez de unos hombres que, a la manera que nuestros abuelos al hacer un viaje para América se disponían como a una muerte casi cierta, les parece, que un viajero al centro del África, es un fanático.[101]

Sin embargo, siete años más tarde, recién llegado Badía a Francia en el complicado momento del traspaso de poderes españoles al país, modificó la información de la carta anterior. Aseguraba en un informe dedicado a Napoleón, *Extracto de los méritos y servicios de Do-*

mingo Badía y Leblich, realizado probablemente con la idea de ensalzarse a sí mismo y conseguir un trabajo, que el cambio del objetivo científico se había decidido dos años después de la carta antes expuesta, justo en el momento de su entrada en África:

> El 29 de junio de 1803 entró Badía en África desembarcando en Tánger. En cuanto Badía entró en África, el gobierno tuvo por conveniente cambiar el objeto de sus viajes que de científico pasó a ser político.[102]

Los errores acerca de los verdaderos objetivos del viaje y del cambio que sufrió se deben a que se han basado en una única fuente, las *Memorias* del Príncipe de la Paz.[103] Este, aunque trató y conoció personalmente al *Viajero*, introdujo datos erróneos: se erigió en creador del proyecto del viaje –en lugar del propio Badía– y la persona que decidió que se realizara con un fin comercial, primero, y político, después. Un error que defendieron más tarde algunos de los investigadores del *Viajero*.[104] Godoy escribió en sus *Memorias*:

> Mi primer pensamiento fue encargarles un viaje que, a la vista del extranjero, pasase solamente por científico, al África y al Asia, mas cuyo efecto principal sería inquirir los medios de extender nuestro comercio en las escalas de Levante desde Marruecos al Egipto, y hacer la misma indagación sobre los planes y medidas que convendría adoptar para montar nuestro comercio en la región de Asia con entera independencia de las demás potencias de la Europa, para formar enlaces comerciales y políticos con el Imperio Chino, organizar allí el tráfico directo de nuestros pesos fuertes sin que en él interviniesen otras manos que las nuestras [...]. Hacíase, empero, necesario para tal empresa tener puertos y asientos propios en los lugares aptos y oportunos de las costas marroquinas [...]. Pronto, no obstante se nos vino a mano la ocasión de una guerra, bajo todas luces justa. Muley Suleymān, cuya moderación y cuya paz mientras duró la lucha con la nación nos costó algunas parias bajo el nombre de regalos, como hubiese cesado hacía ya más de un año este tributo inicuo, se nos atrevió a pedirlo como un derecho ya adquirido, y del recuerdo pasó luego a la amenaza de interrumpir nuestro comercio en sus Estados [...]. Sobraban los motivos para tomar satisfacción a mano armada e invadir los Estados de aquel príncipe; mas siguiendo mi pensamiento, y mis deseos también, de que en el caso de una guerra se hiciese esta con acierto y con muy pocos sacrificios, concebí el raro medio de que Badía pasase a aquel Imperio no ya como español, mas como árabe [...]. Su objetivo principal sería ganar la confianza de Muley, y, presentada la ocasión, inspirarle la idea de pedirnos nuestra asistencia y alianza contra los rebeldes que combatían su Imperio y amenazaban su Corona. Si esta idea era acogida, debía ofrecerse él mismo para venir a negociar acerca de ella en nuestra Corte con poderes amplios. Si no alcanzaba a persuadirlo, debía explorar el reino [...] y procurarse inteligencias con los enemigos del Muley.[105]

Algunos investigadores señalaron que el plan era fantasioso e inocente, pues en caso de llevarse a cabo, la política europea nunca hubiera permitido que España se hiciera con Marruecos.[106] Las razones se encontraban probablemente en que, por un lado, Godoy acababa de abandonar Orán y deseaba rectificar la que había sido una negativa desorientación en la política internacional, y por otro, en que Napoleón había indicado el plan al ministro para que los dos países ampliaran su campo de acción contra Inglaterra en África y poder cerrar así el paso del Mediterráneo, en beneficio de ambas.[107]

Alrededor de agosto de 1801, el *Viajero* intentaba reunir el dinero para financiar su traslado y los pasaportes e instrumentos necesarios para llevar a cabo su plan. En estas mismas fechas, se decidió que le tenía que acompañar alguien más en su viaje. Durante una entrevista que Godoy preparó con Ceballos para acelerar su salida, aparecieron las primeras noticias sobre el futuro acompañante. Badía le comunicó que había aceptado finalmente la propuesta que le había hecho la Academia de la Historia de no viajar solo a África, sino acompañado:

> ¿Y en cuanto al sujeto que la Academia quiere que venga conmigo? [...]. Yo propuse ir solo, por aminorar los gastos, conformándome al estado actual del erario, y aún por esto pedí para mí mismo una dotación tan corta: además también por la dificultad de hallar un hombre dotado de las raras prendas que una empresa tal exige: un hombre que no se acobarde, o que relajando su conducta me comprometa a mí o a la expedición.[108]

La persona juzgada como la más conveniente para acompañarle fue Simón de Rojas Clemente: «Un hombre que llenase mis ideas, el cual hallé en los Reales Estudios de San Isidro [...] Don Rojas Clemente».[109] Este encuentro también fue comentado por el propio Rojas Clemente:

> En 1802 me hallaba sustituyendo en la cátedra de árabe, por enfermedad del propietario [M. García Asensio], cuando se presentó a las lecciones un desconocido que en poco tiempo hizo muchos progresos y no tardó en proponerme un viaje científico que habríamos de emprender disfrazados, para hacer descubrimientos en el interior de África. Yo le contesté sin vacilar que estaba pronto a seguirle y en pocos días me hallé con el nombramiento Real de asociado a esta empresa con la dotación de 18.000 reales.[110]

Seguramente debido al afán de ensalzar al *Viajero*, se ha aventurado que fue Rojas Clemente el que solicitó acompañarle en el viaje y que no estaba capacitado para realizarlo.[111] Lo que queda fuera de toda duda es su formación como filósofo y teólogo, que se ajustaba perfectamente a las razones que Badía había defendido en su proyecto.[112] Hasta esta fecha, el catedrático había redactado un cuaderno de conclusiones en árabe y un herbario de 1.000 plantas. También era un estudioso de la literatura, y había sometido a examen su *Pequeño alarde de la gramática y poética arábigas*, frente al catedrático de árabe García Asensio, al que sustituiría por enfermedad.[113] En su relación de méritos y grados de 1799, constaba que había nacido en Segorbe, en 1777, en cuyo Real Colegio había estudiado gramática, retórica y poesía. Asimismo, había obtenido el grado de bachiller en filosofía y teología en la Universidad de Valencia, donde también estudió escritura y gramática, retórica y poética del hebreo. Más tarde se trasladó a Madrid, estudió árabe, griego y lógica en los Reales Estudios de San Isidro, donde obtuvo, unos años después, la cátedra de árabe. En la capital asistió también a lecciones de química y botánica en el Real Jardín de la Corte y aprendió francés e italiano.[114]

A pesar de aceptar, tal y como le había recomendado la Academia, a un acompañante en su viaje, los impedimentos para que Badía llevara a cabo su plan de viaje continuaron. Ceballos le escribió con estas palabras casi airadas: «¿Con que Usted se empeña en hacer su viaje a pesar de la opinión de todo el mundo? [...]. Eso sería bueno cuando estuviese seguro de poder traer esas utilidades que dice [...]. Pero; ¡la vida de un hombre es tan frágil...!».[115] Algo más tarde, el secretario le pidió nuevamente la lista de instrumentos que necesitaba para su itinerario y un informe detallado sobre Rojas Clemente. Por fin, en septiembre de 1801, se aprobó que le acompañara. La petición que había hecho para que los instrumentos de viaje se construyeran en Inglaterra no se aceptó hasta finales de octubre, y durante el tiempo que se tramitó su aprobación se ordenó que la realización fuese hecha y coordinada en España por M. de la Torre (persona recomendada para tal efecto por Badía).

El *Viajero* se presentó junto con su ayudante a los monarcas y les entregó dos «Copias del Papel de Despedida»[116] y un «Memorial».[117] En ellos solicitaba que su «mujer, un hijo y una hija»[118] estuvieran bajo la protección de los soberanos durante su ausencia, y que su hijo Pedro, que entonces tenía nueve años, pudiera disponer del puesto de contador de guerra en la costa de Granada (recordaba que había conseguido el empleo de administrador de utensilios en la misma costa a la edad de catorce años). Igualmente, añadía que, si nada de esto era posible, pudiera, al menos, «subvenir a la educación a su otro hijo».[119] Y, por último, pedía que su hija María Asunción, de siete años y medio de edad, tuviera una plaza gratuita en el Real Colegio de Santa Isabel. Tras ser informados del viaje, el rey le contestó: «Bien, muy bien», y la reina: «Estoy segura de que lo desempeñaréis muy bien».[120]

Como había planteado en el proyecto, tenía la intención de pasar aproximadamente tres meses entre Londres y París antes de salir hacia África, con el fin de preparar su viaje. En la ciudad francesa esperaba «hacer el acopio de libros, e instrumentos necesarios para su viaje»,[121] y pedía 200 doblones para adquirirlos. Desde el punto de vista económico, el 3 de octubre se decidió asignarle como sueldo 3.000 reales, y 1.500 a Rojas Clemente durante los cuatro años que durase la misión. Ahora bien, cuando se presentó al tesorero para el cobro de la habilitación, éste le indicó extrañamente que no había dinero para pagarle. El 7 de octubre de 1801, le comunicó a Ceballos que tampoco había podido retirar el lote de medicinas y los tres ejemplares de la obra *Iconos* del biólogo A. J. Cavanilles (1745-1804), que deseaba llevarse a África, pues nadie había dado la orden pertinente para ello. Al mismo tiempo, solicitó algún documento para Rojas Clemente que certificara que iba a realizar el viaje, y la lista de objetos, varas y pies de hierro, balanzas pequeñas, varas de madera y medicamentos que había pedido anteriormente.

El ministro de Hacienda, M. Cayetano Soler (previa petición de Badía), volvió a solicitar a la Tesorería General el cobro del dinero. De nuevo, se le contestó que no había suficiente capital disponible. El *Viajero* tuvo que requerir una vez más ayuda al ministro de Hacienda y éste le volvió a ratificar que no había fondos. El 22 de noviembre de 1801, escribía al Príncipe de la Paz y le pedía ayuda:

> Me presento al tesorero, y me insiste en su primera respuesta, de suerte que ni en muchos meses (o nunca, según indica) podré habilitarme para mi salida. Tal es el estado del negocio, que si vuestra merced no se digna aplicar su vigorosa mano, veo habrán logrado por este medio, el efecto de la tenaz oposición que he experimentado, cuyo pormenor omito por ser vuestra merced infinitamente superior a tales pequeñeces. Dígnese vuestra merced completar sus obras.[122]

Godoy le remitió al ministro de Estado, quien le declaró que había pasado la habilitación a Hacienda cuatro veces y le envió otra vez al ministro de esta administración. Este le contestó:

> Tres órdenes he pasado a la tesorería para que se habilite a vuestra merced y antes también he escrito últimamente una carta particular al tesorero para que vea el mejor modo de componerse con vuestra merced; con que véase vuestra merced con el tesorero.[123]

De nuevo, tuvo que pedir ayuda a Godoy, quien le facilitó poder hablar con el tesorero. Durante la entrevista que mantuvieron se puso en evidencia uno de los motivos por los que se estaba retrasando la salida del viaje: otros viajeros habían hecho ya el recorrido propuesto. El tesorero le increpó de la siguiente forma: «¿A qué conspira vuestra merced con este viaje? Esta es una cosa hecha ya por otros».[124] Sacó una nota del bolsillo y la leyó. En primer lugar, aparecía C. F. Damberger, quien había viajado por África, a lo que Badía replicó que nunca penetró en su interior. Le siguió Bruce, quien también había ido al continente pero, según el español, no a todos los lugares del interior que señalaba en su plan. Y el tercero fue J. Barrow, quien también había viajado a África pero, respondía Badía, sin descubrir ni un solo lugar que no hubiese sido visitado antes por C. P. Thunberg, A. Sparrman, W. Patterson o F. Vaillant.

De cualquier modo, después de escuchar las respuestas, el tesorero ordenó que se le entregara el dinero. Sin embargo, y a pesar de contar con el pago de tesorería, no pudo conseguir que se aprobara la salida, por lo que envió a Godoy una serie de obras de literatura de viajes y filosóficas que justificaban su traslado: un bosquejo geográfico con todo lo descubierto en África hasta la fecha, la obra de Damberger y el n.º 30 de la *Década Filosófica y Política de Francia* (esta desmentía que Damberger hubiera viajado realmente). Godoy reaccionó de forma sorprendente frente a este envío y le devolvió las obras con el recado siguiente: «Decirle a Badía, que si él está loco, no quiera también volverme loco a mí».[125] Sin entender el porqué de esta reacción, ni quién le había proporcionado el papel que informaba de los viajes a África de los anteriores viajeros (los cuales parecían reproducir el propio proyecto de Badía), decidió publicar tres artículos sucesivos en el *Diario de Madrid* (25, 26 y 28 de noviembre de 1801) con el fin de demostrar que su proyecto nada tenía que ver con los de estos viajeros. En los artículos, anunciaba con su nombre verdadero y no bajo la identidad de Alí Bey, que adoptaría más tarde, el viaje que iba a realizar:

> El caballero D. Domingo Badía y Leblich, destinado por su Majestad a una operación de esta naturaleza, se halla ciertamente en la carrera de una gloria inmortal: el carácter distintivo de su expedición que es jamás volver atrás hasta el fin de ella, la hace infinitamente superior a cuantas hasta el día se han practicado en aquellas regiones, y solo podrán compararse si vuelve felizmente, a las de Cristóbal Colón y Vasco de Gama.[126]

El tesorero continuó sin concederle la habilitación para el viaje. Badía confesó más tarde que Godoy le había retirado su confianza, porque pensaba que era un desagradecido que no había sabido corresponder a sus favores. Creía entonces que, más que en la desconfianza de Godoy, el problema residía en las dificultades que el proyecto había causado en algún miembro de la Academia de la Historia:

> Reflexionando luego Badía que la nota del tesorero no podía ser redactada por él mismo, pues sus extensas ocupaciones le impedirían entretenerse en asuntos literarios, infirió que esta fue escrita y presentada por alguna persona interesada en destruir su plan, y que tuviese la facilidad de leer los papeles políticos. A la verdad, estas circunstancias concurrían en uno u otro individuo de la Real Academia de la Historia, juzgándose desairados con el éxito de un asunto contrariado por ello contribuyendo varios lances surgidos a confirmar esta opinión de Badía.[127]

Puesto que se había mantenido sin empleo el tiempo que dedicó a los preparativos del viaje, decidió pedir en estas fechas un anticipo de 3.000 reales «a buena cuenta de sus sueldos».[128] Esta misma precariedad económica hizo que se aceleraran sus peticiones a Godoy y, tras unas cartas escritas el 22 y 28 de diciembre de 1801, en las que le rogaba imperiosamente ayuda, el favor del ministro se vio restablecido, lo que aceleró los preparativos del viaje. Tan agradecido estaba con él, responsable como se ve en último grado de la resolución de su viaje que decidió comenzar una obra sobre las operaciones llevadas a cabo por otros países en África. Estaría formada por tres tomos y un atlas, y pensaba regalársela antes de su salida. Parece que, «en los días de febrero, escribió el equivalente a dos tomos de esta obra»,[129] que llevaba como título: «*Memorias africanas*, o *Ensayo histórico general del África*. Contiene, un cuadro general de cuanto se sabe de esta parte del mundo, comprendiendo una recopilación de su historia política desde la primera antigüedad: con los principales viajes hechos a ella en esta última época y los descubrimientos que han producido en todos ramos; y por consiguiente lo que resta que hacer en aquel continente».[130] Es una lástima que solo se encuentre la mención de estas memorias en los *Documents*, ya que su análisis permitiría añadir nuevos títulos a las ya abundantes fuentes consultadas por Badía.

Desde entonces y hasta su salida hacia Tánger, continuó con su labor investigadora. En el campo de las artes, hizo su primera aproximación al género teatral y confeccionó un borrador para una futura publicación de un *Diario de los teatros*. El proyecto pretendía informar periódicamente sobre las actividades del teatro de la Cruz de Madrid e incluir el título de la comedia, el sainete y la tonadilla de todas las representaciones. También sobre las del teatro del Príncipe de la capital, de las que apuntaría observaciones sobre las piezas representadas, historia del teatro, construcción de los teatros, autores clásicos, influjo de las piezas en la moral y la educación, actores famosos, trajes, decoración, música, canto, baile, declamación, arte mímico, anécdotas del mundo del espectáculo, teatros de Italia e Inglaterra, policías del teatro, toros y espectáculos menores.[131]

Por las mismas fechas, escribió una disertación patriótica a favor del duque de Alcudia, en la que aprovechó para intervenir en los debates que se estaban desarrollando en aquel momento en España: «Para que esta sociedad conserve la unión y energía de sus fuerzas debe tener una cabeza única, indivisible y de quien absolutamente dependa todo el poder para emplearlo cómo y dónde convenga».[132]

Volviendo a su viaje, mientras se aproximaba la fecha de su partida, intentó cerrar los últimos preparativos. Mantuvo dos reuniones con científicos españoles, con objeto de concretar y ratificar los objetivos geográficos y astronómicos que ya había adquirido sobre África. El primer encuentro lo realizó el 9 de mayo con E. Izquierdo, director del Real Gabinete de Historia Natural, y el segundo el día 10 con J. Garriga, capitán de ingenieros cosmógrafos y director de la cátedra de astronomía sintética.[133] Al mismo tiempo, informó a la Real Sociedad Matritense de su viaje y esta solicitó mantenerse al tanto de todo lo que sucediera durante la expedición.

El 3 de mayo de 1802, se les concedieron a los dos viajeros sus pasaportes, y el día 7 Badía y su familia acudieron a despedirse de Godoy. Sin embargo, aún no todo estaba dispuesto para comenzar el viaje; faltaban algunas medicinas y libros por comprar. Por fin, «el miércoles 12 de mayo por la tarde, salió Badía de Madrid para París acompañado de Simón de Roxas Clemente».[134]

1.2. El viaje a Marruecos y a La Meca

El traslado hacia África había comenzado. Badía decidió que empezaría a recoger muestras y diarios de su viaje desde su salida hacia Europa, al igual que haría en su segundo desplazamiento catorce años después. A partir de Bayona, rumbo a Inglaterra, se hizo con una serie de objetos para formar una colección general en el Gabinete Real: «Aunque no siendo la Europa el objeto de nuestra misión [...]. No obstante aprovechamos lo posible las circunstancias practicando las observaciones posibles y colectando algunos objetos».[135] Se trasladó primero a París, luego a Londres y, directamente desde allí, a Cádiz y Tánger, sin pasar por Madrid. L. F. J. de Bausset –quien pensaba de forma errónea que Badía había estado primero en Londres, y luego en París y Madrid– describió en 1827 sus movimientos en la capital de Francia e incluyó por segunda vez el verdadero nombre del que más tarde iría disfrazado de príncipe abasí. Badía en París: «Comunicó a la oficina de longitudes el objeto científico de su viaje, tomó notas sobre los puntos geográficos y náuticos [...] (sobre los que la clase de ciencias del Instituto deseaba tener aclaraciones precisas)».[136]

En la capital francesa visitó a personajes como Ch. M. Telleyrand (futuro ministro de Napoleón), R. Louiche Desfontaines (botánico), J.-B. J. Delambre (astrónomo), P. Méchain (astrónomo y geógrafo), Beautemps-Beaupré (astrónomo), Lalande (astrónomo) y J. B. Lamarck (naturalista).

Un mes después viajó a Londres, donde le fue presentado J. Banks, presidente de la Royal Society –el investigador Roussier aseguraba que este hombre nunca había existido–,[137] quien recomendó a los dos viajeros a la «Sociedad Africana» para cualquier ayuda que pudieran necesitar. Banks los presentó como: «Caballeros españoles empleados por su gobierno para explorar el interior de África».[138] En una carta a Ceballos, meses atrás, Badía había mostrado su interés por conocer la «Sociedad Africana de Londres».[139] En la ciudad, conoció también a «Dr. Maskelyne, Rennel (cuyos mapas le habían servido para trazar su plan al interior de África), Mr. Mendoza (astrónomo y marinero sevillano), Sir W. Blizard (médico cirujano), Mr. S. Turner (botánico), a los presentes editores y a otros»,[140] así como a Hamilton y Ayron.[141]

Parece ser que Rojas Clemente también se hallaba vinculado a este país, pues había estudiado en 1802 «junto a los más destacados botánicos ingleses: J. Sowerby, J. E. Smith y D. Turner».[142] Las visitas de Badía a París y Londres demostraban la forma detenida con la que estaba preparando su traslado y el conocimiento que tenía de los elementos que debía buscar y aplicar en sus viajes, puesto que visitó a los nombres más relevantes de la época en cuanto a experiencias viajeras europeas (Banks y Rennell) y sus descripciones científicas (Lalande y Lamarck).

En la capital inglesa tuvo lugar uno de los episodios biográficos que más atrajeron la atención de algunos de sus investigadores, debido al plus de exotismo que añadía a su figura: la circuncisión, practicada por el cirujano Blizard, tal y como refería la edición británica: «Entró en contacto con sir W. Blizard por importantes motivos quirúrgicos».[143] La traducción alemana también se hacía eco de la operación: «Además, en Londres, se hizo la operación de la circuncisión a los 36 años».[144] Sin embargo, en la edición de 1907, llegó a afirmarse que se la había hecho con sus propias manos. Así lo recordaba F. Amorós y Ondeano, oficial de la Secretaría de Estado y del Despacho de la Guerra, a Godoy, haciendo un exagerado hincapié en el valor que mostró para realizarla: «Desde Pitágoras hasta Badía, nadie ha tenido valor de circuncidarse por amor a las ciencias y eso supone una resolución extraordinaria».[145] Quizá decidió circuncidarse como parte de la preparación con la que se estaba construyendo una identidad musulmana, aunque no ha faltado quien haya afirmado que la operación tuvo que ver con una premeditada infidelidad a su mujer.[146]

El 23 de abril de 1803, Badía y Rojas Clemente llegaban a Cádiz en el mercante inglés *George*, dirigido por el capitán Collins. Vestidos como árabes, habían adoptado unas nuevas identidades durante su travesía y se hacían llamar ʿAlī-Bek-ʿAbd-Allah[147] (Badía), y Meḥmed ʿAlī (Rojas Clemente):[148]

> Vengo vestido de moro, y conocido en el buque solo bajo el nombre de ʿAlī-Bek-ʿAbd-Allah siendo este disfraz de la mayor consecuencia para mi introducción en África, por lo que en Cádiz no debo manifestarme a persona alguna.[149]

En la ciudad, se instalaron en el n.º 134 de la plazuela de las Viudas, mientras esperaban a que llegasen algunos objetos de su viaje que todavía faltaban, como los pasaportes y las boletas de sanidad. Intentaron concretar los últimos contactos y recomendaciones para su estancia en África. El 3 de mayo de 1803, realizaron una excursión por Sierra Morena antes de concluir la colección de historia natural de Europa. Un mes más tarde, el 21 de junio, de camino hacia Algeciras, Badía sufrió un pequeño accidente. La calesa en la que viajaba volcó tres veces y se hirió en una pierna. Este percance le obligó a permanecer en dicha población hasta el día 24. Casas añadió que, durante su estancia en la ciudad, se había entrevistado con Amorós, con quien concretó la fecha y la manera de entrar en Marruecos.

Tres días más tarde, se mencionaba por primera vez que continuaría el viaje sin su ayudante Rojas Clemente: «Habiendo dejado por ahora[150] en Cádiz a mi ayudante y equipaje, vengo a la ligera con solos dos baulitos muy pequeños».[151] Nada más volvió a decirse sobre el asunto en los documentos disponibles de estas fechas. Ahora bien, en la edición de 1836, apareció reproducida una carta, fechada el 13 de julio de 1803 desde Tánger y enviada por Badía a Rojas Clemente, en la que como causa del abandono se esgrimía la imposibilidad de esperarlo más tiempo en esta ciudad:

> Amado Clemente: cada día veo más imposible la venida de Usted aquí. Me duele en el alma de ello; pero lo veo imposible, no me atrevo a detenerme más. Paciencia. Adiós, Clemente mío. Sigilo, y para cambiar de traje, salga usted de Cádiz. Soy de Usted siempre afectísimo.[152]

Rojas Clemente le contestó:

> Mi querido amigo: ¿es posible que ni aún por esclavo vuestro pueda yo incorporarme a la empresa del África, sin comprometer vuestra existencia, y el éxito de la empresa misma? ¿Hallaré recursos en la filosofía para tranquilizar mi ánimo, si soy excluido antes de empezarla? ¿Y qué

satisfacción daría a los que en Europa han sido testigos del entusiasmo con que me preparaba a trabajar en ella? Conocéis bien el valor que nosotros damos a la opinión. No daré un paso sin vuestras instrucciones, y mi sigilo será más que sacramental.[153]

Cinco años después, incluía una nueva razón por la que el catedrático de árabe no le había acompañado: no se había hecho la circuncisión. Un extraño motivo para no realizar el viaje:

> Oficio de Don Rojas Clemente, incluyendo cuatro papeles [posiblemente alguno de ellos corresponde a las cartas reproducidas al comienzo de la edición de 1836] de su correspondencia con Alí Bey, sobre la imposibilidad de entrar Clemente en África como moro, no habiéndose circuncidado.[154]

Este argumento lo defienden algunos de sus biógrafos.[155] Otra explicación mucho más sensata para que Rojas Clemente no le acompañara es que nunca llegó a conocer el objetivo político del viaje, por lo que, en el último momento, se decidió que no fuera con él.[156] Poco tiempo después, Rojas Clemente fue enviado por el gobierno a recorrer las Alpujarras, de las que realizó su estadística y escribió una «Historia natural, civil y política de las dos Alpujarras, alta y baja».[157] Unos años después, editó un *Ensayo sobre las variedades de la vida común*[158] (1807), una *Tentativa sobre la liquenología geográfica de Andalucía* (1863) y *Plantas que viven espontáneas en el término de Tartaguas, pueblo de Valencia, enumeradas en forma de índice alfabético* (1864).

La primera relación de los trabajos realizados por Badía en vísperas de salir hacia Marruecos apareció bajo el título de «Índice de los trabajos hechos antes de partir para el África, y de los viajes de París y Londres».[159] El índice incluía una memoria sobre las cartas geográficas de África, otra para la Academia de la Historia, el plan general de viaje, unas reflexiones sobre África y sobre las expediciones conocidas, un tomo del viaje de Madrid a París, la descripción de la capital francesa, otro tomo con la de Londres, observaciones meteorológicas hechas en esta misma ciudad, descripción de instrumentos y operaciones para rectificar las observaciones realizadas allí, el índice de la colección de objetos de historia natural, un herbario que se depositó en la biblioteca del Príncipe de la Paz, otros efectos que se depositaron en el Real Museo Militar y un cuaderno con el viaje de Londres a Cádiz y de esta ciudad a Tarifa. A ello había que sumar la información que aparecía en sus «Papeles relativos a la expedición de Alí Bey en África y Asia», una memoria de Francisco de Terán sobre el comercio de Marruecos.[160]

Badía se vio obligado a permanecer dos meses en el sur de España mientras esperaba las recomendaciones y avisos de los diplomáticos españoles, franceses e ingleses establecidos en el norte de Marruecos, casi todos al corriente de su verdadera identidad. Una serie de personas fueron alertadas sobre los planes del *Viajero* con el fin de que se convirtieran en sus ayudantes y confidentes. Tan pronto como llegó a Cádiz, avisó al funcionario residente en la ciudad, T. Morla, y le previno que mantuviera en secreto su identidad. Sin descender del barco, esperó a que le mandara un ayudante que le guiara en la localidad y le acompañara a casa del ministro.[161] El cónsul general de España en Tánger, A. González Salmón (hermano de J. González Salmón, que había desempeñado este mismo cargo entre 1783 y 1801), había sido avisado también de su llegada. Así lo demuestra la carta que Badía escribió a Morla, en la que le explicaba que había escrito a González Salmón para pedirle que se aceleraran las diligencias convenientes para su entrada en Mogador, sin las cuales no podía continuar su viaje y estaba obligado a permanecer esperando en Tarifa.[162]

El 19 de mayo de 1803, comunicó por carta que había recibido dos oficios de recomendación, uno del comandante militar del Campo de Gibraltar de Andalucía, J. Castaños,[163] y otro de González Salmón. Según Caille, el *Viajero* había sido también presentado a Guillet, «comisario general de relaciones comerciales» (cargo que equivalía a cónsul francés en Marruecos), a través de una carta de Telleyrand, enviada el 21 de octubre de 1803, en la que nada se anunciaba sobre el proyecto político del viaje.[164] Dicha carta resulta de gran interés, puesto que en ella aparecen por primera vez los falsos orígenes de Badía. Se hacía pasar por hijo de un turco de Alepo que había gozado de una gran fortuna en Siria y que, huyendo de persecuciones, se había instalado en Italia con su hijo, Alí Bey, es decir, Badía. Su padre le había enviado a Francia e Inglaterra para instruirle y educarle en las ciencias. Pero, después de su muerte en Córdoba, había decidido reunir su herencia y visitar los países musulmanes. Su padre había depositado en la banca de Londres los restos de su fortuna y, desde allí y con este dinero, pudo embarcarse hacia Tánger y proseguir sus viajes. El 24 de junio de 1803, enviaba una carta a González Salmón desde Algeciras, cuyo contenido coincidía bastante con lo expresado a Telleyrand. En ella, le informaba de su nueva identidad:

> Para esas gentes, yo seré un siríaco musulmán educado en Europa desde muy niño, habiendo pasado mi tiempo en el estudio de las ciencias en Italia, Francia, España e Inglaterra, y retirándome ahora a los países de mi religión. La nobleza de mi familia, y mi aplicación a las ciencias, me han adquirido amigos en todas partes, y así llevo conmigo recomendaciones para Usted y otras personas de ese reino. Casi he olvidado el idioma patrio, pero conservo las oraciones del Corán aprendidas de niño y

> siempre practicadas; y poseo las lenguas europeas. Tal es el romance que deberemos venderle para lograr el gran objeto de mi misión; y nadie podrá identificar cosa en contrario, pues desde Londres tomé el traje musulmán, y en Cádiz nadie me conoce sino como tal.[165]

Según Godoy, había otra persona que estaba informada de los planes políticos del viaje; se trataba del coronel Amorós:

> Mi agente único desde un principio en el asunto de Marruecos y a quien tenía encargada la correspondencia con Badía y Rodríguez [A. Rodríguez Sánchez, vicecónsul español en Mogador] [...]. A éste le ofrecí tanta parte en la fortuna y en la gloria que podrían traer estos sucesos para España, como de vituperio si se empeñase un lance desastrado.[166]

El cónsul británico en Tánger, J. Matra, había sido avisado también de la llegada por las cartas de unos amigos ingleses de Badía y conocía su verdadera identidad:

> Extrañamente, se encargó las negociaciones sobre el futuro de los presidios a ese espía español, que, bajo el disfraz de un viajero sirio, llegó a Marruecos con instrucciones para explorar el país y preparar el camino para eventuales cambios políticos.[167]

Matra señaló que trabajaba como agente para Francia, pues se basaba en la carta de recomendación enviada por Telleyrand a Guillet.[168]

El 29 de junio de 1803, González Salmón anunció a Godoy la llegada de Badía a Tánger –la fecha coincide con la del primer capítulo de sus *Viajes*, ese mismo día a las diez de la mañana–,[169] aunque la primera carta enviada por el *Viajero* desde esta ciudad, fechada el 16, demuestra que llegó antes. A partir de los datos escritos, los grabados y las pinturas sobre Badía, se puede trazar su perfil. A su llegada a Tánger iba vestido perfecta y detalladamente con todos los elementos que podían identificarle como un árabe. Él mismo se describió como alto, flaco, con barba y bigote:

> Llevo chupa azul, chaquetilla y calzón rojizos, chaleco amarillo, faja floreada, barnus con borlas y,[170] gran turbante blancos, soy alto, flaco, con[171] buena barba y bigote.[172]

Según las personas que lo conocieron personalmente, como Bausset o R. de Mesonero Romanos, era un hombre alto y elegante, de cabellos negros y bigote:

> Un hombre joven de una talla alta y elegante; llevaba un uniforme azul de rey sin paramentos, ni solapas ni hombreras; una magnífica cimitarra,

anudada a la manera de las orientales y colgada a un lado, suspendida por un cordón de seda verde. Los rasgos de su rostro eran regulares; sus bellos bigotes, sus grandes ojos vivos y penetrantes daban a su fisionomía una expresión particular; sus cabellos eran negros y tupidos [...]. Su fisonomía mostraba dulzura y vivacidad.[173]

Y tenía «un carácter enérgico [...] insaciable curiosidad».[174] Pero fue Amorós, quien también lo conoció personalmente, el que por muchas razones que veremos más adelante tuvo una importancia clave en la vida de Badía y realizó su descripción más exaltada:[175]

> La gloria y el más puro patriotismo animan los sentimientos de ese hombre, en cuyas venas circula la sangre de los Corteses y Pizarros[176] [...]. En primer lugar, se presenta un generalísimo con toda la plenitud de facultades, prudencia y energía que son indispensables para conducir feliz, vigorosa y conservadamente este importantísimo negocio. No hay miedo que experimente Badía los obstáculos que arredraron a Colón y a Cortés en sus hazañas, si se decide a favorecerle en este caso, como lo ha hecho en los anteriores. La constancia es la primera virtud del generalísimo [...]. A hombres de ese resorte conviene permitirles hacer lo que desean.[177]

Finalmente, otros testimonios de su aspecto físico los constituyeron las imágenes que se han reproducido de su rostro, en algunos casos cuerpo, en las sucesivas ediciones y biografías. La única fidedigna, pues está incluida en la primera edición francesa de la obra y revisada por el propio autor, es un grabado de A. Adam (creador de los grabados de los *Viajes*) que lo presenta como un hombre de mediana edad, corpulento, con barba y bigotes tupidos, turbante y un astrolabio en la mano izquierda, símbolo de sus conocimientos e imagen frecuente de los viajeros ilustrados europeos. Las demás representaciones se han realizado a partir de esta, de las descripciones anteriores o de la propia imaginación de los autores.[178]

Otro elemento que ayudó a conformar la imagen que presentaba al llegar a Marruecos, y que indicó la manera detallada y cuidadosa con la que se ocupó de construir su falsa identidad, fue la lengua árabe que había estudiado en Madrid, aunque su conocimiento, a pesar de los testimonios de algunos de sus investigadores, fue escaso, al menos por lo que a la escritura y a la lectura se refiere.[179] Él mismo admitió que llegó a Tánger con unos conocimientos mínimos del árabe, tal como escribió en su *Memoria*, enviada a Muley Abduselem (hermano del sultán) en 1805, tras su salida de Larache: «En tal caso, antes de venir aquí, hubiera estudiado bien el árabe, pues en Europa hay escuelas para ello».[180] No existen papeles autógrafos que muestren su competencia en esta materia. La oración que abría la introducción de sus *Viajes* tenía errores ortográficos y sintácticos.[181] En la lectura, le tuvo que ayudar el propio sultán marroquí, un episodio que incluyó en sus *Viajes* (1.ª parte, cap. 4):

> Esta oración la escribió Muley Suleymān (con pluma de caña) el segundo día que fui a verlo en Tánger, y me lo hizo leer poco a poco, señalándome con el dedo las palabras, y corrigiéndome algunas pronunciaciones viciosas.[182]

Debió de aplicarse en el árabe dialectal al poco tiempo de su llegada, aunque, como él mismo señaló, nunca lo aprendió de forma correcta:[183] «En poco tiempo me puse al corriente de la lengua aunque en verdad nunca he podido hacer un estudio particular para profundizarla, pues he aprovechado mi tiempo en otras cosas».[184] Otra prueba de sus pobres conocimientos lingüísticos fue la necesidad que tuvo de utilizar traductores en algunos trayectos de su viaje. Como, por ejemplo, en Fez, donde tuvo a su servicio a un hombre llamado ʿAbd-il-Lah.[185]

Al poco tiempo de llegar a Tánger, tuvo que hacer frente a otro nuevo problema. En un claro descuido, sus amigos ingleses habían enviado a la familia de comerciantes judíos y oriundos de Menorca Haim Guedallos, una carta en la que aparecía la información de su verdadera identidad, lo que podía entorpecer los objetivos políticos de su empresa.[186] Según el texto de la carta que envió González Salmón a C. de Garay el 27 de febrero de 1809, Badía y un compañero suyo habían sido recomendados para su manutención económica a dicha familia, a la que la Casa de Comercio Inglesa había revelado que eran españoles disfrazados, una información conocida quizá gracias al viaje que había realizado a Londres antes de su salida hacia Marruecos. Igualmente, en esta misiva se señalaba que habían sido enviadas unas cartas al cónsul inglés para que lo recomendara en el transcurso de su traslado. Unos meses después, González Salmón aseguró que las cartas del cónsul habían sido recuperadas, pero no así la enviada a los Guedallos, con quienes Rodríguez Sánchez mantuvo largas conversaciones hasta conseguirlas.

El 16 de julio de 1803, Badía envió a Godoy las primeras noticias de las investigaciones científicas desde Tánger. Explicaba que hacía cuatro días que había comenzado a trabajar y que le iría remitiendo poco a poco sus apuntes y dibujos. Asimismo, incluía las noticias de sus primeros contactos políticos. Explicaba que el faqîh de esta ciudad quería presentarle «al Rey (el sultán)», que por aquel entonces se hallaba en Mequinez. Sin embargo, había decidido no aceptar la invitación porque no deseaba penetrar en el Atlas hasta tres meses después.[187]

El 26 de agosto de 1803, le escribió nuevamente para contarle que había mantenido una discusión con algunos doctores de la ley musulmana, a quienes había conseguido hacer cambiar de opinión sobre ciertos hechos referentes a la moral. Un episodio muy similar al que aparecería más tarde en los *Viajes*:[188]

> He cobrado tal fuerza que aún con estos doctores de la ley he tenido una u otra disputa sobre algunos puntos de su moral, y he tenido el gusto de que se confiesen convencidos y han quedado más satisfechos conmigo. Uno que aquí veneran por santo todos, he llegado a hacer que se quite la máscara conmigo y le chuleo a satisfacción.[189]

Unos días después, consiguió una audiencia con el gobernador de Tánger. Este le permitió sentarse con él y con su faqîh en un tapiz, acción que Badía describió como muy importante dentro de las costumbres musulmanas. Durante este tiempo, esperó la llegada de su equipaje –todavía tardaría tres meses en aparecer– con el objetivo de poder agasajar con sus regalos a las autoridades marroquíes. Finalmente, lo recibió alrededor del 21 de octubre de 1803, y avisó a Ceballos de su desplazamiento a Tetuán para entregarle un presente al gobernador de la ciudad.

El 22 de octubre, anunciaba su salida hacia Fez y escribía a Ceballos para que remitiera a su apoderado, Amorós, los borradores de sus tareas científicas; ya que todavía no había tenido tiempo de pasarlas a limpio. Amorós había llegado a Tánger, más o menos, al mismo tiempo que Badía. Así lo demostraba la descripción de ambos, justo en el momento en el que Amorós se despedía del *Viajero* y antes de que este saliera hacia Fez, el 25 de ese mismo mes: «Vistos Amorós y Ali Beik, al momento de montar este a caballo para Fez».[190]

Durante su estancia en Tánger, realizó observaciones astronómicas para fijar la posición geográfica de la ciudad y las medidas de los meridianos del eclipse solar que

> Lalande calculó en París, publicando unos resultados en las *Adiciones al conocimiento de tiempos del año*, sobre cuyo artículo cambió Alí Bey una nota a dicho sabio para reducir la diferencia de los meridianos que él había deducido de sus cálculos.[191]

Además llevó a cabo observaciones meteorológicas, una colección de historia natural, descripciones y dibujos de la ciudad, un plan de ataque con un croquis fundado en el conocimiento topográfico del lugar, la redacción de un cuaderno con las notas de sus primeros quince días en África y la descripción de la Corte del emperador de Marruecos.

Amorós y Badía redactaron conjuntamente en Tánger un proyecto para la conquista del Imperio de Marruecos, de importancia clave para comenzar a aventurar lo sucedido en el proyecto político.[192] El texto desatendía la primera premisa que Godoy planteaba en sus *Memorias*: entablar conversaciones con el sultán para que cediera dos puertos a España y facilitara la exportación de grano.[193] En realidad, se centraba en aliarse con las tropas sublevadas contra el sultán para hacerse con parte de Marruecos. En el proyecto se recordaba lo ventajoso del disfraz de musulmán y la fama que se había ganado de hombre muy piadoso. El plan proseguía con la posibilidad de consolidar una alianza con cuatro jeques de las ciudades del sur del Atlas que jamás llegó a visitar. A estos jeques pensaba pedirles un ejército, adiestrarlos en las tácticas militares y unirse a ellos para atravesar el Atlas hasta llegar a Marrakech, a fin de realizar la batalla decisiva contra el sultán. Pero, si por casualidad, se veía obligado a abandonar estos planes de conquista de Marruecos, proponía otro proyecto, no menos sorprendente que el anterior, ya que concernía a unos territorios no citados hasta el momento en ningún plan: Senegal. En realidad, era una idea extraída de las lecturas del viajero francés Goldbéry.

> Si me viera precisado a desistir de la conquista de Marruecos y a retirarme a los Atlas, pudiera todavía intentar alguna cosa contra los establecimientos ingleses de las costas de Senegal, si se creyese conducente.[194]

En el plan también aparecía citado de nuevo Castaños, quien sería el encargado de enviarle algunas tropas de ayuda desde España cuando fueran necesarias.[195]

Tras su estancia en Tánger, el 5 de noviembre, entró en Fez acompañando al sultán, quien «recibió extremadamente bien a Alí Bey y le hizo ir a Fez».[196] Allí llevó a cabo una serie de observaciones astronómicas y astrológicas, observó un eclipse solar «que se calculó y publicó en el Almanaque Náutico del Real Observatorio de Cádiz en el año 1807», completó una pequeña colección de historia natural y realizó la descripción de la ciudad.

En una carta que Amorós escribió a Godoy en el mes de enero siguiente, se recogían otras noticias sobre sus movimientos y se destacaba el interés en la obtención de cereales. En la misiva, se recordaban las necesidades de granos que tenía España y el mal estado de las negociaciones para conseguirlos de Marruecos. De ahí que Badía siguiera intentando el favor del sultán para su obtención. Sin embargo, unos días después, se le comunicaba por carta que abandonara los intentos de negociar las importaciones, pues as-Salāwi (primer ministro del sultán) había escrito al cónsul de Tánger (5 de enero de 1804) para decirle que el trigo sólo se exportaría desde tres únicos puertos y que si estaba interesado en los granos se centrara directamente en el asunto:

Y lo que ahora me parece, es que si tú quisieras la utilidad y provecho, y llevar a cabo tus negocios has de trabajar y ocuparte en la empresa de asuntos que os utilicen sean provechosos, y que conduzcan al efecto, y esto se ha de hacer con actividad como lo hacen los portugueses e ingleses, y déjate de gastos, muchas palabras, cuentos y sucesos fabulosos, con lo cual nada se alcanza.[197]

Dado que, a partir de ese momento, toda nueva operación sobre el cereal pasaría a realizarla el Ministerio de Estado, a Badía se le ordenó no ocuparse del citado tema (carta del 9 de febrero de 1804). El 27 de febrero salía de Fez (coincide con la fecha de *Viajes*, 1.ª parte, cap. XII) rumbo a Marrakech:

Pasando por Rabat, Dar Bayda, Azamor y otros varios pueblos, haciendo continuamente observaciones astronómicas para fijar todos estos puntos geográficos, como también observaciones meteorológicas [...] y colecciones de historia natural.[198]

Unos días más tarde, llegó a Marrakech y el sultán le regaló, en señal de amistad, la posesión de Semelalia con sus jardines y la casa llamada Sīdī Ben Ḥamīd Duqueli (*Viajes*, 1.ª parte, cap. XIV), esta última descrita como la mejor de la ciudad.[199]

Tras la estancia, salió hacia Mogador,[200] donde fue recibido gracias a una orden del sultán por los pachás de Ḥāḥā, Sūs y Syādma (regiones del suroeste de Marruecos) con grandes fiestas (*Viajes*, 1.ª parte, cap. XIV). Igualmente, aprovechó para proseguir con su labor investigadora y adquirió semillas del árbol del argán:

Que me dicen se ha puesto en el jardín de Sanlúcar de Barrameda, y desearíamos se sembrase en la Sierra Morena; cuyo hallazgo juzgamos es uno de los más bellos servicios de Alí Bey a la España, si se toman las providencias necesarias para aprovecharlo.[201]

El 8 de mayo de 1804, envió una carta en la que describía sus movimientos políticos y mostraba las alternativas posibles en caso de que su plan no funcionara.[202] La política sucesoria del sultán, que se encontraba en un momento especialmente complicado, podía favorecer sus planes. Esta era su descripción:

El hijo mayor del sultán [ciego, disoluto y aficionado al trato con los extranjeros][203] es aborrecido de su padre, y lo tiene desterrado en una mezquita: el hijo segundo (que Suleymān quiere sentar en el trono) [Muley Mūsā, residente en Tafilete] es un miserable collón, y así los bajás como el pueblo no los quieren: el hijo mayor de Muley Absulem [hijo mayor del sultán] es un muy bribón: la demás chusma de la familia está enteramente despreciada y los más de ellos desterrados [se refiere a Muley Salām desterrado en El Cairo tras combatir contra su hermano]. Solo queda Muley Abdelmelek [pachá de Mogador, cuñado y sobrino del sultán, así como comandante de su guardia] para aspirante al trono.[204] El hijo mayor del sultán está desterrado: el 2.º es cobarde, y aunque su padre les ama el pueblo les aborrece [...] quedando únicamente el bajá de Mogador.[205]

En este estado de cosas, reconocía aquel momento como el más indicado para pedir pacíficamente al sultán el gobierno de Marruecos. Pero si, a pesar de todas las negociaciones, no cedía, proponía tomarlo por la fuerza con la ayuda de una columna de tropas de Ceuta. Para ello, solicitaba al gobierno los siguientes pertrechos, «que necesito con preferencia»:[206] 2.000 fusiles, 4.000 bayonetas, 1.000 pares de pistolas y algunas cureñas de campaña, de todos los calibres.[207] Asimismo, informaba de que tanto el vicecónsul español en Mogador como el marqués de la Solana estaban al tanto de estas últimas decisiones y le apoyaban incondicionalmente. El 11 de junio de 1804, Godoy envió una carta al comandante general del departamento de la isla de León en la que aceptaba todas sus condiciones y planes. El monarca español estaba de acuerdo:

Quiere el rey que suministre a vuestra merced al comandante general de esa provincia marqués de la Solana, todos los auxilios que le pida, ya sea en buques, armas, municiones, pertrechos, o tropas y oficiales dependientes de la Real Armada.[208]

Como se observa en esta carta, parece que se imponía la vía militar para conseguir los objetivos políticos. El 15 de mayo, regresó a Marrakech con los preparativos militares como telón de fondo.[209] Sobre la reunión de pertrechos para comenzar la conquista, Bausset señaló que Godoy había ordenado al marqués de la Solana que se preparasen secretamente algunos barcos en la bahía de Tánger para embarcar con rapidez a los españoles que se encontrasen allí o en Marrakech, en caso de que comenzara el ataque. Igualmente, Godoy solicitó que 9.000 o 10.000 hombres estuvieran acampados en las murallas de Ceuta, mientras esperaban la orden de Badía para atacar. Con el fin de que no se levantasen sospechas, el marqués propuso que se dijera que se hallaban en el lugar para contener a los condenados a trabajos forzados de la población. Sin embargo, el día 17 de junio ordenó de forma inesperada que todo el plan del ataque se parase inmediatamente: Carlos IV había dispuesto que se revocasen todos los preparativos. Así lo comunicaba el marqués en una misiva:

A pesar de cuanto dije a vuestra excelencia con aprobación del rey el 17 del corriente, y de los motivos de guerra y aún de resentimiento que tiene su majestad con el emperador de Marruecos, que ha faltado a los tratados, ha hostilizado a sus presidios, resistido a socorrer con granos a España en la presente calamitosa urgencia; a pesar de todo esto, repito, me ha dicho su majestad últimamente que no se conforma con su conciencia el plan del viajero, y que no quiere auxiliar sus miras hostiles, sino puramente las científicas. En vista de lo cual suspenderá vuestra excelencia todas las gestiones que debía practicar.[210]

En consecuencia, se le comunicó que «debía él salir como pueda del compromiso en que se ve por haber querido servir al estado».[211] Rodríguez Sánchez recibió las mismas órdenes:

El rey quiere que proteja vuestra merced, en cuanto le permita su situació y la prudencia con que debe proceder, todas las miras del viajero, que tengan relación con las observaciones y descubrimientos científicos que se le han encargado, pero de ningún modo quiere su majestad que preste vuestra merced auxilio alguno para operaciones que se propongan otros fines; y en el caso de que la extraordinaria opinión que ha logrado en ese imperio le condujese a tomar algún partido que no sea conforme con las ideas de su majestad, espera que se conduzca vuestra merced con aquella delicadeza y circunspección que requiere la observancia de su soberana voluntad, conservándose pasivo, y dando parte de cuanto ocurra para su noticia.[212]

Las razones por las que se detuvo el plan de conquista fueron varias. Parece ser que cuando Carlos IV se enteró del trato especial y de preferencia –cortesía, incluso amistad y regalo de propiedades– que el sultán había demostrado a Badía, no quiso abusar de la confianza del marroquí y decidió detener el proyecto.[213] También se aduce que pensó que el proyecto era bastante peregrino y actuó en consecuencia, «tratando de volver a la realidad a su soñador ministro».[214] Sin embargo, casi con seguridad la razón que obligó a frenar el proyecto, según Bausset, fue la certeza de que el plan de Godoy había ido demasiado lejos y cuestionaba el equilibrio político europeo, por lo que las potencias que lo sostenían jamás hubieran consentido que España lo llevara a cabo.[215] Carlos IV debió de percibir que Inglaterra, cuyas miras estaban puestas sobre el Mediterráneo desde tiempo atrás, jamás permitiría un ataque de este tipo y que Francia, que mantenía por aquel entonces tropas en el estrecho, hubiera dificultado la empresa.

Mientras tanto, Badía se mantuvo recluido en su finca de Semelalia, probablemente ante la vista que tomaban los acontecimientos. Mientras se organizaban las maniobras políticas, aprovechó para realizar algunas investigaciones:

Excelentes observaciones astronómicas [...] una colección de muchas especies de granitos [...]. En febrero de 1803 hizo Alí Bey una observación astronómica en el jardín que está en medio del palacio del sultán en Marruecos. Entre los dibujos se hallaba un panorama o vista general del horizonte de Marruecos, que comprende la serranía de Atlas.[216]

Un mes más tarde (12 de agosto de 1804) escribió una carta en la que manifestaba su estado de ánimo. No parecía muy decepcionado y tenía todavía la intención de proseguir con su plan político, esta vez en el caso más que improbable de que el sultán muriese y el trono quedará vacante. Insistía y aseguraba que había estado y estaba todavía «a dos dedos» del trono de un gran imperio. El final de la carta mostraba su estado tras la anulación del plan de conquista: «En verdad la contraorden me ha conmovido más que si hubiese perdido diez batallas».[217]

Al mismo tiempo, describía la delicada situación en la que se encontraba, ya que el sultán le había regalado algunas mujeres para que las desposara, aunque su intención era la de rehusarlas,[218] una decisión arriesgada puesto que los regalos del sultán no podían rechazarse y la no aceptación de las mujeres podía ponerlo en evidencia y levantar sospechas sobre su verdadera identidad (*Viajes*, 1.ª parte, caps. XI y XVI).[219] En último término, decidió no quedarse con ellas. En febrero de 1804, escribió que el sultán había querido regalarle, esta vez, una sola mujer y que él la había rechazado. A causa de ello, se había producido un gran revuelo «en el escuadrón mujeril», adonde no se solía enviar de vuelta ninguna mujer. Sin embargo, en su *Memorial sobre la colonización de África al duque de Richelieu* (redactado en Francia a la vuelta de sus viajes, aunque no publicado hasta 1930)[220] contaba una historia diversa. Afirmaba que el sultán le había regalado dos mujeres, una blanca y otra negra (*Viajes*, 1.ª parte, cap. XVI), para que le hicieran compañía mientras el marroquí reflexionaba sobre la posibilidad planteada por el español de implantar una constitución en el país.

Finalmente afirmó que había adquirido una esclava en Tánger para disimular su condición de europeo, ya que: «Viajando por África, vistiendo el traje musulmán y remedando todos sus usos y costumbres es indispensable sujetarme a la de elegir algunas mujeres».[221] Sus reticencias al respecto le habían causado algunos problemas:

Por haber resistido hasta ahora a esta ley se ha expuesto a la censura de todos los moros, entre quienes es un escándalo el celibatismo; y para apaciguar sus sospechas y no interrumpir su sistema, ha comprado una esclava resistiendo varios enlaces ventajosos que le proponían aquellos magnates.[222]

Según algunas versiones, que coincidían con los *Viajes* (1.ª parte, cap. XVI), el sultán deseaba que se casara por dos razones, desde mi punto de vista contradictorias. La primera, para que se estableciera de forma definitiva en Marruecos, y la segunda, para que alguien pudiera estar en su casa y le mantuviera permanentemente vigilado.[223] Lo que sí parece cierto es que fruto de una relación en Marruecos nació su hijo ʿUṯmān en la ciudad de Fez, lugar donde la madre y el niño vivieron bajo la protección de un amigo suyo llamado Idris Rami.[224] En 1818, Badía confirmó la existencia de este hijo en una carta que envió a éste en italiano.[225] Por lo que allí se describía, mantuvo en secreto su verdadera nacionalidad:

> Mi querido ʿUṯmān: he recibido tu carta [...] en árabe. Doy gracias a Dios y a nuestro Santo Profeta por nuestra salud, pero me disgusta que no te acuerdes de que acordamos que me escribirías en una de las lenguas europeas que has aprendido. Conoces bien nuestra lengua árabe y es necesario que practiques las lenguas europeas para que puedas ser útil a nuestro soberano, Muley Suleymān, que Dios bendiga su alma.[226]

En la carta enviaba también recuerdos a la madre (a la que llamaba «pobre viuda»), al visir, al sultán y muchos abrazos para «el pequeño Hércules».[227] En 1834, Camps confirmó que el *Viajero* había tenido un hijo, fruto de una relación con una esclava blanca que le habían regalado. A su paso por Alejandría, le pidió al cónsul que los asistiera en vista de lo que le pudiera suceder durante su traslado a La Meca.[228] Además, durante el transcurso de su segundo y último viaje, fue reconocido en Trípoli por algunos comerciantes que lo conocían de su anterior visita a Marruecos: «Aquí hay muchas personas de Marruecos que conocen a mi hijo ʿUṯmān, a mi familia y a mí».[229]

Tras la anulación de su plan de conquista, tomó la decisión de salir inmediatamente rumbo a La Meca, aunque este viaje le desviara de su plan inicial de visitar el interior de África. De esta forma, aparecía por primera vez la idea de su traslado a La Meca, destino que, como se ve, nunca antes había sido mencionado: «También tengo en mi mano hacer el viaje de La Meca y desde el levante retirarme a Europa».[230]

Apenas dos meses después de la paralización de los planes de conquista por Carlos IV, Godoy tomó la decisión de continuar el proyecto:

> Aprovechando la grande opinión que ha adquirido vuestra merced en ese Imperio pida los auxilios pecuniarios que necesite y lleve adelante su plan por si pudiere;[231] pero sin que en nada suene o se comprometa el nombre del Rey.[232]

Fiel al giro secretista que tomó el proyecto, Godoy nunca volvió a hablar del plan, ni siquiera en sus *Memorias*. A partir de ese momento, comenzó a prepararse una nueva estrategia para la conquista de Marruecos. Inmediatamente, le fueron enviados a Badía 10.000 duros. Este dinero se consiguió con la excusa de que el rey quería extraer algunos frutos de Marruecos y necesitaba dinero para estas negociaciones; fue el padre de Rodríguez Sánchez el encargado de proporcionárselo para que continuase con sus maniobras. Sin embargo, parece que una enfermedad (*Viajes*, 1.ª parte, cap. XVI) le obligó a permanecer inactivo durante tres meses en su propiedad de Semelalia.[233] Algunos investigadores creyeron equivocadamente que esta enfermedad había sido causada por el disgusto de la cancelación del proyecto.[234] Este contratiempo le supuso estar alejado de la vida social y perder una gran parte de sus contactos en Marruecos.

El 25 de diciembre, el proyecto, que se había reanudado con carácter secreto, recibió un nuevo impulso, ya que Carlos IV decidió que tenía que continuar. Resulta muy posible que fuera Godoy quien nuevamente convenciese al monarca de la necesidad del plan, puesto que al fin y al cabo era función del ministro estar implicado en la política exterior española. Parece ser que el cambio de planes se debió a que se había declarado la guerra a Inglaterra, país valedor de Marruecos.[235] Los ingleses, enemigos de España, mantenían una interesada rivalidad comercial con ella en Marruecos, en especial en lo que se refiere a la extracción de cereales para abastecer Gibraltar.

Para proseguir con el plan, Godoy envió a Badía un pasaporte, una graduación militar y una nueva identidad con el fin de que se moviera con más libertad y seguridad en África:

> Concedo libre y seguro pasaporte al capitán de ejército Francisco del Castillo [...] para ejecutar las observaciones que sus conocimientos científicos y su profesión juzgasen necesarias [...] que no le pongan impedimento alguno en su viaje, antes bien que faciliten cuantos auxilios necesitase por convenir así al servicio del rey.[236]

Tras su posible enfermedad, reanudó sus maniobras políticas y se reunió con el príncipe Muley Abduselem para intentar concretar la posibilidad de implantar un «Canun» o constitución[237] en Marruecos, con cuyo establecimiento, en principio, este estaba de acuerdo, y paralelamente se alejó de Muley ʿAbd al-Malik, que estaba en su contra:[238] «Abdelmelek es mi enemigo aunque me hace muchas fiestas»;[239] «El Muley Abdelmelek hace las mayores humillaciones para probarme que me ama; pero yo veo que me teme o quiere ganar mi apoyo».[240] La idea de intentar implantar en Marruecos una constitución, que más tarde aparecerá de forma recurrente en los papeles, se muestra aquí por primera vez.

Un mes después, volvió a Fez y estableció sus primeras relaciones con el acompañante de las expediciones militares del sultán, Sīdī-al-ʿArbī, quien por entonces tenía dificultades con este y se hallaba dispuesto a colaborar con Badía.[241] A juzgar por el *Viajero*, en aquellos momentos sólo estaba esperando el ultimátum del hermano de -al-ʿArbī, para asociarse con él y combatir desde las montañas contra el sultán.[242] En caso de que no le interesara, proponía fingirse enfermo en Fez para facilitar la negociación.

Al mismo tiempo, desde España, el marqués de la Solana y Godoy preparaban los fondos necesarios para la operación.[243] El 11 de mayo, González Salmón pedía, a través del marqués, 2.000 duros (ya le habían sido enviadas dos remesas de 1.000 duros, una de las cuales se había extraviado, junto con algunas cartas)[244] para acelerar el proyecto. A finales del citado mes, Castaños y el marqués fueron avisados para que dispusieran rápidamente los auxilios de Badía.

El *Viajero* decidió aguardar en Fez al hermano de -al-ʿArbī, pero, si no llegaba, acudiría a Uxda o Taza para esperarle, tal y como se lo había propuesto anteriormente. Si aún así tardaba demasiado, tomó la determinación de ir desde Argel a las montañas o, en último caso, intentar pasar a Madrid de incógnito. Se encontraba en una situación difícil, mientras esperaba la decisión:

> Ya han pasado diez días más de plazo, y el hermano de Alarbi no ha aparecido con su gente; no sé si habrá perecido, pues su tribu acaba de tener una refriega con las tropas del rey, en la que dicen ha habido 400 muertos. Entre tanto yo me hallo en una situación empeñadísima. Los enemigos fuertes adquiridos en mi contramarcha tienen absolutamente fermentada esta ciudad contra mí, con las más absurdas imposturas para excitar terrores.[245]

En estas circunstancias, el pachá decidió ayudarlo para que abandonara Fez lo más rápidamente posible y le ofreció 50 hombres a caballo para que le acompañaran. Badía se negó a dejar la ciudad y el sultán le envió la carta siguiente:

> Hablan historias y astrologías cuyo lenguaje lo tenemos por herejía, o infidelidad digna de muerte. Cierra tu boca y cierra la puerta de tu casa, pues no sabes lo que son las gentes del Garbi ni la sangre que puede resultar de las palabras. Si tienes obstáculo para continuar tu viaje a Argel, marcha presto a Tetuán, y allí fleta para Túnez o para Europa, y de ella a Alejandría, si tu objeto es ir a La Meca, pues este país no te soportará por tu modo de hablar.[246]

Badía parecía resistirse a abandonar Fez antes de concretar su operación política. El sultán no lo estaba expulsando del país, sino que expresaba el deseo de que partiera cuanto antes de allí.

La operación comenzó a acelerarse a partir de ese momento. El *Viajero* pidió que estuvieran, el 5 de mayo en Algeciras o Ceuta, 2.000 fusiles con bayonetas, 4.000 bayonetas, 1.000 pares de pistolas, 8 piezas de «a cuatro de campaña», 1.000 cartuchos de bala y 500 de metralla, 30 artilleros, 3 oficiales, 2 ingenieros, un sargento y 20 cabos de granaderos, 3 cirujanos, un botiquín, una banda de 40 músicos, 400 varas de tafetán y 6.000 duros. Se trataba de un pedido que fue autorizado el 27 de marzo.[247]

Badía dejó definitivamente Fez el 30 de mayo (*Viajes*, 1.ª parte, cap. XVII). Pero al llegar a Uxda, 8 de junio, tuvo que detenerse: la revolución contra el gobernador turco en el Oranesado hacía intransitables los caminos (*Viajes*, 1.ª parte, cap. XVIII).[248] El día 29 de ese mismo mes, pidió que se le enviaran urgentemente a Melilla todos los auxilios y pertrechos que había solicitado, ya que, aseguraba, tenía el apoyo de los jeques Šeyj Suleymān y Šeyj Boanani de Uxda para luchar contra el sultán, por lo que deseaba reunirse con las tribus de las montañas, Banū Snus y Banū Znasīn, de la frontera este de Marruecos.[249] Todos ellos, aseguraba Badía, querían implantar una constitución en el país: «Desean la nueva constitución para salir de la horrible miseria en que están; pero sus fuerzas son cortísimas, y el país absolutamente abierto para sostener un primer ataque».[250]

Sin embargo, unos días más tarde, surgió un nuevo inconveniente. El sultán decidió enviar 1.000 jinetes a Argel para observar la revolución y proteger la ciudad, lo que obligó a Badía, por prudencia, ante la posibilidad de ser descubierto, a retrasar su unión con las tribus rebeldes.[251] El 20 de julio, se instó a Solana para que enviara los auxilios al *Viajero* de una vez por todas, incluidos 5.000 duros, ya que las cantidades remitidas anteriormente se habían extraviado. Igualmente, se propuso que Rodríguez Sánchez se trasladara de Mogador a Melilla, lugar al que se dirigirían los auxilios. Poco después, el general Castaños avisó de la llegada de parte del material y aseguró que, cuando arribasen los pertrechos que faltaban, los enviaría a Melilla, pero con despachos y oficios para Ceuta, de tal forma que si los ingleses apresaban los barcos, no supieran hacia dónde se encaminaban.

González Salmón informó a Godoy, el 29 de julio, de los movimientos de Badía en Uxda a través de los informes de los dos confidentes del *Viajero*, Jach Drifs y ʿAbd-Allah Ben Tamu.[252] Había salido hacia las montañas acompañado por un Šeyj (de la tribu de Banū Abī Ḥamdīn) que ya había hecho este viaje anteriormente. Iba casi sin acompañamiento, ya que apenas le seguían unos pocos criados; los otros habían preferido abandonarlo antes que exponerse al peligro que suponía el traslado por territorios en constante revuelta.

A media hora de su salida hacia Tremecén, le alcanzó el gobernador de la ciudad con 50 soldados a caballo y le obligó a volver a Uxda, según la citada autoridad para protegerlo de los peligros de los revoltosos. En realidad, las tropas a caballo habían sido enviadas por el sultán, para que le acompañaran hasta que hubiera embarcado hacia donde deseara, pero sin pasar por Fez. Una versión algo diferente aparece en sus *Viajes*.[253] Finalmente, tras volver a Uxda, Badía pidió que Muley Abduselem intercediera por él ante el gobernador para que pudiera proseguir su viaje, lo que le fue permitido, pero no en dirección este, como era su deseo, sino hacia el oeste, donde debía embarcarse y salir del país.[254]

Debido a los días que pasó detenido en Uxda y, en vista de que no avanzaba el plan, Castaños, desde el Campo de Gibraltar, comenzó a dudar de las intenciones del *Viajero*. Por tal motivo, el 1 de agosto, le comunicaba a González Salmón que quizá fuera más conveniente no enviar a Melilla las tropas y municiones que había encargado: «En la duda del partido que habrá tomado el *Viajero* después de su detención, me parece no debe remitirse a Melilla lo que había pedido hasta recibir noticias posteriores».[255]

Hasta esos momentos se habían reunido 4 cañones, 2.000 fusiles y, todavía, se esperaba que llegaran de Sevilla otros efectos. A pesar de las dudas de Castaños, el 2 de agosto Solana le comunicó que el día anterior habían salido por el río de Sancti Petri (Cádiz) todos los enseres militares y recomendaba su rápido envío a Melilla. Resulta curioso que, a pesar de que el envío de materiales a esta población nunca fue importante, ni muy costoso, hubiera existido todo tipo de dificultades para su preparación. Parecía que Solana deseaba entorpecer esos preparativos a conciencia. Debido a la lentitud con la que se desarrollaban y la ineficacia para llevarlos a cabo, Godoy trasladó paulatinamente los poderes del marqués al general Castaños y le cedió más responsabilidad en el proyecto.

Una vez llegada a Cádiz la totalidad del material pedido, la comandancia se dio cuenta de que todavía faltaba la cartuchería, que se había encargado desde hacía tiempo a los hojalateros de Sevilla, y tuvo que ser solicitada de nuevo. El 6 de agosto, Godoy pidió explicaciones a Solana del retraso del envío de tropas y municiones: «Ahí va una puntada que da margen para que vuestra merced se ponga en un buen lugar y explique sobre esa escandalosa pérdida de tiempo».[256] Tres días más tarde, el ministro solicitó que le enviasen los materiales que hubiese disponibles, aunque la remesa no estuviera al completo: «Amigo mío: lo primero es lo primero. Haga vuestra merced salir volando y escoltado lo que está pronto. Luego puede ir lo demás. En lugar de haber motivo de detención, exige el estado de las cosas mayor prontitud».[257]

En estas circunstancias, Badía comenzó a arreglar todos sus asuntos para abandonar Marruecos y salir lo antes posible hacia Trípoli de camino a La Meca. Intentó vender sus mulas y mandar un sextante estropeado a España para que fuera arreglado. Poco tiempo después, González Salmón describía el revuelo que habían causado los movimientos realizados para enviar los pertrechos a Melilla (que no llegó a realizarse, pues se embarcaron por error en Algeciras) y explicaba que se había corrido la voz en Algeciras entre los curiosos de que: «Íbamos a hacer la guerra a los moros. Vuestra merced deducirá lo perjudicial que podía sernos semejante temor cundido».[258]

En una carta enviada al rey meses más tarde, Badía explicaba las razones por las que creía que había fracasado el plan de conquista de Marruecos: «[...] el fracaso político-militar de Marruecos se debió a las órdenes y contraórdenes».[259]

Según una información remitida en 1808, intentó salir hacia Larache el 3 de agosto con una partida de guardias, enviados por el sultán, para que le acompañaran a embarcarse en dicha ciudad. Durante el viaje, sufrieron un terrible ataque de sed que los dejó al borde de la muerte. Pero, finalmente, fueron socorridos por una caravana de más de 2.000 personas. Nótese cómo en los *Documents* no aparece quién dirigía esta caravana, a pesar de que en los *Viajes* añadió que lo había hecho el místico Sīdī-al-ʿArbī, que lo había salvado de una muerte segura (*Viajes*, 1.ª parte, cap. XVIII).[260] Después de recuperarse, prosiguieron su recorrido por Taza, hasta llegar a Larache: «Cuya posición geográfica fijó Alí Bey, como ya lo había hecho con Taza y Uxda donde observó un eclipse lunar».[261] En este punto se ven interrumpidos los *Documents* y ya no aparece ninguna información más sobre su partida a Marruecos. Los *Viajes*, sin embargo, continúan hasta su salida de Larache a La Meca.[262]

Por lo que respecta a los trabajos de investigación que realizó en Marruecos, a su salida había elaborado 26 folios de su viaje de Rabat a Marrakech y de allí a Mogador, 40 de su traslado de Fez a Uxda y de aquel lugar a Larache, una explicación del panorama de Marrakech, notas de historia natural, 8 folios sobre santos, mezquitas y judíos, 3 relativos a la caballería marroquí, 3 de la lengua berebere, 9 sobre la geografía de Marruecos y su respectivo borrador trigonométrico, así como observaciones astronómicas y meteorológicas de Tánger, Fez, Rabat, Dar Bayda, Azamor, Mogador, Marrakech, Semelalia, Taza, Uxda y Larache.

A su partida de Larache, envió una carta a Muley Abduselem para justificarse y defenderse ante las acusaciones de sus enemigos y poder salvar así su imagen en Marruecos. Esta misiva resulta de interés porque aporta algunos datos valiosos sobre la imagen del *Viajero* mientras permaneció en aquel país. Llevaba por título «Memoria ilusoria enviada desde Larache a Sidi Muley Abduselem»:

> Esta memoria la hice circular entre mis amigos y aún hice que mis encargados en Fez enterrasen un ejemplar de ella, asegurándoles llegaría el día de que la desenterrásemos para mayor cargo de Suleymān y subsista enterrada allí.[263]

Según la memoria, desde su llegada a Tánger, algunos ciudadanos habían hecho circular que era un espía de Bonaparte que no cumplía con los preceptos musulmanes –en una nota añadida al final de la *Memoria*, decía que habían sido los ingleses quienes habían corrido esta voz infundada para que los franceses desconfiaran de él–. También que se permitía hablar sobre ciencias que no conocía, ni correspondían a su cargo, como por ejemplo la astrología. Tanto en Fez como en Tánger, Marruecos, Rabat y Larache, se defendía Badía, se había dedicado únicamente al estudio y había permanecido retirado. Asimismo, hacía una relación de todos sus conocidos y amigos, y añadía que, como siempre viajaba muy aparatosamente, todo el mundo conocía sus desplazamientos y no podía haber realizado nada en secreto. Destacaba la suntuosidad con la que había vivido:

> Lo mismo en Fez que en Marruecos [Marrakech] la casa de Alí Bey desde la mañana a noche estaba llena de gente, tres o cuatro cocineros apenas bastaban para servir sus comensales; y siempre que sale es menester que los criados o soldados vayan abriendo el paso muchas veces a palos.[264]

Aseguraba también que jamás había hablado mal de nadie, pues apenas había tenido contacto con la gente del lugar:

> Jamás se sienta a la puerta de su casa: jamás sale a pasearse o sentarse en los zocos: siempre tiene criados de guardia a la puerta para no permitir que nadie entre en su casa. Según eso, ¿cómo puede nadie quejarse de las habladurías de Alí Bey?[265]

Y afirmaba que siempre había hecho las cinco oraciones diarias que aconsejaba el precepto musulmán. Del mismo modo, respondía a la acusación de que era muy pródigo entregando limosnas y regalos, pues, se decía, deseaba ganar favores del pueblo para ser proclamado rey –esta prolijidad aparece varias veces reflejada a lo largo de los *Viajes*–. Y contestaba que, si ese hubiera sido su deseo, le hubiera costado mucho menos esfuerzo intentar ser monarca en otros lugares de mayoría musulmana que en Marruecos, pues en este país, aseguraba, ya se le quería y se le trataba como rey: «Había muchas gentes tan entusiasmadas que cuando salía Alí Bey le victoreaban con ese título, y el epíteto de sultán Seguir o rey chico se le daba muy frecuentemente a voces».[266]

Según Badía, habían sido tantos los favores que le había prodigado el sultán que éste había decidido implantar una constitución que asegurara la sucesión del trono a su hijo. A continuación, daba los nombres de aquellos que consideraba como enemigos y que intentaban enfrentarle con el sultán, ya fuera porque deseaban reinar (Muley ʿAbd al-Malik, Muley Tazen, los hijos de Muley Yazīd, Muley Šerif, y otros) o porque tenían envidia del favor que le dispensaba (como as-Salāwi). Y casi situándolo como uno de sus enemigos, recordaba que González Salmón nunca le había tratado de forma favorable. Finalmente, la *Memoria* decía que los franceses habían corrido la voz de que se estaba construyendo un castillo en Semelalia. Esta falacia se debía a que estaban asustados por la fragata inglesa que había llegado a Mogador con 8.000 fusiles, que suponían tenía que ver con alguna maquinación realizada por el *Viajero*, quien quizá deseaba establecerse en el país para concretar planes políticos. La *Memoria* se cerraba con la fecha según el calendario musulmán, 1220.

Mientras Badía salía hacia La Meca, González Salmón y Rodríguez Sánchez dedicaron parte del mes de agosto a ordenar y comprobar los gastos que había supuesto el confuso y embrollado intento de conquista de Marruecos, una conquista que estuvo bien lejos de realizarse pero que durante varios meses ocupó los esfuerzos de una serie de empleados del gobierno español y en la que, como demuestran las misivas, parecían creer. La política marroquí tuvo que sospechar de un personaje que apenas conocía la lengua árabe, que poseía una extraña y comprobable genealogía, y que además había anunciado su viaje en dos países diferentes. Las tropas para el plan de conquista llegaron a embarcarse en Algeciras y el sultán demostró durante parte del trayecto su deferencia hacia Badía.

El 13 de octubre, salió de Larache y comenzó lo que podría llamarse la segunda parte de sus *Viajes*: el trayecto hacia La Meca. Hizo su primera escala en Trípoli el 9 de noviembre, donde permaneció hasta el 23 de enero de 1806, fecha en la que salió hacia Alejandría, y, desde allí, pasó a la isla Sapienza y Modón, en la costa de Morea (Grecia).[267] En este litoral, sufrió varias borrascas y contratiempos. Tras padecer una terrible tormenta, y la torpe y errática navegación dirigida por el capitán del barco que le tenía que llevar a Alejandría –siempre según las palabras de Badía–, se apartó de esta costa de forma algo extraña, casi, como veremos más adelante, sospechosa, pues se alejó bastante del camino hacia Egipto, y llegó a Limasol el 7 de marzo de 1806 (*Viajes*, 2.ª parte, cap. IV).

Desde la isla Sapienza, en Morea, el poeta C. Ipsilanti dedicó a Badía un poema laudatorio: «Como señal de verdadera estima/y profundo respeto/el abajo firmante te sirve sinceramente».[268] Tanto los versos como su autor aparecían también en los *Viajes*, 2.ª parte, cap. IV:

> Volará de orilla en orilla
> tu gloria vencedora,
> y de un olvido triunfal
> tu fama vivirá.
>
> Y no sólo en estos bosques
> se conocerá tu valor,
> el pueblo más sabio,
> en tu nombre, por tu valor,
> se alzará a defenderte.[269]

En Chipre, el español le regaló al arzobispo, como respuesta a una Biblia en griego que éste le había dado, unos documentos realizados por él mismo sobre las investigaciones científicas para destruir la langosta, una información que conocemos gracias a una carta enviada por A. Brunoni al *Viajero* –según los *Viajes* (2.ª parte, cap. V), era un médico italiano domiciliado en Nicosia que hizo las veces de traductor entre Badía y el arzobispo de la isla.

Fue también este lugar el paisaje que más le fascinó y que provocó las descripciones más libres y subjetivas de sus *Viajes*. Seducido por el arcaísmo de la geografía y el clasicismo de su historia y arte, realizó una importante labor arqueológica y artística. Sus descripciones y láminas de los monumentos y ruinas fueron comunicadas inmediatamente al Instituto de París y publicadas en la prensa francesa.[270]

En el apéndice de la única edición en España en un solo tomo que se ha realizado del atlas de los *Viajes* se comentaba la fidelidad con los originales de todas las reproducciones artísticas del *Viajero* y se añadían algunas correcciones a los datos aportados por él. Como por ejemplo, la inscripción del vaso de Amatonta (lámina XXXV, *Viajes*), que no había sido muy fiel al original: «[...] la inscripción que copia de Amatonta no es muy fiel», o las ruinas llamadas palacio de la Reina, que correspondían en realidad a los restos de la fortaleza de Kantara: «[...] eran, sin ninguna duda, los restos de la antigua fortaleza de Kantara».[271]

Durante su estancia realizó los trabajos de observaciones astronómicas y astrológicas de Trípoli y Chipre, así como la descripción de un eclipse lunar en la primera; estado comercial y descripción de esta ciudad, su colección de monedas, plano de su mezquita y puerto;

nota sobre las cerraduras y pestillos de madera que se ven en diferentes países musulmanes; memoria del viaje marítimo desde Trípoli hasta la isla de Chipre con la descripción de la isla Sapienza y Modón; nota sobre la extinción de la langosta; colección de medallas y monedas de Turquía; un atlas con láminas (la descripción de éstas coincide con las incluidas en los *Viajes*), y el contrato con un capitán griego para su transporte a Alejandría.

En la misma isla, tuvo la oportunidad de dirigir sus miras políticas hacia un nuevo y sorprendente proyecto, que bien podría haber sido la causa de todo el tiempo que estuvo detenido en el zona. Este plan podría, por varias razones, relacionar al *Viajero* con el gobierno británico. Badía conoció en Limasol al señor Rich, quien le comunicó que iba a dirigir los negocios de la Compañía de las Indias Orientales en Egipto.[272] Y, como el *Viajero* poseía instrumentos astronómicos ingleses, el señor Rich pensó (siempre según palabras de Badía) que podía ofrecerle trabajar para el gobierno de su país. Por tanto, le confesó que sus verdaderas intenciones en Egipto eran ponerse del lado del que había sido esclavo mameluco de Murad Bey, Elfi Bey. A la muerte de Murad Bey, los mamelucos que había dirigido se dividieron en dos facciones. Una de ellas era la de Osman al-Bardisi, príncipe independiente del alto Egipto:

> Era el hombre más valiente y generoso que se conocía entre los mamelucos, y así, arrastró a su partido todos los hombres de valor y espíritu apoderándose por consiguiente de la mayor y mejor parte de Egipto.[273]

Y la otra, la de Elfi Bey. Este último decidió acudir a los ingleses y pedirles ayuda para gobernar todo Egipto, ofreciéndoles a cambio facilitar a Inglaterra la posibilidad de «ponerse a la cabeza del Egipto», con un proyecto que les garantizase esa parte de África como colonia:

> El plan de los ingleses era negociar con el gobierno de Constantinopla que se nombrase a Elfi Bey por Šeyj el Beled de Egipto, cuya dignidad le constituía dueño del país a la manera del príncipe feudatario de la Puerta Otomana; y poniendo al lado de Elfi un inglés que, tomando el traje y maneras musulmanas, supiere dominarle, lograba la Gran Bretaña por ese medio, transformar increíblemente el Egipto en una verdadera colonia inglesa sin comprometerse con la Puerta Otomana, y sin los gastos de una expedición armada.[274]

Badía contó que, por casualidad, a su salida de Chipre, un «sujeto» le pidió que le entregara unas flores al cónsul inglés de Alejandría. Esta acción, junto con los informes que el señor Rich adelantó del *Viajero* a sus amigos en Egipto, hicieron que en este país se le viera como un representante del gobierno inglés, lo que le permitió disfrutar de cierta libertad para intentar abortar los planes que Inglaterra tenía sobre Egipto.[275]

Badía terminó comunicando al cónsul francés y al español en Alejandría, Drovetti y Camps respectivamente (nada de ello le cuenta Camps a Gayangos en 1834, cuando le envía una carta informándole de lo que Badía le contó a su paso por el consulado), las intenciones de Elfi Bey y comenzó su labor para intentar que no se hiciera con el gobierno. Para ello, atacó las buenas opiniones que la gente tenía sobre él. Cuando Elfi Bey llegó para instalarse en Egipto con el nuevo nombramiento otorgado por Šeyj el Beled –príncipe feudatario de la Puerta Otomana, que gobernaba bajo el mandato del jeque en el país, Meḥmed ʿAlī, dueño del bajo Egipto–, tuvo que presentar sus papeles a los Šeyjs de El Cairo para que su puesto fuera confirmado. Este trámite fue aprovechado por Badía para confesar la intriga inglesa al comisionado que tenía que entregar los papeles a los Šeyjs y convencerle de que consiguiera impedir el gobierno de Elfi Bey. En resumen, el *Viajero* intentó durante su estancia en Egipto obstaculizar los intentos británicos con Elfi Bey para gobernar. Como mantenía relación con el capitán bajá de Alejandría (al servicio de la Puerta Otomana), intentó que no se le concediera ningún favor.[276] Este alarde político del español fue visto por los ingleses como un deseo para hacerse con el reinado de Egipto, razón por la que intentaron entablar relaciones con él:

> Viendo los ingleses ese triunfo de Alí Bey, cambiaron ya de ideas y fijaron sobre él los ojos, creyendo que Alí Bey trabajaba por cuenta propia, y temiendo que ese lograría ponerse a la cabeza del Egipto, lo que no había sabido hacer el cobarde Elfi [...] y volvieron a humillarse a él.[277]

Pero el *Viajero*, por supuesto, rehusó esta propuesta. Este entramado político le proporcionó una nueva meta en su labor como arbitrista. Elfi Bey había cortado el canal que surtía de agua a Alejandría, pero él podía rehabilitarlo. Para ello pidió: «Dos mil hombres armados, dos cañones de a cuatro con municiones y 500 trabajadores».[278]

A comienzos de mayo embarcó hacia Alejandría, adonde llegó el día 12. En esta ciudad, mantuvo un memorable encuentro con el escritor galo F. de Chateaubriand, quien pensó que se trataba de verdad de un príncipe abasí.[279] Ante la sorpresa del francés, el *Viajero* lo reconoció como gran escritor y halagó la vanidad del que entonces se encontraba a menos de un mes del destino final de su viaje, Jerusalén. Chateaubriand contó este episodio en la primera edición de su *Itinéraire*:

Todavía tuve en Alejandría uno de esos pequeños gozos de amor propio que tanto halagan a los escritores, y que ya me había halagado orgullosamente en Esparta. Un rico turco, viajero y astrónomo, llamado Alí Bey el Abasí, había oído mi nombre y pretendía conocer mis obras. Le fui a hacer una visita con el cónsul. Cuando me vio, gritó: ¡Ah, mi querido Atala y mi querida René! En aquel momento, Alí Bey, me pareció descender del gran Saladino. Pensé que era el turco más sabio y educado que existía en el mundo y, aunque no conociera muy bien los géneros de las palabras en francés: *non ego paucis offendar maculis*».

Sin embargo, poco tiempo después, Chateaubriand volvió a Europa y conoció la verdadera identidad del *Viajero*. En las posteriores ediciones del *Itinéraire* no tuvo más remedio que aclarar el error de ese encuentro: «¡*Voilà* lo que es la gloria! Me han dicho que Alí Bey es español de nacimiento, y que trabaja actualmente en España. ¡Vaya lección para mi vanidad!.[280]

Durante los cinco meses y medio que pasó en Alejandría (*Viajes*, 3.ª parte, caps. I y II), pudo reunir y formar una colección de antigüedades e historia natural y otra de monedas, que dejó en manos de Camps a la salida de la ciudad.[281] También realizó tres cuadernos de Alejandría y Egipto, las medidas de la columna de Pompeyo, observaciones astronómicas y meteorológicas, pesos y medidas de Egipto, y nueve láminas (que nuevamente coinciden con las incluidas en los *Viajes*, excepto el retrato del pachá, capitán bajá de la Puerta Otomana, y los enseres de Marruecos).

El día 30 de octubre, partió para Roseta. Desde allí, descendió por el Nilo hasta llegar a El Cairo. Esta travesía en barco era la habitual de los viajeros europeos en la segunda mitad del XVIII para alcanzar la capital egipcia. Llegaban por barco a Alejandría, de allí pasaban por tierra a Roseta y, en esta población, tomaban un barco en descenso por el Nilo hasta El Cairo. Browne, Niebuhr, M. C. F. Volney y Bruce fueron algunos de los viajeros que realizaron este itinerario y dejaron interesantes descripciones de la existencia rural y cotidiana egipcia alrededor de la vida que generaba el río.

Badía permaneció el mes que duró el ramadán en El Cairo. Pudo desplazarse cada vez más libremente por los territorios, gracias a unas cartas de recomendación que le fueron entregadas por el capitán bajá de la Puerta Otomana para el príncipe Šerif de La Meca, el bajá de El Cairo y el de Damasco.[282] Curiosamente, en la dirigida al príncipe Šerif, aparecía que se encontraba al servicio del sultán de Marruecos y que venía de Alejandría para ir a La Meca de peregrinación.

En El Cairo, realizó los siguientes trabajos: observaciones astronómicas y meteorológicas, notas sobre El Cairo, las pirámides y el monte Sinaí, láminas (incluidas todas en sus *Viajes*) y una memoria política sobre Egipto. Respecto a sus movimientos políticos en esta ciudad, visitó a ʿAbd as-Salām, hermano destronado del emperador de Marruecos.[283] Alrededor del 15 de diciembre, el *Viajero* abandonó la capital egipcia con una caravana hacia Suez, adonde llegó el día 20. Enseguida se embarcó en el mar Rojo y siguió toda la costa, hasta que el día 13 de enero de 1807 desembarcó en Djedda (Jedda) (*Viajes*, 4.ª parte, cap. I), el principal puerto de la tierra santa de los musulmanes. Ahora bien, la noche del 5 de enero, fue sorprendido por una gran tormenta que rompió los cables de las cuatro anclas de la nave y le obligó a huir en una lancha junto con catorce hombres, mientras estaba fondeado en la costa.[284] Pudo salvarse al atracar en la isla desierta de El Okadi (*Viajes*, 4.ª parte, cap. I), de donde fue rescatado y llevado nuevamente a Jedda. Desde allí, a través del desierto, llegó por fin al destino principal de su viaje, La Meca, justo en la medianoche de los días 22 y 23 (*Viajes*, 4.ª parte, cap. II).

Esta visita supuso uno de los escenarios más importantes de la actuación de Badía. La Meca no sólo representaba la sinécdoque de Oriente para cualquier viajero europeo, sino que tenía un añadido de peligrosidad que situaba el viaje en el límite de la experiencia, pues ningún no musulmán podía entrar en la ciudad. Además, el *Viajero* proporcionó a los estudios etnológicos europeos la muestra más importante que hasta entonces se tenía de ella. Si bien no era el primer europeo que había conseguido entrar, como se pensó durante mucho tiempo, sí lo fue en fijar la antigua posición geográfica, y en realizar los dibujos y esbozos de sus templos, así como una de las primeras descripciones de los wahhābíes con los que coincidió por casualidad en Europa: «Alí Bei ha sido el primero que nos ha dado los planos geométricos [...] de La Meca cuyos dos monumentos harán época en la historia de las ciencias».[285]

Antes que él, se tiene constancia de que la había visitado el viajero romano L. Barthema (1470-1517). El italiano se convirtió al islam en 1503 y fue con una caravana de mamelucos en peregrinación a La Meca. Escribió el *Itinerario de Ludovico de Varihema Bolognese* (1510). Más tarde estuvo allí J. Pitts (1663-1739), viajero inglés, tío de la también viajera lady Stanhope, que fue hecho prisionero por los turcos en Argel. Más tarde, pasó al servicio de su bajá e hizo la peregrinación a La Meca, tras abandonar su religión y convertirse al islam. De Pitts son los dos primeros grabados de La Meca que se conocen en Europa; el primero representa la Kaaba y el segundo, a los peregrinos realizando las abluciones. Fruto de su viaje fue la obra *A True and Faithful Account of the Mohammedans* (1704).

Badía permaneció 38 días en la población. Allí presenció las fiestas de la peregrinación de los musulmanes y entabló relaciones con el sultán Šerif. Asimismo, vio por primera vez cómo se reunía un ejército de 45.000 wahhābíes[286] (*Viajes*, 4.ª parte, cap. II) y describió de manera extensa y ejemplar lo que es posiblemente la segunda relación de los wahhābíes en Europa.[287] A los integrantes de la escuela jurídica islámica rigorista Hanbalí les dedicó algunas páginas de los capítulos II, III, VI, VII, VIII y X de la cuarta parte de sus *Viajes*, así como 10 folios en sus *Documents*.[288] El *Viajero* se trasladó a territorio wahhābí cuatro años después de que Saʿūd, el nieto del jeque Muḥammad ibn Saʿūd (origen de la actual dinastía que gobierna Arabia Saudí, que decidió seguir la doctrina rigorista de Muḥammad ʿAbd-ul-Wahhāb en 1744), utilizara políticamente esta manifestación religiosa en evidente expansión revolucionaria para conseguir los santuarios de La Meca y Medina en 1802. Con estos dominios, los wahhābíes lograron ser dueños de los centros más relevantes del mundo musulmán.

Más exactamente, el español coincidió con ellos en el momento en que Saʿūd estaba obligando, el 26 de febrero de 1807, a que los soldados turcos y los antiguos y nuevos caíds abandonasen La Meca. En los *Documents*, contaba cómo había intentado acercarse a Medina desde La Meca, a pesar de conocer que los wahhābíes habían afirmado que visitar el sepulcro del Profeta constituía un pecado y no permitían que nadie venerase su tumba. Además, la habían asaltado previamente y no dejaban que nadie se acercara, puesto que al hacerlo consideraban que se estaba cometiendo una falta de idolatría. Badía añadió una nueva información sobre el sepulcro del Profeta, no recogida en los *Viajes*. No existía sepulcro como se «cree generalmente en Europa», pues fue sepultado en tierra y sobre el lugar se encontraba sólo un túmulo de madera, cubierto por un paño bordado por el sultán de Constantinopla (nombre que Badía utiliza para referirse a Estanbul). En ese momento nada quedaba de la sepultura, pues los wahhābíes lo habían destrozado todo. No obstante, esta última información la obtuvo de segunda mano, probablemente por: «Un respetable sabio natural de Medina que venía desterrado por los Wejabis»,[289] al que encontró en el desierto de camino a Medina:

> Pero determinado a probar fortuna y arrostrar con cualquier riesgo, yo callaba y emprendí el viaje desde Yenboa esperando que quizás algún descuido de ellos u otra casualidad me abriese las puertas para lograr un objeto que tanto deseaba. Bien conocía yo el riesgo a que me exponía, pero era para mí más doloroso abandonar la ocasión si se presentaba.[290]

En el camino, los wahhābíes le exigieron una contribución o tributo para el sultán Saʿūd ya, que había desobedecido la transgresión de ir a la ciudad, y le quitaron, únicamente, como señala Badía, el reloj y la capa. El español continuó con la descripción de Yenboa y finalizó con la narración del ataque al pueblo del imán Ḥusayn, próximo a Bagdad:

> Donde se veneraban las cenizas de este santo, hijo de Ali, y nieto del profeta santo que Dios colme de gloria [...] pasaron a cuchillo absolutamente todos los hombres que eran más de 1.300; destruyeron el sepulcro de la mezquita, e incendiaron el pueblo. Mientras hacían esta bella operación, un doctor de ellos estaba gritando desde una torre: «matad, degollad a todos los infieles que dan compañeros a Dios».[291]

Badía realizó los siguientes trabajos en La Meca: elaboró la descripción de la ciudad, fijó su posición exacta, dibujó sus planos, los del templo y los de la Kaaba, y formó una colección de objetos de historia natural. También visitó la explanada de Arafat[292] y llevó a cabo las respectivas observaciones astronómicas y meteorológicas de La Meca, el mar Rojo y algunos lugares de la hoy llamada Arabia Saudí, así como un atlas con 36 láminas (todas están incluidas en los *Viajes* excepto una en la que aparecen las armas de los árabes y otra que describe un dao o barco típico del mar Rojo). Al mismo tiempo, organizó una colección de objetos que estaba formada por dibujos árabes comprados dentro del templo de La Meca, cuatro frascos de agua del pozo Zanzán del mismo templo, dos escobas con las que se barre su interior, azofaifas del desierto de Tor, una botella y frasquito del bálsamo de La Meca, incienso, goma, aloe, cinco variedades de café, plantas y piedras de todas las montañas que rodean La Meca y sus alrededores, escopetas, lanzas, una camisa, pañuelos de cabeza, una espada y un pedazo de vela, cuerdas de un dao y casi un pequeño tesoro:

> Tengo conmigo un poco de tierra del Sto. Sepulcro del Profeta en Medina, que me fue dada en aquel mismo desierto por un respetable sabio natural de Medina que venía desterrado por los wehabis, en compañía del jefe y empleados de aquel templo.[293]

Estos trabajos, algunos de ellos pioneros en Europa, tuvieron, ya que no la recepción y la relevancia que se les debería haber atribuido en su época, su interés. Lo demuestra el hecho de que, seis años más tarde, la memoria sobre los templos de La Meca y Jerusalén fuese leída en las sesiones de los días 15 y 20 de septiembre de 1813 en el Instituto Nacional de Francia, y se suscitara un «grandísimo interés».[294]

Badía aprovechó su estancia para proseguir con sus trabajos políticos. En La Meca había conocido al Šerif Gāleb (*Viajes*, 4.ª parte, cap. II), quien era amigo de los ingleses, tenía sometidos a los habitantes de la ciudad a fuertes impuestos y además robaba a los buques anclados en sus costas:

> Sagaz, político, valiente; pero careciendo de toda educación, es absolutamente ignorante; y entregado a sus pasiones, se reduce al estado de

un sórdido egoísmo por satisfacerlas, no habiendo especie de tropelía o vejamen que no ejerza.[295]

Badía intentó aprovechar su amistad para conseguir los objetivos políticos más ambiciosos de la época o, al menos, hablar del deseo que tenía de hacerlo:

> Abrir nuevas relaciones o una nueva correspondencia de la India con Europa por la vía de Arabia o Mar Rojo, como los ingleses la tienen por la vía de Persia y su golfo.[296]

El 2 de marzo, abandonó La Meca hacia Jedda.[297] En esta ciudad permaneció hasta el 21 y de allí salió en barco hacia Yenboa, el día 30. La jornada siguiente, partió hacia Medina.[298] El 2 de abril, cuando sólo faltaban 8 leguas para llegar a aquella población, fue retenido prisionero de los wahhābíes (*Viajes*, 4.ª parte, cap. X). Un día más tarde, volvió a Yenboa y se unió a una flota de 28 barcos que iban a Suez, cargados de café y otros efectos de la India. El 19, su barco chocó contra un escollo y se vio obligado a permanecer anclado hasta el 24 en la isla de Umm al-Malek hasta que fue reparado. Posteriormente, los días 11 y 26 de mayo, volvió a chocar (*Viajes*, 4.ª parte, cap. XI) con dos barcos de la misma flota de la que formaba parte. Estos contratiempos fueron debidos, según afirmaba en sus *Documents*, pero sin que apareciera en sus *Viajes*, a la impericia de la tripulación árabe que se encargaba de la navegación:

> Estos sucesos prueban la torpeza de aquellos marineros árabes, bien que en verdad, el mar sobre el cual navegan está tan sembrado de escollos que casi no puede maniobrarse, y los barcos están construidos de un modo tan raro que sólo pueden compararse a los barcos troyanos.[299]

De este itinerario por la costa del mar Rojo y La Meca, recogió las posiciones geográficas y las observaciones astronómicas. El día 14, desembarcó en Wadit Yahya (al sur del monte Sinaí) y continuó por el desierto arábigo. Allí observó un eclipse lunar el día 21 (*Viajes*, 4.ª parte, cap. XI), y el 23 llegó a Suez. Tras abandonar esta última ciudad, el 14 de junio entró nuevamente en El Cairo, ya de camino hacia Constantinopla. En la ciudad, fue recibido por el jefe de los Šerifs, Sayyid ʿOmar (*Viajes*, 4.ª parte, cap. XII), y aprovechó para dejar en manos de Camps sus instrumentos de observaciones astronómicas, con el objetivo de no levantar sospechas en un lugar sumido en el caos y la incertidumbre tras la reciente revolución que había conseguido destronar al sultán Selim.

El *Viajero* continuó por el desierto hasta el istmo de Suez, y realizó unos comentarios científicos sobre la depresión del mar Rojo, llamados «Notas sueltas sobre la Arabia y el mar Rojo».[300] Llegó a Gaza, el día 14, de camino hacia Tierra Santa. El 20, pasó por Jafa y, el 23, llegó a Jerusalén (*Viajes*, 5.ª parte, cap. I). En esta ciudad, realizó el plano de la mezquita levantada sobre el antiguo templo de Salomón, y visitó los sepulcros de Abraham y su familia, en Hebrón. Aprovechó su estancia para realizar un informe sobre los religiosos allí destinados, puesto que las condiciones míseras en las que vivían obligaban a plantearse su situación: «Sufriendo en consecuencia por esto [la insaciable codicia de los musulmanes]; y sufriendo en consecuencia de esto las vejaciones más horribles; la situación de los religiosos de Jerusalén, es la más miserable que pueda darse al hombre».[301]

Para ello, recogió una serie de notas con las que formó *Una memoria sobre los religiosos de tierra Santa*, que finalizó en la capital austríaca. Gracias a la realización de este estudio, se dio cuenta de que la mayoría de los monjes franciscanos que habitaban en Palestina eran de nacionalidad española y que, por lo tanto, «la mitad de los gastos custodia de Tierra Santa»[302] eran pagados con fondos del gobierno hispano. Así, propuso un informe arbitrista con el que poder solucionar parte de esos costes y realizó un estudio sobre las condiciones de los monjes en el que proponía trasladar los fondos que enviaba el gobierno fuera de Jerusalén, para que no fueran interceptados por los otomanos, así como proporcionar una fuerza militar que pudiera defender a los monjes de sus exigencias y de otros posibles enemigos. La *Memoria* estaba formada por cinco partes: introducción, el estado de los religiosos de Jerusalén, medios usados y proyectos propuestos para ayudarlos, un plan para remediar los males que sufrían y un apéndice. Al final, incluía un asombroso comentario en el que volvía a poner al descubierto sus maquinaciones políticas, nuevamente desorbitadas. Esta vez proponía tomar Palestina:

> Pero si un cúmulo de medios tan enérgicos, no bastase aun para lograr el deseado fin [influencia política en el Levante] ¿Qué remedio queda?... Tomar la Palestina.[303]

La memoria estaba firmada con el nombre y el rango que se le había concedido tras su salida de Marruecos: capitán Francisco del Castillo.[304]

La realización de este plan le permitió ser ordenado caballero de la Orden del Santo Sepulcro de Jerusalén. Entre 1804-1814, algunos integrantes de la citada Orden de Francia,[305] Inglaterra y España habían intentado mediar en los intereses espirituales y temporales de las casas religiosas de Tierra Santa para protegerlos de las exigencias del poder otomano. En este contexto, el marqués de Almenara tomó la iniciativa de enviar una carta en noviembre de 1807 para que Badía fuera armado caballero de la Orden. El 1 de diciembre, era ordenado en «gratitud por los servicios hechos tanto a la generalidad de los fieles de la Palestina como a los individuos custodios de los lugares».[306] Al mismo tiempo, se admitió al embajador y agregado francés en Constantinopla, el general Sebastiani, y al propio marqués de Almenara.

El 29 de julio, comenzó su traslado hacia Haifa. Dos días después llegó a San Juan de Acre y, el 7 de agosto, a Nazaret. En esta última ciudad cayó enfermo y permaneció hasta el 19. Después de atravesar el río Jordán, el monte Tabor y el mar de Galilea (lago Tiberíades), entró en Damasco el día 22 (*Viajes*, 5.ª parte, cap. V). Allí estuvo hasta el 29 y, tras once días de travesía por el interior de Siria –Homs y Hama– (*Viajes*, 5.ª parte, cap. VII), llegó a Alepo.[307] Desde este lugar, escribió una carta a Godoy en la que decía preparar algunos planes políticos contra los ingleses nada claros: «Anunciándole lo que hizo en Alepo para acortar las líneas de comunicación que por allí tenían los ingleses con la India».[308]

El día 28, salió hacia Antioquía (Antakya) (*Viajes*, 6.ª parte, cap. I), el 30 llegó a Tarsus y el 3 de septiembre, subió al monte Tauro. A través del Asia Menor (Konia, Kütahya y Nicea o Iznik), llegó a Constantinopla el día 22 (*Viajes*, 6.ª parte, cap. I). Allí decidió abandonar, como motivo de precaución antes de proseguir su viaje, sus papeles, dibujos y objetos de historia natural, los cuales depositó en manos «de los Ministros del Rey»,[309] aunque conservó una colección de antigüedades y medallas de Siria y Asia Menor que había reunido durante su periplo, junto con las notas descriptivas y el plano del templo del santuario de Eyup (*Viajes*, 6.ª parte, cap. II) que acababa de realizar en Constantinopla. Señaló que este último templo no había sido visto por cristiano alguno.

Mesonero Romanos refería una entrañable historia, acaecida durante la estancia del *Viajero* en la ciudad, que le contó el agregado de la embajada española en Constantinopla, J. M. Carnerero.[310] Esta ponía de manifiesto que Badía no era demasiado discreto en la ocultación de su verdadera identidad. Alojado en casa del marqués de Almenara, J. Martínez de Hervás (jefe de la legación de España, que conocía el verdadero nombre de Badía), fue recibido con todos los honores de una personalidad árabe (un recibimiento similar aparecía en *Viajes*, 6.ª parte, cap. I). Una mañana, fue invitado a desayunar con el resto de la legación española, que se encontraba en la ciudad y desconocía su verdadera nacionalidad. Entre toda una serie de platos orientales y europeos refinados, asomaba una bandeja de huevos revueltos con tomate. Los invitados manifestaron su sorpresa al verlos entre esas exquisiteces; sin embargo, Badía se puso dos en su plato y recitó los siguientes versos en español de T. de Iriarte: «Y ella le dijo: sois unos petates, / yo les haré revueltos con tomate». Los comensales mostraron su cara de sorpresa al escuchar esos versos recitados en perfecto castellano. Solamente cuando, unos días más tarde, abandonó Constantinopla, el marqués descubrió a la legación española el motivo de su asombro: el príncipe abasí conocía los versos de Iriarte porque era español.

Constantinopla fue el lugar en el que Badía puso punto final a su viaje. No se conocen las razones por las que decidió volver, pero estas fueron debidas con probabilidad al cariz de los acontecimientos políticos que se estaban sucediendo en España.[311] Barberá llamó la atención sobre la rapidez de sus viajes a partir de la estancia en Jerusalén, lo que es corroborado por la anterior descripción de los lugares por donde pasó. Basándose en las declaraciones del conde de Forbin, a quien el pachá de Egipto había comunicado que conocía la verdadera identidad de Alí Bey, Barberá señaló que la noticia del auténtico nombre del *Viajero* ya se había extendido por Oriente Medio, por lo que se vio obligado a acelerar su viaje. Sea como fuere, el 7 de diciembre, abandonó Constantinopla hacia Europa. Tras pasar por Andrinóplis y los Balcanes, llegó a Bucarest el 19 (*Viajes*, «Conclusión»): «[...] habiendo terminado allí sus *Viajes* en los países musulmanes, pues la Valakia [Rumanía] se hallaba ocupada por los rusos, que le recibieron muy bien».[312] Allí tuvo problemas de salud a causa de la fatiga del viaje y permaneció en cama hasta el día 27.

Probablemente, durante su convalecencia escribió el informe «Estado actual del Imperio Otomano»[313] (*Viajes*, 6.ª parte, cap. VI), un trabajo en el que se mezclaban datos históricos y antropológicos junto con las opiniones e impresiones del Badía más parcial. A pesar de que el texto estaba firmado de nuevo por un árabe musulmán, se permitió deformar y cubrir de tópicos a los «bárbaros» otomanos,[314] tal y como, por otra parte, estaban realizando en sus descripciones buena parte de los viajeros europeos a Oriente:

> Conozco a los musulmanes quizá más que nadie; y en mi rápido paso de Turquía he conocido que el turco a la barbarie y soberbia musulmana, agrega la barbarie y soberbia turca.[315]

Este informe extraído de sus *Documents* se encuentra prácticamente reproducido en sus *Viajes*, pero en sus papeles añade unas opiniones que resultan de interés. Con su voluntad reformista, se pregunta qué se puede hacer con el Imperio turco otomano:

> Tal es el estado actual de la Turquía, cual lo he hallado en mi rápido tránsito por ella. ¿Convendría según esto, contribuir a la disolución de

este imperio? ¿O convendría acaso consolidarlo reformándolo e ilustrándolo? Muchísimo habría que decir sobre ello pero pertenece a la política el decidirlo. Yo hablando sólo como filántropo, y sin consideración alguna a los intereses políticos de las respectivas cortes interesadas sólo clamaré, que jamás, jamás, jamás vuelvan las provincias Serbia, Valakia y Moldavia a manos de los turcos.[316]

Badía abandonó Bucarest el 27 de diciembre y, después de atravesar toda Bulgaria, entró en Alemania por Rothentorn, el día 2 de enero. Continuó su recorrido por Transilvania y Hungría, hasta llegar a Viena el 14. En esta ciudad, entró con su nuevo título y con su verdadera identidad, comisario general del ejército español y brigadier. El día 24, salió de la capital austríaca y llegó a Múnich el 27. Nuevamente cayó enfermo y tuvo que guardar cama en la ciudad alemana: «Atacado de una grave enfermedad biliosa que me tuvo a la muerte por espacio de más de un mes».[317] El 11 de abril abandonó la ciudad y, a través de Alemania y Francia, llegó a Bayona el 8 de mayo, donde permaneció hasta el 12 de julio: «Entré en Madrid el día 21 del mismo mes de julio último felizmente a Dios gracias».[318]

A lo largo de su itinerario entre El Cairo y Viena, realizó siete cuadernos de la historia del viaje de El Cairo a Constantinopla, seis cuadernos de la parte descriptiva de Constantinopla a Viena, un atlas con 22 láminas (todas están incluidas en los *Viajes* excepto el plano de la mezquita mayor de Damasco, el arco triunfal dedicado a Alejandro Magno, las carretas y barracas de pastores turcomanos, el plan de las defensas de Constantinopla, el dibujo del templo de Jerusalén hecho por los árabes, los borradores del plano de Jerusalén, la iglesia y gruta del nacimiento de Belén, el sepulcro de María Santísima en Jerusalén, y la iglesia y gruta de Nazaret), cinco memorias (exposición de la religión de los drusos, noticia histórica de los wahhābíes, noticia de la ruta de la caravana de Alepo hasta La Meca, noticia sobre las plantas y el café del Yemen, y el sistema músico árabe), y una serie de listas con los lugares sagrados que los musulmanes visitaban en Jerusalén, el itinerario de Constantinopla en francés, notas descriptivas sobre Damasco también en esta lengua, notas descriptivas sobre Alepo en italiano, y cinco observaciones comerciales de esta ciudad y Chipre.[319]

1.3. Badía en Francia

La llegada a Francia de Badía no fue fácil. En el país tuvo que hacer frente a una serie de acontecimientos que si de por sí eran ya complicados para los españoles, más lo resultaban para quien había pasado cinco años fuera del país. La Corte madrileña se acababa de trasladar a Bayona para decidir sobre el nuevo rumbo que había tomado la política española. El 17 de marzo, estalló el motín de Aranjuez, que terminó con el poder de Godoy y que supuso la abdicación de Carlos IV, la reina María Luisa y la proclamación tumultuaria de Fernando VII como rey de España. Sin embargo, el emperador Napoleón, al que habían acudido tanto Carlos IV como Fernando VII para mantener el orden, ya había decidido llevar a la práctica la última fase de su plan sobre el país, es decir, entronizar a su hermano J. Bonaparte. Napoleón citó a la familia real en Bayona, consiguió que Fernando VII abdicara de nuevo en su padre y este, en J. Bonaparte.

Durante este suceso, la casa de Amorós había sido asaltada y se habían descubierto los papeles y las cartas que Badía le envió desde Marruecos.[320] Por este motivo, se había corrido la extraña voz de que Godoy estaba en tratos con los marroquíes para venderles España y que era un «segundo Don Julián»[321] que quería poner en sus manos la península. Ese mismo mes salieron para Bayona Carlos IV y María Luisa. Y, el 2 de mayo, Murat intentó trasladar igualmente a los infantes a Francia.[322] En estas circunstancias, se produjo el levantamiento popular contra los franceses: la guerra de la Independencia había comenzado.

Badía, convertido ya en brigadier del ejército español, se presentó en Bayona el 8 de mayo. Este cargo había sido solicitado a Godoy por el *Viajero* el 12 de agosto de 1804 desde Marrakech:[323] «En mi carta anterior hablo a vuestra excelencia del grado de Brigadier pero fue en el torbellino de mi dolor».[324] El proceso para obtenerlo fue bastante largo y costoso, y aparecía descrito en sus «Documentos relativos al grado de Brigadier concedido a Badía en 1804, y los honores de Intendente que se le designaron en marzo de 1808».[325] Godoy había aprobado este nombramiento el 16 de agosto de 1804, al poco tiempo de recibir la solicitud, en un decreto en el que señalaba: «Al viajero se le dará el grado de Brigadier y tengo el despacho en blanco para cuando me avise».[326] Así lo aseguraba también Amorós, quien escribió, el 25 de diciembre de 1804, que el ejército del rey le contaba entre «el número de los Brigadieres». Ahora bien, el despacho firmado por Godoy desapareció extraviado en la Secretaría de Guerra, por lo que se decidió que, a pesar de que no se encontraba (se halló poco tiempo después en la oficina de artillería), se le concedieran los honores de intendente por resolución del rey. Este quería premiarle: «[...] quiere oír a vuestra merced sobre el modo de premiar al viajero, pues en lo demás lo que hay que decir se reduce a que se imprima su viaje a cuenta del gobierno, se le faciliten los auxilios necesarios para que sea la edición buena y se le declare la continuación de su sueldo».[327]

Convertido en brigadier, llegó a Bayona y se puso en contacto inmediatamente con Fernando VII, quien había abandonado la ciudad en dirección al castillo de Valençay, de tal manera que se reunió con Carlos IV el día 10.[328] El monarca, tras observar los planos y dibujos de su viaje, le explicó que España había pasado a manos de Francia y que estaba obligado a ponerse al servicio de Napoleón. El futuro emperador, después de haber tenido algunas conferencias con Badía sobre los negocios de África, le mandó pasar a las órdenes de su hermano, el rey José, a quien seguiría más tarde a Madrid. Vemos, por lo tanto, cómo parece que el *Viajero* fue enviado por deseo de Carlos IV al «Emperador de los Franceses»[329] y se entrevistó con él. Pero, aunque Napoleón no pareció aprobar los objetivos políticos del viaje, tal y como reproduce el coronel Marniel –a quien Badía relató su entrevista de tres horas con el emperador–,[330] decidió encargar a su chambelán, Bausset, que realizara un informe sobre Badía y se lo entregara.

Según el capitán Burel –enviado por Napoleón a la Corte de Muley Suleymān en 1808 para investigar la posibilidad de convertir Marruecos en una colonia francesa–, Badía propuso, en estos primeros encuentros con el futuro emperador, dirigir una expedición gala al lugar. Una información que fue también confirmada por el propio *Viajero* siete años después en su *Memorial al duque de Richelieu*, en el que afirmaba que había propuesto a Francia la posibilidad de obtener colonias de África, «sin que corriera ni una gota de sangre francesa».[331]

A su llegada al país vecino, entró rápidamente en contacto con los amigos españoles que se habían exiliado por motivos políticos. En Bayona se encontraban el príncipe de Castelfranco, que fue nombrado jefe de las guardias valonas; J. Soler, familiar del cónsul español en Egipto; Amorós; el banquero Barbachano, rico comerciante vasco afincado en Bayona, y Godoy, quien lo recomendó al ministro de Negocios Extranjeros Oficiales, Champagny, duque de Cadore. Todos ellos se habían reunido en Francia con el motivo de la aprobación de un estatuto constitucional que legalizara el trasvase de la monarquía española a Napoleón. Tras su estancia en Bayona, se trasladó a Madrid el 21 de julio. Durante sus primeros días en la capital, dedicó parte de su tiempo a intentar ofrecer y construir una imagen de sí mismo que le permitiera desempeñar sus proyectos y deseos en el país. Sin trabajo, ni beneficio, ni posibilidad de una publicación inminente de sus *Viajes*, decidió redactar y difundir un impreso en el que aparecieron los motivos por los que había sido enviado a África.[332] Asimismo, describía el plan de organización que había formado para los religiosos de Tierra Santa y las amistades que había mantenido con tres soberanos musulmanes, y otros príncipes y bajás árabes y turcos, cuyos lazos le habían servido para estrechar sus relaciones con los países visitados.

Por estas mismas fechas, escribió unas notas referidas a la familia Badía y Leblich que tenían el mismo objeto que el impreso anterior: mostrar una determinada y prestigiosa imagen de sí mismo.[333] En ellas, recordaba las amistades que tenía antes de su partida a África, así como la manera virtuosa en la que había vivido y se había comportado su familia durante su ausencia, que había permanecido retirada en el monasterio de Guadalupe. Igualmente, exponía la amistad mantenida con algunos dignatarios eclesiásticos en España, como P. J. de Murcia (colector general de Expolios y Vacantes del reino), y A. Caballero y Góngora (obispo de Córdoba). Por último, señalaba que había dejado como apoderado en Cádiz a un «Canónigo de aquella Santa Iglesia»[334] y, como apoderados legales de todos sus demás asuntos, a Amorós y F. Gilman (oficial de la Secretaría de Estado del Despacho Universal de la Guerra).

Badía volvió, pues, a Madrid acompañando a J. Bonaparte, tal y como se lo había indicado Napoleón y su ministro Champagny, y permaneció en la capital por espacio de quince meses.[335] Durante todo este tiempo, intentó varias veces que el gobierno francés le concediera permiso para volver a París, donde en esos momentos se encontraba la relación más extensa de sus papeles, y ocuparse de lo que se iba constituyendo como objetivo principal de esta parte de su vida: la edición de sus obras. Sin embargo, este deseo no le fue concedido por el momento, y Napoleón decidió que Bausset tradujera los *Viajes* de Badía al francés.[336] Pero, como veremos, la impresión no se solucionó fácilmente.

> Y el resultado final fue mandar que Mr. de Bausset, prefecto del palacio Imperial, tradujese en francés y publicase la parte científica de mis viajes, reservándose el resolver sobre la parte política cuando las circunstancias lo permitiesen.[337]

Tan pronto como entró en Europa, Badía envió la relación de sus notas, láminas, planos, documentos, diarios y memorias al Príncipe de la Paz:[338] «Así que entró en Europa el viajero D. Domingo Badía Leblich hizo conocer todos los papeles que había remitido en diferentes ocasiones, y ordenarlos para poder formar una idea general de sus operaciones y ponerlas en noticia de S. M.».[339]

Godoy, que ya tenía los documentos que le había ido mandando durante todo su recorrido, los había ordenado y organizado según los deseos de Badía y tuvo la suerte de conocer la primera relación ordenada de todos sus movimientos en estos años. El 1 de marzo, mandaba una carta a Ceballos en la que le comunicaba lo que, más tarde, constituiría el esqueleto y estructura de la edición de los *Viajes*. Esta se hallaba formada por los siguientes períodos, los cuales coincidían con los trabajos que había señalado que realizó mientras viajaba. Primero: trabajos previos de la salida hacia África y de su desplazamiento a Londres y París. Segundo: desde su entrada a África hasta su salida de Marruecos. Tercero: desde su partida de Larache hasta el embarque en el mar Rojo. Cuarto: el viaje por el mar Rojo, La Meca y Medina. Y quinto: el viaje desde la salida de El Cairo hasta Constantinopla y Jerusalén. En esta carta, Godoy consideraba que era necesario premiar a Badía por su trayectoria y publicar inmediatamente sus «interesantes escritos».[340] Sólo quince días más tarde, se pedía que la impresión de sus *Viajes* corriera a cuenta del gobierno. Y en otra carta sin fecha, pero interpolada en sus documentos entre papeles fechados en el mes de marzo, se encargaba a Amorós que inspeccionara los escritos de los viajes con muchísima atención y no revelara ningún dato comprometedor, lo que significaba que no tenía que aparecer ninguna información sobre los planes políticos para que «no se opongan a la política de las circunstancias».[341] Finalmente, cuatro meses después, se aprobaba la publicación de los *Viajes*: «Habiendo dispuesto S. M. el Emperador de los Franceses y rey de Italia por su orden comunicada por el Ministerio de Relaciones Exteriores con fecha del 9 de julio de 1808, que se ejecuten en París las ediciones francesa y española de los *Viajes* de Alí Bey».[342]

Al poco tiempo, se redactaron las disposiciones sobre los resultados científicos de la expedición. En el Real Gabinete de Historia Natural se iban a reunir, sumándose a lo que ya se había depositado de su viaje a Marruecos, los objetos traídos de Levante, la colección de antigüedades y medallas –que debían recuperarse en Múnich, pues Badía la había empeñado en dicha ciudad–, un herbario que estaba depositado en la biblioteca de Godoy, y el grueso de las monedas y medallas que había ido coleccionando durante su periplo.

Napoleón había aprovechado la estancia del *Viajero* en Madrid para recordarle que tenía que recuperar los papeles relativos a sus desplazamientos que había ido enviando a Amorós.[343] No obstante, parece que la libertad de sus movimientos en la capital estaba limitada. Por una parte, no tenía una buena reputación, debido a su colaboración con los franceses, lo que le obligó a restringir sus movimientos los cuatro meses que duró la victoria española en la capital. Y por otra, J. Bonaparte lo vigilaba de cerca, pues estaba convencido de que durante su estancia en Madrid colaboraba con los rebeldes contra el gobierno francés.

En el mes de octubre, solicitó al hermano del emperador una comisión que revisara los papeles de sus *Viajes*, con el fin de que pudiera preparar todos los materiales para la publicación y: «Trabajar lo que se haya de publicarse en la parte científica de mis *Viajes*, y tratar al mismo tiempo con el Gobierno los negocios relativos a la parte político militar».[344] Poco tiempo después, intentó marcharse de nuevo a París para gestionar la publicación, pero el permiso le fue denegado por el gobierno galo.

El 23 de septiembre de 1809, Badía vio cómo la precaria situación en la que vivía tocaba a su fin. Después de todos esos meses sin sueldo, el gobierno francés le nombró intendente de la provincia de Segovia.[345] En esta ciudad, no debió de descubrir a casi nadie su pasado, pues coincidió con el antiguo confesor de Carlos IV, J. Amat, entonces canónigo de San Ildefonso, y su sobrino F. Torres y Amat, tesorero en Segovia, y, si bien los tres habían nacido en Barcelona, jamás supieron que Badía fuera catalán.[346]

Cuando llegó a Segovia, la situación administrativa era catastrófica. La ciudad estaba obligada a alimentar tanto a la guarnición castellana como a los cinco ejércitos franceses que, por aquel entonces, llegaban a la provincia para aprovisionarse. A estas circunstancias, se añadía que el comisario gobernador del ejército francés, Gillet, había exigido a Segovia, casi al mismo tiempo que Badía asumía su cargo, que le surtiera de una extraordinaria cantidad de víveres que las arcas segovianas no estaban acostumbradas a tener. Si el gasto mensual y normal de la Intendencia de Segovia era de 295.000 reales, con el pedido de Gillet aumentó en 622.774.[347] A pesar de estos inconvenientes, consiguió realizar algunas tareas favorables para la provincia: imposición de un reparto de carne para todos los pueblos de la circunscripción, envío de un comisionado a la sierra de Guadarrama para intentar cobrar todo lo que se debía a la fiscalidad e imponer una contribución a los industriales, comerciantes y artistas.

A primeros de noviembre, decidió imprimir una proclama dirigida a los habitantes de Segovia en la que advertía de lo inconveniente que resultaba que los caminos estuvieran llenos de rebeldes españoles. También añadió que era necesario que se sembrase más, pues, como la guerra iba a terminar muy pronto, «¿de qué nos serviría la paz al año próximo, si no tuviésemos que comer?».[348] Asimismo, envió unas cartas-circulares a los párrocos para que las incluyeran en sus sermones e informaran de cómo tenía que realizarse la subsistencia de la provincia. Además, mandó otras misivas a los ayuntamientos y a los justicias a fin de que se convocara un concurso, con tres premios para los labradores que sembrasen la mayor cantidad de patatas que sirvieran para «prevenir a la provincia de la contingencia del hambre, en caso de perderse o faltar la cosecha de cereales».[349] El 22 de noviembre, Badía informaba en un impreso a todos los segovianos del estado de la lucha entre franceses y españoles: J. Bonaparte acababa de vencer en Ocaña.

A pesar de los intentos que hizo para mejorar la provincia, finalmente tuvo que reconocer que los ciudadanos no colaboraban, ni hacían nada de lo que desde la Intendencia se les había mandado; parecían oponerse a las proclamas a través de «una resistencia pasiva o de inercia».[350] A esta situación se añadía el hecho de que la provincia no había colaborado para que se pagasen las especies necesarias para el alimento de los ejércitos; lo que motivó que se viera obligado a pedir una unidad de soldados que forzara a cumplir a la población todas sus obligaciones. Por tanto, le fueron enviados dos grupos de 50 soldados para ayudarle en los cobros, pero a su llegada ambos destacamentos fueron atacados por los rebeldes contrarios a los franceses.

Todos estos problemas lo situaron en una disyuntiva. Si atendía a los intereses de los segovianos, se enfrentaba con el gobierno bonapartista y si, por el contrario, pedía ayuda a la magistratura afrancesada y solicitaba refuerzos militares, aumentaba el odio de los ciudadanos hacia su persona. Badía decidió adoptar esta segunda opción, lo que parece que le llevó, tal y como le había sucedido en otras ocasiones y en otros destinos, aunque por razones diferentes, a ganarse la impopularidad de los ciudadanos, algunos de los cuales remitieron a la Corte graves denuncias contra él, especialmente la de que se había apoderado para su uso de varios efectos pertenecientes a los Dominios Nacionales. El *Viajero* se vio obligado a responder a estas denuncias y explicó que su único delito consistía en haber comprado unos muebles con su propio dinero a los Bienes Nacionales. Por estas mismas fechas, el gobierno galo premió su labor de intendente y J. Bonaparte le nombró caballero de la Orden Real de España.[351] En febrero del mismo año, realizó su última labor como intendente en la ciudad. Para celebrar la amnistía concedida a los que habían cooperado en la insurrección de España contra los franceses, organizó un ostentoso acto en la catedral.

Un mes más tarde, le sorprendió la orden de que tenía que abandonar el puesto de la Intendencia de Segovia, que se debió principalmente a dos razones: por un lado, a las acusaciones de la dilapidación de Bienes Nacionales que habían recaído sobre él y, por otro, al decreto del 12 de abril de J. Bonaparte que establecía una nueva división de prefecturas y subprefecturas en España, del mismo modo que se realizaba en Francia. Por este decreto, las antiguas intendencias quedaban absorbidas por las prefecturas de reciente creación, y la Intendencia de Segovia era absorbida por la Prefectura de Valladolid.

A principios de abril, fue nombrado intendente de la provincia de Córdoba en sustitución de F. Angulo. De nuevo, el *Viajero* volvía a la ciudad andaluza, tras más de diez años de ausencia. Una vez allí, dos amigos de Segovia, M. de Campos y R. Sacristán, le enviaron noticias desde su anterior destino y le informaron de la situación en que se encontraban las empresas segovianas: «[…] su obra segoviana la deshicieron sus detractores encubiertos quienes –sus dos secretarios– le hicieron la vida imposible por haber trabajado fielmente al lado del ex intendente. Campos y Sacristán le dicen que los quite de su cargo en Segovia y que nos los abandone de cualquier manera».[352]

Al contrario que Segovia, Córdoba supuso un destino pacífico, tranquilo y manejable. A pesar de ello, a los cuatro meses de estancia en la ciudad, comunicó al entonces ministro del Interior, el marqués de Almenara, que no deseaba permanecer más en su cargo y le pidió que lo relevase para poder trabajar en la edición de sus *Viajes*.[353] Alegaba para ello que tenía de nuevo algunos problemas con su trabajo en la Intendencia. Su puesto se había erigido como potestad civil frente al brazo militar del general Desolles, quien, según los cambios prefectorales anteriormente citados, había obtenido el poder en la Intendencia cordobesa. También tenía problemas con el general del gobernador de Córdoba, Goudinot, quien se negaba a reconocer los poderes de Badía, por las mismas razones. Sin embargo, su petición de cese en el cargo fue desoída y el 29 de agosto fue ascendido a prefecto de la ciudad de Córdoba por J. Bonaparte.[354] El barón Digueon, gobernador civil y militar de Córdoba y Jaén, lo recomendó al conde de Daru como el hombre más capaz para informar al emperador sobre la situación política y civil española: «Si hay alguien que puede dar noticias exactas sobre la situación de los asuntos civiles y políticos de España es Badía».[355]

Mientras tanto, continuaba en Córdoba organizando solemnes desfiles y, con motivo de la festividad de san José, celebró una gran fiesta que consistió en tres días y tres noches de música por la guardia cívica de la ciudad, casamiento de trece doncellas huérfanas con aprendices de diversos oficios habilitados por el municipio, inauguración a caballo de un nuevo paseo y envío de doce cabras de leche al hospicio.[356] Unos meses más tarde, era acusado por el general Goudinot de haber desempeñado de manera incorrecta su labor como intendente.[357] Se le imputaba por conceder libremente títulos a sus escribanos, repartirse un dinero exigido por compensación de servicios con el secretario de la Prefectura, dictar disposiciones arbitrarias para las autoridades locales y ser un contrabandista.

Badía contestó rápidamente a tales acusaciones y demostró, a través de cuentas y papeles, que el dinero bajo sospecha lo había invertido en los propios oficios destinados a la Intendencia. Por ejemplo, en el aumento del salario de los funcionarios, en la salubridad y embellecimiento de Córdoba, en un facultativo que vigilase la salud durante la epidemia de Cartagena, en la formación de un plano topográfico de la ciudad, en perseguir el fraude en la exportación de aceite, en determinar las obras necesarias para que el Guadalquivir fuera navegable, en gastos policiales y en otros intereses.[358] Igualmente, recordó otras empresas que había realizado en Córdoba. En la ciudad introdujo el cultivo del algodón y la remolacha (este último como sustituto de la caña de azúcar); hizo bajar el precio del pan durante la mala cosecha de cereales de 1811; controló la producción y estableció cupos obligatorios para la siembra; introdujo, como sucedáneo del trigo, el cultivo de la patata; prohibió la tala de árboles; creó los jardines de la Agricultura, del Campo Madre de Dios y del Campo de la Merced, así como las delegaciones de Montes y Plantíos de la sierra de Córdoba; prohibió la venta de carne fresca de cerdo debido al peligro de la triquinosis; redujo la plantilla de funcionarios; organizó de forma dosificada y por zonas las ventas de los bienes de los conventos; reorganizó el alumbrado de la ciudad, su limpieza y riego obligatorio; ordenó la suspensión de los enterramientos en iglesias, que, en su lugar, debían hacerse en el recién comenzado cementerio de la Virgen de la Salud; proyectó la realización de un inventario territorial; ordenó la apertura del teatro Cómico; aumentó los estudios de humanidades del Colegio Real de la Asunción con asignaturas de aritmética, álgebra y geometría; ayudó a la fundación de la Academia Cordobesa de las Bellas Letras; obligó a que solo pagaran el canon al mariscal Soult los contribuyentes con ingresos superiores a 300 ducados anuales; mandó a la municipalidad que se concedieran pensiones a las viudas de los funcionarios fallecidos, y, finalmente, reglamentó el ceremonial capitular y estableció, como vestido de los munícipes, una faja de tafetán blanco en la cintura.

Ahora bien, toda esta serie de proyectos realizados no sirvieron de mucho ante la que iba a ser su próxima acción. Badía creó un Consejo de Agricultura en Córdoba y decidió que este organismo tenía que rebajar las rentas de las tierras de los terratenientes cordobeses. Esta decisión provocó que el conde de Montarco (real comisario general de las Andalucías) lo denunciara y comunicara al ministro de Justicia de J. Bonaparte, M. Romero, todos los problemas que había tenido en la región desde el comienzo de su trabajo como intendente. El 1 de mayo, se decidió destituirlo de su puesto. Tras su cese, se hizo cargo de la prefectura el mismo que había sido su secretario, J. I. Altuna.

El *Viajero* salía de Córdoba el 13 de junio de 1811 y, el día 20, publicaba en el *Correo Político de Córdoba y Jaén*[359] –vinculado al eje bonapartista– una gacetilla en la que informaba de los motivos del abandono de su cargo. Alegaba simplemente que tenía que cambiar de destino: «Por haber sido llamado por S. M. a un destino más importante».[360] También explicaba, casi amenazaba, que tenía la estima y el apoyo del ejército, si el asunto iba a mayores. Cinco meses después, confesó que su marcha de Andalucía se había debido a: «Las pasiones de unos y los descuidos de otros».[361] A pesar del tono exaltado de estas declaraciones, provocadas por el cese de su cargo, Altuna le dijo al conde de Montarco que sólo había expresado estas palabras con el fin de asombrar al pueblo cordobés y contener las reclamaciones que sin duda tendría de aquella provincia. Ese mismo día, Montarco remitió a la Corte los cargos que creía suficientemente demostrados en contra del *Viajero*. Se trataba, entre otros, de 25 títulos que había entregado de forma indebida a personas cercanas. Aseguraba el conde que se trataba de un abuso de confianza, pues había expedido títulos fuera de su jurisdicción, y se había mostrado muy reticente a la hora de vigilar la conducta y las gestiones de Altuna, quien se encontraba bajo sospecha de prevaricación. El marqués de Almenara ordenó que se desplazaran a Córdoba un prefecto en comisión y un funcionario para conocer la verdad de las acusaciones que se le imputaban. Al final, se llegó a la conclusión de que nunca había realizado los hechos malintencionadamente. El marqués de Almenara reconoció que las censuras se habían originado en medio de unas difíciles circunstancias históricas y que Badía había replicado con mucha ingenuidad a los cargos de los que se le acusaba.

Durante el tiempo que estuvo como intendente en Córdoba, continuó realizando sus acostumbrados trabajos e informes de carácter ilustrado sobre los temas que podían ser aplicados en beneficio de los ciudadanos. Así, con fecha del 27 de agosto, finalizaba en Madrid un informe sobre la acuñación de piezas de cobre de medio real, en el que proponía una fórmula para ahorrar en el pago de los sueldos de los empleados de la Corte. Se trataba de acuñar monedas de cobre de medio real: «Con el metal de las campanas sobrantes de las provincias inmediatas».[362] Esta fundición acabaría proporcionando al Estado una enorme ganancia. Al final del informe aparecían sus propias objeciones al plan. En la misma línea, redactó y finalizó un proyecto para establecer un banco de Napoleón que permitiera pagar los sueldos de los empleados civiles de Madrid durante el año siguiente.[363] El mismo año, publicaba la traducción de los *Principios de economía política*, de J. Bautista Say. Con esta obra esperaba poder ser útil al Estado y demostrar los conocimientos que había adquirido en la materia durante los años que permaneció a su servicio:

> Que presentando bajo un nuevo aspecto esta ciencia, podrá quizá su conocimiento influir en la opinión sobre el nuevo sistema de Hacienda.[364] [Pues] Treinta y un años de experiencia en el servicio del Estado[365] me han hecho conocer y tocar la verdad del axioma fundamental de esta teoría.[366]

Tras su cese en el cargo de Córdoba, se mantuvo seis meses sin empleo alguno en la Corte. Durante este tiempo, tuvo que hacer frente y responder a las acusaciones que se le habían hecho en el transcurso de sus trabajos anteriores.

El día 3 de diciembre, J. Bonaparte designó tres prefectos –Badía, Cervera y Ponce de León– para que acompañasen a la comisión del consejero de Estado, B. de Aranza, por tierras de Cuenca y Valencia. El objetivo de esta misión era negociar el sometimiento de los rebeldes valencianos al rey José, para evitar la conquista de Levante por el mariscal Suchet y el control directo de Napoleón. Sin embargo, a pesar de la resistencia de los levantinos, el mariscal entró en Valencia el 14 de enero de 1812.

La comisión de los tres prefectos tuvo que esperar hasta el 13 de febrero para entrevistarse con Suchet. Cuando por fin consiguieron hacerlo, el mariscal mostró ciertas reservas, pues no tenía la menor intención de que estos ocuparan los nuevos cargos de la ciudad, para cuya labor había destinado a intendentes franceses afines a su cargo.[367] Finalmente, el 3 de abril, Aranza y la comisión decidieron volver a Madrid.

Badía, al poco tiempo de su llegada a la capital, fue arrestado por el ministro de Policía, P. Arribas, debido a las acusaciones de dilapidación de Bienes Nacionales que todavía seguían pendientes contra él desde su estancia en Segovia.[368] Aunque fue liberado unos días después, gracias a la mediación del marqués de Almenara, el proceso continuó abierto. En estas difíciles circunstancias, escribió una carta, el 25 de mayo, a J. Bonaparte, para suplicarle que le diera otro trabajo al servicio del Estado. El 20 de julio, fue nombrado recaudador e inversor de fondos del ejército. Sin embargo, un poco más tarde, la derrota del ejército francés en la batalla de Arapiles obligó a mantener en suspenso algunos nombramientos, entre ellos el suyo, por lo que tuvo que permanecer inactivo y sin sueldo durante tres meses en Valencia. Alrededor del 14 de octubre, recibía, por intercesión del ministro Almenara, una gratificación extraordinaria con el fin de poder sustentarse económicamente. Durante el tiempo que estuvo en la ciudad, se hospedó en casa de su amigo F. Ceris, a quien comunicó, entre otras cosas, que sus obras seguían sin ser publicadas y que deseaba hacerlo lo más pronto posible, primero en español y luego en francés.[369]

En 1812, tras la derrota de los franceses en España, volvió a Madrid a la espera de nuevas órdenes. Entre finales de este año y mediados del siguiente, se marchó definitivamente a París, y se instaló en el número 25 de la calle des Grands Augustins. Varios pueden ser los motivos de su vuelta a Francia. El más razonable es que, al haber servido para el gobierno francés durante la guerra de la Independencia, su permanencia en España hubiera ocasionado muchos problemas.

El 25 de septiembre de 1813, el gobierno galo aprobaba la edición y la subvención de los *Viajes*. El ministro del Interior, conde de Montalivet, le anunció que su ministerio había decidido comprar 250 ejemplares de los *Voyages d'Alí Bey*[370] –la primera vez que aparecía el título de la obra– a 60 francos cada uno. Badía volvió a París con una carta que el de Champagny le había entregado en 1808, en la que se decía que el emperador le invitaba a trasladarse a la ciudad para dirigir la traducción, impresión y redacción de su obra, aunque la empresa no culminó hasta mucho después.[371]

Durante su estancia, vivió rodeado de la colonia de refugiados españoles, entre los que se encontraba el que había sido su apoderado, Amorós. Frecuentó el Instituto Nacional y a sus miembros, Delambre, Buaché, Méchain o Beautemps-Beaupré, a quienes había conocido en su viaje anterior a la capital francesa, antes de partir hacia África.[372] El 15 de noviembre, presentó en la clase de ciencias de dicho Instituto un resumen de su viaje. Una comisión se encargó de evaluarlo y cinco días después, M. de Rossel lo aprobó con entusiasmo y afirmó que esperaba verlo publicado muy pronto. También proporcionó las primeras noticias sobre la forma de la esperada edición de los *Viajes*: la obra estaría formada por «8 volúmenes en cuarto con un Atlas».[373]

Unos días más tarde, el 4 de abril de 1814, presentó en el mismo Instituto su curiosa *Memoria sobre la isla Atlántida y sobre la existencia de un mar interior en África* (*Viajes*, 1.ª parte, cap. XIX), en la que defendía principalmente dos ideas: la localización de un mar Mediterráneo en el interior de África que se encontraba aislado de la comunicación con otros mares y la existencia de la antigua isla de la Atlántida, formada por la cordillera de los montes del Atlas. Entre las fuentes que utilizó para escribirla, se encontraba la obra de J.-B. Bory de Saint-Vincent, *Essai sur les Îles Fortunées et l'antique Atlantide ou précis de l'histoire générale de l'Archipel des Canaries* (1803).

Sin trabajo ni forma de mantener a su familia, atravesó dificultades económicas. El 3 de febrero de 1814, escribía una carta al ministro de la Policía, duque de Rovigo, en la que confesaba encontrarse en una precaria situación. A pesar de ello, algunos de sus biógrafos pensaron que se hallaba en una más que desahogada posición económica.[374] Toda la familia estaba a su cargo. Su hijo Pedro, miembro del cuerpo de artillería del rey, se hallaba prisionero de los ingleses tras la batalla de Vitoria.[375] Su hijo José, nacido en Madrid el 21 de abril de 1809, no podía trabajar debido al raquitismo. Y su mujer, María Lucía, y su hija María Asunción dependían económicamente de él. Para solucionar esta situación, solicitó ayuda urgente al duque de Rovigo y le pidió que los 240 francos mensuales con los que le ayudaba la Comisión de Auxilio de los Españoles Refugiados le fueran aumentados a 600, hasta que se publicara en un plazo no mayor de tres meses sus *Viajes*.[376]

Por estas mismas fechas, Fernando VII fue reconocido rey, y el 10 de marzo volvía a España. Apenas un mes después, el 8 de abril, Napoleón era depuesto por sus propios mariscales y se producía la restauración de los Borbones. Ante los nuevos acontecimientos políticos, Badía escribió una carta, donde rendía juramento al rey de España.[377] Pensaba que con esta acción podría ser aceptado por Fernando VII, pues este había prometido al ser reconocido rey de España por los franceses que readmitiría a su servicio a todos los afrancesados exiliados. La carta, escrita a modo de justificación por sus anteriores acciones al servicio del gobierno galo, explicaba que si había pasado a las órdenes de Napoleón era sólo porque Carlos IV se lo había pedido. Asimismo, añadía que nunca había revelado a nadie el objetivo político de sus operaciones en África y que si se había publicado en la prensa un extracto de la parte científica de sus *Viajes*, había sido sin su consentimiento. Durante su traslado a Madrid con J. Bonaparte, continuaba, su único deseo había sido el de obtener una licencia para ir a París y ocuparse de la edición de sus obras. Exponía que la única recompensa que había conseguido del hermano del emperador era la Orden de España, una concesión que, por si alguno sospechaba que le había sido entregada por alguna extraña razón –servicios políticos–, se le había otorgado a todos aquellos que desarrollaron su labor como intendentes. La carta terminaba con la petición de vuelta a España y a los servicios del Estado español:

> Con conciencia pura me arrojo a sus pies a tributarle mis respetuosos homenajes y celebrar su feliz restablecimiento en el trono de sus mayores, prestando al mismo tiempo el debido juramento de fidelidad a su real persona. Y así me apresuro a ratificar a vuestra merced mi fidelidad y sumisión, que ruego a vuestra merced se digne aceptar, como también mis débiles servicios, si se conceptuasen útiles al Estado.[378]

La misiva no produjo ningún resultado, por lo que decidió seguir residiendo en Francia, solicitar la nacionalidad de este país y conseguir la publicación de sus obras.

Por fin, en el mes de julio, aparecieron sus *Voyages d'Alí Bey el Abbassi en Afrique et en Asie pendant les années 1803, 1804, 1805, 1806 et 1807*. Impreso en París en la librería de P. Didot, la obra estaba formada por tres volúmenes y venía acompañada por el *Atlas des voyages d'Alí Bey* en un único volumen. Este último reproducía las láminas y los mapas que había compuesto durante su viaje con grabados realizados por Adam, y estaba compuesto por una serie de planchas dispuestas de tal manera que podían servir para ser publicadas en todas las lenguas. Los *Viajes* estaban dedicados por «el editor B...»[379] a Luis XVIII, a quien se le realizaba la consabida alabanza y se le oponía, por la luz y sabiduría que irradiaba, a la barbarie: «Europa parece avanzar a grandes pasos hacia la catástrofe que amenaza sumergirla en la barbarie».[380]

El editor aseguraba que conocía personalmente al *Viajero*, y que la obra había obtenido la aprobación de los sabios de Europa, Asia y África. Respecto a la verdadera identidad de Alí Bey, la obra la silenciaba y añadía el apunte biográfico de abasí, hijo de ʿUṯmān Bey, príncipe de los abasidas, quien había sido educado en Europa. Este príncipe, continuaba, había sido bien acogido por multitud de personalidades árabes como el bajá de Trípoli, el capitán bajá de la Corte otomana, Meḥmed ʿAlī, el sultán Šerif de La Meca, el bajá de Acre; los gobernadores turcos y árabes, y los jefes de las tribus beduinas.

La obra prometía la publicación de una parte científica que sería realizada «lo antes posible»,[381] pero que nunca se llegó a editar. Para concluir, se hacía una advertencia sobre el estilo con el que se había escrito el texto, un discurso que, como estaba redactado en español, había perdido las características que el editor atribuía a la lengua gala («la pureza de la dicción y las gracias del lenguaje») y se había teñido de un estilo «varonil».[382] Esta edición, traducida al francés, dio pie durante largos años a que se pensara que la edición original se había realizado en árabe, una idea que recogieron parte de los estudiosos posteriores de Badía.[383]

Ese mismo mes de septiembre, volvió de nuevo sobre los proyectos políticos de colonización de África. El día 22 de septiembre de 1815, entregó al duque de Richelieu, ministro de Asuntos Exteriores, dos memorias: la *Mémoire sur la colonisation de l'Afrique* y la memoria sobre los servicios que había realizado en Levante, ambas firmadas por él.[384] En la primera aparecían algunos datos que completaban la información que se tenía hasta el momento de su traslado a África, aunque estos pudieron verse condicionados por su deseo de llevar a cabo futuros proyectos. La memoria comenzaba con una afirmación que exponía abiertamente el objetivo que había tenido la expedición anterior, colonizar África: «África septentrional es la colonia natural de Europa».[385] Estas palabras le servían también como justificación para explicar que, sin abandonar nunca el motivo científico del viaje, había intentado realizar una operación política en el territorio con las armas y hombres que el gobierno hispano le había proporcionado. Y añadía que si había intentado colonizar África, se debía a los constantes insultos que el sultán hacía a los españoles, así como al interés general de la humanidad, pues lo único que deseaba era imponer una constitución al sultán de Marruecos para que este supiera cómo era un gobierno regido por las leyes en lugar de por el despotismo: «La diferencia de un gobierno despótico a uno basado en las leyes, es que este está basado en una constitución que puedo organizar».[386]

Para conseguirla pensaba aliarse con algunas tribus de beduinos, formar un ejército y pedir refuerzos a España cuando fuera necesario. Sin embargo, a la vista de los regalos que le había hecho el sultán y del trato de deferencia con que le había obsequiado, decidió variar su estrategia e imponer la constitución pacíficamente. Todos los pachás con los que se había reunido la aceptaban, así como Muley Abduselem y los santones Sīdī-al-ʿArbī y Sīdī Alī. No obstante, tanto el sultán como as-Salāwi y su hermano, Muley ʿAbd al-Malik, aspirante al trono, estaban en su contra. Mientras tanto, el pueblo demostró el gran aprecio que le tenía y le proclamó doctor en la ley musulmana. En último término, no se impuso la constitución ya que, aseguraba el sultán, si ni su padre ni su abuelo la habían impuesto, él no tenía por qué hacerlo. De esta manera, decidió volver al plan primitivo de la conquista por la fuerza del territorio por parte de las tribus beduinas, aunque, debido a la revuelta que se vivía en el Oranesado, tuvo que abandonar sus proyectos y salir definitivamente hacia La Meca.

La memoria realizaba una última enumeración de todas las ventajas que suponía la penetración en África y recordaba cómo la única manera de entrar en el territorio era ir disfrazado y adoptar las costumbres musulmanas, pues ningún cristiano podría jamás acercarse a un punto militar estratégico africano.[387] Badía se presentaba como el hombre ideal para hacerlo, ya que, entre otras cosas, mantenía todavía relaciones con Muley Abduselem y Muley as-Salām, y además había dejado allí a su hijo. El ministro Richelieu nunca contestó a esta nueva propuesta para la colonización de África.

El 8 de noviembre, realizó sus notas manuscritas «Notes sur le chevalier Badia, sa famille et celle de Madame son épouse», redactadas nuevamente con el objetivo de presentar una determinada imagen en su nuevo destino. Con estas notas escribió una memoria biográfica ciertamente ennoblecida e hizo derivar su apellido de la familia francesa Abadie o Abbadie.[388]

Al mismo tiempo, comenzó a granjearse nuevas amistades que más tarde le ayudarían en sus futuros proyectos. En el Instituto Nacional, conoció a C. Izouard (1743-1816), también llamado Lisle de Sales, filósofo francés de gran fecundidad que había frecuentado las clases de moral, historia y literatura antigua en dicho organismo y había publicado, en 1769, *La Philosophie de la Nature o traité de morale pour l'espèce humaine*,[389] un libro que circuló de forma oscura, debido a su estilo enfático, errores e ideas deslavazadas, y por el que fue denunciado al Parlamento y condenado a destierro perpetuo, aunque nunca llegó a concretarse. Además de la obra anterior, publicó *Mémoire en faveur de Dieu* (1802). Se decía también que sus exposiciones en el Instituto eran escuchadas con mucha indulgencia únicamente debido a su alta edad, setenta y dos años, y a su extrema susceptibilidad. Lisle de Sales vivía en el palacio de Lorges, n.º 95 de la calle Sèvres, donde poseía una extensa biblioteca que contaba con 36.000 volúmenes, llenaba catorce salas y estaba valorada en 200.000 francos. Con una renta que sumaba un capital vitalicio de 15.000 francos anuales, el filósofo se convirtió en el protector de Badía. El francés, que admiraba profundamente sus *Viajes* y había escuchado su exposición en el propio Instituto, defendía y exaltaba en público la obra. Él mismo fue el encargado de ponerse en contacto poco tiempo después con el futuro editor inglés de los *Viajes*, Longman, y recomendarle su publicación.

El 2 de noviembre, María Asunción –la hija de Badía, que entonces tenía dieciocho años– se casó con Lisle de Sales. Gracias a una carta que el *Viajero* escribió el 17 de diciembre a su cuñado, J. A. Burruezo, sabemos su opinión sobre este matrimonio, y la tranquilidad y seguridad que pareció proporcionarle:

> Asunción, que es la mejor moza de París, acaba de hacer un gran casamiento: el sábado, 2 de noviembre último, se casó con el célebre Monsieur de l'Isle de Sales, Miembro del Instituto Real de Francia. Este gran hombre, que es hoy día el primer filósofo de Europa, prendado de talento, instrucción y gracias de Asunción, pidió su mano. Después de los trámites regulares accedí a ello. Él le ha hecho desde luego donación inter vivos de un capital[390] que vale cerca de un millón de reales, y además la deja por heredera universal. Ella vive en un palacio magnífico con un gran jardín, y tiene para su servicio personal una dama de compañía y dos doncellas. En fin, ella goza lo mismo que una princesa. La boda se celebró con todas las solemnidades, sirviendo de testigos varios Consejeros de Estado, franceses y españoles. La comida fue en casa de Sales y quedó Asunción instalada en su nuevo reino.[391]

Aunque Castries aseguró que Badía había organizado este matrimonio, en una carta fechada el 31 de enero de 1818 y dirigida a sus hijos, señalaba que a su vuelta de África se encontró con la boda de su hija totalmente dispuesta:

> Un casamiento enteramente preparado, al que ni directa ni indirectamente había yo concurrido. Sorprendido con esta ocurrencia te hice las reflexiones debidas en presencia de tu madre y otras personas y te vi enteramente decidida.[392]

El matrimonio había sido organizado por el apoderado y tutor de la familia durante su estancia en África, Amorós, quien, según Badía, se había aprovechado de su ausencia para influir en ella y tomar decisiones sobre sus miembros:

> Aprovechó de mis ocupaciones y ausencia para influir en tus resoluciones, había contribuido a determinarte a este enlace creyendo hacer su negocio, aislándote de los jóvenes honrados a quienes abría yo mis puertas, esperando que separándote de la vigilancia paterna y poniéndote al lado de un viejo, podría él dominarte.[393]

Amorós, seguía Badía, deseaba mantener absolutamente dominada a su hija, María Asunción, y no permitirle decidir por sí misma sobre su futuro. Y esto lo podía realizar gracias a que se había quedado con unos papeles suyos que trataban sobre temas amorosos (con la excusa de querer ir formando una novela para su pronta publicación) con los que podía chantajearle, por ejemplo, haciéndolos pasar como cartas dirigidas a él mismo. Además, Amorós se había quedado con los originales y le había entregado unas copias a cambio. Badía añadía que el objetivo de este era: «Armarse de prendas contra ti, que te forzasen a callar y ceder a sus miras cuando llegase el caso de desplegarlas».[394] Finalmente, consiguió hacerse con los tomos que comprometían a su hija y quemarlos.

En la misma carta, acusaba a Amorós de otras muchas cosas. Este había solicitado plazas de trabajo para sus familiares y él mismo a través de una persona que Badía le había presentado previamente, había intentado casar a un criado suyo con una tía de sus hijos para que así ascendiera de posición social, había perdido voluntariamente el real despacho que le nombraba brigadier y, sobre todo, había hecho aquello que más daño podía hacerle: intentar quedarse con todos los materiales que le había ido enviando durante su viaje:

> En fin, este hombre quiso en Bayona aprovecharse o apoderarse de los trabajos de vuestro padre, según escapó la confesión a él mismo; y ha terminado por solicitar en París nuestra deshonra por palabra, por escrito y por cuantos medios le han sido posibles.[395]

A todas estas acusaciones, se sumaba otra sospecha. Parece ser que Amorós mantuvo un pequeño altercado con Badía en casa de su hija, que se concretó con la detención del primero por la policía de París. Curiosamente, su esposa, M. J. de Terán, cuando fue llamada a fin de testificar a favor de su marido para que fuera liberado, se negó a hacerlo, quizás movida por el rencor de una posible relación entre este y María Asunción.[396]

En abril de 1816, el *Viajero* envió de nuevo otro memorial a Chateaubriand con motivo de la propuesta de este en la Cámara de los Pares para eliminar la piratería berberisca,[397] pero no recibió ninguna contestación.[398]

El 12 de octubre de 1816, Lisle de Sales, el yerno del que Badía parecía tan orgulloso, moría tras veintiséis días de enfermedad. Siete días antes de su fallecimiento había nacido su hijo, Emilio.[399]

Tras su muerte, se descubrió que aquella gran fortuna que parecía poseer se reducía a una única posesión: su biblioteca. El *Viajero* se instaló en el palacio de Lisle y comenzó los trámites para intentar venderla por medio de su amigo Barbier. Iba a trasladarse a Alemania para preparar la edición de sus *Viajes* y allí tenía la intención de tratar también la venta de esta, aunque lo tuviera que realizar por menos de la mitad de su valor.

El mismo año tuvo la oportunidad de escribir su primera y única obra teatral: *Alí Bey en Marruecos*, tragedia en cinco actos.[400] El *Viajero* siempre demostró un gran interés por la literatura, como lo ponían de manifiesto los títulos que tenía en su biblioteca de Vera y Córdoba, y más particularmente una inclinación especial por el género teatral, pues antes de su salida hacia Marruecos, escribió un borrador para realizar el *Diario de los Teatros* con el fin de informar de forma periódica de las actividades del teatro de la Cruz y del Príncipe de Madrid, como ya he señalado. También leyó a Metastasio (Pietro Trapassi) y la obra *Esther*, de Racine.

El manuscrito de la tragedia no estaba fechado en sus documentos originales, pero posiblemente se escribió entre 1815 y 1816, dada la similitud de temas que compartía con su *Memoire sur la colonisation de l'Afrique* anterior. Tanto el personaje de Alí Bey, en la tragedia, como Badía en la memoria, trataban de persuadir al sultán para que otorgara una constitución a Marruecos. Esta tragedia parecía ser el borrador en español de una versión final en francés, hoy desaparecida, como indica el autor al comienzo de la obra.

Al principio del manuscrito, señalaba su opinión desfavorable sobre el propio texto, razón por la que quizás nunca llegó a representarse ni editarse en vida: «La cual corregida, esta resulta inútil por su imperfección, demasiados personajes, incoherencias, y demasiado largo».[401] La estructura y el contenido de *Alí Bey en Marruecos* se hallaba a medio camino entre la tragedia neoclásica y el drama histórico romántico. Para desarrollarla, aprovechó la mayor parte de las personas que conoció durante sus *Viajes* y los convirtió en personajes literarios. La obra narraba en cinco actos el intento del príncipe sirio Alí Bey por convencer al sultán Muley Suleymān para que impusiera una constitución que garantizase la propiedad privada y la sucesión de su hijo. Para ello, el *Viajero*, que mediante sus actos piadosos y razonamientos científicos se había ganado el favor de la aristocracia y el pueblo, estaba obligado a luchar inteligentemente con sus enemigos y oponentes, as-Salāwi y el primo del sultán, Muley ʿAbd al-Malik, futuro heredero del trono. Al mismo tiempo, las tribus rebeldes contra el sultán, capitaneadas por Sīdī-al-ʿArbī, le propusieron unirse a ellas para derrocarlo. Pero Alí Bey decidió que, antes de hacerlo, intentaría agotar todas las posibilidades de convencerlo para que impusiera la constitución. Poco después, este le regaló al *Viajero* dos esclavas, una blanca, Mojana, y otra negra, Tigmu (cuyas descripciones y peripecias fueron los elementos que más aproximaron la obra al drama histórico romántico y lo tiñeron de mayor exotismo). Esta última se vio obligada a entregar unos papeles al sultán que delataron la relación de Badía con las tribus rebeldes y motivaron su apresamiento. Finalmente, Mojana se dio muerte con un puñal, desesperada por verse separada para siempre de aquel a quien amaba.

Badía traspasó parte de las experiencias de sus traslados, junto con los episodios de los *Viajes*, al género teatral. Una lectura exhaustiva de los *Viajes* permite comprobar que constituían la fuente principal de la tragedia, cuyos temas conformaban capítulos unitarios en ellos y en esta ocasión aparecían reescritos como escenas completas. El soporte literario le ofreció la oportunidad de presentarse más libremente, pues le aportó la ficción necesaria para crearse y construirse como el auténtico personaje central del drama. En la pieza aparecían unidos los elementos que caracterizaron a la tragedia neoclásica, modelo público y político de transmisión de la libertad capaz de exponer y luchar frente al fatalismo, la crueldad y el despotismo musulmanes, junto con el drama histórico-romántico, representado sobre todo por la pasión fatal y el misterio que embargaron al personaje de Mojana.

Después de la publicación de los *Viajes*, se sucedieron las diversas ediciones que demostraban el éxito inmediato de la obra de Badía. La primera de ellas fue la inglesa, *Travels of Ali-Bey in Morocco, Tripoli, Cyprus, Egypt, Arabia, Syria and Turkey between the years 1803 and 1807. Written by Himself and Illustrated by Maps and Numerous Plates*, Londres, 1816, Longman, Hurst, Rees, Orme and Brown, con traducción de H. M. Williams. Estaba formada por dos volúmenes y reproducía en «su nota de los editores» una carta de Lisle a Longman, en la que recomendaba la edición; otra de A. Humboldt al mismo, que alababa los *Viajes* de Alí Bey, y otras dos del *Viajero*, una desde Algeciras dirigida a Amorós y otra a Gilman, oficial de la Secretaría de Estado del Despacho Universal de la Guerra. Los editores aseguraban en este prólogo que el *Viajero* se había desplazado hasta Londres para la revisión de la edición y que, antes de partir hacia África en 1802, había realizado un viaje a Inglaterra para preparar su itinerario. Esta información se confirmó en dos cartas. En la primera, enviada a J. A. Burruezo el 17 de diciembre de 1814, el *Viajero* describía el estado de la edición inglesa: «En octubre último fui a Londres y arreglé dos ediciones inglesas de mi obra que ya se están haciendo, la una en cuarto y la otra en octavo»,[402] y en la segunda, remitida a sus hijos el 31 de enero de 1818, les explicaba el dinero que pretendía ganar con las ediciones: «Entre mis ediciones inglesas y la francesa tenemos ya un capital líquido de quince mil duros».[403] Una versión de esta misma edición inglesa fue publicada en Filadelfia, el mismo año y por los mismos editores.

También en 1816 aparecía la edición alemana *Reisen in Afrika und Asien in dem Jahren 1803 bis 1807. Aus dem französischen. Herausgegeben von F. J. Bertuch*, Weimar, Im Verlag des Landes, 1816. Estaba formada por dos volúmenes y únicamente contenía al comienzo un pequeño prólogo. La edición revelaba la verdadera identidad de Alí Bey: Domingo Badía Leblich. El prólogo no sólo hacía este descubrimiento, sino que añadía su origen y el papel que había realizado disfrazado de musulmán: «Este viaje no es solo una estupenda sorpresa. El autor no es turco, sino español, D. Domingo Badía y Leblich [...]. Y escribe como filósofo musulmán».[404]

Sin embargo –quizás por seguir los mismos datos de las ediciones anteriores que no revelaban el nombre de Badía, quizás por deseo expreso del editor alemán, que decidió incluir el nombre del español, pues al fin y al cabo lo había tratado en su viaje a Alemania–, únicamente se señaló el nombre del *Viajero* en el prólogo, pero no así en la portada. Seguidamente, se explicaba cómo había organizado los preparativos de su viaje, quién había sido su ayudante, su paso por Viena y su nuevo nombramiento como general. Hasta la fecha, no se había revelado que la edición alemana recogiera su verdadera identidad.[405]

Tal y como indicaban sus documentos originales, Badía viajó a Alemania para ocuparse de la publicación. Pero la situación política del momento impidió que finalmente pudiese hacerlo, como lo contaba a sus hijos en una carta fechada el 31 de enero de 1818:

> Hice el viaje a Alemania que fue improductivo y gravoso por las circunstancias desgraciadas del desembarco de Napoleón que arredró en aquel momento la Europa, estancó el comercio, y no hubo en toda Alemania un librero que se atreviese a arrostrar con los gastos que exigía la edición alemana de mi obra, perdiendo por consiguiente mas de siete mil francos que importaba la traducción alemana y gastos de mi viaje.[406]

Entre 1816 y 1817, se publicó *Viaggi di Alí Bey el-Abbassi in Africa ed in Asia dall'anno 1803 a tutto il 1807. Tradotti dal dottore Stefano Ticozzi, con tavole in rame colorate*, Milán, Tipografia Sonzogno e Comp. Esta edición constaba de cuatro volúmenes, iba dedicada a la condesa L. Colloredo y tenía las únicas láminas coloreadas que he visto hasta el momento en las ediciones de los *Viajes*. El libro formaba parte de una colección de viajes, en la que el tomo I correspondía al número XXXIX de la colección.[407] En la reseña que se incluía sobre el autor, se hablaba de la existencia de otro viajero con el nombre de Alí Bey, que era abasí y que también iba a publicar sus viajes en la misma colección. El autor verdadero de esta obra era, sin embargo, para la edición italiana, en lugar de Badía, un mameluco egipcio que había sido raptado por los bárbaros del Cáucaso. Al contrario de lo que había ocurrido la impresión alemana, el *Viajero* llegó a conocer su existencia, aunque nada tuvo que ver en su realización. El 18 de enero de 1818, escribía a un amigo desde Milán sorprendido por haber encontrado una edición de los *Viajes* en italiano en dicha ciudad, y le comentaba que iba a intentar enviar una copia a sus amistades de «la calle Seve», a pesar de que tenía bastantes errores. Seis días después envió desde Venecia al conde Mole, ministro de la Marina, dos ejemplares, uno para él y otro para que se lo remitiesen a su familia.[408]

En 1818, apareció una edición en Boston en inglés con extractos de los *Viajes*. Se trataba de *Extracts from a Journal of Travels in North America, Consisting of an Account of Boston and its Vecinity. By Alí Bey and Translated from the Original Manuscript by Sq. L. Knapp*, de la que Badía nunca llegó a tener conocimiento.

El mismo año de la primera edición, le comentó a su cuñado que aún deseaba hacer una en francés para Rusia y demás países del norte.[409]

Entre los diversos trabajos que llegó a realizar en 1817, escribió un curioso e interesante informe que mostraba la imagen de Oriente que defendió en sus últimos años. Se trataba de la *Proclama a los Pueblos de Occidente*, un exaltado trabajo que no recogió ninguno de los investigadores de Badía, excepto Casas. La proclama volvía sobre la temática tratada en su *Mémoire sur la colonisation de l'Afrique*. En ella, iba más allá que en cualquiera de los planes o proyectos de conquista que defendió con anterioridad, e intentaba imaginar lo que habría hecho si hubiera podido imponer una constitución y se hubiese proclamado sultán:

> Pueblos musulmanes: basta ya de tiranía: el Dios grandísimo os ha hecho libres. El sultán Alí Bey el Abbasi os presenta las bases de la constitución que debe gobernaros[410] [...]. El sultán Alí Bey (que Dios bendiga su vida) como fundador del Imperio podrá elegir entre sus hijos el que deba sucederle al trono después de su muerte.[411]

También proponía que se formara en Marruecos una asamblea de diputados, un senado, un congreso y una tropa militar.

Ese mismo año, publicó un escrito con objeto de mejorar su imagen en París, el *Caractère d'Alí Bey*.[412] En él describía las estrechas relaciones y vínculos de amistad que mantenía con algunas personas de Marruecos, y enumeraba los títulos que había adquirido en sus años como viajero, algo así como una genealogía ennoblecedora musulmana. Había llegado a ser proclamado, entre otras cosas, Šerif, y Emir.

En junio de 1817, escribió a Richelieu con objeto de solicitarle una pensión; desde su llegada a París, le explicaba, no había encontrado empleo. Asimismo, le manifestaba su asombro ante el hecho de que todavía no se hubiera examinado la memoria antes expuesta. Una vez más, no obtuvo respuesta.[413] En noviembre, escribió al conde Molé y al conde Decazes (ministro de la Policía), ambos partidarios del Imperio, para presentarles su memoria de colonización. Como estos mostraron interés, aprovechó para enviar al primero, el día 23, un nuevo plan para cruzar África de este a oeste. Se trataba de salir disfrazado de príncipe árabe desde Constantinopla y, en peregrinación a La Meca, cruzar el mar Rojo con alguna caravana de peregrinos que volviera a África, hasta atravesar su interior por el mar que suponía que la bañaba. Desde allí llegaría hasta Tumbuctú y, siguiendo los bordes del Níger, a Senegal.

El conde Molé sometió el plan a consulta de los tres sabios del Instituto: Cuvier, Rossel y Delambre, quienes emitieron un informe favorable el 9 de diciembre y señalaron que el viaje, aunque presentaba un gran interés, era de difícil realización,[414] por lo que propusieron al único que pesentaba todas las cualidades necesarias para hacerlo: Badía.

El 20 de diciembre, una real orden precisaba las condiciones de la misión. El *Viajero* debía emplear tres años en la consecución de su viaje: saldría en enero de 1818 y volvería en enero de 1821. Durante el primer año, peregrinaría a La Meca y durante los otros dos, viajaría por África. Pensaba atravesar Abisinia por Darfur, remontar el curso del Níger y salir por Senegal. Al Estado francés le entregaría todos los escritos y dibujos recogidos en sus viajes anteriores que, en aquellos momentos, se encontraban diseminados por los sitios que había recorrido. El informe recordaba otra vez que era el individuo más idóneo para realizar el viaje, pues todavía mantenía relaciones con algunas personas en África y añadía que su hijo mayor sería admitido en el ejército francés con el mismo grado que tenía en España, teniente de artillería. Tanto durante el tiempo que durase su viaje como en caso de su muerte, se concederían 3.000 francos anuales de los fondos coloniales para su mujer.

A Badía se le concedió un salario anual de 10.000 francos que le sería entregado en dos partes; una, en el momento de su marcha y la otra, que correspondía a los dos años siguientes, a su llegada a San Juan de Acre. También se le prometía que se le entregaría un círculo reflectante, un pequeño sextante, un telescopio acromático, un telescopio de dos pies y otro de un pie, un cronómetro de bolsillo, dos relojes de segundo y una pequeña brújula.

Por fin, a finales de año, organizaba los últimos preparativos para su salida, recogía sus pasaportes e instrumentos y realizaba algunos contactos, entre ellos la visita al director general de colonias, Portal. Sin embargo, Badía no deseaba limitar su viaje a un mero objetivo científico y escribió una carta al conde Molé, en la que insistía sobre el objetivo político que había defendido en su *Mémoire sur la colonisation de l'Afrique* de 1815. El *Viajero* se permitía recordar al ministro de Marina que no había que desaprovechar una ocasión como esa para intentar llevar a cabo «mis ideas políticas de África»,[415] unas ideas, aseguraba, que debían de ser reconsideradas por el Estado francés con muchísimo interés y atención.

El 6 de enero comenzó su último viaje. Nuevamente iba disfrazado de árabe, pero esta vez con otro nombre: ahora se hacía llamar Haŷŷi ʿAlī Abū ʿUṯmān. El 11 llegó a Ginebra; desde allí redactó la primera carta con su nueva identidad y solicitó su pasaporte para ir a Milán. El 24 entró en Venecia –una ciudad que no pareció gustarle demasiado– y el 1 de febrero llegó a Triestre. Desde allí, escribió una misiva de despedida a Portal y le pidió que le enviara los instrumentos que tenían que llegar por Siria. Aprovechó para expedir las notas que había realizado hasta el momento, así como las observaciones hechas por el director del observatorio de Milán. A partir del 6 de febrero, comenzó a usar la cifra convenida para las cartas reservadas. Volvió a recordarle a Molé, con cierta ansiedad, las intenciones políticas que podía añadir a su nuevo trayecto, al que llamaba: «Mi plan político para África».[416] Poco antes de entrar en dominios otomanos, escribió a su familia una serie de cartas que mostraban las relaciones que mantenía por aquel entonces con ella y, sobre todo, el estado de ánimo que tenía antes de entrar en tierras musulmanas y realizar su último viaje; se sentía mayor (cincuenta y un años) para realizar un desplazamiento de esas características: «En este momento clásico en que quizá por última vez voy a dejar las tierras de los cristianos para entrar en las tierras musulmanas, donde solo Dios puede saber la suerte que me aguarda».[417]

En primer lugar, escribió a su mujer –Mariquita la llamaba– y le recordó, casi se lamentó, las situaciones precarias por las que había tenido que pasar la familia, debido a los avatares políticos. Las revoluciones políticas a la vuelta de su viaje, los problemas con su apoderado Amorós y la amnistía que nunca le fue concedida habían colocado a la familia en una posición tan crítica que se había visto obligado a salir otra vez de viaje para tener un medio seguro de subsistencia:

> En tan terrible situación, y amenazado de la vejez que desde poco tiempo va a alcanzarme privándome entonces de todo medio para arrostrar grandes resoluciones, determiné aprovechar los pocos años de fuerza física y moral que me restan, y arrojarme al agua para salvar el bastimento, arrostrando los riesgos y trabajos de una nueva expedición de África por aseguraros a vosotros una existencia cómoda y honrada.[418]

Luego recomendaba a su mujer que cuidase mucho de su hijo José, inválido, y le pusiera un maestro para su educación en las ciencias, literatura y bellas artes, e igualmente que atendiera a su nieto Emilio, hijo de María Asunción y Lisle. A sus hijos les había enviado una carta el día anterior, 31 de enero de 1818, en la que explicaba que había conseguido finalizar el catálogo de la biblioteca de su hija para ponerla a la venta.[419] A esta última le aconsejaba que buscara un joven para casarse.

Badía salió de Trieste el 9 de febrero y continuó su viaje hasta llegar al Imperio otomano el día 23. Allí fue recibido con grandes honores por el pachá ʿAlī de Belgrado y el rey de Sofía.[420]

El 19 de marzo entró en Constantinopla y se presentó al marqués de la Rivière, embajador de Francia, y a su secretario, el vizconde M. L. Marcelo.[421] En esta ciudad permaneció algo más de un mes. Durante su estancia, entre otras cosas, aleccionó e instruyó a un guía que le acababa de regalar el pachá de Belgrado para que le acompañara en su viaje.[422]

El 9 de abril, describía por primera vez los trabajos y documentos que había desarrollado en su nuevo viaje: tres cuadernos de notas de su itinerario entre Trieste y Constantinopla, y una serie de observaciones astronómicas y meteorológicas que pensaba enviar a Francia antes de su partida hacia La Meca.

Tras la estancia en Constantinopla, partió hacia Siria en una larga y fatigosa travesía, tras la que llegó el 26 de abril. El 23 de mayo, entraba en Alepo. Desde allí escribió a Molé para explicarle que tenía que adelantar su viaje a Damasco, pues una gran caravana de peregrinos de Constantinopla iba a llegar a esta ciudad antes del 6 de julio y a ocupar todos los alojamientos disponibles.[423] El 9 de junio, llegó a Trípoli y se alojó por espacio de 21 días en casa de Regnault, cónsul de Francia, a quien había conocido en el viaje a Chipre. En esta localidad fue reconocido por algunos comerciantes que lo recordaban, así como a su hijo, de su anterior viaje a Marruecos: «Aquí hay muchas personas de Marruecos que conocen a mi hijo ʿUṯmān, a mi familia y a mí mismo».[424] El 10 de junio, Regnault le entregó los 20.000 francos que le faltaban a su asignación y le consiguió un jenízaro de su propio servicio para que le acompañara hasta La Meca. El 4 de julio, llegaba en la última ciudad en la que residiría antes de comenzar su peregrinación: Damasco.

El cónsul francés había escrito al único europeo en el lugar, el médico galo R. Chaboceau, que tenía setenta y nueve años de edad y llevaba más de cuarenta residiendo en Damasco, para que le buscara un alojamiento. Sin embargo, unos días antes de recibir la carta, el doctor se ausentó para ver a un enfermo y se cayó de su caballo, lo que le forzó a permanecer cinco semanas inmovilizado lejos de la ciudad. Esto obligó a que Badía buscase hospedaje y eligiera torpemente una casa en el centro, llena de ruidos y peregrinos que le imposibilitaron trabajar en las notas de su viaje.[425] Cuando el médico se recuperó y volvió a Damasco, el 16 de julio, reconoció de inmediato a aquel al que diez años antes también había proporcionado alojamiento. Este le pidió por favor que no dijera a nadie que había visitado anteriormente la ciudad y le sugirió comunicarse sólo por medio de notas. A todas estas pequeñas complicaciones, se sumó el hecho de que uno de sus criados le robó 3.200 piastras, mientras estaba rezando en la mezquita, el 17 de julio. Afortunadamente, el 4 de agosto, el criado fue descubierto en Hama y pudo recuperar algo más de 1000.

El *Viajero* comenzó a sufrir algunos problemas de salud. En una carta dirigida a Molé, le contó que había sufrido una fuerte diarrea y disentería debido a las diferencias de temperatura entre Europa y Siria. A pesar de todo, señalaba que había conseguido curarse gracias al régimen y a las medicinas que se había llevado desde Francia. El 26 de julio, sufrió una nueva recaída y tuvo que ser asistido urgentemente por Chaboceau, quien, antes de salir para La Meca, le surtió de remedios para tratar sus enfermedades durante su viaje.[426]

El 16 de agosto, un día antes de su salida, concretaba los preparativos de su último desplazamiento y le pidió a Molé que le dijera a los cónsules de Egipto, Trípoli, Túnez, Argel y Marruecos que aceptaran todas las cartas que se les enviaran con el nombre de Haŷŷi ʿAlī Abū ʿUṯmān y que, en caso de necesidad, le pudieran mandar o prestar una suma de dinero equivalente a 2.000 francos. Asimismo, le prometía a Molé que desde La Meca le mandaría el verdadero café de Arabia. En caso de muerte, le pidió a Chaboceau que entregara las 13.000 piastras que llevaba consigo a sus criados, Yassin e Ibrahim, para que se las dieran al doctor o al cónsul de Damasco.

En estas circunstancias, el 17 de agosto salía de la capital siria rumbo a La Meca. Su amigo y médico se sintió en la obligación de avisarle del peligro que corría en caso de que decidiera emprender esta peregrinación. Consideraba que, debido al cansancio producido por los estudios y la escritura de su segundo viaje, se encontraba demasiado extenuado para emprender su itinerario. Antes de salir le dio algunos prácticos consejos para su trayecto: debía protegerse de los animales y ahuyentarlos con el fuego, desprenderse correctamente de las sanguijuelas y usar colirio para los ojos. Chaboceau le advertía que el *mufti* de Damasco le había comentado la sospecha de que fuese un espía. Finalmente, el médico afirmó que Badía tenía planes políticos y pensaba desarrollarlos en este segundo y último trayecto al servicio del gobierno francés: «Me comunicó confidencialmente sus planes de viaje».[427]

Tras la salida de Damasco, la caravana paró doce días en Muzaīrib para concretar los preparativos del viaje. En este lugar fue visto con vida, por el conde polaco W. Rzewuski, quien se había desplazado a ese lugar con el fin de comprar caballos de raza árabe para la reina de Wütenberg.[428] Según el conde, ambos se habían encontrado anteriormente en Adana (Turquía) y, después, en Damasco. Parece ser que Badía había cometido la imprudencia de revelar la existencia de una importante irregularidad en el alineamiento de la gran mezquita de Damasco con respecto a La Meca.[429] lo que provocó una fuerte discusión con los imanes de la ciudad y las posteriores suspicacias hacia el *Viajero*, que el conde interpretó como una posibilidad de que hubiera muerto envenenado. Rzewuski lo encontró muy enfermo en aquella población a causa de una terrible disentería y lo asistió durante dos días, mientras intentaba convencerle para que desistiese de su peregrinación: «Estaba tumbado, sin fuerza, la palidez de la muerte impregnaba todos sus gestos [...]. Pasé los últimos tres días de su vida sentado a sus pies».[430]

El 28 de agosto, se agravó su situación. No paraba de vomitar y, al mismo tiempo, proclamar fuertemente que le habían envenenado. En este grave estado pidió a sus criados que le acercaran todos sus papeles y los quemó allí mismo. Entre el 29 y 30, cuando la caravana llegó a Zarqā', a cinco jornadas de Damasco a camello, reposó un día entero y reunió a sus criados para declarar en su presencia sus últimas voluntades. A Yassin e Ibrahim les dijo que, en caso de muerte, enviaran a Regnault todos sus efectos y llamaran al Šeyj al-Yazzār para que repartiera su dinero entre el criado negro que le acompañaba, y los pobres de La Meca y Medina. A continuación, declaró que su domicilio estaba en Tetuán, donde había dejado a su hijo, a una hija y a sus mujeres.

La caravana partió el 31 de agosto, dos horas antes de salir el sol, hacia Qala't al-Balqā, adonde estaba previsto llegar a las nueve de la mañana del día siguiente. Hacia medianoche, anunció que se estaba muriendo y, quitándose el anillo del dedo, se lo dio a sus criados para que se lo entregaran a Regnault. Badía les dio su último adiós y mandó que le cerraran la litera sobre la que yacía. Dos horas antes del amanecer, los criados, al sentir que no se oía ningún ruido en la litera, abrieron sus cortinas y lo encontraron muerto.[431]

Otras versiones contaban que, desde la salida de Damasco, lo había perseguido un grupo de marroquíes que querían apoderarse de sus bienes. Cuando estos se enteraron de su muerte, se abalanzaron sobre la comitiva para quitarles todas sus pertenencias y dijeron que era un brujo que se había apoderado del alma del sultán.[432]

Badía fue enterrado según el rito musulmán en Qala'ʾt al-Balqā, localidad en el sureste de la actual Jordania.[433] Chaboceau, Regnault y el padre Vilardell intentaron recuperar sus papeles y pertenencias, y buscaron a los criados que se habían escapado con su dinero.[434] El jefe de los peregrinos de La Meca, Haman Āgā era el responsable de quedarse con los efectos de los fieles que morían durante la peregrinación, por lo que se hizo con el resto de las cosas que dejaron los asaltadores. Sin embargo, al poco tiempo Haman Āgā murió y sus pertenencias pasaron a manos del pachá de Damasco.

Todo ello tuvo una consecuencia lamentable, puesto que impidió recuperar sus papeles. Badía fue enterrado como musulmán, por lo que ningún cristiano podía reclamar sus bienes y propiedades. En estas circunstancias, se tendría que haber desvelado la verdadera identidad para tener acceso a ellos, lo que hubiera provocado un conflicto diplomático entre el gobierno francés y el sirio; por tanto, no se realizó el menor intento por recuperar sus efectos. El pachá decidió poner parte de los objetos a la venta, y algunos de ellos fueron comprados por lady Stanhope (un cronómetro) y el padre Vilardell.[435]

A la sospecha de envenenamiento defendida por el conde Rzewuski y, como veremos, por lady Stanhope, se sumaron la del propio *Viajero*, quien pudo verificar finalmente que no se le había envenenado. Había enviado una última carta el 28 de agosto a Molé, justo tres días antes de su muerte, en la que contaba cómo poco antes de salir de Damasco Chaboceau le había entregado un paquete de sobres de ruibarbo torrefacto para combatir su enfermedad. Como el primero que había tomado le había causado «efectos terribles»,[436] había suspendido el tratamiento porque estaba convencido de que contenía ponzoña: «Es indudable que ese remedio contiene veneno».[437] Badía creía que alguien le estaba envenenando y, más exactamente, pensaba que ese alguien era la mujer del médico y un monje español, amigo de esta. Por este motivo, decidió enviar los sobres restantes de ruibarbo a Francia para que fueran analizados por el Ministerio de la Marina y de las Colonias. El 29 de mayo de 1821, se obtuvo la respuesta: los sobres no contenían nada más que un poco de ruibarbo carbonizado.[438]

Otros autores defendieron la tesis del envenenamiento por agentes de los ingleses. Ese fue el caso del vizconde Marcelo en *Souvenirs de l'Orient* (1839), quien en su obra difundió unas palabras de lady Stanhope que avalaron durante un tiempo esa hipótesis. Según esta, a quien el *Viajero* había mostrado su interés por visitarla durante el segundo viaje, Badía había sido víctima de un veneno administrado por los ingleses.[439] Así se afirmaba también en la primera edición española de 1836, donde se señaló que una nación poderosa había sido la encargada de envenenarle, mediante una taza de té que le había administrado el bajá de Damasco. Lo aseguraban también el coronel Marnier, quien decía que el rey Luis XVIII ya le había advertido en su día a Badía que desconfiara sobre todo de los ingleses.[440] Y, finalmente, lo recogía J. Jabat, el ministro español en Constantinopla en 1819, pero esta vez achacándolo al mufti de Damasco y a los turcos, responsables de poner veneno en su café.[441]

La noticia se difundió de manera oficial un mes después. El 9 de noviembre, Regnault le comunicó a Molé que Badía había muerto, y el suceso le fue notificado al embajador francés un mes más tarde. El 17 de marzo de 1819, se informaba de su muerte en Tullerías, así como a Luis XVIII y la familia de Badía.[442] Durante bastante tiempo, esta sospechó que no había muerto y que todo era una treta para continuar su viaje en secreto.

A su muerte, quedaron como descendientes directos sus tres hijos y su nieto. El mayor, Pedro, se casó en 1826 con B. de Laucarre y falleció el 14 de noviembre de 1831 a causa de una enfermedad contraída en las colonias como capitán del 2.º regimiento de caballería de Toulouse. Su otro hijo, José, murió el 27 de septiembre de 1879. Y María Asunción se casó nuevamente con el señor Uriarte. De este matrimonio, nacieron dos hijos: Hipólito, que fue cónsul, entre otros sitios, en Génova y Quebec, y Manuel, que fue oficial de la Obra Pía de Jerusalén. María Asunción murió en 1867. El otro hijo que había tenido con Lisle de Sales, Emile, vivió en la calle de Alger, n.º 3, en París.[443]

Notas

1. *Cf. Manuscrits copias*, I, 1767, p. 3; D. Badía, 1814, I, p. XI; L. F. J. de Bausset, I, 1827, p. 280; D. Badía, I, 1836a, p. XI; F. Torres y Amat, 1836b, p. 71; R. Mesonero Romanos, II, 1967, p. 344; V. Balaguer, II, 1860, p. 157; V. Balaguer, 1865, p. 67; D. Badía, 1861, p. V (esta edición reproduce la biografía de R. Mesonero Romanos a modo de prólogo); D. Badía, I, 1888, p. 5; D. Badía, 1907, p. IX (esta edición traduce al catalán la biografía de F. Torres y Amat); E. García de Herreros, 1923, p. 60; D. Badía, I, 1926-1934, p. 6; P. Roussier, 1930, p. 36 (este artículo señala incorrectamente el año de su nacimiento, y lo sitúa en 1766); D. Badía, 1943, p. 5; A. Casas,

1943, p. 19; R. Ezquerra, 1947, p. 108; J. Romano, 1951, p. 9 (esta obra reproduce también incorrectamente el año de su nacimiento, y lo sitúa otra vez en 1766); C. Soldevila, 1955, p. 174; J. Mercader, 1960, p. 3; M. de Epalza, 1968, p. 51; M. Fontrodona, 1969, p. 28 (nuevamente aparece incorrecta la fecha de su nacimiento, 1766); M. Madrid del Cacho, 1972, p. 30; A. García Wehbe, 1974, p. 222; V. Leblic García, 1986, p. 4; M. McGaha, 1996, p. 11; A. Segura i Mas, 1996, p. 231; E. Martín Corrales, 1996, p. 266; E. Bayón del Puerto, 1996, p. 275; F. Lafarga, 1996, p. 187; A. Bey, 1997, p. 13; A. de la Serna, 1998, p. 8; J. Massot, 1998, p. 45; D. Badía, 1999, p. 9; y R. Mayrata, 2001, p. 8.

2. A partir de ahora, los datos de los que no indico sus fuentes han sido extraídos de los *Documents*.

3. *Cf. Documents originals*, II, 1807, p. 170.

4. *Manuscrits copias*, I, 1737, p. 11.

5. «Este Nicolás Jorge Leblich en 1771 desde Toledo dirigió una súplica al Arzobispo para obtener las partidas del bautismo necesarias a la formación del árbol genealógico de su familia, pues deseaba reivindicar la posesión del cuantioso patrimonio de su abuelo Jorge, ya que habiendo muerto sin sucesión el primer hijo, los demás lo ocuparon prescindiendo del 2.º, que se hallaba en España», *Manuscrits copias*, I, p. 7.

6. *Manuscrits copias*, I, p. 8. La genealogía de los Leblich ha sido seguida por su descendiente, Ventura Leblic García, quien escribe un artículo algo confuso sobre ella. El autor no indica sus fuentes y sus datos no coinciden con los de los *Documents*. *Vid.* V. Leblich García, 1986. Los descendientes de este apellido se encuentran en Toledo.

7. *Cf. Documents originals*, II, 1807, p. 171: «Las dos hermanas del sujeto están casadas con oficiales del ejército de familias muy distinguidas de Andalucía».

8. *Documents originals*, I, 1791, p. 3.

9. *Ibid.*, II, 1807, pp. 170 y 171.

10. *Vid.*, «Carta de Lorenzo García (Asentista general) al padre de Domingo Badía», en *Manuscrits copias*, I, 1785, p. 23: «[...] debo decir, que he hecho cargo de cuanto se sirve hacerme presente para manifestarme los fundamentos que le mueven a querer separar del encargo del Subministro de mi Provisión de Utensilios en ese cuartel al Sr. D. Domingo su hijo».

11. Todas sus notas biográficas (a excepción de la edición de la tragedia, D. Badía, 1999, p. 12) señalan incorrectamente la edad de catorce años como comienzo de su cargo de administrador de utensilios. Será A. García Wehbe quien estudie estas irregularidades y destaque como centro del conflicto el documento que Badía escribió el 23 de julio de 1808, en «Extracto de los Méritos y Servicios de D. Domingo Badía y Leblich», *Documents originals*, IV, s. d., interpolado entre los folios 133 y 134, en el que señalaba que comenzó a desempeñar su cargo a la edad de catorce años. *Vid.* sobre la edad qu tenía cuando pasó a ser administrador de utensilios, A. García Wehbe, 1974, p. 225: «En la *Colección Toda* hemos encontrado noticias de Badía escritas por él mismo: la primera está fechada en Madrid el 23 de julio de 1808, revisada y corregida por sus hijos Pedro y José en 1819 y 1869; la segunda está fechada en París el 8 de noviembre de 1814. Explican respectivamente que "...De edad de 14 años empezó a servir a S. M. de Administrador de Utensilios en la Costa de Granada..." y que "El caballero Badía comenzó su carrera a los 14 años como administrador de utensilios militares de la costa de Granada que acordó con Carlos III...". Si ciertos biógrafos de D. Badía y Leblich hubieran tenido estos documentos entre las manos, se hubieran dado cuenta de las rectificaciones hechas por Pedro Badía, que, desde 1819, ha repetido la fecha exacta de la nominación oficial de su padre en el cargo de "administrador de utensilios en la Costa de Granada", es decir, el 24 de mayo de 1785, y precisó 18 años en lugar de 14 años».

12. *Manuscrits copias*, I, 1791, p. 32.

13. *Ibid.*, I, 1792, p. 30.
14. *Cf.* R. Mayrata, 2001, p. 37.
15. *Vid.* sobre el tema D. Badía, 1836, p. XI: «[...] se ha dicho que estudió en la universidad de Valencia, pero no es así: su genio libre y fogoso nunca se avino bien con los reglamentos escolares. Con efecto Badía no conoció más aulas que su propia habitación: encerrábase en ella, provisto de los libros que más se conformaban con su inclinación, y pasaba muchas horas entregado al estudio. Primero se dedicó con ardor al de las matemáticas, a la delineación y al dibujo: siguió la geografía, astronomía, física y música; pero su atención se la llevó particularmente el conocimiento de las lenguas orientales, y con cierta predilección al árabe, que llegó a serle familiar»; V. Balaguer, 1865, p. 166: «No es verdad que estudiara en la universidad de Valencia, como se ha dicho»; R. Ezquerra, 1942, p. 109: «No estudió en universidades, y no debió de frecuentar más aulas que las sostenidas por la Junta de Comercio barcelonés; D. Badía, 1943, p. 5: «[...] no consta que Domingo Badía realizase estudios superiores. Una de sus características espirituales es, justamente, su gran independencia de criterio y su gran inquietud, mal avenidas, ambas, con el rigor de la disciplina escolar. Consta, en cambio, el irrefrenable afán de saber y de conocerlo todo que animaba a Badía».
16. *Manuscrits copias*, II, 1796, p. 32. Información corroborada en P. Roussier, 1930, p. 37: «[...] siguió con éxito el curso de la Universidad de Valencia», y Badía, D., 1999, p. 13: «El 12 de enero de 1786 se matriculó en la Real Academia de Bellas Artes de S. Fernando. Durante su estancia en Madrid, también estudió en las Reales Escuelas de Química y Física [...] siguió estudiando en Madrid hasta finales de 1787».
17. *Vid.* sobre el tema de su formación *Manuscrits copias*, I, 1793, p. 40; *Manuscrits copias*, II, 1796, p. 15; *Documents originals*, I, 1801, pp. 86-87; L. F. J. de Bausset, 1827, p. 280; F. Torres y Amat, 1836, p. 73; V. Balaguer, 1865, pp. 166 y 167; D. Badía, I, 1888, p. 9; D. Badía, I, 1926-1934, pp. 6 y 7; A. Casas, 1943, p. 19; D. Badía, 1943, p. 5; R. Ezquerra, 1943, p. 29 y 1947, p. 109; J. Romano, 1951, p. 16; C. Soldevila, 1955, p. 174; J. Mercader, 1958; p. 4; M. Madrid del Cacho, 1972, p. 30, y R. Mayrata, 2001, p. 52.
18. *Vid.* también *Manuscrits copias*, I, 1790, p. 174: «[...] pues valiéndome de los ejemplares francés e inglés, he usado de las frases que me han parecido más genuinas para declarar en nuestro idioma la mente del original (evitando los defectos que advierto en otras traducciones que de este mismo se han dado al público) y quedando satisfecho, si logro el fin que me he propuesto».
19. *Manuscrits copias*, I, 1790, p. 173.
20. *Ibid.*, s. d., p. 13: «María Lucía de la Asunción Burruezo, mujer de Domingo Badía, nació en Vera el día 17 de agosto de 1767, según partida que se halla en el folio 148 del registro parroquial de aquel año».
21. Según R. Mayrata, 2001, p. 61, el suegro de Badía poseyó una gran biblioteca.
22. *Manuscrits copias*, I, s. d., p. 37.
23. A. Bey, 1997, pp. 14 y 15: «Tal vez sea fruto de estos primeros esfuerzos, aunque no ológrafo, el *Ensayo sobre el gas y máquinas o globos aerostáticos*, firmado por el seudónimo Polindo Remigio en 1792, con una dedicatoria a Godoy en la que el autor se excusa de su impericia y juventud. El manuscrito, conservado en el Archivo del Ministerio de Asuntos Exteriores, contiene figuras e indicaciones para la fabricación de un globo como el que Badía construyó tres años después, durante su estancia en Córdoba. Más de la mitad de la obra, que consta de 151 páginas y XXIV de prólogo, está consagrada a un tratado de los gases y sólo versan sobre los globos las 32 últimas». La posible escritura de este manuscrito por Badía se convierte en uno de los ejes de la novela histórica de A. Salvadó, 2004.
24. *Manuscrits copias*, I, 1793, p. 38.
25. *Ibid.*, 1794, pp. 178-183.

26. *Ibid.*, 1795, p. 282.

27. *Vid.* sobre el tema de la construcción y la voladura del globo aerostático *Manuscrits copias*, I, 1793, pp. 40-129; *Documents originals*, IV, pp. 11-25; A. Casas, 1943, pp. 21-23; R. Ezquerra, 1947, p. 110; A. Bey, 1997, p. 15, y D. Badía, 1999, p. 13.

28. *Vid.* sobre el tema *Manuscrits copias*, I, pp. 85 y 125; *Documents originals*, IV, 1795, interpolado entre los folios 23 y 24. Existe un tomo de este último documento en la biblioteca de A. Cánovas del Castillo, actualmente en la biblioteca del museo Lázaro Galdeano. A. Casas, 1943, p. 22: «Se dedicó con fe a la construcción y elevación del *Balón Aerostático*, como él le llamaba para lo cual llevó a cabo una suscripción entre varios amigos». *Vid.* para sus problemas económicos D. Badía, 1999, p. 13: «Invirtió todo su propio caudal en el proyecto, y pidió prestados 29835 reales a cincuenta y tres "suscriptores", a los que contaba recompensar con las ganancias de un libro que pensaba publicar para divulgar los resultados de su experimento».

29. *Vid.* para este asunto L. Romero Tobar, 1995, pp. 145-161.

30. *Documents originals*, IV, 1795, pp. 89-90.

31. *Manuscrits copias*, I, 1793, pp. 49 y 50.

32. *Ibid.*, 1795, p. 80.

33. *Cf. Ibid.*, donde además señala Badía: «[...] siendo el primer español que bajo sus propios conocimientos emprende un viaje de esta clase».

34. *Ibid.*, aunque en la p. 90 se señale que «yo quería construir mi máquina capaz para tres o más personas».

35. *Vid.* sobre el tema «Cuentas del globo», en *Manuscrits copias*, I, s. d., pp. 66-67: «Recomposición general del globo en el colegio de la Asunción, deshacerlo, lavar todas sus telas, forrarlo de nuevo, volverlo a hacer, portes, etc.».

36. *Manuscrits copias*, I, 1795, p. 82.

37. *Ibid.*, p. 99. *Vid.* sobre la explicación de Badía a la representación de su padre *Manuscrits copias*, I, 1795, pp. 99-126.

38. *Ibid.*, p. 126. *Vid.* sobre estos instrumentos *Manuscrits copias*, I, s. d., p. 67.

39. *Vid.* sobre su situación económica «Cuentas de Badía al salir de Córdoba», en *Manuscrits copias*, I, 1794, p. 135; «Por deudas contraídas con Gabriel Sánchez, pagó Badía a sus herederos en Córdoba», en *Manuscrits copias*, I, 1794, p. 137.

40. R. Ezquerra, 1947, p. 110: «[...] más amargo que su fracaso como aeronauta fueron los choques con una administración corrompida y envidiosa, que repugnaba a su rectitud de espíritu y le obligaron a presentar la dimisión de su cargo». En A. Bey, 1997, p. 16, Barberá comenta la alusión de R. Ezquerra: «No hallo confirmación documental ni de la rectitud de Badía ni de esos choques. No descarto que nuestro héroe tropezara con dificultades con colegas o superiores en su diario quehacer de covachuelista, pero lo cierto es que su estancia en Madrid sólo aparece motivada por el deseo de estudio y el de hacer aceptar sus proyectos a la administración». Sin embargo, C. García Valdés y M. McGaha señalan como motivo de su marcha a Madrid su enfermedad y sus tirantes relaciones cordobesas, en D. Badía, 1999, pp. 13 y 14: «Viendo destruidas así súbitamente sus esperanzas de fama y fortuna, Domingo cayó gravemente enfermo. Su mujer, que estaba encinta, malparió el hijo que esperaba. Durante los siguientes meses, fue blanco de las sátiras más crueles por parte de un canónigo de la catedral, D. José Muñoz y Austria, y de la risa despiadada del bajo pueblo cordobés. En marzo de 1796, viéndose imposibilitado de seguir viviendo en Córdoba bajo tales circunstancias, pidió un traslado a otra parte». Acerca de sus relaciones en Córdoba, M. McGaha escribe en 1996, p. 22: «Muy pronto tuvo que contender con el oscurantismo del alto clero de la catedral, capitaneado por el influyente canónigo José Muñoz y Austria. En enero de 1796, éste hizo circular un anónimo acusándole a Badía de impío, hereje e ignorante por haber defendido el sistema copernicano y hasta por haber negado la existencia del unicornio [...]. El pasaje de su carta a Muñoz en el que se defiende de la acusación de ignorancia es especialmente conmovedor y nos da una idea de lo que significaba ser científico en la capital pro-

vinciana a finales del siglo XVIII [...]. Muchos años más tarde, cuando Badía volvió a Córdoba como Prefecto bajo José I, tuvo la oportunidad de vengarse. Se mostró muy duro al exigir contribuciones del Cabildo y presidió con entera satisfacción la venta de los bienes confiscados de las comunidades religiosas». Acierta M. McGaha en la dificultad que podía significar en la Córdoba de aquellos años el desarrollo de la labor de ilustrado de Badía, que tan clara y perfectamente ejemplifica la carta que le escribe a Muñoz y su contestación, en *Manuscrits copias*, II, 1796, pp. 1-44 y *Manuscrits copias*, II, 1796, pp. 45-67. Sin embargo, no creo que la dureza con que exigió las contribuciones al Cabildo de Córdoba cuando volvió como prefecto a dicha ciudad catorce años después tuviera nada que ver con una posible venganza. Finalmente, R. Mayrata, 2001, p. 94, escribe que los problemas del viajero en la ciudad se debieron al fracaso de la voladura del globo y al problema económico que este supuso.

41. *Manuscrits copias*, II, 1795, p. 112.

42. *Ibid.*, I, 1795, p. 140.

43. *Ibid.*

44. *Cf. Ibid.*, p. 139. *Vid.* la duda de Barberá respecto a este trabajo del *Viajero*, A. Bey, 1997, p. 15: «Según Casas, Badía partió al año siguiente de Córdoba, trasladado a Puerto Real (Tal vez no llegó a tomar posesión de ese destino, pues omite su mención en los *curricula* [*Documents originals*, II, 1807, p. 171] que redactó posteriormente al término de su viaje». Barberá se confunde y piensa que Badía no desempeñó su cargo en Puerto Real.

45. *Manuscrits copias*, I, s. d., p. 139.

46. Este destino de Sanlúcar, antes de su traslado a Puerto Real, no había sido recogido hasta la fecha por ningún investigador. *Vid.*, por ejemplo, A. Casas, 1943, p. 20: «Después de algunos años fue promovido a la Comandancia principal del Resguardo del Puerto de Santa María; pero estando entonces ya dedicado a la preparación de sus famosos viajes, presentó la dimisión»; Badía. D., 1999, p. 14: «Se le ofreció el puesto de teniente de resguardo de rentas unidas de Puerto Real, empleo muy inferior al que había desarrollado en Córdoba [...]. Después de sólo dos meses en Puerto Real, pidió permiso para ausentarse del cargo durante un tiempo con el fin de ir a Madrid».

47. Una prueba de esta estancia en Madrid aparece en *Manuscrits copias*, I, 1797, p. 143, donde se cuenta que J. Benítez, un amigo de Badía de Puerto Real, le escribió a Madrid y le comentó que sabía que había estado enfermo.

48. *Manuscrits copias*, I, 1798, p. 145.

49. *Vid.* sobre este tema *Manuscrits copias*, I, 1799, pp. 160-161 y 164-167.

50. J. Camps y Soler, 5 de enero de 1833.

51. *Cf.* D. Badía, 1999, p. 14. *Vid.* también A. Bey, 1997, p. 18; A. Casas, 1943, p. 23; C. Soldevila, 1955, p. 174, y R. Mayrata, 2001, p. 98.

52. *Documents originals*, I., 1801, p. 72.

53. *Manuscrits copias*, I, 1799, p. 162.

54. D. Badía, 1798.

55. Según Barberá, en A. Bey, 1997, p. 16, esta traducción le ofreció la posibilidad de formular las primeras observaciones científicas sobre el clima de Marruecos y Arabia, así como mostrar el dominio del dibujo que había adquirido, a través de varias láminas.

56. *Vid.* sobre el problema de la datación *Manuscrits copias*, II, 1798, p. 80: «Una de las carpetas de los papeles de Badía, que debe corresponder hacia los años 1798 o 1799, lleva el siguiente título: Plan de Campaña para Portugal por Domingo Badía y Leblich».

57. Estas tres últimas partes quizás no corresponden al plan; *Manuscrits copias*, II, 1798, p. 80: «Dentro de la carpeta no había documentos, que debieron traspapelarse. He hallado solo una lista del estado mayor general del ejército español, y las siguientes estadísticas portuguesas. Quizás los papeles relativos a la marcha de ejércitos, forrajes, etc. se refieran al mismo plan».

58. *Cf. Manuscrits copias*, II, 1799, pp. 67-78 v. Existe también una copia manuscrita en la biblioteca de A. Cánovas del Castillo.

59. *Ibid.*, pp. 67 y 67 v.

60. *Cf. Documents originals*, I, 1801, p. 67: «Posteriormente ha traducido la obra titulada, *Diccionario de las maravillas y la naturaleza en cuatro tomos*, cuyo primero se ha publicado ya».

61. *Manuscrits copias*, II, s. d., pp. 196-198.

62. M. Madrid del Cacho, 1972, p. 31: «Tras el fracaso del balón aerostático, en 1799, D. Badía pasa a Madrid y entonces es cuando planea su viaje a África»; D. Badía, 1997, p. 256: «En este ambiente un tanto caótico y de profundos cambios en el seno de la sociedad, nuestro personaje idea por primera vez su célebre *Plan de viaje al África con objetos políticos y científicos*»; A. Bey, 1997, p. 18: «[...] había encontrado colocación en la biblioteca del príncipe de Castel-Franco donde, pésimamente pagado y viviendo a costa de sus ahorros y familiares, podía satisfacer su avidez de ciencia al tiempo que elaboraba lo que sería su definitivo plan», y D. Badía, 1999, p. 14: «Badía aprovechaba su tiempo libre recorriendo las bibliotecas y librerías de Madrid [...]. Pronto concibió la idea de solicitar fondos del gobierno para emprender él mismo un viaje de exploración por el interior del continente africano. Comenzó a trabajar en un plan muy elaborado».

63. *Vid.* A. Casas, 1943, p. 28, y M. de Epalza, 1968, p. 52.

64. J. Barceló en D. Badía, 1997, p. 256, señala que el viajero debía de tener importantes amigos en la Corte que le proporcionaron acceso a Godoy: «[...] pues es cierto que el *Príncipe de la Paz* no era de tan difícil acceso como pudiera parecer, y que su partido y su red de agentes y seguidores era enorme y abierta». Y según Mayrata, fue Castelfranco quien presentó el viajero a Godoy, en R. Mayrata, 2001, p. 104.

65. *Cf. Documents originals*, I, 1802, pp. 25-26. *Vid.* sobre el tema de la presentación, problemas y aceptación del viaje a África «Exposición histórica de todo lo ocurrido en el Expediente del viaje de África», en *Documents originals*, I, 1802, pp. 21-213.

66. *Ibid.*, p. 24.

67. *Ibid.*, p. 25.

68. *Ibid.*

69. *Ibid.*, p. 24 v.

70. *Ibid.*, p. 79.

71. *Ibid.*, p. 78 v.

72. *Ibid.*

73. *Ibid.*

74. *Ibid.*, p. 50.

75. *Ibid.*, pp. 23 y 23 v.

76. C. Niebuhr, I, 1776-1780, p. 28.

77. W. G. Browne, 1806, p. 20. *Vid.* también las palabras del prólogo de esta obra en las que se hace referencia a la necesidad que tuvo Browne de disfrazarse: «Tenía que aparecer en Darfur como un musulmán pues sabía que esto beneficiaría su seguridad», W. G. Browne, 1806, p. IX.

78. *Cf.* C. M. Sonnini, 1800, p. 141.

79. *Cf. Documents originals*, I, 1802, p. 51v.

80. *Vid.* para la lista de instrumentos «Viaje preventivo», en *Documents originals*, I, s. d., p. 52.

81. *Vid.* sobre el recorrido geográfico *Documents originals*, I, s. d., pp. 53-55, y la rigurosa actualización geográfica de Barberá en A. Bey, 1997, pp. 19-21. Barberá, señala en A. Bey, 1997, pp. 19 y 21: «Badía pensaba encontrar allí algún comerciante que lo hablara de los que traficaban en el interior de África y creía que esta lengua era la clave para entenderse en la parte negra del continente [...]. El mandingo era la

lingua franca de algunas de las regiones que el ilustre inglés cruzó [Mungo Park]» y en A. Bey, 1997, p. 21, nota 28: «Sólo se hablaba, según Park, en Bamako al oeste, si bien los bambarra, al este, se entendían en una especie de dialecto mandingo. En Sego, a 400 millas al oeste de Timbuctú [lugar donde también deseaba ir Badía] el mandingo no servía para nada».

82. *Cf. Documents originals*, I, 1802, p. 54. *Vid.* también la aclaración al respecto en la nota 21, en A. Bey, 1997, p. 20: «El itinerario de Badía carece de orden en este punto ya que Nubia está al nordeste del *Kurdufan*, y *Darfur* al oeste del último, por lo que el camino sería justo el inverso. *Kanem* era el extremo sur de una de las principales rutas que cruzan el Sahara, la que acaba en Trípoli».

83. *Documents originals*, I, 1802, p. 53 v.

84. A. Z., 25 de noviembre de 1801, p. 1349.

85. G. Lalande, 1790, p. 1.

86. G. Lalande, 1790, p. 5.

87. *Documents originals*, I, 1802, pp. 56-58.

88. *Ibid.*, p. 56.

89. *Ibid.*, pp. 60 v.-65.

90. *Ibid.*, pp. 58-60.

91. *Ibid.*, p. 26.

92. *Ibid.*

93. *Vid.* sobre el tema A. Bey, 1997, p. 23: «La contestación de la Academia fue elaborada con una celeridad que sorprende hoy en día. Don Pedro Ceballos, primer secretario de Estado y del Despacho, había transmitido la Real Orden por la que pasaba a informe el Plan el 16 de abril. Su carta se leyó en la sesión que tuvo lugar al día siguiente. Uno de los tres comisionados, el señor Guevara, leyó el 5 de junio el dictamen que había preparado con Cornide y Navarrete. La sesión decidió aprobarlo e introducir en él algunas ligeras modificaciones y el texto, redactado y aprobado de nuevo en otra sesión, la del 12 de junio, fue enviado dos días después por la vía reservada al Ministerio de Estado. Esta diligencia en responder no va, por desgracia, acompañada de rigor alguno en el contenido del informe. Cornide no parece haber cumplido su promesa de leer las obras que citaba Badía, ni siquiera se comenta detalle alguno del Plan».

94. El informe lo reprodujo Barberá en A. Bey, 1997, pp. 461-467.

95. A. Bey, 1997, p. 466.

96. *Cf. Documents originals*, I, 1801, pp. 77-89 v.

97. *Ibid.*, 1802, pp. 28 y 28 v.

98. *Ibid.*, I, 1801, p. 96.

99. *Ibid.*, pp. 94-95. *Vid.* A. Martín -Gamero, 1946, p. 16: «[...] durante el período de lucha por la aprobación del proyecto en la Academia de la Historia y por vencer la resistencia del Ministro Ceballos, es cuando por primera vez aparece un objetivo político en lo que inicialmente fue mero planteamiento del viaje científico al África».

100. Desde 1797 hasta 1822, reinó en Marruecos el sultán Muley Suleymān. Bajo su reinado, destacaron las crisis de orden interno provocadas por los beréberes y las luchas internas dinásticas. Con el reinado de Carlos IV, se produjo una apertura real entre España y Marruecos. Los franciscanos españoles regresaron al norte africano en 1794 y, en 1799, se firmó un nuevo tratado de paz y comercio entre España y Marruecos de Muley Suleymān se destacaba su fervor religioso, que provenía de sus estudios de teología realizados en su adolescencia en Siŷilmasa, donde había abrazado la doctrina puritana de los wahhābíes.

101. *Documents originals*, I, 1801, 95 v.

102. *Ibid.*, IV, 1808, p. 134. *Vid.* también sobre el tema *Memorias originals*, III, 1808, p. 20; D. Badía, 1836, pp. XII-XIV: «[...] en 7 de abril de 1801, presentó al Gobierno el proyecto de un viaje científico a los países interiores del África [...]. Salió Badía de Madrid el 12 de mayo de 1802 [...] a París y a Londres [...]. A este tiempo

tuvo el Gobierno español por conveniente cambiar el objeto de este viaje, que de científico pasó a ser político», y M. Madrid del Cacho, 1972, p. 32: «Pero entonces el plan, sin prescindir de su aspecto económico, toma un giro político».

103. *Cf.* M. Godoy, I, 1956.

104. Como por ejemplo, D. Badía, 1861, p. VI: «[Godoy] cambió la idea primitiva, y proyectó dar a su intentado viaje un objeto más importante aún para la España, conviniendo con él en que, aunque conservando en la apariencia el carácter científico, le condujese con la mayor reserva y prudencia hacia el objeto político».

105. *Cf.* M. Godoy, I, 1956, pp. 29-31.

106. *Vid.*, por ejemplo, J. Gómez de Arteche, 1888, p. 255: «¡Ensueños de oro que sonreían a una ambición desacordada! ¡Castillos en el aire fundados sobre la base deleznable de un favor inmerecido y de un talento y de un carácter algo menos que problemáticos! La guerra declarada era imposible, pues que saldrían a favor del sultán los ingleses, los más calurosos defensores del islamismo en derredor del Mediterráneo»; J. Bécquer, 1915, p. 15: «Lo primero que sorprende, examinando atentamente este asunto, es que Godoy creyese posible obtener de Muley Suleymān la cesión de dos puertos. ¿Ignoraba, por ventura, que entre las peticiones formuladas en 1791 por el embajador enviado a Madrid por Marruecos, figuraba la de que se le cediesen los presidios menores, y que en esta idea hubo de insistir después varias veces el sultán? y R. Ezquerra, 1947, p. 113: «Erraba Godoy en sus apreciaciones, pues dada la situación europea, no hubieran consentido las potencias una conquista que aumentaría grandemente las posibilidades españolas y perturbaría el difícil equilibrio que Napoleón alteraba constantemente».

107. *Vid.* para las relaciones entre Marruecos y españa en el siglo XVIII, R. Lourido Díaz, 1989, y J. B. Vilar y R. Lourido Díaz, 1994. Y para las relaciones entre España y Marruecos en el XIX E. Martín Corrales, ed., 2002.

108. *Documents originals*, I, 1802, p. 29 v.

109. *Ibid.* Según Mayrata, el nombre de Simón de Rojas había sido en honor al fraile del mismo nombre que había sido beatificado por el papa a finales del XVIII, en R. Mayrata, 2001, p. 113.

110. S. Rubio Herrero, 2002, p. 52. Estos datos también son reproducidos por F. Torres y Amat, 1836, p. 73.

111. *Vid.* D. Badía, 1836a, I, p. XIII: «[...] cual sabido el proyecto de Badía, y estimulado por el ansia de saber que formaba su carácter, quiso asociarse a la expedición»; D. Badía, 1943, p. 7: «Juzgando madurados sus conocimientos, en 7 de abril de 1801 presentó Badía al gobierno un proyecto de viaje científico a los países interiores de África, proyecto que fue aprobado, siendo designado él mismo para dicho viaje; a él pidió asociarse Rojas Clemente»; R. Fontodrona, 1969, p. 29: «[...] aunque los dos futuros viajeros estaban unidos por el cariño del maestro y el discípulo, el catedrático de árabe supuso desde el comienzo un "mentor y freno" para Badía, puesto que nunca tuvo su "vitalidad" ni su "valor". Godoy, en cambio, sabía de la valía de ambos viajeros para realizar el viaje y de nuevo esta afirmación le servía para ensalzar su influencia en el traslado: «Puse yo la vista especialmente sobre dos individuos de los muchos que se habían formado entre nosotros y habían perfeccionado su instrucción en los países extranjeros: don Francisco Domingo Badía Leblich y don Simón de Rojas Clemente, capaces ya uno y otro de alternar y figurar entre los sabios de la Europa», M. Godoy 1956, p. 29.

112. *Vid.* sobre Simón de Rojas el estudio S. Rubio Herrero, 2002, y también *Documents originals*, I, 1801, pp. 105 y 106; *Documents originals*, IV, 1799, interpolado entre los folios 28 v. y 29; S. Clemente Rubio, 1827; M. Godoy, 1946, p. 37; D. Badía, I, 1888, p. 8; E. García de Herreros, 1923, p. 61; D. Badía, 1943, pp. 6 y 7; A. Casas, 1943, pp. 45 y ss.; A. Martín-Gamero, 1946, p. 14; C. Soldevilla, 1955, pp. 174 y 176; J. Mercader, 1960, pp. 4 y 5; M. Madrid del Cacho, 1972, p. 33, y S. Rubio Herrero, 2002, p. 65.

113. *Cf. Documents originals*, I, 1801, interpolado entre los folios 103 v. y 104. Esta gramática se imprimió en 1801 y aparece incompleta (trece folios). Existe un ejemplar en la Biblioteca Islámica de la Agencia de Cooperación Iberoamericana de Madrid.

114. *Vid.* para la formación de Simón de Rojas *Documents originals*, IV, 1799, interpolado entre los folios 28 v. y 29.

115. *Documents originals*, I, 1802, pp. 28 v. y 30.

116. *Ibid.*, p. 32 v.

117. *Ibid.*

118. *Ibid.*, 1801, p. 120.

119. *Documents originals*, I, 1801, p. 122. No concuerdan estos datos sobre sus hijos en los *Documents*. Por un lado, afirma tener un hijo y una hija, y, por otro, menciona por primera vez a su «otro hijo», del que vuelve a hablar nuevamente en *Documents originals*, I, 1802, p. 196: «La desgracia de tener mi hijo un pie desgraciado digo dislocado me priva de la satisfacción de aplicarle a la Carrera de las Armas o a un colegio; pero su cabeza bien organizada espero le hará útil al Estado que vuestra excelencia se digna protegerle para destinos análogos a su constitución física». Según los datos aparecidos en *Caja de cartón*, Badía tuvo un tercer hijo, José, que nació en Madrid, el 27 de abril de 1809. De este mismo hijo (lo llama Pepe en los *Documents*) y de su malformación física, vuelve a hablar en *Documents originals*, II, 1818, p. 231, donde añade que todavía no sabe escribir, ni dibujar, probablemente por ser demasiado joven para ello. Si realmente nace en 1809, y tiene que aprender a escribir en 1818, la carta de *Documents originals*, I, 1802, p. 196, o está mal fechada –es casi imposible, pues habla de su pronta salida a África (salió en 1803)–, o tuvo más de dos hijos varones o hay algún dato erróneo.

120. *Documents originals*, I, 1802, pp. 32 v. y 33, respectivamente.

121. *Ibid.*, 1801, p. 126.

122. *Ibid.*, pp. 144 y 144 v.

123. *Ibid.*, I, 1802, p. 34.

124. *Documents originals*, I, 1802, p. 35.

125. *Ibid.*, p. 36 v.

126. A. Z., 25 de noviembre de 1801, p. 1.349.

127. *Cf. Documents originals*, I, 1802, p. 37 v.; *vid.* también A. Casas, 1943, p. 46.

128. *Cf. Documents originals*, I, 1802, p. 39 v.; *vid.* también A. Casas, 1943, p. 48.

129. *Documents originals*, I, 1802, p. 41.

130. *Ibid.*, pp. 42 y 42 v.

131. *Vid.* sobre el tema *Manuscrits copias*, II, 1802, pp. 226-228.

132. *Manuscrits copias*, II, 1800, p. 211.

133. *Vid.* para los consejos que sobre las observaciones meteorológicas y astronómicas da Garriga a Badía *Documents originals*, I, 1802, pp. 203 y 204.

134. *Documents originals*, I, 1802, p. 46.

135. *Ibid.*, I, 1803, p. 213.

136. L. F. J. de Bausset, 1827, p. 280.

137. *Cf.* P. Roussier, 1930, p. 313.

138. *Manuscrits copias*, II, 1802, p. 248.

139. *Documents originals*, I, 1801, p. 115 v.

140. *Cf.* A. Bey, 1816a, p. VI. En esta edición aparecen reproducidas también dos cartas que envió a S. Turner y que les sirven a los editores para demostrar la veracidad del viaje de Alí Bey.

141. *Cf. Memorias originals*, III, s. d., p. 1 v. Según McGaha, Badía aprovechó su estancia en Londres para ampliar sus conocimientos del islam; *cf.* D. Badía, 1999, p. 16. Y según aparece en el *Diccionario enciclopédico de la masonería*, ingresó en Londres en la Orden masónica, y realizó su iniciación en el seno de una de las logias subordinadas a la Gran Logia de Inglaterra; *cf.* L. Frau Abrines, I, 1891, p. 110.

142. S. Rubio Herreros, 2002, p. 57.
143. A. Bey, I, 1816a, p. VI.
144. *Ibid.*, 1816b, p. IV.
145. *Documents originals*, II, 1803, p. 20. *Vid.* sobre F. Amorós, J. Gómez de Arteche, 1888, pp. 252 y 275, en esta última página escribe: «Era, además, regidor perpetuo de Sanlúcar de Barrameda, donde estableció un jardín de aclimatación que fue destruido en el levantamiento de 1808, maestro de S. A. el infante D. Francisco de Paula, consejero de Indias después»; A. Bey, 1997, p. 32; D. Badía, 1997, p. 260; J. Mercader, 1960, pp. 17 y 31; *Documents originals*, II, 1818, pp. 234-235; *Caja de cartón*, s. d., y R. Mayrata, 2001, p. 108, quien afirmaba que Amorós tenía una gran biblioteca, un gabinete de física y otro de ciencias naturales.
146. *Cf.* A. Bey, 1997, p. 14.
147. *Documents originals*, II, 1803, p. 1.
148. *Cf. Ibid.*, p. 8 v.
149. *Ibid.*, p. 1.
150. «Por ahora», sobrescrito.
151. *Documents originals*, II, 1803, p. 18.
152. D. Badía, I, 1836a, p. XIX.
153. D. Badía, I, 1836b, p. XIX.
154. *Documents originals*, IV, 1808, p. 143 v.
155. *Vid.* por ejemplo F. Torres y Amat, 1836, p. 74; J. Mercader, 1960, p. 10 y D. Badía, I, 1888, p. 8.
156. Así lo afirman, por ejemplo, A. Casas, 1943, p. 58 y R. Mayrata, 2001, p. 126.
157. *Cf.* A. Casas, 1943, p. 57 y M. Madrid del Cacho, 1972, p. 33.
158. En A. Bey, 1997, p. 28, se afirma que dicha obra no fue nunca editada. Sin embargo, existe una edición en el Archivo Municipal de la Ciudad de Barcelona: *Ensayo sobre las variedades de la vid común*, Imprenta de Villalpando, Sanlúcar de Barrameda, 1807. Como información adicional, del 21 de junio al 1 de octubre de 2000 tuvo lugar una exposición en la sala Parpalló de Valencia sobre *Alí Bey. Un peregrino por tierras del Islam*, que estaba dedicada a Simón de Rojas Clemente. Actualmente existe una estatua de Rojas Clemente en el Jardín Botánico de Madrid, del que fue director. En la parte del jardín dedicada a las parras de la vid, aparecen trenzadas según una forma que ideó él mismo.
159. *Cf. Memorias originals*, III, 1808, p. 1. *Vid.* también para conocer el índice de sus papeles *Documents originals*, II, 1808, pp. 174-181.
160. *Cf. Documents originals*, IV, 1808, p. 135. Estos papeles de la expedición en África y Asia informaban del número de páginas que formaba cada uno de los trabajos incluidos en el «Índice» de las *Memorias originals*, III, pp. 1-44 v.
161. *Cf. Documents originals*, II, 1803, p. 1.
162. *Cf. Ibid.*, p. 5. En A. Bey, 1997, p. 29, aparece que en un principio no se le comunicó el asunto (imagino que se refiere al motivo político del viaje) a González Salmón, porque este tenía importantes negocios en Marruecos, y un percance político podía comprometer su fortuna. En una carta enviada por González Salmón a Constantín de Garay, en González Salmón, 5 de abril 1804, se quejaba de que no había sido alertado del objeto científico y la identidad española de los viajeros, y comentaba del disfraz de Badía que «admitía cuantas interpretaciones quisiesen dar a un disfraz de tal naturaleza».
163. En *Documents originals*, II, 1803, p. 21 v., se decía que era «Un General agradecido, sabio y firme en Andalucía con quien podría contarse para todo lo que conviniese».
164. Esta carta aparece reproducida en J. Caillé, 1953, p. 15. En ella no se comunicaba el objetivo político de sus viajes; *cf.* E. García de Herreros, 1923, p. 62.
165. *Documents originals*, II, 1803, pp. 18-19.
166. M. Godoy, 1956, p. 33.

167. El, M. Mansour, 1990, p. 130.

168. También Ezquerra creía que Badía trabajaba como agente para Francia, pues pensaba que había sido Napoleón el que había indicado el plan de conquista a Godoy, puesto que aquel buscaba en esos momentos ampliar su campo contra Inglaterra en otro lugar africano; *cf.* R. Ezquerra, 1947, p. 29.

169. A partir de este momento, iré cotejando todos los datos de los documentos originales con los *Viajes*. De este modo, cuando coincidan con la publicación, abriré un paréntesis en el que indicaré parte y capítulo de los *Viajes* en los que se encuentran. Reconozco como datos fidedignos los de sus *Documents*.

170. «Barnus con borlas y» sobrescrito.

171. «Con» sobrescrito sobre la conjunción tachada «y».

172. *Cf. Documents originals*, II, 1803, p. 19 v.

173. E. García de Herreros, 1923, p. 126. Este autor recoge los testimonios de M. de Bausset, prefecto de Napoleón, a quien el emperador presentó al *Viajero*.

174. R. Mesonero Romanos, II, 1905, p. 346. *Vid.* para más información sobre su aspecto físico y carácter D. Badía, I, 1836a, p. VII; J. Gómez de Arteche, 1888, p. 249; D. Badía, I, 1982, p. XXIII; H. Castries, 1909, p. 161; D. Badía, 1943, p. 5; E. García de Herreros, 1923, p. 66; M. Godoy, 1956, p. 31 y A. Casas, 1943, p. 23.

175. Barberá, en A. Bey, 1997, p. 32, señala que F. Amorós fue en parte el responsable de la leyenda que fueron tejiendo los africanistas en torno a Badía.

176. *Cf. Documents originals*, II, 1803, pp. 20 v. y 21.

177. *Ibid.*, II, 1802, pp. 21 y 22.

178. *Vid.* para otras reproducciones de Badía N. J. Cinammond, 1954, p. 9; *L'Avenç*, 1883, p. 118; J. Gómez de Arteche, 1888, p. 256, y A. Casas, 1943, pp. 1 y 12.

179. *Vid.* J. Chelhod, 1994, p. 165, «Hablaba perfectamente el árabe»; R. Ezquerra, 1942, p. 114: «[...] hablaba el árabe como un nativo –aunque con la precaución de hacerse pasar por sirio en el Maghreb y por maghrebino en Oriente, disimulando así el acento–»; A. Casas, 1943, p. 19: «[...] llegándole a ser el árabe tan familiar como su idioma propio»; M. Godoy, 1956, p. 29: «Badía lo llegó a hablar como si fuese la primera lengua que habría hablado» y J. Romano, 1951, p. 18: «[...] la suma facilidad con que hablaban el árabe contribuían a acreditar su engaño».

180. *Documents originals*, II, 1805, p. 136 v. Así lo afirmaba también E. García de Herreros, 1923, p. 67: «[...] no hablaba el árabe de Marruecos».

181. *Vid.* sobre estos errores A. Bey, 1997, p. 131, nota 1.

182. *Cf. Documents originals*, II, s. d., p. 39.

183. M. Godoy 1956, p. 239, aseguraba que Rojas Clemente y Badía conocían las lenguas orientales y varios dialectos, pero «más especialmente, el árabe moderno (coloquial)».

184. *Documents originals*, II, 1805, p. 150. Así lo señala también Barbera, en A. Bey, 1997, p. 126: «Aunque Alí Bey no llegó a penetrar más que en la cáscara de la civilización musulmana y mantuvo su ignorancia de la gramática, literatura y teología, sus transcripciones de vocablos árabes son singularmente correctas».

185. *Cf. Documents originals*, II, 1805, p. 137 v.

186. *Cf. Ibid.*, II, 1803, pp. 8 y 8 v. Habla de unas cartas que se le han extraviado y que espera recuperar antes de su partida a Cádiz. Una de ellas podría ser la enviada a la familia Guedallos: «Marchando yo al África con alguna desconfianza por la circunstancia de haberme extraviado más tarde»; en *Documents originals*, II, 1804, p. 74, Badía intentaba recuperar aquella carta que lo comprometía: «Ni a él ni a los Guedallas de Mogador les temo ya en la situación en que me hallo. Sin embargo es preciso recoger la carta».

187. *Cf. Ibid.*, II, 1803, pp. 26 y 26 v.

188. Dos episodios similares están recogidos en los *Viajes*, 1.ª parte, caps. IV y VIII. En el primero, Badía describe cuatro santos diferentes de Tánger; del segundo de ellos dice: «Tánger tiene la dicha de poseer otro santo muy venerado, que llegó a

ser también gran amigo mío. Es un hombre de bien, pues a fuerza de decirle que era un bribón y que engañaba a sus conciudadanos y abusaba de ellos, me hizo una confesión y convino en la verdad»; *cf.* A. Bey, 1997, p. 177. En el segundo, relata las discusiones que mantuvo con los sabios de Fez hasta conseguir que estos cambiaran de opinión: «Eran asiduos de mi círculo varios de los principales sabios de Fez y fui testigo frecuentemente de sus fastidiosas e interminables disputas. Por eso me valí del ascendiente que tenía, para hacerlas cesar, pero deseando producir mayor, y sobre todo más útil efecto, me propuse inspirarles dudas sobre sus libros y maestros [...]. Al fin pude acostumbrarlos a razonar, cosa en la que jamás se piensa durante su educación. Poco a poco, se iban desprendiendo de las locas respuestas que usaban con tanta frecuencia», A. Bey, 1997, pp. 247 y 248.

189. *Documents originals*, II, 1803, p. 28.

190. Esta descripción aparece en *Documents originals*, II, 1803, pp. 67 y ss.

191. *Documents originals*, II, 1803, p. 69.

192. «Proyecto del viajero para conquistar el imperio de Marruecos perfeccionado después de mi sesión con él», *Documents originals*, II, 1803, pp. 45-66 v.

193. Sólo existe un documento que confirma la visita de Badía al sultán, *Documents originals*, II, s. d., p. 39, en el que se describe cómo el sultán entrega al *Viajero* una oración: «[...] el segundo día que fui a verlo a Tánger». En los *Viajes*, 1.ª parte, cap. VI, se señala que su primer encuentro con el sultán fue el 6 de octubre de 1803, también en Tánger. Según Barberá, A. Bey, 1997, p. 50, el sultán acudió allí con motivo del apresamiento por parte de un arráez marroquí de cuatro navíos estadounidenses. Como se ve en estos encuentros, no se hizo ninguna alusión a que el *Viajero* propusiera al sultán la posibilidad de ayuda española contra las fuerzas rebeldes, lo que significaba que el proyecto con Amorós pasó por alto el primer punto que Godoy expuso en sus *Memorias* (negociar pacíficamente con el sultán), y propuso directamente pasar al segundo (apoyar las revueltas internas). *Vid.* sobre las relaciones de Badía con el sultán M. Godoy, 1956, p. 31. Godoy aseguraba fantasiosamente que el español se había hecho tan amigo del sultán que este le propuso recuperar España para el islam. Barberá, en A. Bey, 1997, p. 65, decía que la relación con el sultán nunca fue muy estrecha (no la presenta así en sus *Viajes*; *vid.* 1.ª parte, caps. VI, XI, XV y XVI). Durante 1804, continúa Barberá, su relación se redujo a unos dos meses y, de haber tenido el favor de este, tras la enfermedad del sultán que le obligó a trasladarse al norte, le hubiera pedido que le acompañara.

194. *Documents originals*, II, 1803, p. 64 v.

195. *Vid.* para los comentarios, dudas e incorrecciones de este proyecto A. Bey, 1997, pp. 39-41 y 478, nota 8. En resumen, Barberá señala: «Él [Badía] y Amorós ignoraban todo de la situación militar de Marruecos».

196. *Memorias originals*, III, 1808, p. 20 v.

197. *Documents originals*, IV, 1804, p. 39 v.

198. *Memorias originals*, III, 1808, p. 21 v.

199. No aparece la fecha de su llegada, pero en *Viajes*, 1.ª parte, cap. XIV, dice que llegó el 21 de marzo. El sultán había obsequiado a Badía con la propiedad de recreo Semelalia y la casa del interior de la ciudad Sīdī Ben Ḥamīd Duqueli, ambas en Marrakech. *Vid.* sobre estas propiedades *Documents originals*, IV, 1804, pp. 62 y 63. En *Viajes*, 1.ª parte, cap. XIV aparece que el firmán de la donación del sultán estaba fechado el 11 de abril de 1803.

200. *Memorias originals*, III, 1808, p. 21 v. En *Viajes*, 1.ª parte, cap. XIV, dice que llegó a Mogador el 30 de marzo. Badía describió estos traslados en algunas páginas, aunque desgraciadamente sólo quedan sus títulos: «Viaje desde Fez a Rabat [...]. Viajes a Rabat a Marruecos, y de Marruecos a Mogador», en *Documents originals*, IV, 1804, p. 135 v.

201. *Memorias originals*, III, 1808, p. 21 v. Posiblemente, se trate del jardín aclimatado que Amorós estableció en Sanlúcar de Barrameda; *vid.* J. Gómez de Arteche,

1888, p. 275: «Francisco Amorós, coronel y oficial del ministerio de la Guerra, secretario del rey y persona de grande influencia en el ánimo del príncipe de la Paz. Era además, regidor perpetuo de Sanlúcar de Barrameda, donde estableció un jardín de aclimatación que fue destruido en el levantamiento de 1808». La descripción de este árbol se halla también en *Viajes*, 1.ª parte, cap. XIV. Barberá, en A. Bey, 1997, p. 343, nota 15, dice que de este árbol «se extrae un aceite muy áspero, y sólo digerible por los rudos indígenas». No estoy de acuerdo con este comentario ya que es un aceite perfectamente digerible y sabroso, que consumen otros visitantes no indígenas y que, si bien es de un sabor fuerte, no resulta áspero. Sí es, en cambio, de un precio muy elevado y un excelente sabor.

202. Según el *Index* (el índice de los *Documents* de Badía del Archivo Histórico de Barcelona) de Alí Bey, la carta está fechada en Tánger (esta localidad aparece entre corchetes), el 8 de mayo de 1803 (entre corchetes). Dentro del contenido de la propia carta, en *Documents originals*, II, p. 70, dice que la escribe el 8 de mayo y que se encuentra en Mogador, población a la que llegó en 1804, por lo que la fecha de la carta corresponde a 1804, y no a 1803.

203. A. Bey, 1997, p. 50. Según A. Casas, 1943, p. 95, este era «su mejor amigo en Marruecos».

204. *Documents originals*, II, 1804, p. 72. *Vid.* también sobre la situación de la descendencia del sultán L. F. J. de Bausset, 1827, p. 291.

205. *Documents originals*, IV, 1804, p. 56 v.

206. *Ibid.*, II, 1804, p. 73 v.

207. *Ibid.*

208. *Ibid.*, IV, s. d., p. 54, carta dirigida al comandante general del departamento de la isla de León.

209. En esta ciudad, según los *Viajes*, 1.ª parte, cap. XVI, permanece hasta el mes de marzo de 1805. Según J. Grey Jackson, 1820, p. 297, el *Viajero* podría haberse reunido ese mismo mes, tal y como había planificado anteriormente, con los bajás de Hhahha, Cherma y Sus en un castillo a las afueras de Mogador.

210. *Documents originals*, IV, 1804, p. 60.

211. *Ibid.*, II, 1804, p. 76 v.

212. *Ibid.*, IV, 1804, p. 61.

213. Así lo afirma M. McGaha, 1996, p. 28.

214. A. Bey, 1997, p. 56. Además, el confesor del monarca, Amat, le había prevenido que era un pecado que uno de sus súbditos viviera como musulmán, lo que determinó que el monarca revocara sus órdenes; *cf.* P. Roussier, 1930, p. 54, y M. McGaha, 1996, p. 28, «el confesor de Carlos IV, dice, le había convencido de que era un gran pecado autorizar a uno de sus sujetos a vivir como musulmán».

215. *Cf.* L. F. J. de Bausset, 1827, p. 301. Así lo afirma también A. Casas, 1943, p. 121.

216. *Cf. Documents originals*, III, 1808, pp. 21 v. y 22.

217. *Cf. Ibid.*, II, 1804, p. 83.

218. El tema de las relaciones del *Viajero* con las mujeres en Marruecos se convierte en uno de los preferidos por sus biógrafos, cuyas obras lo presentarán de forma novelesca, y con un lenguaje exaltado, subjetivo y teñido de exotismo. V. Balaguer, 1865, p. 193: «Y esto, que Fátima era un prodigio de hermosura. Un negro la vio un día al salir del baño y contó que era un portento de gracia y de belleza. No se daban razón de que así despreciase Alí Bey el tesoro que en su casa propia tenía»; M. Madrid del Cacho, 1972, p. 34: «Es posible que Mohana, la esclava blanca, hiciera latir vivamente su corazón, pero supo vencer su inclinación por temor a que cualquier debilidad sentimental traicionara sus planes»; A. Casas, 1943, p. 116: «[...] sin saber por qué, se sentía vacilar, como un barco a merced de la borrasca. Fátima estaba allí, cerca de él, mirándole en el fondo del alma. Alí-Bey la adivinaba hermosa porque había exigido que ante él sólo se presentase cubierta. Estaba Alí-Bey en la plenitud y se

sentía desvelado por unos ojos negros que presentía sobre la procela de su corazón. ¿Amor? El príncipe abbassida veía en el fondo de su mente un enemigo más peligroso que todas las tribus del Atlas. Cantaban los pájaros cerca de las fuentes encantadoras, en los jardines de ensueño de Semelalia, y Alí-Bey se sentía vacilante como si caminase sobre un suelo de arena»; J. Romano, 1951, p. 106, narra un encuentro del *Viajero* con cuatro muchachas de camino a Constantinopla. Estas le piden que las lleve consigo: «Durante muchos días, en el polvo que hacía la caravana, veía yo los ojos de las jóvenes de Armana, tan llenas de vida y de pasión. Y en mis oídos sonaban las palabras de mis bellas desconocidas como una queja o una reconvención: –¿Por qué no nos llevas contigo, Alí Bey?», y R. Mayrata, 2001, p. 169: «Aparté de mi lado a la esclava negra en cuyo cuerpo me había sentido acogido como en una tierra extraña. Le agradecí que hubiera sido para mí un refugio [...] con Mohanna me encontré de nuevo en la intemperie». Barbera señala, en A. Bey, 1997, p. 60, que una vez contraído el matrimonio no le hubiera resultado difícil recurrir al procedimiento del repudio.

219. Este mismo tema fue tratado en los *Viajes*, 1.ª parte, caps. XI y XVI, aunque de forma diferente a como había ocurrido en la realidad. En el primer capítulo, Badía explicaba que sus amigos le regalaron una esclava negra en Fez, pues el musulmán que no tenía mujeres era, generalmente, mal mirado. Decía que no pensaba casarse hasta su peregrinación a La Meca. En el segundo, relataba el regalo del sultán de dos mujeres de su harén, las cuales fueron rechazadas y guardadas en casa de Muley Abduselem para que el sultán no se enterase de su rechazo. Finalmente, fueron aceptadas por Badía. Se trataba de una mujer blanca, Mohhana y otra negra, Tigmu, que decidieron acompañarle hasta La Meca.

220. Reproducido en P. Roussier, 1930, pp. 92-112.

221. *Documents originals*, II, s. d., p. 46 v.

222. *Ibid.*, en nota al margen.

223. En M. McGaha, 1996, pp. 32-33, aparece una explicación extensa del regalo de las dos mujeres. Desgraciadamente, no cita las fuentes de donde las ha extraído, que creo corresponden a los *Viajes*: «Abd as-Salam había consultado con el sultán y con Abd as-Malik la idea de enviarle una mujer, y ahora Abd as-Salam temía que Abd as-Malik intentara convencer al sultán de que, desde el principio, este último había deseado la mujer para sí mismo (pues al haber sido rechazada por el viajero, la mujer había sido llevada a casa de Abd as-Malik y el sultán nunca sabría que Badía no había aceptado su regalo). Esta se llamaba Fátima Mohana y había sido prometida al hermano del sultán, Musa. Badía aceptó casarse con ella, pero sin pensar en consumar el matrimonio. Esa misma noche Mohana y su esclava negra fueron llevadas a casa de este».

224. *Cf.* J. Grey Jackson, 1820, p. 304. McGaha se confundió y tomó por la mujer de Badía a una palabra en clave utilizada para nombrar a una nave. Creía que Badía pidió a González Salmón que enviara a su mujer a Tarifa (1996, p. 35). Esta información la ha extraído de *Documents originals*, IV, 1805, p. 74 v.: «Creo que lo mejor sería enviar la Señora a Tarifa, aunque el riesgo no es evidente todavía». «La Señora» hacía alusión a una nave que tenía que estar preparada para transportar a los implicados en la operación política en caso de necesidad; *vid. Documents originals*, II, s. d., situada, por error, entre la correspondencia fechada de 1805, p. 117.

225. *Documents originals*, II, 1818, p. 249. En P. Roussier, 1930, p. 57, Badía contó a lady Stanhope que tenía un hijo llamado «Othman Bey».

226. *Documents originals*, II, 1818, p. 249.

227. *Vid.* para más información sobre las relaciones de Badía con las mujeres marroquíes H. Castries, 1909, p. 177.

228. J. Camps y Soler, 5 de enero de 1833.

229. *Cf.* P. Roussier, 1930, p. 330.

230. *Documents originals*, II, 1804, p. 83 v.

231. «Por si pudiere» sobrescrito.

232. *Documents originals*, II, 1804, p. 87.

233. *Vid.* sobre su enfermedad *Documents originals*, II s. d., p. 75; aparece como su «cuarta recaída» y cuenta cómo durante su convalecencia se pintó a sí mismo con el traje y su caballo e hizo el plano de Semelalia: «Ha escapado de una cuarta recaída, y no pudiendo escribir en cifra más de lo que dijo al cónsul, se ha entretenido en dibujar los moros a caballo y haciendo fuego; en pintarse él mismo con el traje que lleva». En *Documents originals*, II, 1804, p. 94, se indica lo peligrosa que fue esta recaída, ya que «no hay muy buenas noticias de la salud del viajero. Sentiría mucho su pérdida». En *Viajes*, 1.ª parte, cap. XVI, se narra que a lo largo de tres meses tuvo cinco recaídas.

234. D. Badía, 1999, p. 29, aseguraba que esta enfermedad había sido provocada debido a la negativa del monarca a que continuara su plan: «La combinación de rabia impotente y agotamiento nervioso pronto le hundió en una postración física completa. Pasaría tres meses en cama en Semelalia, a veces temiendo por su vida».

235. *Vid.* para más información sobre este tema la carta enviada el 23 de diciembre de 1804 por Amorós a Badía, *Documents originals*, II, 1805, pp. 96 y 97; también la nota del marqués de la Solana que afirma la continuación de la operación política que lleva el título de «Auxilios para el viajero y órdenes volviendo a autorizar la conquista de Marruecos después de la atrocidad de los ingleses» en *Documents originals*, II, 1804, p. 99; P. Roussier, 1930, p. 55: «España acababa de declarar la guerra a Inglaterra y le dieron carta blanca a Badía para hacer lo que juzgara conveniente sin atender a órdenes ni instrucciones», y A. Casas, 1943, p. 131: «La guerra con Inglaterra movió a Godoy a intervenir de nuevo en el asunto de Marruecos [...] el punto central de la estrategia política de Godoy estaba precisamente en la repercusión que la anexión de Marruecos tendría en las relaciones con Inglaterra».

236. *Cf. Documents originals*, IV, 1805, interpolado entre las pp. 62 y 63.

237. Bajo el concepto de constitución debía hallarse la idea de monarquía constitucional que había constituido la reforma del Estado francés de la Constitución gala de 1791.

238. *Cf. Documents originals*, II, 1805, p. 103.

239. *Ibid.*, II, 1804, p. 103.

240. *Cf. Ibid.*, p. 72 v.

241. En sus *Viajes*, 1.ª parte, cap. XV, Badía dice que no lo conoce y que sólo ha visto a un sobrino suyo. Asimismo, señala que el sultán no tenía relaciones con al-ʿArbī, porque el primero había construido una mezquita en la población de Tedla y el segundo la había usado como caballeriza. Sin embargo, Barberá duda de todo este suceso, pues dice en A. Bey, 1997, p. 360, nota 18, que no aparece en ninguna crónica marroquí.

242. *Cf. Documents originals*, II, 1805, p. 106. Esta fecha coincide con la expuesta en sus *Viajes*, caps. XII y XIII, donde señala que llegó a Rabat el 4 de febrero y permaneció hasta el 10 de marzo.

243. *Cf. Documents originals*, IV, 1804, p. 67 y *Documents originals*, II, 1804, p. 104.

244. *Vid.* sobre el robo por el criado y las remesas enviadas *Documents originals*, II, 1805, pp. 107 y 113.

245. *Documents originals*, II, 1805, p. 111.

246. *Ibid.*, pp. 111 v. y 112. De forma parecida se recoge en *Viajes*, 1.ª parte, cap. XVI: Badía tuvo un altercado con el bajá, porque este quería que abandonase Fez en 8 o 10 días, tal y como le había anunciado al sultán, unos días antes.

247. Cf. J. Gómez de Arteche, 1888, pp. 252-253. El autor indica que las informaciones que señala en su obra han sido extraídas de los trabajos de Bausset, Balaguer y Mesonero Romanos. Asimismo, reproduce una curiosa carta, sin fecha, en la que aparecen los nombres descifrados de las claves que usaban Badía y sus intermediarios en la correspondencia sobre el plan de conquista. La reproduzco (J. Gómez de

Arteche, 1888, pp. 250-251): por África diremos América; por el Príncipe, el P. o el G.; por Samper, Repmas o S.; por viajero, demonio; por Salmón, pescado; por Sánchez, El Alto; por cañones, plumas; por fusiles, cañas; por bayonetas, puntas; por cureñas, carretas; por pólvora, pimienta; por ingenieros, tontos; por artilleros, jeringueros; por Amorós, A. o Soroma; por Solano, Bravo o B.; por Castaños, Chirinola o C.; por soldados, frailes; por buques de guerra, corchos; por falucho, pájaro; por Muley Suleymān, El Pobre; por Marruecos, la pera; por Mogador, Guayaquil; por Tánger, Tarma; por Ceuta, Tucea; por el cónsul de Francia, el F.; por el de Inglaterra, Voltaire, y por Cádiz, Dicaz. Barberá señala, en A. Bey, 1997, p. 64, que Badía había propuesto un segundo plan de conquista de Marruecos, cuyo texto se ha extraviado. Para ello se basaba en la carta del 4 de junio, reproducida nuevamente por J. Gómez de Arteche, 1888, p. 249. No he encontrado ninguna alusión a un plan de conquista en las páginas de Arteche. La única frase que puede tener que ver con ello es la mención de Godoy al general Castaños sobre que «prometen sus nuevos bosquejos que hará algo (aunque por distinto rumbo) que se parezca a lo antecedente».

248. *Cf. Documents originals*, IV, 1805, p. 84. *Vid.* sobre la revuelta del Oranesado *Documents originals*, II, 1805, p. 206, y *Memorias originals*, III, 1808, p. 22 v.

249. *Vid.* para las relaciones de las tribus de Uxda y el sultán D. Badía, 1919, pp. 4-9.

250. *Documents originals*, IV, 1805, p. 84.

251. *Cf. Ibid.*, pp. 84-85. Badía sospechaba que lo estaban vigilando, «y yo no dudo que otros mil hombres traigan comisión secreta de observarme»; *Documents originals*, IV, 1805, p. 84 v.

252. En sus *Viajes*, 1.ª parte, cap. XVIII, hablaba de dos renegados españoles que se habían reunido con él a su salida de Fez y que decidieron acompañarle a buscar al Boanani a las montañas del sur.

253. *Viajes*, 1.ª parte, cap. XVIII: Badía se vio obligado a salir de Uxda, de camino hacia La Meca, debido a que ya no tenía medios para sobrevivir, y porque sus enemigos de Marruecos intentaban hacerle parecer sospechoso ante el sultán. Fue este mismo el que mandó dos hombres para detenerlo en su camino hacia Tremecen, devolverlo a Uxda y protegerlo de los senderos infectados de sublevados. Desde allí, Badía pidió al sultán ir a Tánger para embarcarse hacia Levante; sin embargo, de camino, sus dos acompañantes le anunciaron que se dirigían a Larache, donde embarcó, por orden del sultán, en una corbeta hacia Trípoli.

254. Toda esta última información aparece en *Documents originals*, IV, 1805, pp. 92-95. Un episodio parecido lo cuenta en los *Viajes*, 1.ª parte, cap. XVIII.

255. *Documents originals*, IV, 1805, p. 96.

256. J. Gómez de Arteche, 1888, p. 269.

257. *Ibid.*, p. 270. *Vid.* para los materiales que faltaban para completar los pertrechos *Documents originals*, IV, 1805, pp. 100 y 100v.

258. *Documents originals*, IV, 1805, 104 v. *Vid.* también los intentos para silenciar estas voces *Documents originals*, II, s. d., pp. 156 y 156 v.: «La carta de oficio del cónsul habla de las voces esparcidas, y ya vuestra merced se ha anticipado a neutralizarlas enviándole una carta que le pondrá a cubierto haciendo buen uso de ella».

259. D. Badía, 1 de marzo de 1808.

260. En los *Viajes*, 1.ª parte, cap. XVIII, aparecía que Badía hubiera muerto de sed, tras salir de Uxda hacia Tánger, si no llega a ser por la ayuda prestada por Sīdī-al-ʿArbī, santo y místico, fundador de la cofradía Darqawa. *Vid.* sobre Sīdī-al-ʿArbī A. Bey, 1997, pp. 69 y 419-420, notas 15 y 16. Los autores siguientes reproducen también el encuentro con el místico, tal y como apareció en sus *Viajes*: M. McGaha, 1996, p. 31; A. Casas, 1943, p. 150, y Akmir, A., 1996, p. 312.

261. *Memorias originals*, III, 1808, p. 23 v.

262. En este punto se interrumpe la narración sobre la salida de Marruecos. Pero en los *Viajes*, 1.ª parte, cap. XVIII, aparecen otras informaciones que resumo: tras pa-

sar por Taza y el distrito de Wazan, sus oficiales le anunciaron que le conducían a Larache y no a Tánger, como le habían dicho: «Ello me desagradó infinitamente, pero después de reflexionar, me dejé conducir, siéndome indiferente ir a uno u otro sitio», A. Bey, 1997, p. 430. El 17 de agosto llegó a Larache, donde permaneció enfermo diez días, y el 13 de octubre decidió salir para Levante, en una corbeta que iba a Trípoli. Cuando se disponía a embarcar, aparecieron tres destacamentos de soldados que le obligaron a partir solo. Según N. Rubió i Tudurí, quien sigue la narración de los *Viajes*, en D. Badía., I, 1926-1934, p. 16, el *Viajero* habría salido de Larache por la fuerza, pero de buen grado, pues por fin podía hacer su viaje deseado a La Meca. Los *Viajes* prosiguen: «Entonces vi claramente la mala fe del sultán y del bajá, quienes hasta el último instante habían ordenado se me hiciesen los mayores honores por las tropas y pueblo, mientras meditaban el golpe que debía herirme profundamente [...]. Embarqueme en la chalupa, despedazado el corazón por los gritos de algunas personas de mi comitiva, desoladas por esta separación», A. Bey, 1997, pp. 435-436. Tanto A. Casas, 1943, pp. 152-153 como J. Gómez de Arteche, 1888, p. 284, aceptan y reproducen esta versión de los *Viajes*, y muestran su duda de si las tropas del sultán habrían conducido sano y salvo a Badía a un puerto tan próximo a la costa española si se hubiera sospechado que intentaba algo contra aquél. *Vid.* también para la descripción de esta partida y separación la obra del inglés J. Grey Jackson, 1820, p. 303, que nuevamente se basa en la información de los *Viajes*.

263. *Documents originals*, II, 1805, p. 134.

264. *Ibid.*, p. 150 v. M. Epalza, 1968, p. 52, destacaba también la riqueza con la que el *Viajero* vivió en Marruecos.

265. *Documents originals*, II, 1805, p. 143.

266. *Ibid.*, p. 151 v.

267. *Cf.* Estas fechas y lugares están extraídos de sus *Memorias originals*, III, 1808, p. 25 v.

268. *Documents originals*, IV, 1806, p. 118.

269. *Ibid.* Este poema fue leído por el señor Aulestia en una sesión dedicada al *Viajero* en la Asociación Catalanista de Excursiones Científicas; *cf. Diario Català*, 1879.

270. *Cf. Le Moniteur*, 1807, n.º 194. Existe una nota que habla de esta publicación y de cómo Badía no desveló ninguna información que pudiera descubrir los planes o la identidad que abrigaba; *Documents originals*, II, 1805, p. 163: «[...] el artículo que han incluido en el Monitor no compromete a Badía, que era lo que vuestra merced [F. Amorós] deseaba, pues solo dice que se deben estas noticias al celo ilustrado de usted».

271. D. Badía, 1892, p. 84.

272. *Cf.* «Operaciones políticas de Hach Ali Bei el Abasí en el Levante», *Memorias originals*, III, 1808, pp. 185 y ss. La única alusión que hizo en sus *Viajes* de algún inglés que hubiera conocido en Chipre estaba en la 2.ª parte, cap. VII, donde decía que había conocido en Yeroschipos a un agente del consulado inglés, Andrés Zimbolaci, en cuya casa se hospedó.

273. *Cf. Memorias originals*, III, 1808, p. 187 v.

274. *Ibid.*, p. 188.

275. *Vid.* sobre las operaciones de Badía para que los ingleses no gobernaran en Egipto *Memorias originals*, III, 1808, pp. 185-201; A. Casas, 1943, pp. 179-186; M. Madrid del Cacho, 1972, pp. 41-45, y M. de Epalza, 1968, p. 53.

276. *Vid.* A. Casas, 1943, p. 182: «Cierto que [Badía] detestaba a los turcos; pero en Alejandría había que olvidar aquellos sentimientos de su alma para lograr el fracaso de los planes de Inglaterra».

277. *Memorias originals*, III, 1808, p. 200.

278. *Ibid.*, p. 197 v. Según este mismo documento, Badía abandonó El Cairo el 30 de octubre de 1806.

279. F. de Chateaubriand., III, 1860, p. 36.
280. *Ibid.*, en nota a pie de página, indicaba que apareció en la tercera edición.
281. *Cf. Memorias originals*, III, 1808, p. 27.
282. No he encontrado las cartas de recomendación escritas por el bajá de Damasco y el de El Cairo en sus *Documents*. Sólo un firmán en los papeles que escribió Reis Effendi, ministro de relaciones exteriores de la Puerta Otomana, en *Documents originals*, IV, 1807, p. 117. En él se señala que Badía ha vuelto de La Meca y que va a comenzar su viaje por Arabia.
283. *Memorias originals*, III, 1808, p. 202.
284. *Cf. Ibid.*, p. 28.
285. *Cf. Ibid.*, pp. 33 v. y 34.
286. *Vid. Ibid.*, pp. 49 v.-55 v. y 63 v.-65, donde aparece una excelente descripción de los wahhābíes.
287. Antes que él, los había descrito el viajero inglés J. Barker, quien redactó un pequeño informe fechado el 5 de junio de 1803; *vid.* G. Wiet, 1967, pp. 312-328.
288. *Memorias originals*, III, 1808, pp. 49 v.-55 v. y 63 v.-65.
289. *Ibid.*, III, s. d., p. 12.
290. *Ibid.*, 1808, p. 49 v.
291. *Ibid.*, pp. 64 v. y 65.
292. *Cf. Ibid.*, pp. 28 v. y 29. *Vid.* para conocer el número de hojas que componía cada uno de estos trabajos, *Documents originals*, IV, 1808, pp. 137 y 138.
293. *Memorias originals*, III, 1808, p. 12.
294. D. Badía, 1892, p. 85.
295. *Cf. Memorias originals*, III, s. d., p. 66 v.
296. *Ibid.*, p. 69 v. Así lo afirma también Barberá, en A. Bey, 1997, p. 88. Las notas sobre el Šerif se interrumpen en la página 73 de las *Memorias originals*, III, s. d.
297. *Vid.* para las fechas y lugares que visita Badía entre noviembre de 1806 y septiembre de 1807 «Minuta», en *Memorias originals*, III, 1807, pp. 40-42.
298. *Cf. Memorias originals*, III, 1808, p. 29 v.
299. *Ibid.*, pp. 31 y 31 v.
300. *Ibid.*, pp. 59-61 v.
301. *Ibid.*, p. 110 v.
302. A. Bey, 1997, p. 90.
303. *Memorias originals*, III, 1808, p. 181.
304. *Cf.* la información recogida en *Caja de cartón*, s. d. *Vid.* D. Badía, 1808 manuscrito: «[...] se decidió por nuestro antiguo Gobierno que a mi entrada en Europa tomaría yo el traje y nombre de Capitán Don Francisco del Castillo».
305. *Vid.* para más información *Memorias originals*, III, s. d., pp. 184-185: «La nueva dirección que se ha dado al espíritu religioso en Francia; la bulla que ha hecho la obra de Chateaubriand titulada el *Genio del cristianismo*, y el viaje de este francés a los santos lugares, ofrecen mayor oportunidad que en otros tiempos para tratar de este asunto, pues siendo la religión de ambos gobiernos la católica, no puede prescindirse de las relaciones que debe conservar con los lugares más famosos de su creencia».
306. *Documents originals*, II, 1907, p. 162. *Vid.* para el tema de su investidura y estatutos de la Orden del Santo Sepulcro *Documents originals*, II, 1807, pp. 162-175 v.
307. En su «Minuta», *Memorias originals*, III, 1808, p. 43, aparecen, como se ha dicho anteriormente, las fechas y lugares desde su salida de El Cairo hasta su llegada a Constantinopla. Sin embargo, están en blanco los lugares que visitó los días 5, 6 y 7 de septiembre. En sus *Viajes*, 5.ª parte, cap. VII, aparecen los datos siguientes correspondientes a esas jornadas: día 5, visita de la ciudad de Hama; día 6, Letminn, y día 7, Marra.
308. *Cf. Documents originals*, IV, 1808, p. 142 v.

309. *Memorias originals*, III, 1808, p. 35 v.
310. R. Mesonero Romanos, II, 1967, 65 y ss.
311. *Cf.* D. Badía, I, 1836, p. XV, y A. Casas, 1943, p. 304. Otras razones para abandonar el viaje que esgrimieron sus biógrafos fueron que el bajá de Alejandría, uno de sus amigos de Egipto, advirtió al marqués de Almenara que tenía un criado infiel que había delatado a Badía como cristiano; aunque parece que el Diván despreció la delación y no reparó en ella, tuvo que abandonar rápidamente Constantinopla; *cf.* F. Torres y Amat, 1836, p. 74; V. Balaguer, 1865, p. 45, y A. Casas, 1943, p. 304. N. J. Cinnamond, 1954, p. 45, y D. Badía, I, 1888, p. 9, aseguraban que había sido acusado por un criado del marqués, pero al hallarse el sultán fuera de la ciudad y ocupar el puesto Mustafá pachá, amigo de Badía, el suceso fue olvidado, Según Díaz-Plaja, en D. Badía, 1943, p. 10, Badía pudo salvar la vida gracias a la amistad que mantenía con el marqués, quien le ayudó en su huida hacia Alemania.
312. *Memorias originals*, III, 1808, p. 36 v.
313. *Ibid.*, III, 1807, pp. 74-97 v.
314. *Ibid.*, p. 77.
315. *Ibid.*, p. 79.
316. *Ibid.*, p. 97 v.
317. *Ibid.*, p. 37.
318. *Ibid.*
319. *Cf. Ibid.*, s. d., pp. 12-15.
320. *Vid.* sobre este descubrimiento de los papeles en casa de Amorós J. Barceló, 1996, p. 260: «En el motín de Aranjuez había sido asaltada también la casa de Francisco Amorós y se había descubierto en ella toda la correspondencia secreta con Badía. Se decía en Madrid, a partir de estos hechos, que Godoy había tramado una conjura para vender España al Bey de Argel o al emperador de Marruecos»; J. Mercader, 1960, p. 31: «Hasta [Napoleón] le hizo ir a buscar los papeles que tenía Francisco Amorós en Madrid», y F. Torres y Amat, 1836, p. 76: «Y envió [el emperador] a buscar mis papeles que tenía en Madrid el consejero de Indias D. Francisco de Amorós, que habiendo sido arrestado por informes siniestros sobre este negocio, estaba ya en libertad».
321. J. Mercader, 1960, p. 31.
322. *Cf. Ibid.*
323. En *Documents originals*, II, 1804, p. 191, aparecía el 14 de julio de 1804 como la fecha en la que Badía había solicitado este nombramiento.
324. *Documents originals*, II, s. d., p. 82 v.
325. *Ibid.*, II, 1804, pp. 186-201.
326. *Ibid.*, p. 198.
327. *Ibid.*, p. 200. En una nota fechada el día después, en *Documents originals*, II, s. d., p. 202 v., se decía que este oficio no había llegado a ser firmado por Godoy, pues «cuando se despachó al sitio había sucedido aquella misma noche el tumulto que le obligó a esconderse».
328. N. J. Cinnamond, 1954, p. 21, señala que «es recibido por el Rey Don Carlos, al día siguiente, y oye de los propios labios del desquiciado Rey, rasgos de la tragedia, y admite su desdichado consejo, invitándole a que se ponga al habla con Napoleón. Éste, a su vez, le recomienda tome rumbo hacia Madrid para ponerse a las órdenes de su hermano, José Bonaparte. En Madrid, a pesar de todos sus esfuerzos, pronto comprendió que otras cosas más apremiantes interesaban a José Bonaparte, y al propio tiempo, se percató de que José no era Napoleón».
329. *Cf.* D. Badía, 1808.
330. Según el *Memorial al duque de Richelieu* de 1815, reproducido en P. Roussier, 1930, p. 66, Badía mantuvo varias entrevistas con Napoleón.
331. P. Roussier, 1930, p. 66; según este la colonización podría realizarse gracias a los contactos que Badía seguía manteniendo en Marruecos.
332. *Cf. Documents originals*, IV, 1808, interpolado entre los folios 133 y 134 v.

En F. Torres y Amat, 1836., p. 72, se decía que este impreso había pertenecido a Francisco de Ceris, amigo valenciano de Badía, en cuya casa éste se había hospedado en 1812. Barberá, en A. Bey, 1997, p. 93, decía que Badía repartió este papel para promocionarse y salvaguardarse de la mala opinión que se tenía entonces en España de Godoy y Amorós, que habían sido íntimos colaboradores suyos: «Godoy era el hombre en el anterior gobierno que más firmemente se había opuesto al plan napoleónico de ocupación de España, y por ello Napoleón le guardaba un rencor que se hacía extensivo a los hombres de su camarilla».

333. *Documents originals*, IV, 1808, interpolado entre los folios 133 y 134.

334. *Ibid.*, II, 1807, p. 172.

335. *Vid.* D. Badía, I, 1836a, p. XVI; en esta edición de los *Viajes* se señala que Badía permaneció en París, «sin sueldo ni destino alguno, reducido con su familia a la mayor estrechez». Así lo reproducen también R. Mesonero Romanos, II, 1967, p. 347; H. Castries, 1909, p. 163, y A. Casas, 1943, p. 317.

336. *Cf.* D. Badía, I, 1836, p. XVI: «[...] solicitó repetidas veces se le permitiese trasladarse a París a hacer la edición de sus obras, que no era posible publicar en España, pero siempre se le negó».

337. D. Badía, 1808. Así lo confirma también una carta encontrada por Juan Mercader el 30 de junio, en 1960, p. 31: «Napoleón había encomendado a un tal Mr. Beausset la traducción al francés de los viajes de Badía, en vistas a su publicación». Según él mismo, la carta se encuentra en Archives Nationales, París, AF-.IV Cart. 1610, plaq. IV, número 180.

338. *Cf. Documents originals*, II, 1808, pp. 174-181. Esta carta, reproducida en sus *Documents*, se encuentra también en D. Badía, 1808.

339. *Documents originals*, II, 1808, p. 174.

340. *Ibid.*, p. 180 v.

341. *Ibid.*, II, s. d., p. 202.

342. *Memorias originals*, III, 1808, pp. 38 v. y 39.

343. Así aparece en F. Torres y Amat, 1836, p. 76.

344. *Cf.* D. Badía, 1808.

345. *Vid.* para su estancia en Segovia *Documents originals*, IV, 1809, p. 179.

346. Corrían, sin embargo, varias voces que le atribuían diferentes identidades: podía ser un judío o un musulmán circuncidado; un afrancesado, impío y masón (*cf.* F. Torres y Amat, 1836, p. 75) y un «Intendente moro» (J. Romano, 1951, p. 115).

347. *Cf.* J. Mercader, 1958, pp. 7 y 11. *Vid.* para los alimentos que le pidió Gillet J. Mercader, 1958, pp. 8-9.

348. *Ibid.*, p. 15. En pp. 13-16 se reproduce esta proclama. *Vid.* también sobre el comportamiento de los rebeldes D. Badía, 1809, manuscrito.

349. J. Mercader, 1958, p. 13.

350. D. Badía, 1809.

351. *Vid.* para este nombramiento *Documents originals*, IV, 1810, p. 178. Según J. Mercader, 1958, p. 20, Badía fue condecorado debido a su labor realizada en la Intendencia de Segovia.

352. J. Mercader, 1960, p. 44.

353. *Vid.* sobre la correspondencia mantenida con el marqués de Almenara J. Mercader, 1960, p. 46.

354. Según Barberá, en A. Bey, 1997, p. 96, Badía fue nombrado prefecto debido al real decreto del 17 de abril, que «reorganizaba la administración territorial, desaparecía la figura del *Comisario regio*, especie de supergobernador, nacida en febrero de 1809, y se creaba la de *Prefecto*, que acumulaba las funciones de comisario regio y las de intendente. A pesar de ello Badía no recibió su nombramiento de prefecto hasta el 29 de agosto». Castries afirmaba que no fue José Bonaparte quien designó a Badía como prefecto, sino el barón Digueon, gobernador civil y militar de Córdoba y Jaén; *cf.* H. Castries, 1909, p. 164.

355. H. Castries, 1909, p. 164.

356. Así lo describe J. Mercader, 1960, p. 48, quien señalaba que extrajo la información de la *Gazeta de Madrid*, pero no incluye la fecha.

357. Barberá, en A. Bey, 1960, p. 97, decía: «Dado que Badía disponía de un poder más ilusorio que real, el resultado del enfrentamiento no era dudoso. La parte principal de su misión consistía en proporcionar facilidades y abastos al ejército francés. Cualquier desaveniencia con su comandante suponía que el gobernador civil se convertía en inhábil para llevar a cabo su cometido». Además: «Dada la penuria de contables, sus cuentas debían ser forzosamente poco claras, sobre todo cuando la mente del prefecto se hallaba inmersa en grandes planes de reforma».

358. *Cf.* M. Madrid del Cacho, 1972, p. 61.

359. *Cf.* M. Madrid del Cacho, 1972, p. 54.

360. M. Madrid del Cacho, 1972, p. 51.

361. *Documents originals*, IV, 1811, p. 183.

362. *Ibid.*, p. 180.

363. *Vid.* para el desarrollo del banco *ibid.*, pp. 182-195 v.

364. *Ibid.*, p. 196.

365. «El servicio del Estado» sobrescrito, *Documents originals*, IV, 1811, p. 189.

366. *Ibid.*

367. *Vid.* para más información sobre este tema J. Mercader, 1960, p. 55.

368. Barceló señaló que algunas de las acusaciones contra el *Viajero* podrían estar vinculadas a la mala relación que guardaba por esas fechas con Amorós, quien podría haber instigado la denuncia; *cf.* J. Barceló, en AA. VV., 1996, p. 2.

369. *Cf.* F. Torres y Amat, 1836, p. 75.

370. *Cf.* H. Castries, 1909, p. 165.

371. *Cf.* A. Bey, 1997, p. 99.

372. *Cf.* H. Castries, 1909, p. 165.

373. H. Castries, 1909, p. 166.

374. Según A. Casas, 1943, p. 322, Badía vivió ostentosamente en París y, nombrado mariscal del ejército francés, se hacía llamar *General Badía* entre los emigrados españoles, entre los que tenía un gran prestigio. Barberá, en A. Bey, 1997, p. 104, afirma: «La penuria de Badía en este tiempo dista de ser evidente. Por un lado, los afrancesados, o al menos buena parte de ellos, no salieron de España con las manos vacías».

375. *Vid.* para las fechas de los nacimientos de sus hijos notas biográficas de Badía, tomadas por E. Cruset en *Caja de cartón*, s. d., y *Documents originals*, II, 1814, p. 210.

376. A. Bey, 1814.

377. *Cf.* J. Mercader, 1960, p. 61. *Vid.* también sobre la carta enviada al monarca español D. Badía, I, 1836a pp. XVII y XXII; M. Fontrodona, 1969, p. 37, y A. Casas, 1943, p. 318.

378. D. Badía, I, 1836, pp. XXII-XXIII.

379. *Ibid.*, I, 1814, p. VI.

380. *Ibid.*, I, 1836, p. V.

381. *Ibid.*, I, 1814, p. XVI. En *La Vanguardia*, 1889, p. 9, aparecía un artículo en el que se resumía la conferencia que E. Toda había dado en la Asociación catalanista de excursiones científicas y en que se catalogaba la edición francesa de sus viajes como «la parte pintoresca de sus viajes», es decir, la parte descriptiva de éstos.

382. D. Badía, I, 1836a, p. XVII. En la edición española de 1836, p. XXXIV, *mâle*, viene traducido por «varonil y nervioso».

383. Así aparecía en Lampillo, 1833; F. Torres y Amat, 1836, p. 75; V. Balaguer, 1865, p. 175, quien suponía que era solo el dietario lo que se había escrito en árabe; D. Badía, I, 1833, p. 10, y D. Badía, I, 1926-1934, p. 21.

384. Esta memoria se halla reproducida por P. Roussier, quien la extrajo del archivo francés del Ministerio de las Colonias, en 1930, pp. 92-112.

385. P. Roussier, 1930, p. 43.

386. *Ibid.*, p. 48.

387. *Cf. ibid.*, pp. 63 y 65. Barberá, en A. Bey, 1997, p. 80, realiza una lectura crítica de esta memoria y señala «que alguien entonces pensase en establecer una constitución basada en principios tan divergentes de la tradición musulmana como la sucesión automática al sultanato y la concepción liberal del derecho de la propiedad [...] son cosas que no cabía soñar en un país tan apegado a la tradición y hostil al cambio como el Marruecos del siglo XIX».

388. *Cf.* H. Castries, 1909, p. 169. Barberá señalaba que estas notas habían sido incluidas en la edición de 1814, un dato incorrecto, puesto que si las hubiera añadido, también se habría descubierto la verdadera identidad de Badía; *cf.* A. Bey, 1997, p. 100.

389. *Cf.* H. Castries, 1909, p. 167.

390. *Vid.* sobre el tema del capital de Lisle *Documents originals*, II, 1814, p. 210.

391. A. Casas, 1943, p. 323. En *Documents originals*, II, 1814, p. 211, decía que los trabajos literarios de su hija habían encantado a Lisle.

392. *Documents originals*, II, 1818, p. 236.

393. *Ibid.*, p. 236v.

394. *Ibid.*, p. 237.

395. *Ibid.*, p. 235.

396. *Cf.* A. Casas, 1943, p. 326. Según este mismo, finalmente se descubrió que no había existido ninguna relación entre ellos: «[...] entre Amorós y la hija de Badía no hubo relaciones amorosas de ninguna clase, aunque la suspicacia de la esposa dé motivo a la sospecha»; A. Casas, 1943, p. 326.

397. *Cf.* H. Castries, 1909, p. 169. *Vid.* también E. García de Herreros 1923, p. 132.

398. Según Marnier, que reproduce lo que le contó Badía, este fue recibido por Luis XVIII, y el monarca aprobó su viaje; *cf.* E. García Herreros, 1923, pp. 133 y 134.

399. En una nota en el encabezado superior, escrito por otra pluma, en *Documents originals*, II, 1814, p. 210, decía que había nacido el 5 de septiembre.

400. *Alí Bey en Marruecos. Tragedia en 5 actos*, sin fecha, en *Memorias originals*, III, s. d., pp. 207-313 v. Esta tragedia ha sido editada por C. C. García Valdés y M. McGaha, en D. Badía, 1999. *Vid.* para más información sobre esta edición de la tragedia, P. Almarcegui., 2002, p. 206: «Por lo que respecta a la edición de este manuscrito inédito, el texto se ha adecuado a las normas actuales, se ha modernizado la grafía y se han respetado sus particularidades fonéticas. También se han añadido notas explicativas que, en su mayoría, intentan aclarar términos históricos, geográficos y culturales y han sido extraídas de: los *Viajes*, los *Documents*, Roussier, Ezquerra, etc. Las tachaduras, subrayados, interlineados y sobrescritos aparecen rigurosamente descritos en notas a pie de página y las enmiendas realizadas se han señalado mediante corchetes (tal y como se indica en la nota a la edición). Por otra parte, apenas se han deslizado algunos errores en la trascripción del manuscrito».

401. *Memorias originals*, III, 1796, p. 207.

402. A. Casas, 1943, p. 324.

403. *Documents originals*, II, s, d., p. 212.

404. A. Bey, 1816b, p. VI.

405. *Vid.*, por ejemplo, A. Bey, 1997, p. 8.: «La edición valenciana de 1836 revela por primera vez la identidad de Alí Bey»; M. McGaha, 1996, p. 13: «Ni la primera edición ni las traducciones inglesa (1816), alemana (1816), ni italiana (1816-1817) mencionan para nada el nombre del autor»; AA. VV., 1996b, p. 189: «En el título [de la traducción castellana en 1836], después del nombre de Alí Bey, aparece entre paréntesis el de Domingo Badía y Leblich: hacía años que éste había muerto y ya no tenía sentido mantener la ficción».

406. Cf. *Ibid.*, II, 1818, pp. 235 v. y 236. En la carta enviada a su cuñado el 17 de diciembre de 1814, en A. Casas, 1943, p. 324, decía también que iba a salir para Leipzig y Viena para arreglar un par de ediciones.

407. *Vid.* para más información sobre esta edición italian, A. Bey, 1997, p. 104, y F. Lafarga, en AA. VV., 1997b, p. 191.
408. *Cf.* P. Roussier, 1930, p. 313.
409. *Cf.* A. Casas, 1943, p. 324.
410. *Documents originals*, II, 1817, p. 213.
411. *Ibid.*, p. 215.
412. *Ibid.*, pp. 221-222.
413. Según H. Castries, 1909, p. 170, Richelieu, que había emigrado durante la Revolución y el Imperio, y regresado con Luis XVIII a París, no debía de sentir mucha simpatía por los afrancesados españoles, traidores a su rey legítimo. Así lo recogen también P. Roussier, 1930, p. 68, y Barberá, en A. Bey, 1997, p. 105.
414. *Cf.* P. Roussier, 1930, p. 70. Este informe aparece reproducido en P. Roussier, 1930, pp. 299-306; H. Castries, 1909, pp. 171-173, y Barberá, en A. Bey, 1997, pp. 106-107. Éste lo traduce, pero suprime «sólo los párrafos repetitivos o irrelevantes».
415. H. Castries, 1909, p. 174.
416. *Cf.* P. Roussier, 1930, p. 318.
417. *Documents originals*, II, 1818, p. 229 v.
418. *Ibid.*, p. 230 v.
419. *Cf. Ibid.*, p. 238.
420. *Cf.* P. Roussier, 1930, p. 74. *Vid.* también pp. 319-322.
421. *Vid.* para este encuentro P. Roussier, 1930, p. 74.
422. *Cf. Ibid.*, p. 75.
423. *Cf. Ibid.*, p. 328.
424. *Cf. Ibid.*, p. 330.
425. *Cf. Ibid.*, p. 334.
426. *Cf. Ibid.*, p. 346. *Vid.* para los remedios que Chaboceau le entregó para su enfermedad, P. Roussier, 1930, p. 346.
427. *Cf. Ibid.*, p. 345.
428. *Vid.* sobre este encuentro J. Massot 1998, p. 45. Rzewuski había recorrido las tierras otomanas durante tres años y era muy respetado por las tribus de la zona por su pericia como jinete y habilidad con la espada. *Vid.* también la carta del 15 de febrero de 1819, reproducida en P. Roussier, 1930, p. 358.
429. *Cf.* J. Chelhod, 1994, p. 166.
430. *Ibid.*, p. 167.
431. Según palabras del catalán, párroco y profesor de lengua árabe en el convento de la orden franciscana en Damasco, F. Vilardell, cuando fueron a lavar su cuerpo los musulmanes le descubrieron una moneda o medalla en el cuello que tenía impresa una cruz y lo acusaron de cristianismo. Así lo recogían, F. Torres y Amat, 1836, p. 77; A. Casas, 1943, p. 330; V. Balaguer, 1865, p. 241; R. Mesonero Romanos, II, 1967, p. 348; E. García de Herreros, 1923, p. 146, y J. Mercader, 1960, p. 62.
432. *Cf.* P. Roussier, 1930, p. 84.
433. *Cf.* A. Bey, 1997, p. 115.
434. *Cf.* P. Roussier, 1930, p. 85.
435. Lady H. Stanhope fue la sobrina del viajero inglés J. Pitts. Se instaló en Siria en 1810. Tal y como aparece en J. Massot, 1998, p. 9, iba vestida con un pantalón, un turbante, una túnica y era una experta jinete. Castries da rienda suelta a toda su imaginación para crear un personaje autoritario y exótico de lady Stanhope y, además, se imagina lo «picante» que debió de ser el encuentro entre Badía y la inglesa, en H. Castries, 1909, p. 176. *Vid.* también para la biografía de lady Stanhope T. Boissel, 1993; V. Childs, 1990; E. García de Herreros, 1923, pp. 142 y 143, y *Caja de cartón*. Según P. Roussier, 1930, p. 338, hablaba perfectamente el árabe y conocía el Corán, y a comienzos de 1818 había ido a vivir a Yuniyeh, en el Líbano, donde ejercía su autoridad. El día 2 de agosto de 1818, Regnault había escrito una carta a Molé, di-

ciéndole que Badía deseaba conocer a una reina o heroína. El cónsul se lo había comunicado a lady Stanhope, y esta le había mandado una carta para el *Viajero*, que no le llegó a ser entregada, pues, por esas fechas, se encontraba de peregrinación. No existe ningún otro documento, aparte de esta carta, para verificar si llegaron o no a conocerse los dos viajeros, aunque, en P. Roussier, 1930, p. 86, se señala que se estableció una correspondencia activa entre estos dos extranjeros.

436. *Cf.* P. Roussier, 1930, p. 342.

437. *Ibid.*, p. 343.

438. *Cf.* Roussier, P., p. 367.

439. *Cf.* H. Castries, 1909, p. 179.

440. *Cf.* E. García de Herreros, 1923, p. 135.

441. A. Bey, 1997, p. 506.

442. *Cf.* P. Roussier, 1930, p. 90.

443. Todas estas noticias las he extraído de *Caja de cartón*.

2
Las lecturas del *Viajero*

2.1. La biblioteca

Como vimos, a finales de 1795 Badía abandonó Córdoba. Dejó en manos de su amigo de Puerto Real J. Benítez la única prueba de la existencia de su biblioteca que se ha encontrado hasta la fecha: una lista con cuarenta y ocho referencias de obras y autores titulada «Libros y música que existe en poder de J. Benítez», en la que la parte relativa a la música aparecía en blanco. Tenía el objetivo de que su amigo fuera vendiendo los volúmenes y pudiera pagar a los acreedores que había dejado en la ciudad, tras el fallido intento del alzamiento del globo. La lista se hallaba incluida en el volumen *Manuscrits copias*, I, 1 de marzo de 1802, pp. 158-170. La identificación de las obras que realizaré a continuación confirma que fue un heredero fiel de la tradición ilustrada de su época.[1]

1. T. de Almeida, *Cartas físico-matemáticas de Teodosio a Eugenio: complemento de la recreación filosófica que escribió el P. D. Teodoro de Almeida. Esta obra contiene un aparato de principios necesarios para entender la física experimental, como se explica en los Reales Estudios de S. Isidro. Traducida al castellano por el doctor Don F. Girón y Serrado*, Madrid, 1782, 2 vols. (FAP, vol. IV, n.º 1479).
2. T. de Almeida, *Recreación filosófica o diálogo sobre la filosofía natural para instrucción de personas que no han frecuentado las aulas. Traducido del portugués por Don L. A. Figueroa*, Madrid, 1792, 8 vols. (FAP, vol. III, n.º 3854).
3. J. Ballexserd, *Dissertation sur l'éducation physique des enfants, depuis leur naissance jusqu'à l'âge de puberté*, París, 1762 (NUC, vol. XXXII, p. 509).
4. A. Baumé, *Eléments de pharmacie théorique et pratique: contenant toutes les opérations fondamentales de cet art, avec leur défi-*

nition, & une explication de ces opérations, par les principes de la chimie, París, 1762 (NUC, vol. XL, p. 53).

5. O. T. Bergman, *Dissertatio chemica de analysi aquarum frigdarum*, Upsala, 1788 (NUC, vol. XLVIII, p. 424).

6. J.-É. Bertier, *Physique du ciel, où l'on confronte sans partialité le vuide avec l'éther, l'attraction avec l'impulsion. Et où sont contenus les principes de toute le physique généralement*, París, 1763, 3 vols. (NUC, vol. L, p. 439).

7. N. L. de Caille, *Cours élémentaire et complet de mathématiques pures*, París, 1794-1795 (NUC, vol. CCCX, p. 327).

8. A. Calepino, *Bergomatis Eremitani Dictionarium*, Reggio, 1502 (NUC, vol. LXXXIX, p. 634).

9. É. B. de Condillac, *La Logique ou les premières développements de l'art de penser*, París, 1780 (NUC, vol. CXVIII, p. 512).

10. *Descripción de las máquinas de más generalmente utilidad que hay en el Real Gabinete de ellas, establecido en el Buen Retiro, hecha de orden de S. M.*, Madrid, 1798 (FAP, vol. IX, n.º 1652).

11. R. P. Duchesne, *Compendio de la Historia de España*, Amberes, 1758, 2 vols., traducido por J. F. Isla (FAP, vol. VI, n.º 4336).

12. B. J. Feijoo y Montenegro, *Ilustración apologética al primero y segundo tomo del teatro crítico, donde se notan más de cuatrocientos descuidos al autor del antiteatro; y de los setenta, que éste imputa al autor del teatro crítico, se rebajan los sesenta nueve y medio*, Madrid, 1729 (FAP, vol. III, n.º 1892).

13. F. Fénelon, *Suite du quatrième livre de l'Odyssée d'Homère, ou les Aventures de Télémaque, fils d'Ulisse*, París, 1699 (NUC, vol. CLXIX, p. 331).

14. V. Foronda., *Lecciones ligeras de química. En que se trata del calórico, de los fluidos elásticos, de las afinidades o atracciones, de la nueva nomenclatura química, de las sustancias simples, de los álcalis de los ácidos*, Madrid, 1791 (FAP, vol. III, n.º 4390).

15. A.-F. Fourcroy, *Eléments d'histoire naturelle et de chimie*, París, 1782 (FAP, vol. CVXXIX, p. 313).

16. A. C. Fugère y A. Y. Goguet, *De l'origene des lois, des arts, et des sciences; et de leurs progrès chez les anciens peuples*, París, 1758 (NUC, vol. CCIV, p. 238).

17. J. Gumilla, *El Orinoco ilustrado, historia natural, civil y geográfica de este gran río, y de sus caudalosas vertientes: gobierno, usos, y costumbres de los indios sus habitadores, con nuevas, y útiles noticias de animales, árboles, frutos, aceites, reseñas, hierbas, y raíces medicinales: y sobre todo, se hallarán conversiones muy singulares a nuestra santa fe y cosas de mucha edificación*, Madrid, 1741, 5 vols. (NUC, vol. CCXXIII, p. 247).

18. L. B. Guyton de Morveau, *Eléments de chimie, théorique et*

pratique, rédigés dans un nouvel ordre, d'après les découvertes modernes pour servir aux Cours publics de l'Académie de Dijon, Dijon, 1777, 3 vols. (NUC, vol. CCXXIV, p. 231).

19. L. Hervás y Panduro, *Idea dell'universo*, Cesena, 1778-1787, 21 vols. (NUC, vol. CCXLIII, p. 342).

20. J. Huarte de San Juan, *Examen de ingenios para las ciencias en el cual el lector hallará la manera de ingenio para escoger la ciencia en que más ha de aprovechar: y la diferencia de habilidades que hay en los hombres, y el género de letras y artes que a cada uno responde en particular*, Amberes, 1573 (JCB, vol. III, p. 357).

21. J. A. Ibáñez de la Rentería, *Fábulas en verso castellano*, Madrid, 1789 (FAP, vol. IV, n.º 3530).

22. *Journal des Savants*, París, 1665-1792 (JCB, vol. VI, p. 1.853).

23. P. F. Luján y Suárez de Góngora (duque de Almodóvar), *Década epistolar sobre el estado de los libros en Francia*, Madrid, 1781 (FAP, vol. V, n.º 1853).

24. P. J. C. Mauduyt de la Varenne, *Mémoire sur les différentes manières d'administrer l'électricité et observations sur les effets qu'elles ont produits*, París, 1784 (NUC, vol. CCCLXX, p. 263).

25. C. Maur, *Elementos de matemática pura*, Madrid, 1778, 2 vols. (FAP, vol. V, n.º 664).

26. P. Montengon, *El Antenor*, Madrid, 1788, 2 vols. (NUC, vol. CCCVIIIC, p. 67).

27. P. Montengon, *El Rodrigo, romance épico*, Madrid, 1793 (NUC, vol. CCCVIIIC, p. 68).

28. P. Montengon, *Eudoxia, hija de Belisario*, Madrid, 1793 (NUC, vol. CCCVIIIC, p. 67).

29. C. Niebuhr, *Reisebeschreibung nach Arabien una andern umliegenden Ländern*, Copenhague, 1774-1778, 2 vols. (NUC, vol. CDXVIII, p. 612).

30. E. Philalethes (pseudónimo), *Introitus apertus ad occlusum regis*, Ámsterdam, 1667 (NUC, vol. CDXLV, p. 258).

31. N. Regnault, *Les Entretiens physiques d'Ariste et d'Eudoxe, ou Physique nouvelle en dialogues qui renferme précisément ce qui s'est découvert de plus utile dans la nature*, Ámsterdam, 1732, 3 vols. (NUC, vol. CDLXXXV, p. 687).

32. N. Regnault, *L'Origine ancienne de la physique nouvelle*, París, 1734 (NUC, vol. CDLXXXV, p. 687).

33. J. Sadoleto, *De laudibus philosophiae*, Lyon, 1538, 2 vols. (NUC, vol. DXIII, p. 590).

34. S. de Saint-Remy, *Mémoires d'artillerie*, París, 1745, 3 vols. (NUC, vol. DXV, p. 275).

35. F. M. Samaniego, *Fábulas en verso castellano para uso del Real Seminario Vascongado de los Amigos del País. Publicados por*

orden por la misma sociedad, Valencia, 1781-1784, 2 vols. (FAP, vol. VII, n.º 3023).

36. H.-B. de Saussare, *Voyage dans les Alpes, précédés d'un essai sur l'histoire naturelle des environs de Genève*, Neuchâtel, 1780-1796, 4 vols. (NUC, vol. DXXII, p. 92).

37. A. Saverien, *Histoire des mathématiciens*, París, 1761 (NUC, vol. DXXII, p. 301).

38. J. A. Sigaud-de la Fond, *Éléments de physique théorique et expérimentale pour servir de suite á la description de l'usage d'un cabinet de physique expérimentale*, París, 1787 (NUC, vol. DXLV, p. 650).

39. A. de Solís, *Historia de la conquista de México*, Madrid, 1684 (NUC, vol. DLV, p. 458).

40. C. C. Sturm, *Betrachtungen über die Werke Gottes im Reiche der Natur und der Versehung auf alle Tage des Jahres*, Frankfurt y Leipzig, 1780, 2 vols. (NUC, vol. DLXXV, p. 23).

41. J. Torrubia, *Centinela contra Franc-Masones. Discurso sobre su origen, instituto, secreto y juramento. Descúbrese la cifra con que escriben, y las acciones, señales y palabras con que se conocen. Impúnanse con la Pastoral del Ilustrísimo Señor D. Pedro María Justiniani, Obispo de Vintimilla*, Madrid, 1752 (FAP, vol. VIII, n.º 1074).

42. A. P. Ulloa, *Noticias americanas: entretenimientos físico-históricos, sobre la América meridional y la Septentrional oriental. Comparaciones generales de los territorios, climas y producciones de las tres especies, vegetales, animales y minerales: con relación particular de las petrificaciones de cuerpos marinos de los indios naturales de aquellos países, sus costumbres y usos. De las antigüedades: discurso sobre la lengua y sobre el modo en que pasaron los primeros pobladores*, Madrid, 1772 (FAP, vol. VIII, n.º 1621).

43. B. de Vitoria, *Teatro de los dioses de la gentilidad*, Madrid, 1676, 2 vols. (NUC, vol. DCXL, p. 207).

44. C. Wolff, *Compendius elementorum matheseos universae, in usum studiosae iuventutis adornatum*, Lausana, 1757, 2 vols. (NUC, vol. DCLXXI, p. 186).

Además de estos títulos, figuraban cuatro obras que no he podido identificar:

45. Una lógica.
46. Un libro sobre el uso de las esferas y los globos aerostáticos.
47. Un oficio de la Semana Santa en latín y castellano.
48. Una compilación de narraciones.

En total, entre estos libros había un 22,9 % dedicados a la literatura (números 12, 13, 20, 21, 23, 26, 27, 28, 35, 43 y 47); un 10,4 % a las matemáticas (1, 7, 25, 37 y 44); un 10,4 % a la filosofía (2, 9,

33 y 45); un 8,3 % a la química (5, 14, 15 y 18); un 8,3 % a los viajes (17, 29, 36 y 42); un 8,3 % a la física (6, 31, 32 y 38); un 4,1 % a la historia (11 y 39); un 2 % a cada una de las siguientes disciplinas: astronomía (19), construcción de máquinas (10), educación física (3), lengua latina (8), farmacia (4), alquimia (30), leyes jurídicas (16), electricidad (24), armas (34), masonería (41), oficios religiosos católicos (48), observación de la naturaleza (40), prensa (22) y construcción de globos y esferas (46).

Según la clasificación de los libros de las bibliotecas de Vera y Córdoba, leyó de forma preferente obras literarias, lo que confirma las posteriores aproximaciones que a esta materia hizo en sus trabajos, como fueron varias traducciones, la composición de una tragedia y un proyecto para publicar un *Diario de los teatros*. Las lecturas de obras matemáticas, filosóficas, químicas y físicas muestran su formación autodidacta y claramente ilustrada. Por otro lado, el hecho de poseer en su biblioteca los libros de los viajeros Niebuhr, Saussare, Ulloa y Gumilla demuestra que comenzó a pensar en su proyecto de viaje antes de su traslado a Madrid. Y, en fin, la dispersión temática de sus restantes lecturas señala que Badía poseyó una nómina representativa de obras que lo aproximaron a algunos de los relevantes ilustrados españoles.

2.2. Los libros de viaje

Los libros de viaje que leyó conformaron las fuentes de su *Plan de viaje al África* y la edición de sus posteriores *Viajes*. La mayor parte de ellos se citaron a lo largo del proceso que duró la aprobación por parte de la Academia de la Historia y del gobierno del *Plan*. Un repaso de estos títulos muestra los antecedentes de su itinerario y las competencias bajo las que organizó el método de observación, reflexión, escritura e incluso alguna de las razones por las que eligió posteriormente La Meca como destino final de su traslado.

A lo largo de la documentación incluida en su «Exposición histórica de todo lo ocurrido en el expediente del viaje a África»,[2] en la que se encontraban el *Plan* y las correspondencias e informes generales, aparecía una buena parte de los viajeros europeos que le antecedieron en su proyecto de itinerario a través de África. Casi todos ellos realizaron un traslado similar al que proponía. Pero, puesto que algunos no llegaron a alcanzar su destino debido a diversas dificultades, propuso algunos cambios en su método de viaje, con el fin de que no le ocurriera lo mismo y pudiera lograr todos sus objetivos.

Paso a describir las obras que Badía leyó o consultó de cada viajero en tres diferentes apartados en los que seguiré un orden alfabético de autores. El criterio usado es el siguiente: el primer apartado lo comprenden los libros de viaje o viajeros que citó en su *Plan*; el segundo, los que aparecieron en sus *Viajes,* y el tercero, los que integraron sus bibliotecas de Córdoba y Vera. Para ello, citaré las primeras ediciones de las obras, los itinerarios más próximos a sus planes y la versión original o traducción atendiendo a las lenguas que conocía. Introduzco también una pequeña reseña biográfica de los autores menos conocidos, junto con datos relativos a sus viajes extraídos de la lectura de las obras; también la lista de los lugares que recorrieron, y una breve relación de los objetivos y razones que motivaron los itinerarios.

2.2.1. Libros de viaje o viajeros citados en su Plan

- Barrow, J., *An Account of Travels into the Interior of Southern Africa, in the Years 1797 and 1798*, Londres, 1801. Viajero y escritor inglés, Barrow nació y murió en Ulverston (1764-1848). En su juventud, estudió matemáticas y astronomía. Como secretario de lord Macartney, le acompañó a China y aprovechó su estancia para estudiar a fondo la historia y la civilización del imperio. De estos estudios surgieron diversas investigaciones que fueron publicadas periódicamente en la *Quartely Review*. Barrow acompañó a lord Macartney cuando obtuvo el gobierno de la colonia de El Cabo, y aprovechó para realizar importantes exploraciones en el África austral. A su vuelta a Londres, lord Melville le nombró secretario del Almirantazgo desde 1801 hasta 1815. Barrow apoyó y promovió varias expediciones al Polo Norte, como las de Franklin, el capitán Parry, Back y otros. Estos, agradecidos por ello, pusieron su nombre a varios lugares de aquellas regiones, donde aún hoy se conservan, como por ejemplo el estrecho y el promontorio de Barrow. El viajero llegó a fundar la Real Sociedad Geográfica, de la que fue presidente.

Badía citó a Barrow ante el tesorero del gobierno español, quien lo acusó de querer realizar idéntico recorrido al que había hecho previamente el inglés. Según el *Viajero*, Barrow visitó los mismos lugares en los que antes habían estado viajeros como Thunberg, Sparrman, Vaillant y Patterson:

> La publicación del viaje de John Barrow a los Hotentotes y Cafres, cuyo viaje elogió igualmente Badía, pero haciendo ver que Barrow, no había descubierto un dedo de tierra que no hubiese sido antes visitada por Thunberg, Sparrman, Vaillant y Patterson y otros viajeros.[3]

El viaje de Barrow, explicaba Badía (bajo las iniciales A. Z.) en la defensa pública de su proyecto en el *Diario de Madrid* los días

25, 26 y 28 de noviembre de 1801, puso en evidencia que el viaje publicado por Damberger (estudiaré su obra más adelante) era falso:

> M. John Barrow, ex secretario de Lord Macartney [embajador británico en China] [más tarde secretario del conde Macartney, y auditor general de cuentas públicas del Cabo de Buena Esperanza],[4] y auditor general de El Cabo, que ha hecho un viaje por La Cafrería [Sudáfrica], nos da instrucciones sobre aquel país, que absolutamente patentizan las imposturas del autor del Damberger.[5]

De sus viajes se publicaron, además de la anterior obra consultada por Badía, los textos *A Voyage to Cochinchina in the Years 1792 and 1793* (1806), *The Life of Macartney* (1807), *A Chronological History of Voyages into the Artic Regions* (1818), *An Autobiographical Memoir* (1847) y *Sketches of the Royal Society* (1847).

El itinerario de la obra leída por el español recorría el interior de Sudáfrica, más exactamente las zonas que rodeaban a la colonia británica de El Cabo, llamada Cafrería (hoy alrededores de la ciudad de East London), formada por la zona que habitaban los cafres y los hotentotes.

• J.-B. Bory de Saint-Vincent, *Essai sur les Iles Fortunées et l'antique Atlantide ou précis de l'histoire générale de l'Archipel des Canaries*, París, 1803. Viajero, militar y naturalista francés (1780-1846), acompañó al capitán Baudin en 1798, en su viaje de exploración a Australia, pero se separó de él, junto con sus compañeros, debido a su mal carácter. Recorrió solo varias islas, como las de Reunión y Canarias, y publicó el resultado de sus viajes en la obra anterior y en *Voyages dans le quatre principales îles des mers d'Afrique* (1804), esta última con un excelente mapa de la isla de la Reunión. A su regreso, ingresó en el ejército francés y se batió en Waterloo. Al producirse la Restauración, fue desterrado y se refugió en Aquisgrán, Halberstadt y Bruselas, ciudades en las que editó los *Annales des sciences physiques* (1819-1821). En su *Voyage souterrain* (1821), describió con vivos colores el trabajo de las canteras de Maastricht, donde permaneció oculto durante algún tiempo mientras huía de las persecuciones de los policías extranjeros. Regresó a París y, en 1829, le fue confiada la jefatura de una expedición científica destinada a Morea y las Cícladas, de cuyos resultados fue fruto la obra *Expédition scientifique de Morée* (1832) y *Nouvelle flore du Peloponnèse et des Cyclades* (1838). Repuesto en sus honores y grados militares, fue nombrado jefe de la sección histórica del Ministerio de la Guerra en 1830 y, diez año más tarde, se desplazó a Argelia como jefe de la comisión científica enviada al país.[6] De este viaje surgió la *Exploration scientifique de l'Algérie* (1840). Su escrito más original fue *L'homme, essai zoologique sur le genre humain* (1836). También se le debió la parte referente a los criptógramas de la obra de Duperrey *Voyage autour de monde* (1828) y una *Histoire des hydrophytes* (1829). Poco antes de morir, dirigió el *Dictionnaire classique de l'histoire naturelle*. Otras obras suyas fueron *Géographie de la péninsule ibérique* (1818), *Guide du voyageur en Espagne* (1823), *De la matière sous les rapports de l'histoire naturelle* (1824) e *Histoire des animaux microscopiques*.

Badía lo citó al realizar el repaso de los autores que mostraron la posición de la isla Atlántida:

> Debo también advertir que la posición dada a dicha isla por M. Bory de Saint-Vincent en sus «Ensayos sobre las Islas Afortunadas», tampoco llena mejor las circunstancias mencionadas por el sacerdote de Sais [sacerdote de la ciudad de Saita, en el delta del Nilo, que aparece en el *Timeo* de Platón], pues M. Bory la supone en el mar Atlántico, y no al borde de dicho mar, como dice el sacerdote. En tal caso, ya no tendría por un lado Libia y por otro Tirrenia.[7]

• W. G. Browne, *Travels in Africa, Egypt, and Syria, from the Year 1792-1798*, Londres, 1799. Browne nació en Londres en 1768 y murió en Irán en 1813. Estudió en Oxford y, a partir de 1792, realizó varios viajes a Egipto, país adonde se desplazó en busca de las fuentes del Nilo. En El Cairo, dedicó parte de su tiempo a aprender el árabe clásico, lengua que utilizó a partir de la salida de esta ciudad, pues anteriormente sólo conocía un par de dialectos. En el principio de su obra incluyó unas notas que desarrollaban las transcripciones de las palabras árabes al inglés. Estas indicaciones representaban una anomalía en los textos de los viajeros ilustrados, puesto que, como señaló Badía, no era frecuente el conocimiento de esta lengua, y menos aún explicar el criterio para transcribirla.[8] En Darfur, fue hecho prisionero por el sultán entre 1793 y 1796. Tras conseguir la libertad, recorrió Grecia, Asia Menor y Turquía. En 1812, salió de este último país para realizar un viaje de exploración por el mar Caspio, pero fue asesinado antes de conseguir su objetivo por unos bandidos en las cercanías de Tabriz (Irán).[9] Es el primer viajero europeo que realizó una descripción científica de Darfur.

Gracias a los datos de sus viajes, indicaba Badía, se pudo rectificar la descripción que realizó el viajero Bruce de las fuentes del Nilo y Abisinia:

> Mr. Browne agregando nuestra geografía el conocimiento de un nuevo reino con su viaje al Darfur; nos rectifica, y comprueba las descripciones de Bruce en su viaje a las fuentes del Nilo y Abisinia.[10]

Como también le ocurrió a Houghton y Park, Browne tuvo problemas durante su viaje, pues no escondió su condición de occidental:

> Ciertamente hay riesgos en el viaje a África: el mayor Houghton pereció en él después de haber sido robado, aunque ignoramos las circunstancias de su muerte para decir si fue natural o violenta: Park fue también robado, y tuvo el mayor trabajo para restituirse a las factorías inglesas: M. Brown sufrió casi iguales trabajos.[11]

Su obra era conocida por la Academia de la Historia gracias a que Badía la había citado previamente en su *Plan*:

> Como no tenían antecedentes de una materia de esta clase, buscaron los viajes de Park y Brown, que cito en mi «Plan», y pasando de en mano en mano cada ejemplar; los leyeron sucesivamente los comisionados uno después de otro; por lo cual tardaron más de dos meses en dar su respuesta a la Academia.[12]

Browne aparecía citado también en los *Viajes*. La comparación que hizo Badía entre las descripciones del inglés de la mezquita de Al-Azahar de El Cairo y las suyas demostraba la detallada lectura que realizó de la obra:

> La gran mezquita de «El Azahar» es soberbia por la extensión del edificio, mas no por la magnificiencia de la construcción y lujo de los ornatos, como dice Browne [...]. El pavimento, en vez de las soberbias alfombras de Persia de que habla el mismo viajero, estaba cubierto de esteras muy ordinarias y usadas, que vi renovar mientras estuve allí con otras de la misma especie [Browne: la mezquita llamada Al-Azahar es una de las más magníficas de El Cairo, decorada con columnas de mármol y alfombras persas. La propiedad que posee esta mezquita es inmensa].[13] Pregunté expresamente a los sijs y a otras personas, adónde se habían transportado las preciosas alfombras que antes hermoseaban la mezquita de Azahar; todos me aseguraron que en aquel templo jamás había habido otras que las que veía, y en todo caso fuera imposible hacer uso de las alfombras, porque muchos pordioseros tienen costumbre de ir a dormir a la mezquita, envueltos en las esteras, como yo los he visto frecuentemente, y los insectos que dejan allí no mueren sino cuando se lavan dichas esteras, lo cual no pudiera hacerse con las alfombras. Me es sensible contradecir a Mr. Brown, viajero de los que más aprecio, por su atrevido viaje al Darfur, y me complazco en creer que sus descripciones del interior de África no contendrán tantas inexactitudes como se le pueden notar sobre el Egipto.[14]

Además del libro antes citado, póstumamente se publicó su obra sobre Asia Menor, *Travels in Various Countries of the East* (1820), efectuada a partir de sus documentos, y que incluía noticias de sus viajes a Anatolia y Estambul. Esta última obra no pudo ser consultada por Badía antes de la publicación de los *Viajes*, pues apareció seis años después de su libro.

Respecto a la obra que consultó, *Travels in Africa, Egypt, and Syria, from the Year 1792-1798*, los lugares principales que recogía eran Alejandría, El Cairo, Luxor, Assuan, Jerusalén, Beirut, Alepo, Damasco e Ismit (Turquía).

• J. Bruce, *Travels to Discover the Source of the Nile. In the Years 1768, 1769, 1770, 1771, 1772, 1773*, Londres, 1790, 5 vols. Bruce nació en Larbert, Escocia, en 1730 y murió en Stirling en 1794. Fue enviado por el gobierno británico como cónsul a Argelia, donde aprendió árabe escrito y hablado, y adquirió conocimientos en medicina y cirugía. Desde allí preparó el viaje que le llevó a descubrir las fuentes del Nilo, sugerido por el propio gobierno. Durante sus desplazamientos, recorrió Etiopía, Egipto y Sudán, principalmente. En 1770, descubrió las fuentes del Nilo Azul. Con amplios conocimientos de pintura, realizó dibujos de diversas antigüedades para la Colección Real. Antes de trasladarse a África, hizo un viaje a Francia, Portugal y España, donde visitó Madrid, La Coruña y El Ferrol. Tal y como apareció en su introducción de los *Travels* de 1817, se trasladó a El Ferrol por motivos estratégicos, pues pensó que, en caso de hostilidad española hacia Inglaterra, este lugar constituiría un punto principal desde donde realizar maniobras militares.[15]

Badía destacó este viaje de entre todos los realizados a los mismos destinos debido a que fue realizado en fechas tempranas. Su traslado fue la causa principal para que se fundara en Londres la Sociedad Africana: «Mr. Browne [...] nos rectifica, y comprueba las sabias descripciones de Bruce en su viaje a las fuentes del Nilo y Abisinia».[16] De nuevo lo citó ante el tesorero, encargado de mostrarle las razones por las que el *Plan* de su viaje no pudo ser aprobado por el gobierno, dado especialmente el hecho de que Bruce ya había realizado uno de iguales características al que proponía el español:

> Siguió leyendo el tesorero el segundo artículo que era el anuncio del viaje de Bruce a las fuentes del Nilo y Abisinia; elogió Badía este viaje como era justo, pero hizo ver la poca relación que tenía con su *Plan* (en el cual también lo cita), cuyo objeto es infinitamente más vasto que el de Bruce y todos los demás viajeros del África.[17]

Antes de llegar a las fuentes del Nilo, como aparece en sus *Travels*, pasó por Menorca, Túnez, Trípoli, Creta, Chipre, Alepo, Palmira, Alejandría, Jedda, Moca (Yemen) y Masuah (costa de Eritrea), desde donde penetró en África.

• C. F. Damberger, *Landreise in das Innere von Afrika*, Leipzig, 1790. Badía indicó que el itinerario que recorrió este viajero era falso, se lo inventó para escribir su libro de viajes. Por esta razón, cuando el tesorero le recriminó que el trayecto de su *Plan* ya había sido realizado por Damberger, le explicó que era un impostor:

> Se levantó el tesorero y viniéndose al brasero junto al cual estaba Badía le dijo «Pero pongámonos todos de parte del fin ¿A qué conspira usted con este viaje? Esto es una cosa hecha ya por otros» [...]. Sacó el tesorero una nota que llevaba prevenida en el bolsillo, la cual contenía tres artículos que leyó. El primero era la publicación del viaje de Cristiano Federico Damberger [...] que desde el Cabo de Buena Esperanza suponía haber atravesado todo el interior de África hasta Marruecos. A este artículo replicó al instante Badía «Esto es falso. Ese viaje es una impostura, es un miserable romance mal forjado, con que se ha pretendido engañar a Europa. Yo mismo lo creí verdadero por el anuncio de los papeles públicos, y como tal lo cité en mi Memoria Académica [...]. Pero después he leído el viaje, he visto su falsedad, y aún también el público desmentido que se ha dado al autor por los sabios extranjeros. Quedó petrificado el tesorero y dijo «¿Cómo puede ser eso?» «Es tan cierto, que tengo sobre mi mesa el viaje de Damberger y el desmentido que se le ha dado en Francia».[18]

Más tarde expuso a Godoy los papeles que demostraban la falsedad de este viaje: «Presentó Badía al príncipe dicho bosquejo n.º 47 con la obra de Damberger».[19] En el *Diario de Madrid*, volvió a mostrar públicamente la falsedad de este trayecto, en esta ocasión de forma detallada. El texto presentaba la manera minuciosa en que Badía realizó las lecturas de los libros de viaje:

> Anunciarse este viaje en los papeles públicos, traducirse a varios idiomas, y venderse millares de ejemplares en cada uno, fueron hechos casi simultáneos. Pero al leer la obra las personas instruidas de varias naciones, ¡cuál fue su sorpresa hallándose con un romance o novela mal tejida! Al instante se le dio al autor del Damberger el más alto desmentido en varios papeles [...]. Pero examinemos el viaje mismo en cuestión con la extrema brevedad que este papel permite, y veamos, si es posible que un hombre en estas circunstancias, ejecutase lo que él figura.
>
> Deserta «Damberger» de la Ciudad de El Cabo con el ánimo de restituirse a su patria, y determina atravesar el centro de África, por no hallar otro medio para verificar su viaje. Para esto sabía «Damberger», como sabe el hombre más ignorante de El Cabo, que debía dirigir su ruta directamente al norte, donde precisamente encontraría con Europa. Marchan-

do hacia el norte, a los cuatro pasos se hallaba fuera del dominio de los holandeses que huía, y por consiguiente sabía también que esta era la ruta más breve para salvarse de toda persecución que fuese en su alcance. A pesar de esto, toma la ruta de Levante, abandonando la que dirigía a Europa y atravesando en toda su longitud las posesiones de los holandeses, huyendo del uno, escondiéndose del otro, etc. ¡Y para qué! Para emplear dos terceras partes de su primer tomo en sucesos personales y descripciones de países conocidos por otros viajeros.[20] Marcha luego inclinándose al noroeste, y visita los reinos de Angola, Congo y Luangue [entre el noreste de Angola y la República Democrática del Congo] y así de estos como de los intermedios, cuenta lo que sabemos por otros viajeros [...]. Hallándose en Luangue a poca distancia de la costa y disfrutando el favor del rey [...]. A pesar de esto, cuando quiere seguir su camino para Europa vuelve a internarse, ¿pero cómo? Abandonando otra vez su ruta, y marchando directamente al Levante cerca de cuatrocientas leguas hasta el lago de Zambre [...]. Saliendo luego con toda libertad de Zambre, dirige su camino al noroeste por espacio de unas setecientas leguas [...]. ¿Por qué, pues, abandona el camino de Europa, a dónde desea llegar? En todo esto no puede alegar ignorancia, pues marca las rutas que sigue, y aún sabe hacer uso de una brújula.

Atraviesa el país de Houssa, y desierto de Sahara, y cuanto nos dice lo sabemos por las indagaciones de la Sociedad Africana de Londres, añadiendo extremadamente poco a ellas, y aún esta añadidura es absolutamente inverosímil.

Aquí me lo hace esclavo, para desviarlo del camino de Trípoli, Túnez o Árgel, que era el más directo, ¿pero dónde encontraría europeos que lo desmintiesen? [...]. Este es el viaje mirado sólo por encima, pues si examinamos por menor sus circunstancias, hallaremos un sin número de inconsecuencias, que nos convencen a cada paso de su impostura. Un hombre que es robado varias veces [...] y después contar la historia: un hombre que se emborracha, cae malo, y sufre otras vicisitudes que le privan por algún tiempo del dominio de sí mismo, y a pesar de esto mantiene siempre la relación de fechas para su diario [...]. Un hombre que ofrece otra obra sobre los países del África si la presente fuere bien recibida, ¿Y cómo duda que lo será si es cierta? [...] ¿Se necesitan más pruebas para certificar la impostura del viaje de Cristiano Federico Damberger? El autor a estas horas se está riendo de todos.[21]

En verdad, el aire de ficción de este libro de viajes fue francamente exaltado. Las aventuras del protagonista, Damberger, se sucedían escritas en primera persona. Defendiéndolas en boca de la verdad («sólo digo la verdad»),[22] el autor intensificaba las diferentes acciones, las dramatizaba y se introducía como el héroe protagonista de la obra. Así, por ejemplo, le gustaba exagerar los atributos peyorativos de los musulmanes, heredados de la tradición de otros viajeros, hasta convertir a los que profesaban el islam en tremendos criminales: «Los sacerdotes musulmanes, que no son muy numerosos en este país, cometen frecuentemente con impunidad los más horribles actos de infamia, injusticia y asesinato».[23]

El itinerario que presentó la obra era el siguiente: Ámsterdam, Cádiz, cabo de Buena Esperanza, Cafrería, Angola, Luangue, Haussa, Marrakech, Gibraltar, Cádiz y Ámsterdam. Puesto que estos recorridos coincidieron en muchos puntos con los habituales de los libros de viaje de la época, por ejemplo Cafrería, la obra pudo engañar en la época perfectamente sobre su veracidad.

• S.-M.-X. Goldbéry, *Fragments d'un voyage en Afrique fait pendants les années 1785, 1786 et 1787*, París, 1802. Viajero francés, Goldbéry nació en Colmar en 1742 y murió en París en 1822. Trabajó como oficial de ingenieros en el ejército colonial en Senegal y Gambia, y exploró las costas de África Occidental. Durante la época del Imperio, permaneció como empleado en el departamento de Roër. En 1818, ascendió a teniente coronel y, dos años más tarde, fue nombrado bibliotecario del hospital de los Inválidos.[24] Publicó las siguientes obras: *Lettres sur l'Afrique* (1791), *Le département de la Roër y Notice d'Aix-la-Chapelle et de Borcette* (1811).

Badía le indicó al tesorero que Goldbéry había visitado Cafrería doce años antes que Barrow:

> Leyó el tesorero el tercer artículo de su nota, que era la publicación del viaje de John Barrow a los Hotentotes y Cafres, cuyo viaje elogió igualmente Badía, pero haciendo ver que Barrow, no había descubierto un dedo de tierra que no hubiese sido antes visitada por Thunberg, Goldberry, Sparrman, Vaillant y Patterson y otros viajeros.[25]

Goldbéry señaló en su publicación, como también lo hizo el propio Badía en los objetivos de su *Plan*, la ventaja que sería para su país poseer ciertas propiedades africanas. El francés pensaba en Senegal, uno de los destinos principales de su viaje, puesto que desde este lugar se podría llegar a las partes centrales de África. Sin embargo, el objetivo de su traslado terminó siendo el comercial y, de paso, como ilustrado que era, el de «difundir la ilustración en África»,[26] ya que esta presentaba objetos novedosos y necesarios para la instrucción, la observación y la curiosidad dieciochesca. Para él, todo lo que había en África era interesante e invitaba a desarrollar lo que podría considerarse como un método ilustrado: «[...] el pensamiento, la meditación, las reflexiones, las comparaciones y las investigaciones».[27]

La obra incluía informaciones sobre las diversas tribus que habitaban en Senegal, la resina que se vendía en Francia, las características y la formación del desierto, descripciones de animales (como el camaleón, el dromedario o las termitas) y las enfermedades que podían contraer los europeos que viajaban a África. Para finalizar, en el capítulo XXII, aparecía una interesante alusión a la imperfección de los mapas que se habían realizado hasta la fecha del país y sus costas, y proponía su corrección.[28]

Los lugares que atravesó Goldbéry durante su viaje fueron Santa Cruz de Tenerife, Sahara, Senegal y Sierra Leona.

• L. M. J. Grandpré, *Voyage au la côte occidentale d'Afrique*, París, 1801, 2 vols. El conde de Grandpré fue un escritor, geógrafo y marino francés que nació en Saint-Malo en 1761 y murió en París en 1846. Emprendió numerosos viajes principalmente a la costa occidental de África y a la India, de cuyos recorridos escribió diversas obras, como *Voyage dans l'Inde et au Bengale* (1801) y el *Dictionnaire universel de géographie maritime* (1803).[29] Conviene reproducir el subtítulo para conocer mejor el contenido de la obra: *Contenant la description des moeurs, usages, lois, gouvernement et commerce des États du Congo, fréquentés par les Européens, et un précis de la traite des noirs, ainsi qu'elle avait lieu avant la Révolution française. Suivi d'un voyage fait au cap de Bonne-Espérance, contenant la description militaire de cette colonie.*

Este Viajero le sirvió a Badía para demostrar en el *Diario de Madrid* que el viaje de Damberger era falso. Grandpré refutó en la introducción de *Voyage au la côte...* el viaje del alemán, publicado al mismo tiempo que el suyo y que competía con su obra. En el prólogo, señalaba que era imposible que hubiera atravesado a pie, solo y sin defensa alguna, los lugares que indicaba en su libro, y que si no reveló su lugar de nacimiento y no quedó ninguna muestra de la fragata francesa en la que dijo embarcar en Alemania, llamada Saint Wembourg, eso demostraba que no realizó el viaje. Finalmente, lo acusó de no haber mencionado ninguna prueba de los vocablos empleados por los habitantes de los lugares visitados.[30]

> Al instante se le dio al autor del Damberger el más alto desmentido en varios papeles: el sabio Degrandpré, oficial de la Marina francesa, que acaba de hacer un viaje por los reinos de Luangue, Congo y Angola, emplea un prólogo de su obra en confutar al Damberger y patentizar su impostura; hallándose ratificada esta sentencia en la *Década filosófica literaria y política de Francia*.[31]

Su obra sobre la costa occidental de África recorría principalmente el cabo de Buena Esperanza y Luangue.

• M. Houghton, *Voyages et découvertes dans l'interieur de l'Afrique; par le Major Houghton et Park*, París, 1798. Houghton mostró un gran interés por el progreso de la geografía, y su traslado determinó los viajes de Park.[32] Durante un tiempo, residió con el cónsul inglés en Marruecos y después en Goré (sur de la costa africana), en calidad de mayor. Su conocimiento sobre los nativos le llevó a ofrecer sus servicios a la Sociedad Africana de Londres, entidad integrada por hacendados e industriales coincidentes en sus intereses financieros y científicos que se encargó de promover el conocimiento del continente y de sus posibilidades económicas, y realizó varios proyectos, como el estudio de los volúmenes rentables de los minerales del continente. Esta misma Sociedad le encomendó el encargo de determinar el curso del Níger, su fuente y su embocadura y la visita de Tumbuctú y Haussa, en el interior de África. En 1790, comenzó su viaje y, un año después, le robaron y fue abandonado por sus criados en Jarra (frontera con Ludomar). A través del desierto, llegó a esta última población y, después de no comer ni beber durante días, murió a causa de una disentería. Parece ser que parte de las dificultades durante el traslado fueron debidas al enorme equipaje que llevaba consigo. Entre otros, iba acompañado por un intérprete y un caballo de cinco años.[33]

Badía se refirió, en la introducción de su *Plan*, a Houghton como un ejemplo para realizar su viaje. Si Inglaterra manifestó su interés en este continente enviando a varios viajeros, España también tenía la obligación de hacerlo:

> Los países que incluía la parte interior al África son un objeto que tiene en expectativa la atención de las naciones cultas de la Europa.
>
> Conmovida la Inglaterra por los descubrimientos hechos por Park, y el mayor Houghton, individuos de la sociedad establecida para favorecer los progresos de estos descubrimientos en África, repasé sus comisiones y van nuevos viajeros a penetrar las naciones de La Tórrida.[34]

Más tarde, en el apartado dedicado a las respuestas a las objeciones de la Real Academia de la Historia, institución que puso todo tipo de trabas para la realización del *Plan*, aludió a la forma en la que se trasladó Houghton como ejemplo de aquello que no tenía que hacerse, fundamentalmente viajar sin conocer la lengua árabe y con aspecto occidental. Badía propuso incluir estas dos últimas propuestas en su viaje: «Ciertamente hay riesgos en el viaje a África: el mayor Houghton pereció en él después de haber sido robado, aunque ignoramos las circunstancias de su muerte para decir si fue natural o violenta»[35].

En el artículo del *Diario de Madrid* antes citado, Badía señaló las limitaciones de los viajes de Houghton para resaltar la necesidad de realizar su *Plan*:

> Sabemos que todos los viajes hechos al interior de África, apartándose muy poco de sus costas, penetran tan escasamente esta parte del mundo, que aún queda en su centro una superficie reunida de más de medio millón de leguas cuadradas, o como vez y media la Europa, que hasta el día subsiste enteramente incógnita [...]. Ya el grande imperio de Houssa (debe pronunciarse casi Jussa) [...] cuyas noticias fueron confirmadas por el mayor Houghton y M. Park, en sus viajes por el Gambia, Senegal y Níger o Joliba.[36]

En un momento determinado de los *Viajes*, Badía, consumido por la sed y la inanición entre Uxda y Larache, se imaginó en la misma situación que Houghton: «Ahora comprendo cómo pudo el desgraciado mayor Hoghton haber perecido en el desierto por efecto de una situación semejante a la que acababa yo de experimentar, sin perfidia por parte de los que le acompañaban».[37]

La Sociedad Africana recogió la correspondencia del inglés y la insertó en el segundo tomo de sus *Memorias* en 1791, con el título de *Elucidations of the African Geography; from the Communications of Major Houghton and Mr. Magra*. La traducción correspondiente a la edición francesa, *Voyages et découvertes dans l'interieur de l'Afrique; par le Major Houghton et Park*, fue hecha por M. Lallemand, quien incluyó el tercer tomo de las *Memorias* de Houghton.[38] Esta traducción recogía tres trabajos diferentes sobre África. A modo de síntesis de los viajes al continente encargados por la Sociedad Africana en los últimos años, la obra incluyó los «Découvertes faites dans l'intérieur de l'Afrique» de Houghton, los «Voyage et découvertes de M. Park, dans l'intérieur de l'Afrique» de Park, los «Eclaircissemens sur la géographie de l'Afrique» de Rennell y el «Extrait du mémoire du C. Jérome Lalande sur l'intériur de l'Afrique», además de un mapa de la parte septentrional de África de Rennell, conseguido gracias a los datos geográficos recogidos por la Sociedad Africana, y otros dos del mismo que reproducían el viaje de Houghton y Park. Todos los trabajos aparecieron escritos en tercera persona, obligado por la labor de reproducción de la correspondencia de Houghton que realizó Lallemand en las *Memorias*.

• G. Lalande, *Mémoire sur l'intériur de l'Afrique*, París, 1790. Lalande (1732-1807) incluyó sus observaciones sobre más de 47.000 estrellas en la *Histoire celeste français* y publicó un tratado de astronomía (1764) y una *Bibliographie astronomique* (1803) de gran interés histórico.

De nuevo, en el apartado dedicado a las respuestas que dio Badía a las objeciones de la Real Academia de la Historia incluyó como un ejemplo de itinerario en África el de este famoso astrónomo francés:

> Concluíamos este artículo con la sentencia de un hombre que merece el respeto y la atención de toda Europa, y es el ciudadano Lalande [...]. Desempeñando mi viaje de África siguiendo abundantemente este plan, ¿habrá quién dude aún de esta utilidad?[39]

Como ponía de manifiesto el texto, el viaje del francés fue la fuente principal del itinerario del *Plan*. El español lo visitó en París antes de salir hacia Marruecos. Lalande aconsejó atravesar el África central de la misma manera que proponía Badía, desde Senegal hasta el mar Rojo, y desde Túnez hasta las costas del océano pasando por el centro de África.

También lo citó en el *Diario de Madrid*, con el fin de justificar el plan de su propio viaje, y puso en boca del «sabio Lalande» la siguiente observación sobre el traslado al interior del continente:

> El sabio Lalande hablando sobre el interior de África dice: «La travesía desde el Senegal hasta el Mar Rojo, y desde Túnez hasta las costas del océano por el centro de África, es el viaje más curioso de cuantos pueda hacerse actualmente sobre la superficie de la tierra [Lalande escribió: en el interior de África hay alrededor de 800 lugares, desde Senegal hasta el Nilo, donde los europeos no han estado nunca y de los que no saben absolutamente nada].[40] Y después añade «En esta parte del mundo pudieran establecerse relaciones que serían muy útiles a la geografía, a la historia natural, al comercio y, lo que es más interesante que todo, a la perfección de una parte de la humanidad».[41]

El *Viajero* envió al francés los datos que recogió durante el viaje, con el fin de que le calculara, de la forma más exacta, las longitudes de Tánger:

> Habiendo observado el último contacto de un eclipse de sol el día astronómico 17 de agosto, M. Lalande calculó mi longitud en Tánger = 0° 33' 9" en tiempo oeste del Observatorio de París, o en grados 8° 17' 15". Comparado este resultado con otras observaciones, tenemos que la longitud de Tánger, por un término medio que no se separa de los extremos sino 0° 3' 15" de grado, es = 8° 14' 0" oeste de dicho observatorio.[42]

En su obra sobre el interior de África, Lalande proponía que Francia se adelantara sobre los demás países europeos y describiera «cosas totalmente nuevas».[43] También indicaba lo mismo que el propio Badía repitió en su *Plan*: que el viajero que se trasladara a estos países tenía que conocer el árabe y el mandingo, así como llevar el atuendo de los «negros y moros»:[44] «Para comenzar estas admirables empresas, sólo hace falta gente joven que viva un poco de tiempo en África, que conozca el árabe y el mandingo, que se acostumbre a la manera de vivir de los negros y los moros, y que se unan a los conductores de las caravanas o a los negros que van a Tumbuctú, Fezzan, Bornou o La Meca, para atravesar el interior de África».[45] Con estos datos, se evidenció la importancia destacada de esta obra en la composición del *Plan* de Badía, ya que de ella recogió el itinerario, las lenguas que tenía que conocer un viajero y el atuendo que había que utilizar.

• C. Niebuhr, *Reisebeschreibung nach Arabien una andern umliegenden Ländern* (1774-1778), Copenhague, 2 vols. El alemán Niebuhr (1733-1815) fue encargado por el gobierno danés de Federico V para realizar un viaje a Arabia, Egipto y Persia, para lo que embarcó en Copenhague, junto con otros cuatro compañeros, como encargado de llevar a cabo los estudios geográficos del trayecto. El viaje duró siete años y en su transcurso murieron sus cuatro acompañantes. Niebuhr tuvo que realizar en soledad una parte del mismo itinerario. En 1765, descubrió el lugar donde se asentaba la antigua Babilonia, cerca de Hillah, aunque había sido señalado diez años antes por un padre carmelita en una memoria presentada en la Academia Francesa de Inscripciones. Poco después de su regreso, fue nombrado capitán de ingenieros en la armada danesa; en 1788, consejero real de justicia, y desde 1808, consejero del estado de Melford.[46] Tras visitar el Nilo, el monte Sinaí, Suez y Jedda, y de camino hacia Moca, el filólogo que le acompañaba en la expedición, F. C. von Haven, murió, seguido un mes después por su también acompañante, el naturalista P. Forskäl, alumno de Linneo. El resto alcanzó la capital de Yemen, Sana, pero se vio obligado a volver a Moca debido a las dificultades del viaje. En el transcurso de este trayecto murieron los otros dos integrantes de la expedición, C. C. Kramer, físico encargado de investigar cuestiones médicas, y el artista y pintor G. W. Baurenfeind. Niebuhr salvó la vida adoptando las costumbres árabes, como la vestimenta y la comida. En la India permaneció catorce meses y, ya de vuelta, visitó Muscat, Persia, Mesopotamia, Chipre y Asia Menor.

En 1837, su hijo Bertoldo publicó en Hamburgo *Reisen durch Sirien und Palästina*. Niebuhr se encargó también de la edición de los escritos de su compañero de viaje Forskäl, y publicó *Descriptiones animalium* (1775), *Flora aegyptiaco-arabica* (1776) e *Icones rerum memorabilium* (1776).

Badía citó al comienzo de su *Plan* a los viajeros que antes que él habían estado en el continente, con el fin de suscitar el interés por África. Aparte de los anteriormente expuestos, existían otros que también lo habían visitado, aunque sus itinerarios presentaban un menor interés, puesto que se alejaban de la inmersión en África ecuatorial que deseaba realizar el español. Uno de ellos lo constituyó Niebuhr:

No hablaremos de las expediciones de Niebuhr, Volney y Vaillant, y otros viajeros semejantes; pues aunque dotadas de ciertas circunstancias pueden hacer apreciable una empresa de esta clase, distan mucho del vasto objeto, que en este plan me propongo.[47]

Fruto de los viajes del Niebuhr fue, además de la obra citada en alemán, elaborada a partir de las notas que trajo de su traslado y que Badía consultó en francés (*Voyage en Arabie et d'autres Pays circonvoisins*, 1776-1780), la publicada dos años antes, *Beschreibung von Arabien aus eigene Beobachtungen und im Lande selbst gesammleten Nachrichten abgefasset* (1772), que recogió solo las notas realizadas por Niebuhr durante el traslado.

Su viaje recorría principalmente Malta, Rodas, Alejandría, El Cairo, Suez, Jedda, Sana, Moca, Bombay, Shiraz, Persépolis, Basora, Bagdad, Mosul y Alepo.

• M. Park, *Travels in the Interior Districts of Africa... with an Appendix, Containing Geographical Illustrations of Africa by Major Rennell*, Londres, 1799. Park (1771-1805) se embarcó hacia Sumatra como cirujano en una oferta de viaje que le hizo su cuñado, quien le presentó más tarde a Banks. Gracias a este familiar, viajó comisionado por la Sociedad Africana en su primer traslado a África en 1795. Los objetivos de esta habían sido, desde los tiempos de Houghton, trabar conocimiento de las tierras y las posibilidades mercantiles que se encontraban más allá de las factorías británicas y francesas establecidas a lo largo de los ríos Gambia y Senegal, así como establecer el curso real del Níger y las relaciones con Tumbuctú y Haussa. Unos objetivos que nunca llegaron a ser alcanzados por Park. En 1799, tras la publicación de sus viajes, rechazó una segunda propuesta de traslado; sin embargo, en 1805 aceptó una nueva exploración, ahora ya con el apoyo del gobierno. El viajero murió en el transcurso del itinerario, no sin antes haber enviado sus notas desde Gambia a Inglaterra. Las dificultades de su último traslado fueron debidas al exiguo destacamento armado que le acompañaba, las rencillas con los jefes locales, la naturaleza convertida en un barrizal a causa de las lluvias de abril, el paludismo y, en resumen, su inadaptación a Sudán. Murió ahogado en los rápidos del río Busa en 1805, al oeste de Nigeria, mientras intentaba huir de los ataques de los jefes de la zona.[48]

Badía afirmó que el viaje de Park había incrementado el interés de Inglaterra hacia África, dado el atractivo del acceso exclusivo a zonas de abundantes recursos minerales y agropecuarios: «Conmovida la Inglaterra por los descubrimientos hechos por Park, y el Mayor Houghton, individuos de la sociedad establecida para favorecer los progresos de estos descubrimientos en África».[49] También recordó que Park viajó sin adoptar las costumbres árabes ni adaptarse a ellas y sin conocer su lengua, al contrario de lo que él pretendía realizar. El inglés había sido víctima de un robo durante el transcurso de su viaje y había sufrido todo tipo de dificultades: «[...] fue también robado, y tuvo el mayor trabajo para restituirse a las factorías inglesas».[50]

> Casi todos los anteriores viajeros [Houghton, Browne y Bruce] no conformándose a las costumbres de los países por donde viajaban han chocado con los naturales con sus trajes, maneras europeas y ostentación de la religión que profesaban, siendo muy notable que la sociedad de Londres haya enviado viajeros, que ni aún la lengua árabe poseían como sucedió con Park.[51]

Badía, que se proponía entrar en contacto con la Sociedad Africana para conocer las últimas investigaciones sobre el continente, antes de partir hacia su primer viaje, pensaba tomar como referencia los trabajos de Park:

> Por eso he propuesto en mi Plan el tomarles en Londres, pues me pareció conveniente ir allá para ponerme en relación con la Sociedad Africana y como dije en mi Plan, hacer que esta circule los avisos y conocimientos necesarios [...] para lo cual me hice también con Park, que fue su último comisionado en aquella región.[52]

También argumentó que si la Academia de la Historia conocía los viajes del inglés, era gracias a que él los había incluido en la lista entregada para demostrar la relevancia de su *Plan*: «Como no tenían antecedentes de una materia de esta clase, buscaron los viajes de Park y Brown, que cito en mi Plan, y pasando de en mano en mano cada ejemplar; los leyeron sucesivamente los comisionados uno después de otro».[53] En su defensa pública del *Plan* en el *Diario de Madrid*, citó de nuevo a Park como ejemplo:

> Ya el grande imperio de Houssa (debe pronunciarse casi Jussa) [...] cuyas noticias fueron confirmadas por el mayor Houghton y M. Park, en sus viajes por el Gambia, Senegal y Níger o Joliba, puede mirarse como una prueba de esta verdad.[54]

Los datos que incluyó el inglés sobre el río Níger en su obra servían como fuente para las elucubraciones ilustradas de Badía en sus *Viajes*:

> Estos últimos dicen que el río corre hacia Poniente, y al mismo tiempo Park asegura haberlo visto correr hacia Levante. ¿Qué inferiremos de

> aquí? Dando al descubrimiento de Park todo el crédito que se merece, diremos que pasa por Tumbuctu hacia Occidente otro río que aún no conocemos, y que sin duda estas gentes confunden con el gran Nilo occidental o Joliba, descubierto por Park, el cual también confiesa que dicho río no pasa precisamente por Tumbuctú, o que el Joliba hace en este paraje un rodeo singular que ocasiona el error de los habitantes de Marruecos; o deberemos creer que estos últimos hablan sin haberlo visto y sólo por las relaciones de los antiguos geógrafos. Como quiera que sea, dicha relación, despojada de los errores que la desfiguran, manifiesta siempre dos cosas singulares: la unión o comunicación de ambos Nilos en su origen en un mismo lago, y la pérdida del Nilo occidental en otro.[55]

Fruto del segundo viaje de Park fue *The Journal of a Mission to the Interior of Africa* (1815), publicado póstumamente, que incluía los diarios de viaje que fue enviando a Inglaterra. La obra, por la fecha de publicación –un año después de los *Viajes*– no pudo llegar a ser consultada por Badía. La descripción de este nuevo desplazamiento estaba teñido de dramatismo y tremenda emoción: su final coincidía exactamente con los días previos a la muerte de Park y mostraba el sinfín de dificultades que le arrastraron hacia ella.

Durante su primer viaje, realizó dos itinerarios. El primero comprendía principalmente desde Pisania (Senegal) hasta Ségou (Mali). Y el segundo, Pisania, Ségou, Tumbuctú, Gao (Mali) y Níger.

• W. Patterson, *Relation de quatre voyages dans le pays des Hottentots et dans la Caffrerie, pendant les années 1777, 1778 et 1779*, París, 1790. Patterson (1755-1810) viajó a la India y Australia como empleado de la armada británica y llegó a obtener el grado de teniente-coronel. Como explorador, se trasladó al cabo de Buena Esperanza entre 1777 y 1779, y dio dos veces la vuelta al mundo. Con un gran interés por la historia natural, recogió plantas y otras especies para formar colecciones que fueron depositadas en diversos museos británicos. En 1799, fue elegido miembro de la Real Sociedad Geográfica y de la Sociedad Asiática y Linneana. En 1807, fundó Launceston, hoy segunda ciudad de Tasmania. Sus últimos años de vida los pasó como teniente-coronel de Nueva Gales del Sur, hoy Sidney. Muy enfermo, volvió a Inglaterra, donde murió en 1810.

Este viajero británico visitó Cafrería veinte años antes que Barrow:[56]

> El viaje de John Barrow a los Hotentotes y Cafres, cuyo viaje elogió igualmente Badía, pero haciendo ver que Barrow, no había descubierto un dedo de tierra que no hubiese sido antes visitada por [...] Patterson.[57]

• A. Sparrman, *Voyage au cap de Bonne-Espérance et autour du monde avec le capitaine Cook, et principalement dans les pays des*

Hottentots et des Caffres, París, 1787, 3 vols. Naturalista y etnógrafo sueco (1747-1820), estudió medicina en Upsala y, debido a sus progresos en el campo de la historia natural, el célebre Linneo se fijó en él y se convirtió en su maestro. A lo largo de su vida, realizó estudios permanentes de botánica y física. En 1765, con diecinueve años, viajó a China en compañía de Ekeberg, su primo, que dirigía un barco de la compañía sueca de las Indias Occidentales. Sparrman observó y describió en el viaje vegetales y animales no conocidos hasta entonces, lo que le llevó a realizar una tesis de doctorado que defendió en 1768. Este trabajo le inspiró para examinar las producciones de la naturaleza en tierras lejanas, pero por problemas económicos no pudo desarrollarlo. Ekeberg le facilitó los medios para hacerlo y le buscó un empleo como preceptor de los hijos de Kerste en el cabo de Buena Esperanza. Sparrman partió de Goteborg, el 10 de enero de 1772, en un barco de una compañía sueca que le permitía viajar gratuitamente. Llegó el 30 de abril, y poco tiempo después tuvo la suerte de encontrarse allí con su compatriota Thunberg, que llegó a este destino movido por su afición a la botánica. Juntos realizaron largas excursiones por los alrededores, hasta que Thunberg abandonó la región. Al final del mes de octubre, llevó a cabo un viaje a Paarl (norte del cabo), donde pudo por fin ocuparse por entero de las plantas de esta región: «Pensé a menudo cómo podría seguir mis investigaciones en los meses y años venideros; pero el destino me ordenó las cosas de otra forma».[58]

El capitán Cook acababa de llegar al cabo. Forster padre y sus hijos, que acompañaban al británico como naturalistas, visitaron a Sparrman, quien les felicitó por la suerte que tenían de poder visitar partes desconocidas del planeta. El capitán Cook y Forster le ofrecieron la posibilidad de acompañarlos en su viaje y recoger algunas de las curiosidades naturales que iban encontrando, a cambio de que los ayudara en su trabajo. Sparrman aceptó y, antes de comenzar el viaje con ellos, envió a Suecia algunas de sus colecciones de historia natural y dejó otras en Ciudad del Cabo. De esta forma, el viajero sueco consiguió dar la vuelta al mundo. En 1775, volvió a África, donde ejerció la medicina y la cirugía, disciplinas que le permitieron reunir una considerable suma de dinero. A su regreso a Suecia, fue elegido académico de las ciencias en Estocolmo.

Descubrió también la tierra de Cafrería antes de que lo hiciera Barrow. Badía lo incluyó en la nómina de viajeros que realizaron el mismo itinerario que el inglés. Fue otro de los viajes a los que aludió el tesorero para demostrar que Barrow no había descubierto tierra alguna.[59]

Su viaje por África del sur constituyó uno de los tratados más minuciosos existentes dentro de los viajes al lugar en la época, entre los que se encontraban los de Vaillant, Barrow, Thunberg, Grandpré y Goldbéry. Como el mismo Sparrman señaló, toda buena relación de viajes tenía que ser un pequeño y detallado tratado de filosofía experimental, en que el viajero observase con atención todo lo que visitaba y aplicase su juicio crítico para reflexionar y, después, describirlo. Cafrería, continuó, no sólo estaba habitada por cafres y hotentotes, sino que, dentro de estos últimos, destacaban tres grupos bien diferenciados: los boshis,[60] que iban casi desnudos, provistos de flechas y eran simples y supersticiosos, los ganaquas[61] y, finalmente, los hotentotes, a los que denominó chinos.[62]

El libro de viajes, *Voyage au cap de Bonne-Esperance et autour du monde avec le capitaine Cook, et principalement dans les pays des Hottentots et des Caffres* recogía, por un lado, su residencia en el cabo de Buena Esperanza y las investigaciones durante el período ejercido como instructor de los hijos de Kerste en Falsebay, y por otro, su viaje alrededor del mundo con el capitán Cook.

El itinerario que describió la obra era el siguiente: Goteborg, Escocia, Falsebay, Alphen, Nueva Zelanda, Nueva Caledonia, islas Norfolks, Tierra de Fuego, vuelta al cabo de Buena Esperanza y Cafrería.

• Ch. P. Thunberg, *Voyages de C. P. Thunberg au Japon par le Cap de Bonné Espérance, les iles de la Sonde*, París, 1796, 4 vols. Médico y botánico sueco (1743-1822), fue uno de los últimos discípulos de Linneo, que contaba por aquel entonces con sesenta y tres años y le recomendó la necesidad de practicar viajes científicos. En 1772, llegó al cabo de Buena Esperanza en misión científica con el objetivo de estudiar sus especies vegetales. Poco después, realizó varios viajes a Cafrería. Durante los tres años que permaneció en este país, recogió buena parte de los materiales de su colección *Flore du Cap*. Desde allí, se trasladó a Batavia, adonde llegó en 1775 y, este mismo año, acompañó al embajador holandés a Japón, donde residió hasta 1776. Regresó de nuevo a Batavia y examinó durante seis meses la flora y fauna de la isla de Java. Desde allí, marchó a Ceilán y continuó sus adquisiciones para regresar de nuevo al cabo de Buena Esperanza e ir seguidamente a Holanda, país al que volvió después de una ausencia de siete años acompañado de una considerable colección de vegetales. Llegó a ser sucesor del hijo de Linneo en la cátedra de botánica y medicina de Upsala.[63]

Badía indicó al tesorero que Thunberg había visitado Cafrería veintisiete años antes que Barrow.[64]

Sus obras más significativas fueron *Flora japonica* (1784), *Icones plantarum japonicarum* (1794-1805), *Flora capensis* (1807-1820), *Resa uti Europa, Africa, Asia* (1788-1793) y *Disertaciones Academicae Upsaliae habitae sub praesidio C. P. Thunbergi* (1799-1801).

Respecto al texto que conoció Badía, *Voyages de C. P. Thunberg au Japon par le Cap de Bonné Espérance, les iles de la Sonde*, Thunberg indicó en la introducción que su objetivo principal era reunir una colección de vegetales exóticos e investigar la historia natural de las regiones visitadas. En la obra incluía también un repaso a las fuentes con las que conformó sus investigaciones, como fueron los trabajos de Voleri, Masson y otro alumno de Linneo, Sparrman. El libro presentaba, entre otros temas, un interesante trabajo comparado entre las características físicas de los hotentotes y lo cafres, así como un vocabulario de los primeros, noticias sobre los naufragios memorables sucedidos en el cabo, observaciones zoológicas y botánicas del mismo lugar, informaciones sobre la economía rural y doméstica, y las costumbres en el comercio, administración e industria. Dentro ya del cuarto volumen que narraba su viaje a Japón, describió el tabaco, bebida, economía doméstica, fiestas, armas, estado de la agricultura, calendario, manufacturas, ciencias, artes, arquitectura, astronomía, física y química, jurisprudencia, lengua, moral, historia, arte militar, grabados, geometría y geografía del país.

El itinerario de la obra estaba formado por cinco viajes. El primero iba desde Suecia hasta el cabo de Buena Esperanza. El segundo, de éste a Cafrería. El tercero, de allí al cabo. El cuarto, de nuevo hacia las costas de Cafrería. El quinto, otra vez al cabo. Y, para finalizar el viaje, desde el cabo, pasando por Java, hasta Japón.

• F. Vaillant, *Voyage dans l'intérieur de l'Afrique et au Cap de Bonne Espérance*, París, 1790, y *Second voyage dans l'intérieur de l'Afrique* (1796). Ornitólogo francés, nació en Paramaribo, Guayana holandesa, en 1733 y murió en Sézanne, Francia, en 1834. Estudió historia natural en París. En 1781, realizó dos viajes de exploración por el sur de África y, en 1785, regresó a París con una notable colección de historia natural en la que se encontraba, por ejemplo, la primera jirafa vista en Francia.[65]

Tanto Vaillant como su itinerario se hallaban bastante alejados del *Plan* de Badía:

> No hablaremos de las expediciones de Niebuhr, Volney y Vaillant, y otros viajeros semejantes; pues aunque dotadas de ciertas circunstancias pueden hacer apreciable una empresa de esta clase, distan mucho del vasto objeto, que en este plan me propongo.[66]

Las obras publicadas por este viajero, además de los dos libros anteriormente expuestos, estaban dedicadas a la historia natural y a las aves: *Histoire naturelle des oiseaux d'Afrique* (1796-1812), *Histoire naturelle d'une partie d'oiseaux nouveaux et rares de l'Amérique et des Indes* (1801-1804), *Histoire naturelle des Cotingas et des Fodiers* (1804), *Histoire naturelle des Perroquets* (1801-1805), *Histoire naturelle des oiseaux de paradis* (1803-1816) e *Histoire naturelle des Calaos* (1804).

El itinerario de los dos libros de Vaillant leídos por Badía era de nuevo el correspondiente a los territorios sudafricanos que bordeaban Ciudad del Cabo y la región de Cafrería.

• C. F. Volney, *Voyage en Syrie et en Égipte pendant les années 1783, 84 et 85*, París, 1788. Escritor y político (1757-1820), terminó brillantemente los estudios clásicos, y cursó, en París, derecho y luego medicina, disciplinas que abandonó enseguida. Frecuentó asiduamente los círculos filosóficos de su época y, seducido por las lenguas y civilizaciones orientales, así como por la historia de los pueblos y religiones de la antigüedad, dedicó parte de la herencia paterna, en 1781, a realizar un viaje a Egipto: «Hace cinco años, siendo todavía joven, un pequeño asunto me proporcionó un dinero [...]. Decidí viajar».[67] La relación de éste que publicó al regresar le otorgó una gran notoriedad: la obra denotaba en general una gran audacia en las observaciones, amplitud de miras, visión crítica y elegancia de estilo. Su fama fue en aumento al publicar un año después sus *Considérations sur la guerre des Turcs et de la Russie* (1788), libro que normalmente se publica junto con su *Voyage en Syrie et en Egpyte*. Ocupó, durante la Revolución, un puesto en la Asamblea Constituyente, donde sobresalió por su adhesión a las nuevas ideas. Entre tanto, continuó sus estudios históricos y filosóficos. En 1790, publicó *Mémoire sur la chronologie des douze siècles antérieurs au pasaje de Xerxès en Gréce* y acabó de cimentar su reputación con el célebre libro *Les ruines, ou méditations sur les révolutions des empires*[68] (1790), compuesto como una parte más detallada de algunos de sus capítulos de *Voyage en Syrie et en Egpyte*. En *Les ruines*, achacaba los males de la humanidad al abandono de los pueblos de la libertad y la religión natural. En 1793, publicó *Précis de l'état actuel de la Corse*, fruto de su estancia en Córcega, explotando agrícolamente una finca. Defensor acérrimo de los principios de la Revolución y partidario de la Constitución republicana, publicó *Loi naturelle ó Catéchisme du citoyen français* (1793), un tratado de moral natural. En 1795, partió a América. Volvió a su país tres años después, se consagró a sus trabajos literarios y publicó importantes escritos de observación, crítica e historia, entre los cuales se encontraban *Tableau du climat et du sol des États-Units* (1803), *Supplément à l'Hérodote de Larcher* (1809) y *Recherches nouvelles sur l'histoire ancienne* (1814). Permaneció fiel al partido liberal y a sus convicciones filosóficas, como demostró poco antes de su muerte, con la publicación de su libro *Histoire de Samuel, inventeur du sacre des rois* (1816).

En su última época dedicó, como hizo en otras anteriores, gran parte de su tiempo el estudio de las lenguas orientales, que a su juicio eran las fuentes donde debían beber historiadores y filósofos. Se mostró como un destacado lingüista y orientalista. En este contexto, publicó un libro didáctico titulado *Méthode pour aprendre les langues arabe, persane et turque avec les caractères européens*. Más tarde escribió *Rapport sur les vocabulaires comparés des peuples de toute la terre, du professeur Pallas* (1805). En tiempo de la Restauración editó *Alphabet européen appliqué aux langues asiatiques* (1819), *Hébreu simplié* (1819), *Discours sur l'étude philosophique des langues* (1819) y *Lettre au comte Lanjuinais sur l'antiquité de l'alphabet phénicien* (1819). Casi a punto de morir, escribió *Vues nouvelles sur l'organisation des langues orientales*, que no vio la luz hasta 1826.

El pensamiento de Volney se caracterizó principalmente por las siguientes singularidades: unir el proyecto de renovación social y política a la marcha de Francia –a la que consideraba encargada de señalar el camino del futuro a la humanidad–, derivar la filosofía religiosa de la historia de las religiones y defender los sentidos como la fuente única de los conocimientos. El principio de su ética era la conservación de uno mismo, y a ella estaban subordinados todos los procesos morales. Defendía como virtudes la propiedad y la economía, y la misma caridad debía ser interesada. No existían deberes para con Dios, considerado como el agente supremo y el motor universal, por lo que el mejor culto que se podía tributar era el de obedecer las leyes de la naturaleza. Era afín a los «Idéologues»,[69] filósofos que se caracterizaron porque se constituyeron como los intermediarios entre el Antiguo Régimen y la Francia contemporánea, y que representaban la «mentalidad de la clase media en una época de transición»[70] y la etapa necesaria entre Helvetius y la *Enciclopedia* de una parte, y el positivismo de otra. Igualmente, sistematizaron y resumieron los trabajos de los filósofos del XVIII y, por encima de todo, formaron parte de la influencia que el movimiento literario ejerció sobre el desarrollo científico.[71] Destacaron la educación por encima de otros valores, e intentaron transformar la filosofía y las ideas ilustradas en un programa educativo y en una política social y económica,[72] propuestas que se manifestaron de forma clara en varias partes del *Voyage en Syrie et en Egpyte* y en *Les ruines, ou méditations sur les révolutions des empires*.

De nuevo, su itinerario se alejaba bastante del trazado por Badía en su *Plan*, tal y como el mismo reconocía:[73] «No hablaremos de las expediciones de [...] Volney [...] y otros viajeros semejantes [...] distan mucho del vasto objeto, que en este plan me propongo».[74]

Volney fue el viajero europeo a Oriente más relevante del siglo XVIII y la fuente principal de los posteriores viajeros a este destino, sobre todo en el XIX. A pesar de que en los papeles de Badía y en sus *Viajes* sólo he encontrado la anterior referencia a Volney, el libro tuvo que ser conocido por el español, más aún cuando a la vuelta de su viaje se instaló en Francia, donde la obra fue ampliamente conocida. Recordemos que, si bien sobre el viaje a Egipto existían varias obras que lo habían tratado previamente, como los libros de Tavernier, Chardin, Lucas, Tournefort, Pococke y Niebuhr, no ocurría lo mismo con Siria, mucho menos visitada.

El *Voyage en Syrie et en Égipte pendant les années 1783, 84 et 85* describía los siguientes lugares: Alejandría, Roseta, El Cairo, Alepo, Trípoli, Beirut, Balbec, Damasco, Palmira, Homs, Nablus, Jerusalén, Belén, Hebrón, Jafa, Rama y Gaza.

2.2.2. Libros mencionados en sus Viajes

Por lo que respecta a los libros que Badía mencionó en sus *Viajes*, incluyó parte de los viajeros antes citados, pero también introdujo una nueva lista que correspondía a las lecturas y consultas realizadas a lo largo de los 13 años que transcurrieron desde la elaboración del *Plan* hasta la publicación de su itinerario.

- J. L. el Africano, *Della descrittione dell'Africa et delle cose notabile che quivi sono*, Venecia, 1550. León el Africano (1495-1550), capturado en Djerba por el corsario siciliano Bovadilla y entregado como regalo al papa León X, J. de Médicis, consiguió su afecto y le llegó a poner su nombre, J. León de Médicis, cuando lo bautizó en el castillo de Santangelo. Gracias a una pensión concedida por el papa para que no huyera, viajó por Italia y mantuvo una dinámica vida intelectual. En Bolonia, publicó un vocabulario arábigo-hebreo-latino en 1524, así como otras obras gramaticales y métricas, y, sobre todo, redactó la *Descripción de África*, fruto de su vida y viajes por el continente. Al final de sus días, llegó a pensar en realizar un trabajo de iguales características, esta vez sobre Europa y Asia.[75]

Badía se refirió a León el Africano al describir las ruinas de la localidad romana de Sala Colonia, cercana a Rabat: «En la parte oriental de la ciudad se ven todavía los restos de la antigua ciudad de Chella [...]. León llama a esta ciudad Sàlla y Mármol Mansàlla».[76]

León X le encargó la *Descripción de África* con el fin de tener una exacta información geográfica y conocimiento del continente. León el Africano la redactó en italiano. La *Descripción* proporcionó información geográfica sobre la flora y la fauna, datos históricos y políticos de los territorios descritos, así como las costumbres y anécdotas que llamaban la atención del autor. En estas informaciones, predominaba el carácter antropológico, aunque con una dosis mínima de lo fabuloso y maravilloso. Al mismo tiempo, se insertaban pequeñas anécdotas de relatos e historias breves, característica de la tradición literaria árabe, heredada casi siempre de la sánscrita. La narración se efectuaba casi todo el tiempo en tercera persona, salvo cuando el autor ponía en primera sus experiencias, que traducía las valoraciones personales que establecía con el lugar. La obra poseía una estructura más cercana a la literatura geográfica árabe, aunque con las mismas características de la europea: ofrecer la máxima información sobre el continente al servicio de los intereses políticos, comerciales o religiosos.[77] Se integraba dentro del apartado de la literatura geográfica árabe de los *Itinerarios y los estados* en la que se sustituían las referencias de longitud y latitud por la distancia en millas, y la orientación se efectuaba a través de los puntos cardinales. Las zonas climáticas habituales de los geógrafos árabes fueron reemplazadas por una división de África en partes, regiones o reinos y provincias, siguiendo un criterio físico, étnico y político histórico.[78] Se dividía en nueve partes que recorrían los siguientes itinerarios: suroeste marroquí, Fez, Tremecén, Túnez, el sur marroquí, argelino y tunecino, y Libia, Sudán y Egipto. El texto fue conocido y utilizado desde 1529, y constituyó un documento básico para geógrafos y cartógrafos.

• A. Arrowsmith, *Map of Africa*, Londres, 1802. El geógrafo inglés (1750-1824) comenzó trabajando como empleado en un taller de grabado, donde se distinguió por sus trabajos de cartografía y pronto fue nombrado hidrógrafo del rey.[79] Publicó más de cien mapas, notables por su exactitud, precisión y finura en los grabados, entre los que sobresalió *Planisferio* (1790), traducido al francés. Cuatro años más tarde, sacó a la luz otro gran mapa del mundo con el que se adjuntaba un volumen de explicación, *Planisferio* (1794). Otros mapas importantes suyos fueron: el del océano Pacífico de nueve hojas (1798); *Mapamundi* (1803), con textos explicativos; *Escocia* (1807); *Islas Británicas*, de dieciocho hojas, uno de los mejores realizados hasta la fecha, y los de *Irlanda*, *América del Norte*, *Sur de la India*, *Alemania, Turquía*, etc. Todos ellos poseían grabados de gran calidad y estaban desprovistos de la decoración típica incluida hasta entonces.

A su muerte, dejó dos hijos también cartógrafos, Aaron y Samuel, que conformaban la distinguida familia de cartógrafos de los Arrowsmith. El mayor, Aaron, fue el compilador del *Eton Comparative Atlas*, formado por un atlas bíblico y varios manuales de geografía. Los dos hermanos realizaron un grupo de investigación (junto con su primo John) que publicó, en 1834, el excelente trabajo, *London Atlas of Universal Geography*, que iba acompañado de otros mapas elaborados con cuidadosa exactitud, resultados de exploraciones contemporáneas. Algunos de ellos incluyeron América, Australia, África y la India (este último destacaba especialmente por su valor). Además de todos estos trabajos, a los Arrowsmith se les debieron muchos mapas en los que figuraban un gran número de relaciones de viajeros contemporáneos como, por ejemplo, *Journal of Overland Expedition in Australia*, de Leichardt, y el *Narrative of Missionary Travels in Africa*, del doctor Livingstone.

Badía utilizó las obras de Arrowsmith para confirmar las coordenadas de Marruecos. Cuando visitó la ciudad de Larache, se dio cuenta de que la latitud señalada por el inglés era incorrecta:

> Una multitud de observaciones astronómicas hechas con instrumentos excelentes, aunque obstaculizadas casi siempre por una atmósfera nebulosa y cuyo término medio ha producido el resultado, no me dejan duda alguna tocante a su exactitud. De aquí se infiere cuántos errores ha de haber en las cartas de Arrowsmith, del mayor Rennell, de Delille, de Golberri y de Chénier [...].[80] Unos habitantes me dijeron que Laraísch o Larache está situado hacia el Oeste, inmediato al paraje donde yo me hallaba; si es cierto, su latitud está demasiado elevada en las cartas [...] de Arrowsmith.[81]

Lo mismo ocurría con la situación del río Tarso a su paso por la población de Eregli, en Turquía. Según Badía, Arrowsmith la confundió en su mapa:

> En fin, cuatro horas después, habiendo atravesado un río por un puente, entré en Erehli, población situada en una amena comarca poblada de jardines, sobre la orilla derecha del río, el cual corre al NE, y no en la orilla izquierda, como se indica en el mapa de Arrowsmith.[82]

Badía prosiguió la tradición de trabajo conjunto entre viajeros y cartógrafos que impulsaron los hijos de Arrowsmith, y que fue fomentada en el contexto anglosajón por Rennell y Banks. Una tradición que provenía de las necesidades que derivaron de las conquistas geográficas británicas, cuyas posesiones obligaron a saber cómo representar, fijar, datar y nombrar. El español viajó a Inglaterra, trabó amistades en el país, consultó textos e incluyó en sus investigaciones mapas y situaciones geográficas de autores como Lalande, Rennell o Delisle, cuyos datos fue comprobando e incluso modificando en sus viajes.

• L. de Chénier, *Recherches historiques sur les maures, et histoire de l'empire de Maroc*, París, 1787, 3 vols. Chénier (1722-1796) se instaló como comerciante en Constantinopla. Allí pasó a ser el representante de negocios francés en la ciudad, comenzó sus relaciones con el embajador de Francia y se casó con una joven chipriota con la que tuvo ocho hijos. El cuarto de ellos, M.-J. Blaise, fue el famoso escritor y dramaturgo. En 1767, obtuvo el puesto de cónsul en el sultanato de Marruecos, donde permaneció hasta 1782. A su vuelta a Francia, redactó varias obras sobre los países visitados,[83] la señalada anteriormente en tres volúmenes y las *Révolutions de l'Empire ottoman* (1789).

Badía utilizó los mapas de Chénier para conocer las latitudes y longitudes de las poblaciones marroquíes y, a la vuelta de su viaje, elaboró el mapa de Marruecos sobre los datos del francés, junto con la inclusión de sus propias observaciones y correcciones. El *Viajero*, que trataba de comprobar *in situ* los datos de los mapas estudiados, se dio cuenta de que la situación de Fez según sus datos era incorrecta: «La ciudad de Fez se halla situada a 34° 6' 3" de latitud N y 7° 18' 30" de longitud O del Observatorio de París [...]. De aquí se infiere cuántos errores ha de haber en las cartas de [...] Chénier».[84] Lo mismo ocurrió cuando salió de Fez camino a Rabat. Los datos del francés no coincidían con lo que observaba. En ambos casos fue necesario indicar el error.

> A la una atravesé el río Bet, que va del SSO al NNE en aquel paraje; asegurándome que iba a desaguar en unos grandes lagos a una jornada de distancia de Rabat, y no se reunía al río Sebu, como indica M. Chénier en su carta[85] [*Mapa del imperio de Marruecos con los reinos de Fez, Mequinez y otros que forman el imperio, para servir como fuentes históricas de los moros y de la historia del imperio de Marruecos*].[86]

Igual sucedió con la latitud de Larache, que aparecía por encima de la comprobada por Badía: «Unos habitantes me dijeron que Laraísch o Larache está situado hacia el oeste, inmediato al paraje donde yo me hallaba. Si es cierto, su latitud está demasiado elevada en las cartas de Chénier y de Arrowsmith».[87] En otros casos, incluyó también las informaciones históricas del francés, que consideraba muy acertadas:

> En la parte oriental de la ciudad se ven todavía los restos de la antigua ciudad de Chella, que M. Chénier cree haber sido la metrópoli de las colonias cartaginesas [...].[88] Muchos autores han escrito la historia de los soberanos de aquellos países que forman hoy día el imperio de Marruecos. Entre las que han escrito autores europeos, me ha parecido sobre todo apreciable la de M. Chénier, encargado de negocios del rey de Francia cerca del emperador de Marruecos.[89]

Para sus *Recherches historiques*, Chénier aseguró haber consultado fuentes en el propio Marruecos y haber viajado varias veces con el objetivo de describir todo lo que, directa o indirectamente, estaba relacionado con la historia del país.[90] La obra incluyó en su primer volumen investigaciones sobre Mauritania y observaciones sobre los árabes, desde antes de Mahoma hasta la llegada a España, y en el segundo, desde la llegada hasta el siglo XV. En el tercero, describió la geografía de Marruecos de norte a sur, su clima, producciones, comercio, religión, gobierno, justicia y costumbres.

Los lugares que describió a lo largo de su itinerario fueron: Sus, Marrakech, Essaouira, Fez, Tafilete, Melilla, Gomera, Tetuán, Ceuta, Tánger, Salé, Rabat, Agadir, Mequinez y Fez.

• G. Delisle, *Carte de l'Afrique Francoise ou du Senegal*, París, 1727. Este cartógrafo (1675-1726), coetáneo de los progresos de la geodesia y de la resolución del problema de la determinación de la longitud, participó en la completa renovación cartográfica de su época. Su primer trabajo fue de compilación y edición de mapas: *Mappemonde dressée sur les observations des Mrs. de l'Académie Royale de Sciences*, aparecido en 1700. Este libro, de alto valor cartográfico y artístico, le abrió las puertas de la Academia y le supuso el título de *primer geógrafo del rey* de Luis XV. El *Mapamundi* fue reimpreso y mejorado en sucesivas ediciones en vida de su autor y también en 1745, tras su muerte. Además, en 1700, aparecieron las *Cartas de Europa, Asia y África*, con contornos que ya anunciaban los actuales espacios de los continentes. En 1725, publicó otra *Carta de Europa*, la primera en que aparecía representado el mar Mediterráneo en su verdadera longitud, 42°; por eso puede decirse que Delisle fue muy exacto en sus aproximaciones y descubrió por entero este mar. Su producción cartográfica no fue muy grande, aunque estaba formada por poco más de cien mapas, muchos de ellos elaborados como ilustraciones de libros. Por su realismo y seriedad, los mapas fueron considerados las fuentes de los actuales. Introdujo como elementos importantes de la representación cartográfica los ríos y las montañas. Su producción, muy dispersa, se reunió después de su muerte en forma de atlas, publicado en Ámsterdam por J. Coyens y P. Portier, y también en Venecia, en dos volúmenes, en 1740 y 1750. La colección de mapas de Delisle, completada y añadida, no se publicó en Francia hasta 1789. Lo hizo su yerno, F. Buache.[91]

Badía consultó sus mapas y verificó *in situ* sus datos, como la situación de Fez, que demostró que era incorrecta:

> La ciudad de Fez se halla situada a 34° 6' 3" de latitud N y 7° 18' 30" de longitud O del Observatorio de París [...]. De aquí se infiere cuántos errores ha de haber en las cartas de Arrowsmith, del mayor Rennell, de Delille.[92]

• A. Humboldt, *Observations astronomiques, opérations trigonométriques et mesures barométriques, rédigées et calculées par Jabbo Ollmanns* (1808-1810), de su *Voyage aux régions équinoxiales du nouveau continent fait en 1799-1804*. Las principales obras y viajes del naturalista alemán (1769-1859), hermano de Karl Wilhelm, fueron los siguientes. En primer lugar, realizó la traducción al francés del tratado *De arbore macassaniensi* de Thunberg, médico, botánico sueco y último discípulo de Linneo. Fruto principalmente de sus estudios históricos fueron los *Über die Basalte am Rhein, nebst Untersuchungen über Syenit und Basanit der Alten* (1790). Y, consecuencia de su época de viajes por Bélgica, Holanda, Inglaterra y Francia, de sus estudios en la Escuela de Comercio de Hamburgo y, en 1791, de sus investigaciones en la Academia de Minas de Freiberg, la obra *Flora subterránea Fribergensis et aphorismi exphysiologia chemica plantarum* (1793). En 1792 fue nombrado asesor del departamento de minas y, poco después, jefe superior del mismo, y recogió los materiales para publicar *Über die chemisele Zerlegung des Luftkreises*, *Über die unterirdischen Gasarten* (1799) y *Über di gereizte Muskel- und Nervenfaser, nebst Vermutungen über den chemischen Prozess des Lebens in der Tier und Pflanzenwelt* (1797-1799). En 1797 renunció a su empleo para dedicarse libremente al estudio de las ciencias naturales. Ese mismo año pasó a París, donde conoció al botánico Bonpland, con el que viajó a España. En 1799 embarcó en el *Pizarro* en La Coruña, visitó Tenerife y, desde allí, viajó a Venezuela y a la región del Orinoco, con el permiso que le concedió para hacerlo la Corona española.[93] En esta última región, obtuvo la confirmación de la bifurcación del río. En 1800 se dirigió a Cuba; en 1801, a Cartagena de Indias y a la meseta de Bogotá, y, en 1802, a Quito. Este mismo año realizó su famosa ascensión al Chimborazo hasta llegar a una altura de 5810 metros. Más tarde visitó México, donde permaneció por espacio de un año. De allí, se trasladó a La Habana, Filadelfia y Washington. Tras la vuelta de su viaje, ocupó su tiempo en realizar trabajos sobre física, especialmente sobre el análisis del gas. En 1804, hizo un viaje a Italia y, en 1807, acompañó al príncipe Guillermo a París. En 1827 volvió definitivamente a Berlín, donde con el cargo de chambelán pronunció las célebres conferencias sobre la descripción física del universo en la universidad. En 1829 emprendió una expedición a los Urales y al mar Caspio. En 1841 partió en compañía del rey Federico Guillermo IV a Inglaterra y, en 1845, a Dinamarca. Después se instaló de forma permanente en Berlín, donde vivió consagrado a los estudios y a escribir su magna obra *Kosmos*.[94]

Sus experimentos le llevaron a lo largo de su vida al camino de las ciencias exactas, y su gran viaje fue el modelo de los traslados científicos que se realizaron a partir de entonces. Se le consideró el padre de la geografía climátológica y plástica, de la física marítima y de la fitogeografía. Conoció la disposición seriada de los volcanes y la diversa intensidad local de la fuerza magnética. Disciplinas como la geología, la astronomía, la zoología, la botánica y la minerología se enriquecieron gracias a sus estudios y exploraciones. También publicó importantes trabajos sobre el origen racial, las lenguas, el estado de civilización, las emigraciones y el cálculo cronológico de los antiguos peruanos y mexicanos. Su obra *Kosmos* fue una síntesis secular de todos los conocimientos sobre ciencias naturales que formaron el tesoro intelectual de la época del autor. Más allá de estos límites, la suma del trabajo de Humboldt tuvo una importancia especial por el hecho de poner de relieve las relaciones entre la intuición de los fenómenos de la naturaleza y el bienestar de los pueblos. En su memoria, se fundó la Institución Humboldt, bajo la tutela de la Real Academia de Ciencias, destinada especialmente al auxilio de los viajeros exploradores. Por último, los años de permanencia en París los dedicó casi por entero a la elaboración de una gigantesca obra sobre América que diera cuenta de las grandes investigaciones de su viaje anterior. La obra llevaba el título de *Voyage aux régions équinoxiales du nouveau continent fait en 1799-1804* (1811-1832) y estaba formada por 30 volúmenes.

En el capítulo de los *Viajes* dedicado a la antigua isla Atlántida y a la posible existencia de un mar Mediterráneo en el centro de África, Badía estudió las lluvias que caían en la región. Para ello, utilizó los datos de Humboldt y los reelaboró en el típico proceso de reflexión científica del ilustrado:

> Bajo los trópicos, según las observaciones del célebre barón de Humboldt, la cantidad de lluvia que cae al año se eleva a 70 pulgadas. La superficie en cuestión está cortada en su mitad por el trópico, mas para armar contra mí todas las suposiciones, reduciré la cantidad de lluvia a 54 pulgadas, es decir, 16 menos de los que dan las observaciones del señor Humboldt, reduciré a cero las lluvias del desierto, y supondré que el Sahhara ocupa la mitad de esta superficie, de modo que solamente las aguas de la otra mitad suministren agua al gran lago interior. Pienso que todos quedarán satisfechos con semejantes cánones [...].[95] En América, M. Humboldt observó en Cumana, por 28 °C de temperatura = 2780 mm anuales.[96]

Humboldt llegó a conocer la edición francesa de los *Viajes* de 1814, pues la traducción británica reprodujo una carta suya en la que recomendaba que se hiciera la traducción de la obra al inglés. El alemán destacaba los conocimientos y la valentía de Badía:

Me atrevo a recomendar a mi excelente amiga la señorita Williams al famoso viajero que estuvo en La Meca bajo el nombre de Alí Bey. En París incluso se ha encargado hacer una traducción de su itinerario, que es curioso en extremo. El señor Longman debe imprimir la traducción pero desea que tengáis la bondad de echar un vistazo a lo que ya está escrito para que, con vuestro conocimiento profundo de la literatura inglesa, juzguéis si la traducción puede publicarse en Londres con algunas correcciones. No me reprocharéis este ruego descarado, excelente amiga, A.B. es tan notable por sus conocimientos como por su valor.[97]

El libro que Badía consultó para verificar las lluvias del trópico, *Observations astronomiques, opérations trigonométriques et mesures barométriques, rédigées et calculées par Jabbo Ollmanns*, pertenecía a la cuarta parte de la magna obra de Humboldt sobre el viaje a América. Su primera parte, denominada «Relación histórica», contenía un atlas geográfico y físico, y un atlas pintoresco; la segunda describía observaciones de zoología y anatomía comparada; la tercera, ensayos políticos sobre el reino de la nueva España y la isla de Cuba; la cuarta, las anteriores observaciones barométricas sobre la lluvia a las que aludía Badía; la quinta, física general y geológica, y la sexta y última, las plantas de América.

• L. Mármol Carvajal, *Primera parte de la descripción general de África, con todos los sucesos de guerras que ha habido entre los infieles, y el pueblo cristiano, y entre ellos mismos desde que Mahoma inventó su secta, hasta el año del señor 1571*, Granada, 1573; *Segunda parte y libro séptimo de la descripción general de África, donde se contiene las provincias de Numidia, Libia, la tierra de los negros, la baja y alta Etiopía y Egipto con todas las cosas memorables de ella*, Málaga, 1599. El granadino L. de Mármol (1520-1600) cursó con seguridad las primeras enseñanzas en alguno de los estudios de gramática de Granada y muy joven se incorporó al ejército de Carlos V en Túnez para la empresa que se preparaba contra la ciudad de Árgel en 1535. Probablemente, debido a su corta edad se embarcó como paje. Durante la empresa, fue hecho prisionero y permaneció siete años en las ciudades de Marrakech, Fez, Tremecén y Túnez. Mientras duró este encierro, aprendió bien el árabe. Libre de su cautiverio, no volvió a España y residió en África durante veintidós años, lo que dio pie a su posterior obra. Visitó la zona septentrional del continente y realizó numerosos viajes por tierra y mar. De regreso a España, se incorporó al ejército de Felipe II, en la defensa a las órdenes del duque de Alba de los derechos españoles en Italia. Acabada la guerra entre el monarca hispano y el papa Paulo IV, regresó a Granada. Allí le sorprendió, en 1568, la revuelta de las Alpujarras. Fue nombrado entonces, por J. de Austria, veedor a las órdenes de F.

Solís, es decir, comisario y proveedor general del ejército de Juan de Austria, para que sometiera a los moriscos de Granada y participara en la sangrienta campaña de las Alpujarras. Al acabar la guerra, solicitó una recompensa por la labor ejercida. Confiscadas las tierras y heredades de los moriscos, en los repartimientos para repoblar las tierras de los moriscos correspondió a Mármol un lote de tierras en Vélez Málaga, donde residió durante un tiempo. Más tarde se trasladó a Granada y se casó en 1571. A partir de este momento, invirtió parte de su tiempo en publicar su *Descripción*, cuya segunda parte fue impresa a su costa, lo que mermó bastante sus ingresos.[98]

Badía utilizó esta obra como documentación para sus viajes, y reprodujo el nombre que Mármol dio a las ruinas de la localidad romana de Sala Colonia en la parte oriental de Rabat: «En la parte oriental de la ciudad se ven todavía los restos de la antigua ciudad de Chella [...]. León llama a esta ciudad Sàlla y Mármol Mansàlla».[99]

En su obra sobre la descripción de África, destacaba el amor al detalle, la escrupulosidad en la narración y una curiosidad insaciable. El libro describía sus observaciones personales hechas en sus largas peregrinaciones por las tierras africanas, y la lectura y aprovechamiento de las obras hasta entonces publicadas de la historia y geografía del continente. A la cabeza de todas ellas, se encontraba la *Descripción de África* de León el Africano. La primera parte de la *Descripción* se dividió en dos volúmenes y doce libros. El primer libro era un resumen general en el que explicaba qué era África; el segundo, una relación de la guerras de los cristianos con los musulmanes y los restantes describían Fez, Tremecén, Marrakech y Túnez. La segunda parte de la *Descripción* estaba formada por seis libros que retrataban Numidia, Libia, Egipto, la baja y la alta Etiopía y todas las islas que la rodeaban.

• I. M. d'Ohsson, *Tableau général de l'empire ottoman*, París, 1788. Este gran estudioso del Imperio turco otomano, que elaboró una de las obras clásicas sobre el tema, nació en 1740 en Constantinopla. De origen armenio, su padre hizo fortuna con el comercio durante su mandato como cónsul de Suecia en Esmirna. Ohsson, por voluntad paterna, fue preparado también para ejercer esta misma carrera, que corrió paralela a lo largo de su vida con su interés por la historia otomana. A los veinticuatro años, conocía las principales lenguas de Oriente y, perfectamente, su historia. Contrariado por la inexactitud y la falta de información que presentaban las obras publicadas en Europa sobre las naciones sometidas al islam, se propuso investigar y mostrar los anales otomanos. Para ello, se apoyó principalmente en documentos originales y eligió la época del reinado de Selim II. Más adelante, comenzó la que fue su empresa más importante: mostrar a Europa nociones completas y verdaderas sobre la civilización turca. Su posición, familiarizado con los cargos públicos del Imperio y dotado de una fortuna que le permitió investigar con mayor libertad, le abrió los registros de la administración.

Un jurisconsulto y un teólogo musulmán le ayudaron en la elaboración de la obra. Durante largo tiempo secretario y primer intérprete de la embajada de Suecia, Ohsson se convirtió en agregado comercial de la misma corte. En 1784, vivió una temporada en París con objeto de perfeccionar su composición, en la que llevaba trabajando más de veinte años. Ayudado por Mallet-Dupan, terminó de escribir la primera parte de *Tableau général de l'empire ottoman* (1787-1790), publicada en París con 137 grabados, dos volúmenes y dedicada al rey de Suecia. El lujo tipográfico y la belleza de estos grabados aumentaron el interés por la obra. En esta primera parte, Ohsson presentó el cuerpo de la legislación y las costumbres otomanas, con la confianza de un hombre que verificaba todo su trabajo y le aportaba exactitud: «[...] la verdad y la exactitud más escrupulosas son, según mi opinión, el mérito principal de esta obra».[100] En la base de esta investigación, se encontraba el *Code universel* realizado bajo el mandato de Suleymān I, dividido en 57 libros y ordenado de forma inversa a la edición turca. La obra resumía el Corán, los preceptos tradicionales de Mahoma, las glosas de sus discípulos y las decisiones canónicas derivadas de los imanes. Ohsson, con objeto de introducir más claridad en este laberinto de reglas religiosas y morales, políticas y civiles, militares y penales, agrupó las tres partes anteriores en códigos distintos y acompañó a cada disposición particular de un comentario en turco. Estas, bajo el título de *Observations*, incluían ricos desarrollos históricos y didácticos, fruto de su larga experiencia y documentación, tales como descripciones de los muertos, el paraíso y el infierno, la fe, la predestinación, los ancianos profetas, los textos de las Escrituras, la astrología judicial, etc. Los dos primeros volúmenes del *Tableau général de l'empire ottoman* desarrollaban el código religioso en tres divisiones: dogmas, ritos y moral. En los apéndices, se incluían las tradiciones turcas sobre la cosmogonía, los patriarcas, los profetas y los santos del islam, la sucesión de los califas, los detalles de la purificación, las oraciones, las fiestas, los sacrificios, la circuncisión, las mezquitas, los funerales, el peregrinaje, la higiene pública, la jerarquía de los derviches y los ulemas...

En 1795 fue nombrado ministro de Suecia en Constantinopla. Selim III lo acogió de forma favorable y decidió proteger la continuación de su obra. Ohsson pretendía completar sus investigaciones añadiendo un corpus histórico que comprendiera desde Otomán I hasta 1758. En 1804 publicó bajo el título *Tableau historique de l'Orient* la historia de los antiguos persas hasta el siglo VII. Su objetivo era ir completando la obra del *Tableau général* con la publicación de este y otros textos que perfeccionasen la primera parte. A su muerte en 1807, su hijo Constantin se encargó de publicar los manuscritos de su padre y editó finalmente el tercer volumen del *Tableau général* que contenía los códigos civiles, políticos, criminales y militares.[101]

Badía corrigió el grabado con vistas de La Meca que incluía, y que no coincidía con lo visitado por él:[102]

> La vista de La Meca que se halla en el «Cuadro del imperio otomano de M. Ohsson» pudo tener su mérito en el tiempo en que la ciudad no ocupaba más que la mitad del valle; más aquella no es La Meca de hoy día. Ya no existe la hermosa fuente que se ve en el dibujo de aquel autor; la única agua que se encuentra es la de los pozos. Nada diré del templo, pues el plano y perfil que de él doy bastarán para probar la inexactitud de los dibujos de M. Ohsson.[103]

También corrigió, en sus *Viajes*, el plano de la mezquita y la capilla del santo Eyup que proporcionó Ohsson:

> Plano de la mezquita y capilla del santo Eyup, discípulo del profeta y patrón de Constantinopla.
>
> Es aquí donde el nuevo sultán se ciñe la espada, ceremonia equivalente a la coronación de los soberanos en Europa. Los no cristianos pueden ser admitidos en este templo. La representación dada por el erudito M. Ohsson en su Cuadro del Imperio Otomano corresponde solamente a la capilla de la tumba.[104]

• J. Rennell, *Geographical illustrations*, Londres, 1799, incluida en la primera edición de Park. Rennell (1742-1830) ingresó en la armada británica, bajo cuyo mando viajó y aprendió a cartografiar las costas. Con veintiún años, fue nombrado inspector general de Bengala, lugar del que realizó sus mapas, junto con los ríos Ganges, Brahmaputra e Indo. En 1763 consiguió el cargo de mayor y, en 1777, volvió desde Calcuta a Portsmouth. A lo largo del viaje de vuelta por el cabo de Buena Esperanza, Rennell cartografió sus corrientes y orillas. Más tarde, fue elegido miembro de la Real Sociedad de Londres y se convirtió en gran amigo de su presidente, Banks, quien lo admiró por sus investigaciones. Las reuniones informales de geógrafos y científicos que tuvieron lugar en su casa, ampliación de las de Banks con sus amigos en Soho Square entre 1780 y 1830, obtuvieron como fruto la formación de la Real Sociedad Geográfica. Rennell tuvo dos maestros claves a lo largo de su carrera: A. Dalrymple, hidrógrafo y mentor en las investigaciones hidrográficas en la India, y los sistemas críticos del cartógrafo francés, también consultado por Badía,

Delisle y su escuela. En 1795 le ofrecieron el puesto de primer hidrógrafo del Almirantazgo, pero declinó la oferta para continuar con sus investigaciones cartográficas y oceanográficas.

Una de sus labores más relevantes al servicio de la geografía y cartografía fue la introducción del método científico, con el que podía realizar un examen atento y fijar datos y teorías de las costas. Por esta razón, sus informaciones eran seguras, sus métodos lógicos y sus conclusiones correctas. Con sus procedimientos precisos y detallados, influyó en la realización de mapas con el espíritu crítico característico del XVIII, así como en las descripciones también críticas de los libros de viaje. Gracias a estos métodos, acercó la labor del viajero a la del sabio del XVIII. Su posición metropolitana le ayudó a construir memorias cartográficas a escala global y crear un sistema de precisión, y sus tratados científicos fueron vistos como la continuación de la tradición en el XVII y XVIII de los manuales de instrucción para viajeros.[105] Con sus descubrimientos de las técnicas marítimas para estudiar las costas, ayudó de forma ejemplar al estudio del Pacífico. En lugar de seguir las costas, cartografió el interior del litoral. Rennell fue, entre otras cosas, el fundador de la ciencia oceanográfica y desempeñó un papel clave en la expansión del conocimiento geográfico sobre Asia y África.

Badía consultó el mapa del norte de África de Rennell para situar Fez y, tras comprobar sus datos, lo corrigió, pues se dio cuenta de que la situación de la ciudad indicada por él era incorrecta: «De aquí se infiere cuántos errores ha de haber en las cartas [...] del mayor Rennell».[106] El mapa se hallaba también reproducido en la edición de los *Viajes*: «Mapa del norte de África construido por Rennell en 1798 y corregido en 1802»,[107] que el inglés había realizado a partir del incluido en la edición de Houghton anteriormente señalada.

• C. M. Sonnini, *Voyage dans la Basse et Haute Égypte*, París, 1799. Sonnini (1751-1803) viajó a Egipto entre 1777 y 1778 como oficial de la marina francesa y efectuó observaciones de tipo naturalista. Dotado de una mentalidad científica y rigurosa, se sintió atraído por la filosofía ilustrada, las ciencias naturales y la medicina, y fue gran amigo del naturalista Buffon, hasta el punto de que redactó varios artículos sobre ornitología para incluir en su *Histoire naturelle*. Contemporáneo de Volney y Denon, su mérito consistió, más que en las descripciones de las antigüedades de Egipto, en sus observaciones de aves, peces, plantas y otros animales, en cuya mirada influyó de forma determinante Buffon.

La obra le sirvió a Badía como fuente para conocer la fauna que habitaba en Alejandría: «Pueblan el desierto gran número de chakales, lagartos y una prodigiosa multitud de gerbos, animalitos muy lindos, sobre los cuales hay una excelente disertación del viajero Sonnini».[108]

Sonnini recorrió en su viaje Córcega, Génova, Palermo, Alejandría, Cairo, Asiut y Tebas.

2.2.3. *Libros que integraron sus bibliotecas de Córdoba y Vera*

Respecto a los libros de viaje que Badía adquirió para completar sus bibliotecas, se encontraban las siguientes obras:

- José Gumilla, *El Orinoco ilustrado, historia natural, civil y geográfica de este gran río, y de sus caudalosas vertientes: gobierno, usos, y costumbres de los indios sus habitadores, con nuevas, y útiles noticias de animales, árboles, frutos, aceites, reseñas, hierbas, y raíces medicinales: y sobre todo, se hallarán conversiones muy singulares a nuestra santa fe y cosas de mucha edificación*, Madrid, 1741, 2 vols. Misionero y explorador español (1686-1750), Gumilla fue destinado a la misión de América y partió desde Cádiz para llegar a este continente en 1706. Fue acumulando datos y noticias que después le habrían de servir de base a su obra sobre las misiones del Orinoco, de las que llegó a ser superior general. En Madrid, compuso a la vuelta de su viaje *Breve noticia de la apostólica y ejemplar vida del angelical y V. P. Juan Ribeiro de la Compañía de Jesús, misionero de indios* (1739).[109]

La obra sobre el Orinoco se insertó dentro de una serie de libros de carácter geohistórico referentes a las tierras tropicales relacionadas con el gran río, como fueron los de autores como J. de Castellanos, P. de Aguado, J. de Oviedo, J. Carvajal y M. Ruiz Blanco. Gumilla hizo geografía, no de forma sistemática, pero relacionó causa con efecto, con lo que defendió una posición científica y dialéctica. Trabajó de acuerdo con el espíritu de investigación de los jesuitas y el carácter ilustrado que los caracterizó. Humboldt, en su obra *Voyage aux régions équinoxiales du nouveau continent* (1816), citó las descripciones de Gumilla del Orinoco.

En su obra, el misionero afirmó que había descrito todo lo que había visto con objeto de insertarlo en el contexto de la historia, que no reproduciría aquello que no había experimentado, que tampoco repetiría lo ya dicho por viajeros anteriores y, cuando refiriera algo no vivido, citaría sus fuentes, «sea porque han variado las cosas o algunas circunstancias de ellas o sea porque se han extinguido una e introducido otras en su lugar como acontece en los usos, costumbres, guerras y paces, que se varían y dan vuelta con el tiempo a cuyo compás se mueven y de cuya inconstancia participan».[110] El primer volumen describía los territorios que bañaba el Orinoco, sus descubridores y los intentos por parte de los extranjeros por conquistarlo; las corrientes del golfo donde desembocaba el río, el caudal de aguas que recogía, y el fondo, derrames, raudales y clima de la zona. También se ocupaba de los indios, de sus estaturas, facciones, caracteres y colores, del color negro de los etíopes, de los aceites que utilizaban los indios, de su gobierno civil, de la nación guaraná, de los usos y costumbres de otros pueblos del Orinoco, de las ceremonias por los muertos, de cómo curaban los indios a sus enfermos, de su fe, de los animales, de los aromas y resinas que traían cuando volvían de los bosques, de la variedad de sus peces e industria para pescar, de la cosecha de tortugas, del método más practicable para la entrada de los misioneros en aquellas tierras, de la fertilidad y frutos preciosos y de noticias sobre El Dorado. El segundo volumen describía los cultos y creencias de los indios, si cometían idolatría y tenían noticias del demonio, la variedad de sus lenguas, el número de sus habitantes, los motivos de sus guerras, los jefes militares, la diversidad de sus armas, sus embarcaciones, sus venenos, las culebras, los insectos, los peces, los caimanes y cocodrilos, los modos de cultivar la tierra, los árboles frutales, la cacería y variedad de animales, los casamientos, poligamia y repudio, la navegación en el mar y de los avisos prácticos y reflexiones para viajar a la zona. La obra contenía dos grabados y un mapa de las misiones de la Compañía de Jesús en el Nuevo Reino de Granada realizados por P. Minguet.

• H.-B. de Saussare, *Voyage dans les Alpes, précédés d'un essai sur l'histoire naturelle des environs de Genève*, Neuchâtel, 1780-1796, 4 vols. Este famoso naturalista suizo (1740-1799), profesor de filosofía natural de la Academia de Ginebra y de historia natural de la Escuela Central de esta misma ciudad, atravesó los Alpes catorce veces, y visitó Holanda, Inglaterra e Italia. Interesado en todas las manifestaciones científicas, especialmente en la geología, inventó y perfeccionó numerosos aparatos e instrumentos, como el higrómetro, que llevaba su nombre, un electrómetro, un actinómetro, un anemómetro, el cianómetro y el diafanómetro. Entre sus obras, destacaron *Dissertatio physica de igne* (1759), *Observations sur l´écorce des feuilles et des pétales* (1763), *De electricitate* (1766), *De aqua* (1771), *Exposition abrégée de l'utilité des conducteurs électriques* (1771), *Essai sur l'hygrométrie* (1783) y sus memorias en el *Journal de Physique* y el *Journal de Mines*. La obra *Voyage dans les Alpes, précédés d'un essai sur l'histoire naturelle des environs de Genève*, constituyó el texto capital de Saussare, pues fue el resultado de sus catorce viajes a la región de los Alpes. El libro presentó un gran interés tanto por la verdad científica extraída de los métodos experimentales como por el encanto y el colorido de sus descripciones. Menos científico en su lenguaje y más preocupado por la retórica de sus retratos representando la parte pintoresca de sus viajes a los Alpes, de nuevo consecuencia de sus repetidos traslados a esta región, fue *Voyages dans les Alpes. Parte pittoresque* (1790).

De este autor, Badía tradujo en 1798 los *Ensayos sobre la higrometría* (1783), una obra que trataba en términos generales de la humedad del aire, la condensación del agua, la génesis de las lluvias y la sucesión de las capas de la atmósfera.[111]

• A. P. Ulloa, *Noticias americanas: entretenimientos físic-históricos, sobre la América meridional y la septentrional oriental. Comparaciones generales de los territorios, climas y producciones de las tres especies, vegetales, animales y minerales: con relación particular de las petrificaciones de cuerpos marinos de los indios naturales de aquellos países, sus costumbres y usos. De las antigüedades: discurso sobre la lengua y sobre el modo en que pasaron los primeros pobladores*, Madrid, 1772. Militar geógrafo y científico enviado a América, Ulloa (1716-1795) desempeñó numerosas misiones diplomáticas y formó parte en varias acciones guerreras, entre las que se podían recordar la de Nápoles y la de Luisiana. En 1735 fue comisionado con Jorge Juan en la expedición científica organizada en España que se trasladó a Perú con los académicos franceses La Condomine y Godin, para medir un arco de meridiano y determinar la forma de la tierra. Con este motivo, recorrió América del Sur durante nueve años. A su regreso de la expedición, fue hecho prisionero por los piratas ingleses y tras ser liberado, a su vuelta en Londres fue agasajado. Llegó a ser académico de la Real Sociedad de Londres y, poco después, de la Real Academia de las Ciencias de Estocolmo.[112] En 1784 publicó la *Relación histórica del viaje a la América meridional*, donde describió elementos pertenecientes a las disciplinas de la zoología, la botánica y la mineralogía de Perú. Dentro de esta última, detalló de forma minuciosa los caracteres y las propiedades del oro blanco y el platino. Ulloa fue el primero en traer a Europa este metal, descubierto hacia 1601 por los españoles en las arenas del río Pinto de Colombia (Chocó) y denominado «platina del pinto» por creerlo una plata de inferior calidad. Además, mantuvo una destacada actuación política y social, mejoró el tratamiento de los minerales y la producción de las minas, intervino en la introducción en España de un nuevo método de fabricación de paños, en la mejora de los arsenales, en el establecimiento del Observatorio Astronómico de Cádiz, y en la creación del primer Gabinete de Historia Natural y el primer Laboratorio de Metalurgia.[113] Fue autor de numerosos escritos, entre los que destacaron el anteriormente citado *Noticias Americanas* y el póstumo *Noticias secretas de América* (1826).

Su obra *Noticias americanas* recogió las informaciones necesarias para conocer esa parte del mundo y la física natural que la gobernaba. Según Ulloa, los indios eran unos completos bárbaros:

> El conocimiento de los diversos pueblos de la tierra, sus usos, costumbres e inclinaciones ilustra el entendimiento, dando luz de lo que se diferencian entre sí: unos inclinando a la mayor cultura y al adelantamiento de las luces naturales, y de la razón, otros declinando el estado de la mayor ignorancia en la vida inculta y animas, al trato torpe y tosco, semejante al de los brutos y a la impropiedad en todas las acciones. De esto se saca el provecho de saber estimar la instrucción, de percibir lo que se debe a las reglas de la enseñanza en el conocimiento de lo bueno y la abominación de lo malo, y que sin tales documentos el entendimiento no sabría usar de sus facultades, como le sucede a los *Indios* que se mantienen en el estado de la barbarie haciendo vida de fieras, sin conocimiento de Dios, y sin señales de racionalidad.[114]

El autor continuó incidiendo en lo necesario que era viajar a las Indias, pues los pueblos que la habitaban conseguirían salir de la barbarie gracias al contacto con los viajeros civilizados. La obra estaba formada por 22 capítulos o entretenimientos en los que realizó un repaso por los elementos más destacados de América: los territorios de las diferentes partes de la tierra y los efectos que estos causaban en los temperamentos, el orden de los terrenos en las Indias Occidentales, los diferentes temperamentos de América, las producciones vegetales, los animales, los pájaros, los peces, los lagos y ríos, las enfermedades, los minerales, el estado de las minas y sus beneficios por el fuego y el azogue, la sal, los fósiles y sus petrificaciones, los indios de las dos Américas, sus costumbres y usos, su carácter, su religión, sus entierros y las clases de mestizos, su edad y sus pertenencias (palacios, edificios y cabañas), sus ídolos y su lengua.

En definitiva, Badía leyó los principales viajeros que a partir de la segunda mitad del siglo XVIII visitaron, especialmente, el centro y sur de África (Park, Houghton, Bruce, Browne, Barrow, Vaillant, Lalande, Grandpré, Sparrman, Thunberg y Goldbéry), dado que, en principio, este continente era el destino principal al que deseaba trasladarse, tal y como había descrito en su *Plan*. Cuando más tarde cambió su proyecto y prosiguió hasta La Meca, visitando Oriente Medio, estaba siguiendo también a alguno de los que había leído, como Bruce y Browne. El detalle con que nombró los lugares de los itinerarios, con que realizó sus descripciones y citó los destinos de estos viajeros en los *Viajes*, el *Plan* y las obras de su biblioteca demostró que realizó la lectura completa, casi siempre minuciosa, de los libros. Las otras obras que más tarde añadió a sus *Viajes* correspondían ya a las canónicas y específicas sobre el desplazamiento a Oriente en la época, como las de Niebuhr, Volney, Chénier y Ohsson (quien recopiló y tradujo fuentes turcas otomanas).

Respecto al apartado cartográfico, consultó los materiales de los cartógrafos más destacados del momento: Delisle, Arrowsmith y Rennell. Pudo comprar y analizar sus trabajos, e incluso llegar a visitar a alguno de ellos, gracias a sus viajes a Francia e Inglaterra. Posiblemente, a través de su amistad con Banks, pudo conocer a Rennell.

Por lo que respecta a las informaciones geográficas, en especial de Marruecos, consultó como fuentes las ya clásicas obras de los viajeros Mármol y León el Africano, con cuyos datos, una vez visitado el lugar, realizó una minuciosa comparación.

Desde el punto de vista de los estudios científicos, algunas de las obras muestran de qué fuentes extrajo sus conocimientos y qué tipo de competencias aplicó en sus *Viajes*, como por ejemplo los métodos clasificatorios inaugurados por Linneo –que recogieron sus alumnos Thunberg y Sparrman e influyeron en Humboldt–, los métodos de investigación de Humboldt y Saussare basados en la aplicación literal de la historia natural en el viaje, y los sistemas empíricos aplicados por Ulloa o Gumilla –viajeros alejados de los destinos que visitó pero cuyas agrupaciones temáticas de los objetos observados (véanse a modo de ejemplo sólo los títulos de las obras), fueron semejantes a las de Badía– que demostraron la aplicación de los estudios científicos más contemporáneos. Finalmente, las descripciones de las costumbres evidenciaron la necesidad del conocimiento de otras culturas, fomentada sobre todo a partir del siglo XVII.

Esta nómina de libros de viaje pone en evidencia la preparación con la que Badía conformó su traslado, así como la cuidadosa introducción de nuevas fuentes durante la escritura de los *Viajes*. Tanto en un caso como en otro, se demuestra que la realización de los viajes no fue dejada en ningún momento al azar, al menos en su preparación. Más tarde, durante el traslado, Badía se vio sometido a los elementos imprevistos que configuraron el desplazamiento, y este se halla siempre dominado por la contingencia.

Notas

1. Esta identificación se ha realizado consultando los catálogos siguientes: Aguilar F. Piñal, *Bibliografía de autores españoles del siglo XVIII* (FAP), J.-C. Brunet, *Manuel du libraire et de l'amateur de livres* (JCB) y el *National Union Catalogue* (NUC). La clasificación y numeración se ha hecho por orden alfabético y se han citado las primeras ediciones de cada uno de los libros. Apareció publicada en P. Almarcegui., 2001, pp. 5-16.
2. *Documents originals*, I, 1802, pp. 21-211.

3. *Ibid.*, p. 36.
4. J. Barrow, 1801, p. 5.
5. A. Z., *Diario de Madrid*, 25, 26 y 28 de noviembre de 1801, pp. 1.349, 1.353 y 1.361 respectivamente.
6. Notas extraídas de AA. VV., XIX, 1926, p. 213.
7. A. Bey, 1997, p. 446.
8. *Cf.* W. G. Browne, 1806, p. XXII.
9. Estos datos de carácter biográfico han sido extraídos de W. G. Browne, 1806, pp. V-XXVI y AA. VV., IX, 1926, pp. 1.023 y 1.024.
10. *Documents originals*, I, 1802, p. 50.
11. *Ibid.*, pp. 78 v. y 79.
12. *Ibid.*, p. 91 v.
13. W. G. Browne, 1806, p. 72.
14. D. Badía, 1997, p. 390.
15. Estas notas biográficas han sido extraídas de J. Bruce, I, 1817, pp. 4-20.
16. *Documents originals*, I, 1802, p. 50.
17. *Ibid.*, p. 35 v.
18. *Ibid.*, pp. 35 y 35 v.
19. *Ibid.*, p. 36.
20. A. Z., *Diario de Madrid*, 26 de noviembre de 1801, p. 1.353.
21. *Ibid.*, p. 1.361.
22. Me refiero a la edición en inglés, C. F. Damberger, 1801, p. X.
23. C. F. Damberger, 1801, p. 515.
24. Notas extraídas de S.-M.-X. Goldbéry, 1972, pp. 1-14 y AA. VV., XXVI, 1926, p. 494.
25. *Documents originals*, I, 1802, p. 36.
26. S.-M.-X. Goldbéry, 1802, p. 11.
27. *Ibid.*, p. 14.
28. *Ibid.*, p. 38.
29. Datos biográficos extraídos de L. Grandpré, I, 1801, pp. 1-23 y AA. VV., XXVI, 1926, p. 1.017.
30. L. Grandpré, I, 1801, p. 23.
31. A. Z., *Diario de Madrid*, 26 de noviembre de 1801, p. 1.353.
32. *Vid.* para los viajeros que a partir del Medioevo consiguen visitar el África subsahariana Park M., 1992, pp. 23-27.
33. *Cf.* M. Houghton, 1790, p. 5.
34. *Documents originals*, I, 1802, p. 50.
35. *Ibid.*, pp. 78 v. y 79.
36. A. Z., *Diario de Madrid*, 25 de noviembre de 1801, p. 1.349.
37. A. Bey, 1991, p. 422.
38. *Cf.* la información biográfica de J. F. Michaud, XX, 1967, pp. 50 y 51.
39. *Documents originals*, I, 1802, pp. 85 y 85 v.
40. G. Lalande, 1790, p. 1.
41. A. Z., *Diario de Madrid*, 25 de noviembre de 1801, p. 1.349.
42. A. Bey, 1997, p. 189.
43. G. Lalande, 1790, p. 5.
44. *Ibid.*
45. *Ibid.*
46. Los datos biográficos han sido extraídos de C. Niebuhr, I, 1776-1780, pp. V-XV. Para más información sobre el método de observación que Niebuhr aplica en su viaje y los objetos que recoge *vid.* P. Almarcegui, 2005.
47. *Documents originals*, I, 1802, p. 50 v.
48. Datos biográficos extraídos de la traducción española de la edición de M. Park, 1992.

49. *Documents originals*, I, 1802, p. 50.
50. *Ibid.*, p. 66.
51. *Ibid.*, p. 65 v.
52. *Ibid.*, pp. 101 y 102.
53. *Ibid.*, p. 91 v.
54. A. Z., *Diario de Madrid*, 25 de noviembre de 1801, p. 1.350.
55. A. Bey, 1997, p. 195. Evidentemente, esta información es errónea.
56. *Cf. Documents originals*, I, 1802, p. 36.
57. *Ibid.*
58. A. Sparrman, I, 1787, p. 111.
59. *Documents originals*, I, 1802, p. 36.
60. *Cf.* A. Sparrman, I, 1787, p. 272.
61. *Cf.* A. Sparrman, I, 1787, p. 191.
62. *Cf.* A. Sparrman, I, 1787, p. 193.
63. Notas extraídas de C. P. Thunberg, 1796, I, pp. I-XX y AA. VV., LXI, 1926, p. 716.
64. *Documents originals*, I, 1802, p. 36.
65. Datos biográficos extraídos de AA. VV., XXX, 1926, pp. 288 y 289.
66. *Documents originals*, I, 1802, p. 50 v.
67. C. F. Volney, 1788, p. 11.
68. Existe traducción en español, C. F. Volney, *Las ruinas de Palmira*, Madrid, Edaf, 1969.
69. J. Gaulmier, 1980, p. XI.
70. *Ibid.*, p. X.
71. Estos datos biográficos han sido extraídos principalmente de AA. VV., 1926, LIXX, pp. 985 y 986; J. Gaulmier, 1980, pp. IX-XX y C. F. Volney, 1788, pp. 11-16. *Vid.* para la bibliografía sobre el autor J. Gaulmier, 1980, pp. XVI y XVII.
72. *Cf.* Zollna, I., 2004, p. 263. Los presupuestos que defienden los «ideólogos» aparecen recogidos principalmente en el «Projet d'Eléments d'Idéologie» de Desttut de Tracy; *cf.* Zollna, I., 2004, p. 264.
73. *Cf. Documents originals*, I, 1802, p. 50 v.
74. *Ibid.*
75. Datos biográficos extraídos de J. L. Africano, 1995, pp. 38-41, y A. Martínez Pérez, 1996, pp. 234-237. *Vid.* también, Massignon, L., 1906.
76. A. Bey, 1997, pp. 318 y 319.
77. *Cf.* A. Martínez Pérez, 1996, p. 231.
78. J. L. Africano, 1995, p. 29.
79. Datos extraídos de AA. VV., VI, 1926, p. 429
80. A. Bey, 1997, pp. 231 y 232.
81. *Ibid.*, p. 217.
82. D. Badía, 1997, p. 679.
83. Datos extraídos de L. de Chénier, I, 1787, pp. I-X, y M. Prevost y R. Amat, VII, 1959, p. 987.
84. A. Bey, 1997, p. 231.
85. *Ibid.*, p. 310.
86. L. de Chénier, 1787, III, p. 1.
87. A. Bey, 1997, p. 217.
88. *Ibid.*, pp. 318 y 319.
89. *Ibid.*, p. 389.
90. L. de Chénier, 1787, III, p. 53.
91. Datos biográficos extraídos de AA. VV., VII, 1989b, pp. 346 y 347.
92. A. Bey, 1997, pp. 231 y 232.
93. *Vid.* para información sobre su viaje a España M. A. Puig-Samper y S. Rebok, 2004, pp. 81-92.

94. Notas biográficas extraídas de AA. VV., XXVIII, 1926, pp. 663-665.
95. A. Bey, 1997, pp. 448 y 449.
96. *Ibid.*, p. 450.
97. *Ibid.*, 1816a, p. X.
98. Notas biográficas extraídas de C. García-Romeral Pérez, 1998, p. 140, y Mármol Cavajal, L., 1953, pp. 9-30.
99. A. Bey, 1997, pp. 318 y 319.
100. I. M. Ohsson, I, 1788, p. VIII.
101. Datos biográficos y bibliográficos extraídos de I. M. Ohsson, I, 1788, pp. I-XXIX, y J. F. Michaud, XXIX, 1967, pp. 471-473.
102. I. M. Ohsson, II, 1790, p. 53.
103. D. Badía, 1997, p. 479.
104. Lámina LXXXII, D. Badía, 1997, entre pp. 699 y 702.
105. Datos extraídos de M. T. Bravo, 1999, pp. 169-183. *Vid.* también sobre los métodos de investigación empleados por Rennell: «Rennell introdujo métodos críticos propios extraídos de su propia experiencia para establecer principio cartográficos rigurosos, un meta-discurso para dominar los mapas [...]. La introducción de métodos críticos para organizar la información de forma etnográfica y cartográfica reforzó el desarraigo del paisaje en la literatura de viajes. La ausencia de actividad humana o cultural en el paisaje, tal y como se describió en los diarios de viajes [...] sirvió para que el viajero observase todo con ojos escrutadores [...]. El paradigma de precision de Rennell se encontró en la intersección entre el campo y la biblioteca, o en el cruce entre los hábitos del viajero solo en países extraños y lo ajustado de la memoria cartográfica», M. T. Bravo, 1999, pp. 178 y 179.
106. A. Bey, 1997, pp. 231 y 232.
107. Apéndice, D. Badía, 1997.
108. D. Badía, 1997, p. 366.
109. Notas extraídas de J. Gumilla, 1988, pp. 9-41 y AA. VV., XXVII, 1926, p. 320.
110. J. Gumilla, 1988, pp. 87 y 88.
111. Según Barberá, en A. Bey, 1997, p. 16, esta traducción ofreció la posibilidad al *Viajero* de formular las primeras observaciones científicas sobre el clima de Marruecos y Arabia, así como mostrar el dominio del dibujo que había adquirido, a través de varias láminas.
112. Notas extraídas de A. P. Ulloa, 1772, «Introducción», sin numerar.
113. Notas biográficas extraídas de AA. VV., XXIII, 1989b, p. 4.
114. A. P. Ulloa, 1772, «Introducción», sin numerar.

3
La influencia del *Viajero*

3.1. La recuperación en España

En 1833, a la muerte de Fernando VII, se realizó el primer intento de divulgar los escritos de Badía en España,[1] mediante el interés que mostraron un grupo de intelectuales del romanticismo catalán, encabezado por el banquero afrancesado G. Remisa (1784-1847).[2] A esto se sumó el interés que Europa comenzó a mostrar por la penetración en África, lo que repercutió en un creciente atractivo de la nueva política hispana en la región norteafricana. El 10 de junio, Remisa llevó a cabo gestiones para reunir la obra de Badía y publicarla a sus expensas, al tiempo que solicitaba que se le facilitasen noticias de la Secretaría del Despacho y los consulados españoles por donde viajó.[3] En octubre surgió otra iniciativa, esta vez impulsada por Torres y Amat (1772-1847), futuro obispo de Astorga, con quien Badía había coincidido durante su trabajo como intendente de Segovia. «Lampillo» (pseudónimo de J. Roca i Cornet, 1804-1873) señaló en el conservador *Diario de Barcelona* que un sabio catalán se encontraba trabajando en la realización de un catálogo o colección de autores catalanes en el que pensaba incluir a Badía.[4] La obra a la que se refería Lampillo eran las futuras *Memorias para ayudar a formar un diccionario crítico de los escritores catalanes, y dar alguna idea de la antigua y moderna literatura de Cataluña* (1836).

El mismo Torres y Amat hacía alusión un mes más tarde a la labor emprendida por Remisa en un artículo publicado en el periódico progresista *El Vapor*, en el que incluía también una extensa nota biográfica de Badía que reproduciría más tarde en sus *Memorias*:[5]

> Este importante descubrimiento animó el celo de algunos catalanes a vindicar la memoria de su paisano. Un personaje [Remisa] tan distinguido por el alto destino que ocupa en la sociedad, como por su fortuna, y

más todavía por su ardiente amor a la gloria de su patria y por su protección de todo lo útil e ilustrado se ha puesto al frente de una empresa para publicar, no solamente los escritos que de aquel hombre extraordinario conocen ya los extranjeros, sino los demás, que existen indudablemente inéditos y se buscan con diligencia, y su vida llena de lances maravillosos, que bien podrían pasar por novelescos si no estuvieran plenamente comprobados por los auténticos documentos. Una reunión de ilustrados compatricios nuestros residentes en la capital de la monarquía se halla encargada en estas interesantes indagaciones, que llevan con incansable actividad, y en el cotejo del original de Alí Bey con los escritos de otros viajeros; cotejo que dará lugar a curiosas notas sobre las costumbres, religión, ceremonias y estado de cultura de unos países poco conocidos aunque cercanos, a los que Europa empieza, bien que tarde, a volver sus ambiciosas miradas [...]. Se cuenta con la protección de nuestro ilustrado Gobierno, en cuyo poder existen papeles del mayor interés, capaces de poner en claro lo que hasta aquí ha sido un misterio. Se han recogido y se están rectificando, antes que el tiempo debilite la fuerza de la tradición, una multitud de relaciones de varios amigos de Badía, y confidentes de una parte de sus miras.[6]

En el mismo artículo, Torres y Amat proponía enviar al joven lingüista y futuro viajero S. de Mas y Sans[7] (1809-1868) para «dar más ilustración a este cúmulo de noticias, un joven de la más profunda instrucción y de genio eminentemente indagador, que va a viajar por los países que fueron el teatro de los hechos de nuestro héroe, recogerá todos los datos cuya existencia no se ignora, ni tampoco la de las personas que poseen tan preciosos depósitos».[8] Mas y Sans no llegó a realizar este viaje, pero visitó como encargado del gobierno en misión especial para recoger noticias y documentos estadísticos, entre 1834 y 1864, Turquía, Siria, Egipto, Palestina, Filipinas, China y la India. Parecía que buena parte de su espíritu viajero procedió de las lecturas y la emulación de Badía.[9]

Finalmente, el proyecto con tanto ímpetu comenzado por estos intelectuales catalanes no llegó a concretarse en una publicación, entre otros motivos, debido a los agitados acontecimientos políticos de los años treinta. Sin embargo, esta recuperación aportó algunos datos novedosos para la, por entonces, nula investigación sobre Badía. En primer lugar, la agrupación de buena parte de sus papeles y, en segundo, el primer comentario biográfico hecho por Torres y Amat en *El Vapor*.

P. de Gayangos y Acre escribió una carta, fechada el 21 de diciembre de 1833, al que fue cónsul en Alejandría durante el viaje de Badía, Camps, que aportó novedosa información para conocer los avances en la recuperación de su figura. Esta carta, junto con la respuesta de Camps a Gayangos, el 5 de enero del año siguiente y la pertinente de Gayangos a Camps, el 3 de mayo de 1834, en agradecimiento a la contestación del cónsul, forman una documentación manuscrita que nunca antes había sido revisada.

El destacado arabista e intelectual Gayangos (1809-1897) formó parte de la comisión de intelectuales que iba a investigar sobre Badía y fue el encargado de realizar la parte biográfica y la revisión de sus documentos. En la primera carta a Camps, solicitó documentación del *Viajero* en nombre del grupo «de jóvenes catalanes que se dedican hoy a la traducción de sus obras, reunión de documentos y biografía».[10] Para ello, comenzó recordando las hazañas casi «heroicas» de Badía, su viaje al interior de África y lo relevante de la parte científica, histórica y política del traslado. Añadió que ya conocía la existencia de los documentos que se encontraban en el Archivo del Ministerio de Estado sobre los viajes, así como la edición de 1814 realizada en París (aunque él creía erróneamente que era de 1816). Según Gayangos, Remisa afirmó que Badía había dejado tras su muerte varios manuscritos y fragmentos de sus viajes que se encontraban en poder de un turco de Damasco llamado Abd-el karim, quien todavía los conservaba. Era indispensable, continuaba, que se destruyese la creencia general que existía en Francia de que era turco, debido a su reservada conducta y profundo conocimiento de la lengua árabe y las ceremonias religiosas de Oriente. Para Gayangos, experto orientalista formado en París, estas últimas cualidades fueron las decisivas para no despreciar ningún documento o información del *Viajero* que pudiera «derramar luz sobre un asunto tan patriótico e interesante».[11] Tras estas razones, pasó a recordarle que no habría de tener ningún reparo en comunicarle todo lo que tuviera que ver con la parte política del viaje, pues eran tantos los documentos que habían sido hallados en el Ministerio de Estado relativos a las intenciones de Godoy sobre Marruecos que se le había permitido incluso copiarlos.

Gayangos se trasladó a París acompañando a sus padres y estudió árabe como alumno del famoso orientalista y viajero S. de Sacy. Allí conoció a la joven inglesa F. Rebell, con la que se casó a los diecinueve años, lo que influyó en su posterior instalación en Londres. Tras su trabajo como intérprete del Ministerio de Estado español en lenguas orientales, profesión que le permitió investigar los manuscritos árabes de la biblioteca de palacio y estudiar los de El Escorial, pasó a residir en Londres. Allí trabajó en la biblioteca del Museo Británico y realizó la magna labor de catalogación y clasificación de sus documentos españoles. Al mismo tiempo, preparó la traducción de al-Maqari, cuya copia del manuscrito se llevó desde España. Hacia 1841 se le ofreció el puesto de vicecónsul de España en Túnez, cargo que no llegó a aceptar. En esta ciudad, compró manuscritos y estudió sus lenguas. Después de su paso por Inglaterra, volvió a España, donde ocupó la cátedra de árabe de la Universidad Central de Madrid, previamente desempeñada por E. Estébanez Calderón y, luego, por R. Tundidor, y formó a orientalistas españoles posteriores de la talla de E. Lafuente, J. Simonet o F. Fernández y González.[12] Continuó coleccionando libros y manuscritos, y, junto con los que adquirió más tarde en un viaje por el norte de África, llegó a formar una rica colección de 400 manuscritos. En sus últimos años, intentó desenterrar Medina Azahara. En 1881 fijó definitivamente su residencia en Madrid.[13] Entre sus obras, se encontraban la traducción de la *Historia de las dinastías mahometanas en España* y una nota histórica para el ya clásico libro, que tanto influyó en la recuperación europea de la Alhambra, de O. Jones *Plans, Elevations, Sections and Details of the Alhambra* (1842-1845).

El 5 de enero de 1834, Camps contestó a Gayangos desde Mahón y le comentó la cantidad de papeles que le había obligado a remover su solicitud, lo que había realizado con gusto, pues era una empresa literaria que le suscitaba mucho interés. De nuevo, aparecía una referencia a Remisa, la recuperación de papeles que habían emprendido los catalanes y el aprecio que guardaba a todos ellos, incluido Mas y Sans. Camps le comentó que Badía había llegado a Egipto en 1806 y no en 1803, como creía Gayangos. Para confirmarlo, se remitió a una carta que guardaba el cónsul general de Trípoli en la que aparecía la fecha de llegada del *Viajero*. También dijo poseer notas y recibos de Badía hechos en Alejandría (fechados el 28 de octubre de 1806), una declaración a favor del arráez que lo llevó a Roseta (10 de noviembre de 1807) y una carta enviada por Badía el 25 de septiembre de 1815, cuya copia le mandaba a Gayangos. En esta, utilizaba por primera vez con Camps el nombre de Domingo Badía y Leblich, y firmaba con su verdadero apellido, aunque precedido por el título de general. Asimismo, Gayangos le comunicó que el *Viajero* le había dejado unos recibos y cuentas sobre asuntos generales, observaciones astronómicas de Arabia, el mar Rojo y Chipre, borradores de láminas relativas a su peregrinación, un legajo de plantas marinas disecadas en Egipto y, de mano ajena, tres copias de los primeros apuntes de su viaje a La Meca. Todos estos materiales coincidían con los encontrados en el Fondo Rodríguez Marín, excepto la colección de plantas marinas disecadas y dos de las copias de los apuntes sobre La Meca.

Según Camps, el *Viajero* no había dado un paso sin su intervención ni conocimiento como cónsul y siempre que le habló de la finalidad de su viaje le dijo que este tenía un único objetivo, el científico. Badía le comunicó que le habían regalado una esclava blanca de un harén y que tenía un hijo con ella, por lo que, en vista de lo que le pudiera ocurrir durante el traslado a La Meca, le pidió que se responsabilizara de ellos. Camps le informó de su circuncisión y de que, antes de verlo en Alejandría con turbante y escucharle hablar en árabe, lo había conocido en Madrid, donde lo visitó en la casa de la calle Leganitos antes de emprender el traslado a África. Badía estaba trabajando entonces en un gran mapa sobre el continente. También señaló que si el *Viajero* se había circuncidado fue sólo para realizar su viaje en mejores condiciones y no porque se hubiera convertido al islam, lo que podía confirmarse, por ejemplo, a través de los testimonios de todos los cónsules que lo trataron en sus desplazamientos. Badía sabía ser un buen actor y desempeñar muy bien su papel, continuaba, aunque comentaba las sospechas que llegó a levantar entre los árabes en Alejandría por empeñarse en mantener su falsa identidad. Camps terminaba su carta comentando el mal estado de su propia vista, causada por la oftalmía que había adquirido en Egipto.

El 3 de mayo de 1834, Gayangos le contestó y le agradeció en su nombre, en el de Remisa y en el de la patriótica junta de intelectuales las interesantes informaciones remitidas. Estos datos, comentó, coincidían con los que ya habían recogido, los cuales mostraban a su vez el estado en el que se encontraban los trabajos de recuperación de Badía. Hasta la fecha se habían extraído datos gracias a su familia, a la correspondencia con Godoy, y a amigos y allegados. De todo ello se deducía que «Badía no sólo era una gloria para la patria, sino para la ciencia europea y un hombre para concebir grandiosos proyectos que enseñar al mundo». Con su intento de conquista de Marruecos se había adelantado a los intereses que, por aquel entonces, tenía Francia sobre el país. Gayangos aprovechaba el final de su carta para explicarle a Camps lo aficionado que era «al cultivo de las letras árabes», un interés que había podido desarrollar mejor gracias a los *Viajes* de Badía, con los que «fue comprendiendo poco a poco las inagotables bellezas de la mayor lengua que existía». Igualmente, señaló que iba a viajar a El Escorial para continuar sus investigaciones y comprobar si allí existía algún manuscrito más del *Viajero*. Para finalizar, comentó las dificultades que había tenido para encontrar libros en lengua árabe y sobre el mundo árabe. Le pidió si podía informarle de nuevas publicaciones a las que él, como antiguo cónsul y amigo de otros diplomáticos, había podido tener acceso, pues sabía que «en los consulados probablemente estas obras se estarían consumiendo por el polvo».

Unos años más tarde, el diplomático catalán E. Toda y Güell consiguió reunir los papeles de los seis tomos y la caja de cartón que se encuentran actualmente en el Archivo Histórico de Barcelona, señalados con el nombre de *Documents*.[14] *La Revista Catalana*, en 1889, se hizo eco del hallazgo:

En una casa de las inmediaciones de París, hoy habitada por un descendiente [Manuel Uriarte y Badía, hijo del segundo matrimonio de la hija de Badía][15] del celebrado viajero se han encontrado los documentos relativos a las expediciones asiáticas y africanas y la correspondencia oficial y particular con Godoy, el general Castaños y el cónsul Salmón. Gracias al empeño de nuestro buen amigo D. Eduard Toda, estos importantes papeles han sido enviados a España y es muy fácil que dentro de poco vayan a ser depositados en un museo catalán.[16]

Los papeles correspondían a los materiales que pertenecieron a Badía, junto con los que había ido enviando a Amorós y a Godoy a lo largo de sus viajes.[17]

El hallazgo de esta documentación de Toda en Francia supuso un nuevo paso en la recuperación de Badía, que coincidió con la publicación de la primera edición en catalán de los *Viajes*. El descubrimiento fue expuesto por el propio Toda en una conferencia en diciembre de 1889 en la Asociación Catalanista de Excursiones Científicas, de la que era socio.[18] Allí explicó que tenía en su poder una serie de documentos personales, memorias y dietarios del *Viajero*:[19]

En la Asociación Catalana de excursiones científicas, el socio D. Eduart Toda ha impartido una conferencia sobre los escritos inéditos pertenecientes a Alí Bey, encontrados por él en su última estancia en París. El señor Toda, que aprovecha las ventajas que le proporciona su carrera como cónsul para el estudio de los países extranjeros, sobre todo los relacionados con nuestra tierra, ha prestado con tal descubrimiento un nuevo servicio a Cataluña. Comenzó el conferenciante diciendo que la vida de Alí Bey era perfectamente conocida, en su parte más oficial, por sus obras, y que los manuscritos nuevamente encontrados descubrían su vida íntima; pues eran, ni más ni menos, que los diarios del mismo Badía, donde estaban anotadas sus impresiones, además de copias de documentos y escritos importantísimos. Clasificó los manuscritos pasando, acto seguido, a destacar la vida del ilustre aventurero catalán, tal y como de allí se desprendía. Explicó su tentativa de ascensión en globo –tal y como forzó e imaginó Poe con su fantástico viaje a la luna– que terminó prohibiendo el gobierno a instancias de su padre. Destacó su vida en Madrid, los proyectos de viaje a África, desaprobados cien veces y llevados a cabo en último término gracias a Godoy, describió sus aventuras en Marruecos (con las que logró tal fama que a punto estuvo de sobrepasar a la del Príncipe de la Paz en la conquista del Imperio), la serie de aventuras que le ocasionaron la expulsión del país, cómo emprendió entonces el famoso viaje a La Meca y acabó explicando lo que fue de nuestro compatriota en los últimos años de su azarosa vida».[20]

Toda comenzó a interesarse por el *Viajero* durante sus estudios de derecho en Madrid (1873, aproximadamente), gracias a su amigo el político y escritor catalán V. Balaguer y Cirera (1824-1901) –progresista que había publicado en 1860 el homenaje a la guerra de África y crónica de los viajes de Badía, *Jornadas de Gloria o los españoles en África*–, quien le puso en contacto con la obra y vida de Badía.[21] Toda firmó sus primeras colaboraciones en prensa de aquellos años con el pseudónimo de Alí Bei.[22] Nació en 1855 en Reus y murió en Poblet en 1941. Diplomático y escritor, se interesó desde joven por el monasterio de Poblet y, a los quince años, publicó la obra *Poblet. Datos y apuntes* (1870). En Madrid, estudió derecho y gracias a la influencia de Emilio Castelar ingresó como agregado diplomático en el Ministerio de Estado. Colaboró a partir de 1871 en la prensa republicana-democrática de Reus. En 1876 se trasladó a Macao como vicecónsul y a continuación a Hong Kong y Shanghái, donde publicó *Annam and its Minor Currency* (1882). Ese mismo año, volvió a Cataluña con una valiosa colección de numismática que donó al Museo Arqueológico de Madrid. Gracias a su amistad con Balaguer, entró en contacto con los hombres más significativos de la Reinaxença catalana y, a partir de aquel momento, escribió en esa lengua. Por ejemplo, *Macao, records de viatge* (1883) y *Poblet. Records de la Conca de Barberá* (1883). En 1884 se desplazó como cónsul a Egipto. Hizo excavaciones en Tebas, publicó unos estudios particulares sobre la tumba de Sennedjem y reunió una colección de objetos egipcios que actualmente se encuentran repartidos entre el Museo Balaguer de Vilanova y la Geltrú y el Arqueológico Nacional. Fruto de este viaje son las obras *A través de Egip* (1889) y *Sesostris* (1886).

Alrededor de 1887, estableció unos estrechos vínculos con Alguer en Cerdeña y se convirtió en el impulsor del interés por la cultura catalana en esta isla. Además de encontrar una extensa colección de actas del parlamento sardo, publicó una amplia serie de artículos y numerosos libros, como *Un poble català d'Itàlia: Alguer* (1888), *Records catalans de Sardenya* (1903) y *La premsa catalana a Sardenya* (1903). Desempeñó también la labor de cónsul en Helsinki, Le Havre, Argel y Hamburgo. Tras dejar la actividad diplomática, se estableció en Londres, donde se dedicó a negocios comerciales. En sus viajes particulares, recorrió Asia central, Liberia, India, Japón, Australia y Tierra Santa. En 1889 redactó un tratado de derecho consular español, en el que consignó todas las disposiciones vigentes sobre las diversas materias comprendidas en jurisdicción consular.

Volvió a Cataluña en 1918 con una considerable fortuna y se instaló en San Miguel de Escornalbou, que compró y restauró libremente en 1911. Allí reunió una gran biblioteca que, a su muerte, donó al monasterio de Montserrat, al Instituto de Estudios Catalanes y a la Biblioteca de Cataluña, de la cual fue nombrado miembro.[23] Su interés por Poblet, donde pasó los últimos años de su vida, se materializó en 1920, fecha en la que ingresó en la comisión para su mantenimiento, y llegó a su presidencia en 1930. Fue miembro también del Patronato de Santas Creus y de otras instituciones como la Sociedad Arqueológica de Tarragona, así como profesor de la Escuela de Bibliotecarios.[24] Entre sus obras de carácter diverso se encuentran *Història d'Escornalbou* (1926) y la gran *Bibliografía espanyola d'Itàlia* (1927-1931).

A su vuelta a Cataluña, comenzó a ocuparse de la realización de una biografía sobre Badía, una idea que quizás contempló desde hacía más de treinta años, cuando empezó a recoger documentación sobre él.[25] Fruto de este interés fue la serie de trabajos sueltos que reunió, que recogía principalmente las investigaciones recopiladas con objeto de realizar la citada bibliografía, agrupadas en la llamada *Caja de cartón*.[26]

La *Caja* contenía sellos lacrados en árabe dirigidos a E. Cruset, el hombre que Toda envió a París para reunir información sobre el *Viajero* en 1922; noticias publicadas sobre Badía; un pliego con noticias extraídas de su entorno, de Amorós, y de sus hijos y nietos; dos cartas de su nieto, E. de Sales, a su hermanastro M. Uriarte y Badía; alfabeto cifrado usado por Badía; cartas y notas, como, por ejemplo, una nota de su nieto y otras que describían los pasos que llevó a cabo para que fueran traducidas sus obras al inglés y alemán; referencias biográficas publicadas; relación de méritos y servicios; noticias sobre su muerte; cartas referentes al hallazgo de información sobre Badía enviadas por Cruset a Toda; copias de fichas sobre el *Viajero* en poder de Castries, hechas por Cruset, y copia manuscrita del artículo de Torres y Amat de 1836.

Un personaje secundario de esta *Caja* fue Cruset. Gracias a sus pesquisas (y a las de Moral Fatio, quien le ayudó en la búsqueda de datos del *Viajero*, pues conocía su vida al haber estado organizando materiales para hacer una biografía sobre Amorós), Toda recibió la información sobre Badía. Cruset le fue transmitiendo los trabajos recién publicados de Bausset y Castries, además de referencias bibliográficas de la biografía del *Viajero*, estas últimas casi siempre en obras de carácter general francesas e inglesas. Igualmente, le remitió una relación de cartas enviadas por Badía durante su estancia en Francia y desde los lugares que visitó en su segundo viaje, y le comentó a Toda que el mejor trabajo realizado para reunir los papeles del *Viajero* hasta el momento era el que estaba realizando Castries. Todos los materiales citados por Cruset aparecen copiados de forma manuscrita en esta *Caja*.

Tras la investigación realizada por Cruset, el francés llegó a la conclusión de que lo que Toda tenía en Escornalbou, los seis tomos de *Documents* adquiridos en París, era lo más relevante que existía hasta la fecha sobre el *Viajero*.[27] Y le indicó que su nieto Manuel de Iriarte le había comunicado que había dos personas que todavía podían tener papeles, E. Alonso Sanjurjo y J. Rodríguez Batista, a los que no había podido visitar debido a una inesperada salida que tuvo que realizar al extranjero. Por desgracia, Toda nunca llegó a componer la biografía de Badía, aunque el hallazgo y la recuperación de los *Documents* constituyeron un avance importante en su investigación.

Insertos en el contexto del debate europeo sobre la penetración en África, la labor llevada a cabo por Toda junto con la de la Reinaxença catalana fueron los intentos más significativos por recuperar la figura de Badía, dos hechos que aceleraron la traducción de los *Viajes* al castellano. Entre la fecha del comienzo de su recuperación, 1833, y la del interés mostrado por Toda, 1889, se realizaron al menos tres trabajos diferentes sobre el *Viajero*, todos ellos movidos por el patriotismo que inspiraron las hazañas de Badía, quien, por aquellas fechas, presentaba las condiciones idóneas para ser revindicado: catalán, ilustrado, motor de conquistas africanas y autor de una obra rápidamente traducida al francés, alemán, italiano e inglés.

3.2. La bibliografía sobre Badía

A lo largo de los años en los que se concretó la recepción de Badía, desde 1833 hasta nuestros días, existieron cuatro grandes grupos y factores que explicaron su recuperación. El primero lo constituyó la clave catalanista que, destacando su origen catalán, gracias al interés de ciertos intelectuales y a la Reinaxença, permitió reunir sus materiales originales y publicar la única reedición que existió de los grabados según la primera edición de los *Viajes*, es decir, en un volumen autónomo. El segundo, de signo africanista, revindicó el carácter imperialista del viaje y describió el proyecto de conquista de Marruecos como una acción ejemplar. El tercero aplicó los últimos estudios de carácter antropológico y cultural para interpretarlo. Y el cuarto y último utilizó su vida y obra como motivo principal o secundario para ficcionalizarlo. En todos ellos, la imagen que apareció del *Viajero* y de los *Viajes* traslució las características específicas del pensamiento de cada época en la que se produjo su recepción, como fueron el romanticismo, el exotismo, el imperialismo, el positivismo, el poscolonialismo y el relativismo cultural.

En 1827 el chambelán de Napoleón, Bausset, publicó sus *Mémoires anecdotiques sur l'intérieur du palais et sur quelques événemens de l'empire depuis 1805 jusqu'au 1er mai 1814 pour servir a l'histoire de Napoléon*. En ellas, realizaba un repaso a las personas que había conocido mientras permaneció al servicio de Napoleón, como era el caso de Badía. De este describió su intento de conquista de

Marruecos y reprodujo una serie de cartas, no incluidas en los *Documents*, entre Godoy y el capitán general Solana, que trataban sobre el intento de conquista de Marruecos entre mayo y junio de 1804.

Tras la traducción de los *Viajes* al castellano en 1836, la recepción de Badía continuó con la publicación de las *Memorias* (1839-1841) de Godoy, quien insertó en la narración de su propia vida el episodio marroquí del *Viajero*. Este le sirvió para ensalzarse a sí mismo e indicar que si Badía se trasladó a África fue gracias a sus indicaciones, en las que incluía el proyecto de conquista de Marruecos. Aprovechaba también para adjudicarse falsamente la autoría de la idea del disfraz de árabe, así como la de su peregrinación a La Meca.[28] Las *Memorias* de Godoy fueron también la causa de que, a partir de estas fechas, los *Viajes* se vincularan casi exclusivamente con una conspiración de España para asegurarse el comercio y el dominio del país vecino.

Mesonero Romanos escribió, en 1839, un artículo en el *Semanario Pintoresco Español* sobre el *Viajero*, una pequeña biografía en la que destacaba el viaje a Marruecos, realizado a instancias políticas del gobierno español, y su traslado a Francia, bajo cuya tutela fue enviado a la India. Mesoneros creía que Badía había muerto envenenado debido a un café al que le invitó el bajá de Damasco.[29] De nuevo, al igual que Godoy, lo describió con un tono exaltado y destacó su perfil heroico: «Reverenciado como un ser casi sobrenatural, a causa de su carácter enérgico y sublime, sus predicciones astronómicas, sus curas asombrosas y el magnífico tren oriental de su comitiva se abrieron a su insaciable curiosidad los lugares más sagrados, aquellos que ningún cristiano ha podido penetrar jamás».[30]

Con estilo novelesco y un tono patriótico, V. Balaguer publicó *Jornadas de gloria de los españoles en África* (1860), una obra que era su homenaje personal a la guerra de África de 1859-1860 y que parecía estar escrita para celebrar la participación de los «voluntarios catalanes» del general Prim.[31] En ella, incluía un capítulo de los *Viajes* para justificar la aventura marroquí y legitimar la empresa militar catalana. El tono y la acción de las *Jornadas* estaban empapados de exotismo y Balaguer se permitió interpolar sus propios comentarios en la narración biográfica de Badía, con un fondo imperialista y colonial. Fueron, por supuesto, los episodios de las esclavas Mojana y Tigmu los que se cubrieron de mayor exotismo, junto con el apartado de Marruecos. Balaguer extrajo de Bausset las informaciones relativas al proyecto de conquista. Se confundió el primero cuando afirmó que Badía hablaba correctamente el árabe y cuando señaló que la correspondencia con Godoy se encontraba en paradero desconocido.

También de él son *Las calles de Barcelona* (1865). En la obra, comentó los orígenes históricos del callejero de la Barcelona que se extendía fuera de las murallas, pues fue él mismo el encargado de ponerle nombre a las calles (actualmente Alí Bey es una del Ensanche barcelonés, paralela a la calle Ausias March). La relación biográfica de Badía era la misma que la del trabajo de 1860, pero el período de Francia aparecía más detallado y había desaparecido la parte novelada.

En 1867 A. Aulèstia (1849-1908) publicó un artículo en el periódico *El Porvenir*, en el que realizaba un repaso biográfico del *Viajero* y destacaba de nuevo el carácter patriótico de la empresa marroquí.

Gómez de Arteche publicó, en 1876, *Nieblas sobre la historia patria*, el estudio más riguroso hasta esa fecha, pues el autor usaba fuentes documentales de primera mano y, con espíritu crítico, se cuestionaba ciertos episodios defendidos por los anteriores biógrafos de Badía, sobre todo por Bausset, Mesonero y Balaguer. Por ejemplo, las posibilidades de éxito alcanzado por la empresa marroquí, de la que Arteche dudaba ampliamente. Para él, el plan del *Viajero* se basó desde su comienzo en la descoordinación y las contradicciones, tal y como lo demostraba la correspondencia de la época, que reproducía en su escrito y revisaba de forma crítica. Las cartas fueron escritas por Godoy y el general Castaños entre mayo y septiembre de 1805. Arteche repitió de nuevo erróneamente lo que Godoy había defendido desde sus *Memorias*: que el motor inicial del viaje había sido una propuesta de conquista ideada por el ministro.

En 1878 en la obra conjunta *Los fueros de Cataluña*, de los historiadores J. Coroleu y Inglada y J. Pella y Forgas, aparecían unas páginas biográficas de Badía con el análisis documental riguroso inaugurado por Arteche, fruto también del carácter positivista de la época. Aun así, asomaba un espíritu idealista y se realzaba «el alma catalana». El texto describía las antiguas leyes, constituciones y fueros catalanes como una consecuencia ejemplar del carácter pactista catalán, en el que aparecía como vivo ejemplo Badía, dotado de un amor excelso por su patria.

En 1883 la revista modernista *L'Avenç* dedicó un artículo a la vida de Badía en el que se repasaban sus rasgos más conocidos. Otra vez se usaba un tono ensalzador para resaltar sus hazañas y se reproducían los tópicos habituales de su recuperación. Las páginas del artículo había que insertarlas dentro del contexto del naciente africanismo español.

A. Aulèstia publicó nuevamente, en 1887, una nota biográfica del *Viajero* en el boletín de la Asociación Catalanista de Excursiones Científicas –con motivo del retrato colgado en la Galeria d'Excursionistes Catalans Célebres–, asociación que recuperaba a viajeros catalanes, y les rendía homenaje con conferencias y retratos. Después de descubrir la pintura, Aulèstia realizó una conferencia sobre

Badía y recitó el poema que le dedicó en Chipre el poeta Ipsilanti. El *Diari Català* contaba la noticia:

> La tarde del miércoles pasado tuvo lugar en el local de la «Asociación Catalana de Excursiones Científicas» una velada literaria con motivo de la colocación del retrato del conocido viajero catalán Domingo Badía, conocido por Alí Bey, en la galería de excursionistas catalanes ilustres que se ha propuesto hacer citada Asociación. Después de un discurso del presidente D. Eduart Támaro, se descubrió el retrato, cuya obra pictórica dice mucho a favor del socio D. Modest Teixidó, que es su autor. El retrato reproduce el busto del citado explorador, vestido con traje marroquí que tanto se presta a un buen efecto artístico.[32]

Aulèstia conoció el trabajo de Arteche y, frente al carácter más exaltado de su artículo anterior, esta vez mostró el fracaso de la aventura marroquí. Asimismo, exaltó el signo científico de la empresa y el itinerario geográfico realizado.

El médico militar L. Aycart y López pronunció una conferencia en 1887 en la que repasaba los trabajos efectuados por los exploradores españoles del siglo XIX, e incluía el viaje de Badía. De nuevo era necesario insertar esta obra dentro de las miras africanistas españolas. El texto también denotaba resquicios románticos: «Inspirado por los recuerdos que despertara en su alma de artista las bellezas árabes que contempló en Granada y Córdoba».[33] Eligió para este repaso a los viajeros J. M. de Murga y Martitegui (1868), R. de Jaúdenes y Álvarez (1882) y Badía (1803). Destacaba la parte marroquí de su biografía.

En este contexto de la cuestión de África, tomó impulso la recuperación de Badía. Entre el 17 de marzo de 1888 y el 24 de noviembre de 1889, se publicó semanalmente la primera traducción al catalán de los *Viajes* en el diario *La Reinaxensa*, cincuenta años después de la primera traducción al castellano y setenta de la francesa. En esta publicación se anunciaba

> una biblioteca que contendría obras modernas de escritores catalanes supervivientes de nuestra historia. Esta biblioteca, de la que se repartirá un extracto cada semana, comenzará con la publicación por primera vez en catalán, de los viajes notabilísimos que en los primeros años de este siglo hizo por el interior de África el ilustre patricio Don Domingo Badía y Leblich, quien el mundo glorificó con el nombre de Alí Bey el Abbassi.[34]

Esta edición no consiguió, sin embargo, aproximarse críticamente al *Viajero*, tal y como hubiera sido de desear y lo señaló J. Massó en un artículo en la revista *L'Avenç*.[35]

Castries publicó en 1909 «La fin d'un roman d'aventure: les dernières années d'Alí Bey el-Abbassi (1808-1818)» en la *Revue des*

Deux Mondes (publicación ampliamente conocida en la España de la época), un trabajo del que se hacía eco Cruset en su correspondencia con Toda. Castries utilizó una novedosa documentación que incluía materiales extraídos del Ministerio de Asuntos Exteriores galo y detallaba la propuesta de colonización francesa de África y una minuciosa descripción de su muerte. El texto ponía en evidencia que la información señalada por Cruset de que Castries había recogido la documentación más valiosa sobre el *Viajero* era verdad. Por primera vez, aparecía la alusión a una posible enfermedad mental como causa de su forma de actuar: «Badía fue víctima inconsciente de una excesiva actividad de la imaginación, y la larga costumbre de ir disfrazado física y moralmente le llevó a alterar un poco la realidad».[36]

En 1923 E. García de Herreros, vicepresidente de la Sociedad Arqueológica de Alejandría, publicó una obra en la que realizaba una aproximación bibliográfica a cuatro viajeros españoles que se desplazaron a esta ciudad, *Quatre voyageurs espagnols à Alexandrie d'Égypte, Benjamín de Tudela (1166-71), Ibn Goubair (1183-85), Pero Tafur (1435-1439), Alí Bey el Abbassi (D. Badía, 1803-7)*. Su fuente principal fue el trabajo de Castries y se detuvo por primera vez de forma minuciosa en el relato de los dos viajes de Badía. Se equivocó en su conocimiento de árabe, que supuso excelente.

Fue Roussier quien publicó el grueso de documentos más importante de su segundo y último viaje. En «Les derniers projets et le dernier voyage de Domingo Badía (1815-1818) (Post-Scriptum aux Voyages d'Alí-Bey)», transcribió una treintena de cartas, nunca antes mostradas, entre el *Viajero* y los responsables militares franceses del viaje, que contextualizaban y detallaban sobradamente su muerte. También reprodujo la *Mémoire sur la colonisation de l'Afrique* que presentó Badía a Richelieu en 1815. El tono era de nuevo patriótico y exaltado, pues situaba los movimientos del *Viajero* como el antecedente de la labor colonial francesa en la zona. Los documentos utilizados habían sido extraídos del Ministerio de las Colonias y de Asuntos Exteriores franco. Las cartas reproducidas resultaban de un extraordinario interés, puesto que eran las únicas noticias de los lugares que visitó de camino a La Meca en su segundo viaje. Es una lástima que no hayan quedado apenas muestras de su visita a Damasco, pues un estudio comparado con las de su primer traslado a la ciudad resultaría de un gran interés. Por primera vez, aparecía la documentación necesaria para probar que el *Viajero* no murió envenenado.

En 1942 A. Casas publicó la biografía novelada de Alí Bey. Se basaba en los *Viajes*, los trabajos de Balaguer, las cartas reproducidas por Roussier y, como él mismo señaló, por primera vez en los *Documents*, aunque apenas llegó a utilizar el primer y segundo volumen, tal y como lo demuestran algunos de los deslices del texto. Por ejemplo, señaló como desconocidas las causas por las que el plan de conquista se había paralizado (aunque estas aparecían en los *Documents*), y creyó que Badía entregó directamente a Godoy una propuesta de ampliación política de su *Plan*, cuando primero se la dio a Ceballos. La introducción de los pensamientos del propio Casas a lo largo de la obra fue constante, se dejó llevar varias veces por el exotismo y destacó el espíritu católico de Badía. Una vez más, el talante crítico estaba ausente en la obra.

R. Ezquerra escribió en 1943 una nota biográfica en la que volvió a destacar el espíritu conquistador del *Viajero*. Aunque resaltó su carácter ilustrado frente a reivindicaciones más románticas, insertó de nuevo algún tinte novelesco, como por ejemplo la invención de los objetos que Badía escondió cuando fue sorprendido por los wahhābíes: «Una breve espera le bastó para tragar la carta comprometedora de un príncipe, para esconder el tabaco debajo de una piedra y, sobre todo, para tirar y dispersar lo más valioso: los fósiles, insectos y plantas recogidos».[37] En marzo de 1947, publicó una conferencia impartida en el Centro de Estudios Africanos. Algo más extensa que la nota anterior, reproducía la vida de Badía hasta el final de su viaje a Marruecos. Esta vez resaltaba de forma directa sus aptitudes coloniales: «Es posible que allí [Vera] concibiera ya sus proyectos de explorar el continente africano o de llevar la civilización europea al decadente Islam».[38] Ezquerra incluyó por primera vez una interesante lista de los viajeros que antes que Badía habían viajado a África.

Fruto de una memoria de licenciatura de la Escuela Diplomática de Madrid fue el trabajo de A. Martín-Gamero «La empresa marroquí de Domingo Badía», realizada en 1946. La memoria destacaba los fines políticos del viaje y hacía hincapié en las relaciones exteriores que mantuvo España en esos años con países como Francia o Inglaterra, igualmente interesados en África.

De nuevo otra biografía novelada, basada en las obras de Godoy, Mesonero Romanos, Casas y los *Viajes*, recorrió la vida de Badía. J. Romano, pseudónimo de H. Rodríguez de la Peña, escribió en 1951 *Los viajes de Alí Bey el Abbasí*, un compendio novelesco en el que se iban integrando los *Viajes* y la mirada fantástica de Romano. Describía hechos tan extraordinarios como que Rojas Clemente y Badía se pasearon por Madrid vestidos de árabe o que la muerte del *Viajero* sucedió en 1822: «Como fue también un formidable histrión. Dice el refrán que de "mozos locos se hacen cuerdos viejos", pero en Badía quebró el adagio, pues a más viejo fue más loco. ¡Qué tipo más formidable! Llamó a la fortuna y esta le abrió la puerta; pero tanto jugó con la suerte, que se lo tragó».[39]

Caille, en *La mission du capitaine Burel au Maroc en 1808* (1853), introdujo unos apuntes biográficos sobre el *Viajero*. El capitán Burel fue enviado por Napoleón a la corte del sultán de Marruecos en 1808 para informar del estado del país a Francia. El texto repasaba las relaciones entre ésta, Marruecos y España y destacaba, nuevamente, el intento de conquista de Marruecos por Badía.

En 1954 N. J. Cinnamond publicó *El caballero Badía y Leblich y su plan de reforma de la Orden del Santo Sepulcro de Jerusalén*. En este texto se publicó por primera y única vez la *Memoria sobre los religiosos de Tierra Santa*, realizada durante el viaje de Badía a Jerusalén y extraída de sus *Documents*.

Soldevila publicó en 1955 *Figures de Catalunya*, un libro que incluía 120 biografías y en el que aparecía un apunte sobre Badía, con el título de «Doménech Badía i Leblich (Alí Bey el Abbassi). Un aventurer extraordinari precursor de les grans empreses de *l'Iintelligence Service*». Aseguró de forma errónea que era un experto orientalista antes de salir hacia Marruecos y destacó la posibilidad de que estuviera loco. El tono de las páginas era mucho más objetivo que los trabajos anteriores y tenía cierto espíritu crítico, puesto que cuestionaba los presupuestos expuestos por Godoy en sus *Memorias*: «Alí Bey no veía claro lo que se pretendía de él, que, evidentemente, no era más que una diversión dentro de los planes generales que el ministro pensaba descabellar. Alí Bey optó entonces por hacerse el desinteresado e ir hacia La Meca».[40]

Mercader publicó dos trabajos sobre el *Viajero*. En el primero, *«Ali-Bey», Intendente afrancesado en Segovia* (1958), reconstruyó la época en la que ejerció como intendente en Segovia. Para ello, insertó y reprodujo por primera vez un legajo de documentos provenientes del Archivo Histórico Nacional, en los que, sobre todo, aparecía la situación económica de la región cuando Badía llegó a ejercer su intendencia. En 1960 editó *Domènec, Badía, «Ali-Bey». Un aventurer català al servei de Godoy i de Josep I*, un trabajo más extenso que abarcaba toda su biografía. Resalta en la obra la minuciosidad con la que Mercader describió el primer viaje, del que retomó en algunos casos las ideas de Godoy, y las informaciones detalladas, esta vez, de la intendencia en Córdoba y la comisión posterior en Valencia. El autor no citaba las fuentes de este trabajo, pero probablemente provenían nuevamente de las que hoy se encuentran en el Archivo Histórico Nacional. Destacaba los trabajos que Badía realizó durante su intendencia, los cuales sorprendían por su volumen y su carácter ilustrado. Algunos de ellos son todavía hoy visibles en la ciudad.

En 1961 apareció en *La Vanguardia* una pequeña nota biográfica con el título «Español haciendo historia, francés para escribirla. Alí Bey», escrita por T. Salvador. En ella se destacaba y revindicaba el *carácter* catalán de Badía.

M. de Epalza editó en 1968 «Autour d'un centenaire: le voyageur espagnol Domingo Badía (Alí Bey al-Abbasi, 1767-1818) en Tunisie». Una pequeña nota biográfica antecedía a la reproducción del apartado de los *Viajes* dedicado a Túnez. Epalza afirmó que murió asesinado y señaló que entró en contacto con los árabes y con su lengua en Vera, y dejó asomar que mantuvo relaciones con el gobierno inglés. Por primera vez, aparecía una bibliografía de las ediciones de los *Viajes*.

Con «Alí Bey. La increíble y agitada vida de Domènec Badía y Leblich», Fontodrona realizó en 1969 otra pequeña nota biográfica, a la que parecían estar acostumbrados sus estudiosos. Sus fuentes fueron principalmente Balaguer y la introducción de la edición de los *Viajes* de Díaz-Plaja de 1943. De nuevo, con un tono exaltado, destacaba las hazañas marroquíes y cierto estilo novelado inundaba el breve texto:

> La vida de Doménec Badía y Leblich parece orientarse, ya desde sus comienzos, hacia lo inusitado, lo descomunal, lo inaudito [...]. En algunos aspectos parece como si Badía no sea latino. Siempre preparó sus empresas con extremo cuidado, improvisando lo mínimo. En realidad era al arquetipo del catalán. Tenía, junto a todas sus audacias, esta cosa inefable e inaprensible a la que llamamos «seny» [...]. Su estrella, como la de Napoleón en Waterloo, parece haberse apagado definitivamente.[41]

En 1972 Madrid del Cacho editaba *Un barcelonés prefecto de Córdoba con José Bonaparte, Domingo Badía (Alí Bey)*, un texto biográfico en el que volvía a destacar su papel heroico y patriótico, e intentaba buscar un antecedente cordobés en su genealogía con el fin de vincularlo a la ciudad andaluza. La obra mostraba de nuevo informaciones desconocidas sobre la etapa en Córdoba, con datos económicos, científicos y culturales. El texto contenía diversos errores, como la alusión al árabe perfecto que aprendió antes de salir de viaje, la circuncisión de Rojas Clemente, el destino del viaje –confundido con el de su *Plan*–, San Jorge de las Minas... Curiosamente, introducía un apartado que no se encontraba en ninguna obra anterior y no citaba sus fuentes, a pesar de que estaba extraído de los *Documents*: el intento de Badía de conspirar contra los ingleses en el gobierno de Egipto.[42]

A. García Wehbe publicó en 1974 una «Contribution à la biographie de Badía y Leblich alias Ali-bey». La autora señaló que la fecha que aparecía en los textos de Casas y de Torres y Amat, como la edad en la que Badía accedió a su puesto de administrador de utensilios de la costa de Granada, catorce años en lugar de dieciocho, era incorrecta. Para su corrección, se basó en los *Documents*.

J. M. Benet i Jornet publicó la obra de ficción *El manuscrit d'Alí*

Bey, en 1985. El autor utilizaba la vida y obra de Badía para reproducir sus aventuras y realzar sus valores más contemporáneos. El escrito trataba de un amigo barcelonés de Badía enfermo de tuberculosis que vivía obsesionado por la existencia de un manuscrito inédito del *Viajero*; la infancia pasada en común daba pie al recuerdo de las aventuras del catalán. El teatro Lliure de Barcelona la puso en escena en 1988 con escenografía y vestuario de F. Puigserver. Nuevamente, se resaltaba en el programa de mano el espíritu emprendedor de Badía, que Benet i Jornet destacó como una búsqueda interior insatisfecha y mal racionalizada.

En 1986 V. Leblic García, descendiente materno del *Viajero*, realizó una nota genealógica del apellido Leblich en *La familia materna de D. Domingo Badía y Leblich en Toledo*. El autor recorría este apellido desde la madre de Badía hasta nuestros días, sin citar sus fuentes. Aparecían datos equivocados en los breves comentarios biográficos: que aprendió un buen árabe, que estudió leyes orientales antes de realizar su primer viaje y los datos referentes a su tío abuelo materno.[43]

A. Rekik publicó en 1990 «Voyageurs espagnols en Tunisie», un artículo de carácter muy general en el que describía los viajes de J. Aguirre Matiol y Badía, de quien narraba su visita a Túnez.

J. Chelhod escribió en 1994 un artículo en el que avanzaba datos de la muerte de Badía, según los informes del viajero polaco Rzewuski, quien coincidió con el español en Turquía y, en su segundo viaje, en Damasco.

En 1996 se realizó la exposición *Alí Bei, un pelegrí català per terres de L'Islam* en el Museo Etnológico de Barcelona, comisariada por Y. Aixelà y A. Lopéz Bargados. Esta muestra recorría los aspectos más etnográficos de los *Viajes*, de donde destacaban ceremonias y rituales árabes y musulmanes. Más de 300 objetos de uso cotidiano eran ilustrados en la exposición con los párrafos escritos por Badía a lo largo del recorrido entre Tánger y La Meca. Fruto de esta exhibición fue el catálogo con el mismo título en el que se incluían nueve artículos con valiosa información sobre el contexto de los *Viajes*, así como la vida y obra del *Viajero*. Estos, influidos seguramente por el excelente trabajo realizado once años antes por Barberá, se insertaban en una aproximación metodológica bien diversa de los trabajos de apenas treinta años antes.

A. Segura se encargó de la presentación del catálogo e interpretó el viaje de Badía como una forma de ruptura y transgresión del discurso lineal y monocromo del islam. El artículo de Aixelà contenía un repaso de los intereses etnográficos de los *Viajes*. Ceremonias, espacios masculinos y femeninos, rituales y espacios públicos fueron destacados de entre las descripciones de Badía para mostrar los detalles de otras culturas. B. Porcel explicaba el encuadre del Mediterráneo actual y la forma en la que había que aproximarse a este lugar, a partir de los cambios sucedidos en la época contemporánea. J. Barceló repasaba con detalle la biografía del *Viajero* y sus desplazamientos en unas páginas basadas en su introducción hecha para la edición de los *Viajes* de la Compañía Literaria. Destacaba el entorno histórico de Marruecos y pensaba que el ritmo narrativo de la obra estaba teñido de largas descripciones (habituales en los libros de viajes), que a la edad de catorce años había desempeñado el trabajo de Vera y que, con facilidad y en un plazo menor de un año, consiguió la aprobación para realizar su segundo viaje. E. Martín Corrales contextualizaba los viajes de Badía en el contexto de la política española del Mediterráneo musulmán. Puso especial énfasis en los problemas generados por la consolidación de las relaciones con los países norteafricanos tras la firma de los tratados de paz y comercio de fines del siglo XVIII y en los esfuerzos por asegurarse, en caso necesario, el abastecimiento de trigo procedente de los países musulmanes. Consideró confusos los objetivos de Badía, al tiempo que destacó la necesidad, a posteriori, de autojustificación política de Godoy avalando el episodio marroquí de aquél. Bayón del Puerto describía con detalle la recepción y recuperación del *Viajero* en el ámbito catalán. López Bargados resaltaba las singularidades de Badía dentro de los libros de viajes y avanzaba la hipótesis de una posible enfermedad psíquica y una supuesta conversión al islam:

> Durante su peregrinación previa, Alí Bey experimentó un desdoblamiento (casi de manera armoniosa) que hoy día sería fuente de constantes males y angustias, y que él vivió como si se tratara de dos individuos con inclinaciones antagónicas que a pesar de todo tomaban la decisión de viajar en la misma dirección: uno, Badía, justificando continuamente su expedición con promesas de futuras conquistas; el otro, Alí Bey, realizando el precepto coránico que es al mismo tiempo un viaje sagrado y de conocimiento [...]. A mi entender, es precisamente esa creciente confusión de personalidades la que hace de Alí Bey un personaje absolutamente atípico en el contexto de la literatura de viajes. Las reflexiones que propone sobre su religión de acogida, el Islam, están impregnadas a menudo de una lucidez y una vocación de síntesis que resulta difícil de hallar en el resto de viajeros.[44]

K. Chegraoui analizaba la imagen de Marruecos de los viajeros europeos entre 1790 y 1825 a través de las visiones del Otro en el viaje. Y A. Akmir abordaba los aspectos comunes y divergentes entre Badía y J. de Henin, ambos viajeros a Marruecos. Para finalizar, el catálogo reproducía la mejor bibliografía hecha hasta la fecha de

Badía, realizada por Bayón del Puerto, en la que se repasaban sus investigaciones y ediciones.

En 1996 se editó un artículo con nuevos datos sobre el *Viajero*. Se trataba del texto «Domingo Badía (Alí Bey) en Marruecos», de McGaha, que parecía concebido como una réplica a la introducción de los *Viajes* realizada por Barberá. El minucioso estudio biográfico de nuestro personaje y de sus viajes a Marruecos avanzó la que sería la edición de la tragedia inédita de Badía, realizada por el mismo profesor, cinco años después. En el artículo, aparecía nueva documentación extraída del Foreign Office sobre el estado de Marruecos en la época que lo visitó el *Viajero*. El texto reconstruía con detalle los años africanos a partir de los datos de Barberá y los *Documents*, pero incluía como correctos algunos datos de los *Viajes*. McGaha insistía en la posible conversión al islam de Badía. Algunos de los errores deslizados eran: la meticulosa preparación en la lengua árabe, la venganza contra sus enemigos a su vuelta a Córdoba, la enfermedad provocada por el disgusto que le ocasionó no poder seguir el plan de conquista de Marruecos, la no aparición de su nombre verdadero en la edición alemana, etc. Sus trabajos, junto con los de Barberá y el catálogo de la exposición anteriormente citada, son los que recorren con mayor detalle y espíritu crítico sus pasos.

En 1996 apareció el artículo «Realidad y ficción en los *Viajes* de Alí Bey», de F. Lafarga. Analizaba los textos publicados de los *Viajes* hasta esas fechas, y destacaba los problemas que ocasionó el hecho de que no existiera un texto matriz redactado en castellano y la ambigüedad de que no se incluyera en la primera edición su verdadera identidad. Lafarga aportó una revisión bibliográfica minuciosa de los textos de los *Viajes* y los estudios sobre Badía.

En 1998 se publicó en *La Vanguardia* una entrevista al arabista V. Pallejà de Bustinza que narraba los últimos días de Alí Bey, según el diario del conde Rzewuski de la Biblioteca Nacional de Varsovia, sobre el que estaba trabajando. Cuando Rzewuski se enteró de que estaba gravemente enfermo, tras la salida de Damasco, buscó en el campamento de la caravana de peregrinos a Badía, quien le hizo importantes confidencias en su lecho de muerte. Entre otras, que había sido obligado a ingerir café mezclado con un fuerte veneno al que no encontraba antídoto. Esta versión de su muerte, junto con la de lady Stanhope, defendía la hipótesis de su asesinato.

El mismo año Juan Goytisolo publicó *Crónicas Sarracenas*, un conjunto de ensayos en los que reproducía su prólogo a la edición de los *Viajes* de 1982. Se trataba de un ensayo sobre Badía que estudiaré más adelante, cuando analice la descripción de sus ediciones.

Con motivo de la reedición de los *Viajes* en la edición de Barberá, aparecieron dos críticas en suplementos culturales que permitían interpretar la obra a partir de las últimas revisiones culturales. J. F. Ruiz Casanova, en *ABC*, destacaba la vertiente ilustrada y el proyecto de anexión de Marruecos, dos condiciones que le hicieron convertirse a Badía en «utópico iluminado y anacrónico imperialista».[45] Sus características ilustradas le obligaron a incluir en su representación del Otro otras especificidades típicas del XVIII: «El mérito de Alí Bey está en su testimonio escrito, aunque sea este parcial, subjetivo o determinado por la peor de las ignorancias de nuestro mundo occidental: el desconocimiento de la sabiduría de los demás».[46] A. de la Serna publicó en *Saber leer* una nota de los *Viajes* de Barberá. Este diplomático fue el embajador de España en Túnez cuando Barberá trabajó como secretario de la embajada de Marruecos. Según testimonio del arabista y amigo de éste, Jorge Aguadé, De la Serna facilitó enormemente las investigaciones sobre Badía de Barberá, así como sus estudios de lengua y literatura árabes en la Universidad de Rabat durante su estancia en el país. En la reseña, se reproducían principalmente datos y presupuestos de la introducción de Barberá, en los que se deslizaban algunos errores. Destacaba De la Serna el valor ilustrado del *Viajero*, que había que revindicar frente a las leyendas tejidas sobre él:

> No vieron suficientemente la imagen verdadera, la del explorador animoso, el observador atento del territorio, el puntual narrador de lo que iba viendo; el redactor, en fin, de un cúmulo de informaciones de la más variada índole –geográficas, etnográficas, religiosas, etc.– que empezaron a desvelar algo de las brumas que rodeaban, ante la vista de los europeos en particular, la imagen siempre borrosa de Marruecos.[47]

En el año 2000 tuvo de nuevo lugar una exposición sobre los viajes de carácter muy similar a la realizada en 1996, aunque más reducida, en la Sala Parpalló de Valencia. Se presentaba dentro del ciclo expositivo sobre culturas mediterráneas, organizado por el Museo de Prehistoria y de las Culturas de Valencia, bajo la denominación *La presencia española en el norte de África*. Por su título, *Alí Bey. Un peregrino por tierras del Islam*, casi igual que el de la anterior, y su contenido, parece el segundo destino del recorrido itinerante de la exposición de Barcelona. Esta vez de forma acertadísima, y motivado también por su origen valenciano, se dedicó a Rojas Clemente.

R. Mayrata publicó en el 2001 una biografía novelada de Badía, *Alí Bey el Abasi. Un cristiano en La Meca*. La obra presentaba su vida en clave novelística y la contextualizaba en los sucesos históricos de la época, que desarrollaba ampliamente. Utilizando la primera persona para crear mayor tensión, Mayrata relató los hechos como si hablara directamente Alí Bey. El autor no revisó los *Documents* y se basó fundamentalmente en las obras de Casas y Barberá. Su atinada aproximación histórica permitió incluir algún dato novedoso en la vida de Badía, como por ejemplo los profesores que tuvo y las asignaturas que aprendió durante su escolarización en Barcelona.

La última alusión a Badía, la constituye la novela histórica de A. Salvadó *L'ombra d'Alí Bei*, publicada en el 2004. Se trata de un texto que forma parte de una trilogía sobre el *Viajero* que irá apareciendo de forma continuada: la primera obra está dedicada a Marruecos, la segunda al viaje a La Meca y la tercera a la biografía de Badía. En este caso, el título plasma de forma evidente la recreación del personaje según Salvadó. Badía es apenas una sombra en la que se fijará el gobierno español gracias a un tratado de globos aerostáticos con pseudónimo que llega a sus manos, detrás del cual puede hallarse la persona necesaria para realizar una labor de espionaje en Marruecos.

3.3. Las ediciones de los *Viajes* y la *Tragedia*

En la mayoría de las ediciones de las obras de Badía se hicieron las mismas aproximaciones que en los trabajos de sus investigaciones anteriores, puesto que en muchos casos estos fueron utilizados como fuentes para su realización. Hay que destacar entre ellas las traducciones a cinco lenguas de la primera edición de 1814, la reproducción del *Atlas* en catalán a partir de esta edición y el seguimiento geográfico de las rutas marroquíes del *Viajero* por Cagigas y Barberá. Igualmente, conviene resaltar entre estos trabajos la inclusión de las personas que conoció en su viaje a Inglaterra en la edición inglesa de 1816 y la inserción de algunos nuevos materiales para su estudio, como los de McGaha y García Valdés en la publicación de la *Tragedia* de Alí Bey.

La primera edición de Badía, la francesa de 1814, estaba formada por tres volúmenes y el *Atlas des voyages*, que reproducía las láminas y los mapas del viaje. La obra la firmaba Alí Bey, hijo de ʿUṯmān Bey, príncipe de los abasíes, como afirmó la nota del editor, quien decía conocerlo personalmente. El texto se dedicó a Luis XVIII y en él se prometía que serían publicadas en breve las observaciones astronómicas y la parte científica de los *Viajes*. La revisión tipográfica la realizó M. Pierre Didot, la del texto M. de Roquefort y los grabados eran de Adam.

De forma sorprendentemente rápida, en 1816, se hizo la primera traducción del texto francés a lengua inglesa, por A. Strahan. La obra estaba formada por dos volúmenes, de nuevo firmados por Alí Bey. En la «Nota de los editores»[48] aparecía una breve nota del autor, silenciando la verdadera identidad del *Viajero* y notificando que en el verano de 1814 se desplazó hasta Londres para encargarse de su edición. La introducción incluía una lista muy interesante de las personas que visitó en la capital británica: Banks, Maskelyne, Rennell, Mendoza, Blizard y Turner.[49]

Esta misma edición se reeditó en Filadelfia en 1816. Encontré su ficha en la sección de libros raros y curiosos en la biblioteca de la Universidad Americana de El Cairo, pero desgraciadamente no se pudo localizar el volumen. La edición en inglés ha sido reproducida dos veces más en el siglo XX, en 1970 y 1993.

Igualmente, se tradujo al italiano en 1816. Constaba de cuatro volúmenes, con láminas coloreadas, y estaba dedicada a la condesa L. Colloredo. A pesar de que señalaba como autor a Alí Bey, la introducción lo confundió con otro personaje y lo describió como un mameluco egipcio raptado por los bárbaros del Cáucaso educado en Europa: «Conoce bien y ha reflexionado sobre nuestras costumbres, artes, y leyes».[50] La obra fue traducida por S. Ticozzi.

La traducción alemana tuvo lugar el mismo año. La realizó, a partir de la francesa, F. J. Bertuch, e iba firmada por Alí Bey. Estaba formada por dos volúmenes y sólo contenía una pequeña introducción, en la que se hacía una importante revelación no indicada antes, ni, probablemente, conocida por el propio Badía, pues aparecía su verdadera identidad.[51] Dos años después, en 1818, se realizó una edición (que nunca he llegado a ver) en la ciudad de Boston con extractos de los *Viajes* en inglés y traducción de L. Knapp.

En 1836 tuvo lugar por fin la primera edición en castellano, realizada a partir de la francesa y traducida por P. Pérez. La obra constaba de tres tomos que reproducían los mismos grabados y mapas de la primera edición. Al comienzo de la traducción, aparecía una advertencia del editor y se reproducía el aviso del de la traducción gala. También una nota biográfica, cuya fuente principal era el trabajo de Torres y Amat, que señalaba incorrectamente la fecha de su muerte en 1822 a causa de un envenenamiento. La edición aparecía firmada por primera vez por Domingo Badía y Leblich. La misma obra se reeditó en el mismo año en México en la Librería de Vicente Salvá e Hijo.

Casi treinta años después, se publicó en Puerto Rico *Los viajes y aventuras del ilustre esforzado catalán Badía durante su larga permanencia en Marruecos*, una obra que se limitaba a reproducir la parte marroquí de sus *Viajes* y la biografía de Mesonero Romanos a modo de prólogo.

En lengua catalana, se editó por primera vez en 1888. Formada por tres volúmenes, introducía en su comienzo una nota biográfica, extraída en su mayor parte del trabajo de Torres y Amat, que reproducía su artículo de *El Vapor* de 1833, pero con errores que este no incluyó, como afirmar que se trasladó a Marruecos antes de su primera incursión o suponer que los *Viajes* se escribieron en árabe.

En 1892 se publicaba la única reedición que se ha hecho hasta el momento del *Atlas* incluido en la publicación de 1814. En catalán, aparecían los datos extraídos de la edición inglesa, así como los de Torres y Amat.[52] Igualmente, se presentaba un pequeño resumen de los viajes y dos comentarios a los grabados XXXV (inscripción de Amatonta, en Chipre) y XXXVII (vaso probablemente del mismo lugar).

La tipografía catalana de J. Aladern publicó en 1907 la traducción de los viajes por Marruecos de la edición de 1888. La obra introducía una nota biográfica que lo destacaba como ilustrado y transcribía íntegro el texto de Torres y Amat. En estas páginas aparecía erróneamente que la circuncisión se la había hecho Badía con sus propias manos y reproducía una copia del cuadro orientalista de M. Fortuny *Tipo marroquí* (1860).

I. de las Cagigas, vicecónsul de España y encargado en comisión de los Asuntos consulares en Uxda, publicó en 1917 *Los viajes de Alí Bey a través del Marruecos oriental*, anotados y comentados por él mismo. Este texto presentaba un intento de comprobar la exactitud de las apreciaciones de Badía, sobre todo geográficas, gracias a los conocimientos que poseía Cagigas del lugar:

> Acaso fuera preciso para ello preparar ediciones comentadas y ayudadas de gráficos y aún de láminas, que comprobasen hoy la exactitud de todas sus apreciaciones, y por si este medio fuese eficaz me he permitido, como ensayo, anotar sus itinerarios a través de este Marruecos Oriental, que, por serme conocido como mi propia casa, y haberlo atravesado infinitas veces a caballo y aún a pie, me prestaba mayor facilidad para mi trabajo.[53]

Entre 1926 y 1934 se publicó en catalán, en la colección popular de la Editorial Barcino, los viajes completos de Badía en 13 volúmenes con traducción del novelista C. A. Jordana, oculto bajo el pseudónimo de F. de Rupià. El prefacio del primer volumen lo escribía el arquitecto, diseñador de jardines, urbanista, viajero y escritor N. M. Rubió i Tuduri (1891-1981). En esta introducción, se destacaba la afición y fascinación orientalista de Badía, y la necesidad de pensar en el episodio marroquí como una empresa menor de la gran labor que significaron sus viajes. Rubió i Tuduri introdujo por primera vez la idea de que aquél nunca creyó en los proyectos políticos de Godoy, lo que demostraba ciertos cambios e innovaciones en el contexto de la recepción del *Viajero* de aquellos años. Por primera vez, se hablaba de forma extensa de la influencia que tuvo Park en los *Viajes*, una idea que reprodujo Barberá en su introducción.

Díaz-Plaja realizó en 1943 el prólogo de la edición completa en un solo volumen de los *Viajes*. Destacaba la figura heroica y patriótica del *Viajero* y los comentarios peyorativos sobre Oriente. Como errores figuraba que Rojas Clemente tomó la iniciativa de acompañarle en el viaje y que se encontraba publicada la parte científica. La obra traslucía un fuerte espíritu africanista:

> Recoger el perfil biográfico de esta novelesca figura –superior al mismo Lawrence en audacia, conocimientos y ambición patriótica– sirve para demostrar como aún en los momentos de mayor declive histórico surgió entre nosotros la individualidad vigorosa que ha sido siempre la clave radical de nuestras horas de plenitud. Pero, para desventura nuestra, la hazaña de este hombre coincidió con uno de los momentos de mayor desconcierto histórico que España ha atravesado jamás.[54]

Y en este contexto se hacía necesario destacar que Badía nunca fue musulmán:

> Pero su misión es islámica. Oriente ha calado hasta los huesos de este audaz levantino español. Tanto, que hay en su relato momentos casi de fervor mahometano que llegan a desconcertar al lector. Momentos hay, en efecto, en que el culto de Alá aparece en sus ojos como una forma de vago deísmo, pero de moral rigurosa, que encanta a su espíritu típicamente dieciochesco.[55]

En 1982 se publicaban en dos volúmenes los viajes completos prologados por J. Goytisolo. El escritor comentó la exigua representación de viajeros españoles en África y Asia, y después realizó, por vez primera, una necesaria contextualización de la obra de Badía en el conjunto de aventureros, exploradores, misioneros y agentes coloniales europeos. Destacando la relevancia de que Badía escribió bajo pseudónimo, pasó a resumir las noticias autobiográficas de los *Viajes* y la carencia de información sobre el proyecto político en ellos, para la que remitía a las *Memorias* de Godoy. Tanto los trabajos de este como los de aquél, señalaba, eran poco fiables y en el caso del *Viajero*, llenos de fantasía. Importaban las descripciones de carácter etnográfico, los momentos en los que se hacía patente su *ego* como héroe o sabio en los países visitados y su crítica a Oriente. Por primera vez, Goytisolo daba énfasis a uno de los hechos más relevantes de los *Viajes*: la información riquísima sobre los wahhābíes hecha por Badía. En el prólogo, destacaba el comentario de los *Viajes* y la vida de su autor a la luz de los libros de viaje y de las aportaciones del orientalismo surgidas a raíz de la publicación de *Orientalism*, de Edward S. Saïd, obra publicada en español por Goytisolo en la editorial Libertarias.

También en 1982 J. Barceló se encargó de realizar la edición completa de los *Viajes*. Se efectuaba a partir de la traducción española de 1836, tomada como texto base, pero revisada a partir de la francesa de 1814 y la inglesa de 1816. Barceló incluyó un prólogo en el que resumía brevemente los viajes y la vida de Badía. También ponía el acento en su «errabunda fantasía»[56] y las «medias verdades y medias mentiras»[57] de las *Memorias* de Godoy.

En catalán, volvió a realizarse una edición completa de los viajes, en 1984, en L'Atzar. El texto contaba con una larga nota biográfica de Badía en la que destacaba una breve descripción sobre sus incursiones y la inserción de sus noticias en la prensa catalana del XIX. La obra volvía a resaltar el gran conocimiento de árabe que tuvo antes de partir a Marruecos.

Barberá editó y tradujo en 1985 los *Viajes por Marruecos* de Badía. Fue la única vez, además de la de 1836, que la traducción al castellano se vertió directamente de la primera edición en francés. S. Barberá Fraguas nació en Valencia en 1947, donde estudió derecho. Diplomático de carrera, fue secretario de la embajada de Marruecos y obtuvo la licenciatura de lengua y literatura árabes por la Universidad Mohamed V de Rabat. Más tarde se doctoró en filología semítica en la Universidad Complutense, y fue designado secretario general del Instituto Hispano-Árabe de Madrid. Tras desempeñar cargos diplomáticos en Sídney, Hannover y Hamburgo, y ser cónsul en Trípoli, falleció en el año 1995. De su interés por la cultura islámica son testimonio numerosos artículos y la traducción *La epístola de los genios* o *Árbol del donaire*, de Ibn Šuhayd.[58]

La rigurosidad, verificación de datos, contextualización histórica, competencia filológica árabe e incluso revisión de datos geográficos (en la línea de los trabajos de Cagigas y García de Herreros) de la obra la convirtieron en un documento excelente. Fue una lástima que su larga introducción abarcase sólo el viaje a Marruecos. La exhaustiva labor realizada obligó a pensar que quizás se encontraba entre sus ideas la de proseguir el mismo tipo de estudio con los viajes a La Meca. Sin embargo, según los testimonios de Aguadé, no tuvo intención de publicar una edición del desplazamiento a la ciudad santa.

El texto de Barberá constituyó, en buena parte, una respuesta a las recepciones africanistas de la obra de Badía. Barberá trató de resolver el realmente enmarañado intento de conquista de Marruecos, para destacar los tintes fantasiosos del proyecto y de los del propio Godoy. La introducción comenzaba resaltando el carácter ilustrado del *Viajero* y continuaba con su detallada biografía. Más tarde relataba pormenorizadamente la aventura en Marruecos, hasta su muerte. Destacaban como fuentes de Barberá la lectura de parte de los *Documents*, la inclusión de ciertas cartas encontradas en el Archivo

Histórico Nacional y, en algunos casos, la inserción como reales de datos no comprobados de los *Viajes*. Reprodujo nuevos materiales en el apéndice de la introducción: «El informe de la Academia de la Historia sobre el viaje al interior de África propuesto por D. Domingo Badía», extraídos del *Boletín de la Academia de la Historia*; el «Proyecto del Viajero Alí Bey para conquistar el Imperio de Marruecos» de los *Documents*; una carta de Godoy que resumía los resultados del viaje de Badía de los mismos *Documents*; la «Representación de Badía al rey José Bonaparte» del Archivo Histórico Nacional, y los informes y la correspondencia del segundo viaje de Badía del mismo Archivo. Se echaba en falta una mejor contextualización de los libros de viaje contemporáneos a la obra de Badía. Algunos de los errores deslizados en la introducción, muchas veces motivados por la necesidad de desmontar las recepciones políticas y africanistas de sus *Viajes*, fueron afirmar que Badía se circuncidó para ser infiel a su esposa;[59] pensar que la propuesta de anexiones políticas en el viaje era una idea que defendió desde el comienzo de su *Plan*;[60] negar la inexistencia de tribus rebeldes al majzén marroquí,[61] cuando el mismo Barberá suponía en su introducción que sí habían existido;[62] la idea de que el *Viajero* soñaba con asumir el puesto del sultán;[63] la inclusión de las «Notes sur le chevalier Badía, sa famille et celle de Madame son épouse» de Badía en la edición de 1814;[64] la inexistencia en sus *Documents* de Sīdī Hescham;[65] la primera noticia de que su ascenso a general fue de 1804;[66] la falsedad de que tuvo un trato de favor en la corte marroquí;[67] que la última noticia desde Marruecos era del 29 de junio de 1805;[68] la idea de que Badía quería viajar hacia La Meca ya en Uxda;[69] la afirmación de que fue el confesor de Carlos IV quien convenció al monarca para que abandonara el proyecto;[70] el testimonio de que la voluntad de implantar un «Canun» aparecía por primera vez en su tragedia, *Alí Bey en Marruecos*; la no aparición de su verdadera identidad en la edición alemana;[71] la no existencia de papeles que documentasen su estancia en Viena;[72] el nombre de abasí introducido por primera vez en sus *Viajes*;[73] que se enteró de su edición italiana fue en Venecia;[74] que comenzó a sufrir fantasías esquizofrénicas,[75] y que uno de los sobres de ruibarbo que tomó contenía veneno.[76] El estudio de Barberá representó, sin duda alguna, un enorme avance en las investigaciones sobre Badía, y fue reeditado por Ediciones B (1997) y el Círculo de Lectores (1998).

García Valdés y McGaha (quien dedicó en 1996 un detallado estudio al *Viajero*, como he señalado anteriormente) publicaron por vez primera la tragedia inédita *Alí Bey en Marruecos. Tragedia en cinco actos*, a partir del manuscrito que ocupaba los folios 207 al 313 de sus *Memorias originals*, III. En la acertada estructura del prólogo, la contextualizaban sobradamente incluyendo su perfil biográfico y bibliográfico, su relación con el género teatral, una breve descripción del manuscrito y de su posible fecha de composición, el orientalismo de la obra, la trama argumental, el trasfondo histórico de los personajes y el contenido de sus *Viajes* (que suponían real y con el que completaban su biografía y su tragedia). Puesto que la mayoría de las fuentes de esta tragedia se extrajeron de esta obra, se echaba de menos una inserción de ella dentro de los libros de viaje que pudiera aproximar a las lecturas o fuentes que consultó Badía. Hay que destacar que el contenido del prólogo estaba planteado desde lo que parece un cierto conocimiento de los *Documents* y las bibliografías más completas realizadas hasta esa fecha, como las de Epalza, Barberá, Lafarga y Bayón del Puerto. A todo ello se añadió nueva documentación, como los papeles del Foreign Office 51/13 y 52/13, y aportaciones historiográficas marroquíes.

En la contextualización de la edición de la tragedia, fue evidente el influjo de la edición de Barberá. De ella se extrajeron materiales tan valiosos como la descripción del personaje histórico de Muley ʿAbd al-Malik, el dato de la composición simultánea de la tragedia con la redacción del *Memorial sobre la colonización de África* y la tesis de Barberá de que Badía no sólo no intentó nunca conspirar contra las tribus insumisas de Marruecos, sino que su viaje no fue más que una fantasía política tramada por Godoy. Y añadían, siguiendo las palabras del cónsul británico en Tánger, Matra, que tanto Godoy como González Salmón y otros oficiales en Marruecos habrían cortado los fondos para el viaje si hubieran tenido el menor indicio de que Badía no iba a cumplir debidamente su misión.[77]

En 1997 Barceló editó de nuevo los viajes completos de Badía, esta vez incluyendo un largo y detallado prólogo a la edición, que fue la fuente del artículo que incluyó en el catálogo de la exposición del Museo Etnológico de Barcelona. Desde el comienzo, destacó su labor como espía y analizó también el valor literario del texto, que consideró «fantástico, falso, interesado, confuso, contradictorio y escrito a la defensiva».[78] En la descripción de la biografía, sobresalían acertados comentarios como su destacada formación, las dudas sobre cómo pudo acceder a Godoy para mostrarle el *Plan*, algunos comentarios sobre el contexto histórico de Marruecos y Francia, y la necesidad de que alguien revisara con detalle los archivos franceses y británicos.

En 1998 la editorial Jaguar publicó los *Viajes* y en 2001 la editorial Óptima reprodujo la edición anterior de 1998; ambas incluían los grabados completos de la primera publicación de los *Viajes*.

Notas

1. *Cf.* E. Bayón del Puerto, 1996, p. 276.

2. *Vid.* sobre Remisa, «banquero que había colaborado con los franceses durante la ocupación napoleónica, hecho que no le había impedido seguir prosperando con la llegada de Fernando VII y formar parte de un poderoso grupo de catalanes en la capital del reino. Nombrado director del "Tesoro Real", contó con B. C. Aribau (1798-1862) como uno de sus colaboradores en Madrid», E. Bayón del Puerto, 1996, p. 275. Este mismo señala que Remisa fue el encargado de financiar el grupo de investigadores sobre Badía *cf. ibid.*, p. 277.

3. *Cf.* A. Bey, 1997, p. 122.

4. *Cf.* Lampillo, 1833, p. 4.

5. F. Torres y Amat, 1836, pp. 71-80.

6. *Ibid.*, 1833, pp. 1 y 2. Según, de nuevo, E. Bayón del Puerto, 1996, p. 281, «Torres avanzaba así los dos ejes fundamentales que dirigirán la recuperación de Alí Bey por parte de la historiografía y el publicismo popular: un creciente interés de la nueva política colonial española por la región norteafricana [...] y la reivindicación cultural de las aportaciones catalanas –aún en clave *provincial* a la historia peninsular».

7. *Vid.* para la vida y obra de S. de Mas A. Homs i Guzmán, 1990.

8. F. Torres y Amat, 1833, pp. 1 y 2.

9. *Cf.* A. Homs i Guzmán, 1990, p. 8.

10. P. Gayangos y Acre, 21 de diciembre de 1833.

11. *Ibid.*

12. *Vid.* para más información sobre el arabismo académico español en el XIX y primera mitad del XX F. Fernández González, 1861; M. Bataillon, 1935; R. Ricard, 1946; L. Morales Oliver, 1957; J. M. Cordero Torres, 1949; P. Martínez Montávez, 1967; J.Bosch Vilà, 1967; T. García Figueras, 1969; J. T. Monroe,1970; M. Manzanares de Cirre, 1971; B. López García, 1973 y 1979; R. Gil Grimau, 1982; J. L. Soto Pérez, 1985; B. López García, 1986; T. Gárulo, 1988; G. del Olmo, 1988; V. Morales Lezcano, 1993; C. Viñes Millet, 1995, y B. López García, 1997.

13. Información de Gayangos extraída de M. Manzanares de Cirre, 1972, pp. 83-104.

14. *Vid.* para su biografía D. Ferré Florit, 1952 y E. Fort i Cogul, 1975. En el Archivo Histórico de Barcelona se encuentran una veintena de publicaciones suyas.

15. *Cf. Caja de cartón.*

16. *Revista Catalana*, 1889, p. 300. *Vid.* para el asunto del encuentro de estos materiales AA. VV., 1990, p. 285; *La Reinaxensa*, 1889, p. 7.541, y A. Bey, 1997, p. 84.

17. Según M. McGaha, 1996, p. 11, Toda tuvo la suerte en 1889 «de localizar en París a É. de Sales, nieto de Badía, que conservaba en su poder una gran colección de los papeles personales de su abuelo, incluso la mayor parte de la correspondencia secreta que mantuvo con Godoy durante sus años en Marruecos».

18. *Vid. La Reinaxensa*, 1889, p. 7.541.

19. *Ibid.*

20. *Ibid.*

21. Autor de dos biografías noveladas sobre Badía: *Jornadas de gloria o los españoles en África* (1860) y *Las calles de Barcelona* (1865).

22. *Cf.* E. Fort i Cogul, 1975, p. 5; también firma con los pseudónimos o iniciales T., X., P. Llord, Z. y A. B. C.

23. También donó escritos y objetos al Museo de Reus; *vid.* J. Massó, 2001, pp. 19-23.

24. Estos datos biográficos han sido extraídos de E. Fort i Cogul, 1975, pp. 1-5.

25. Según McGaha en D. Badía, 1999, p. 11, Toda recogió información de archivos de España, Francia e Inglaterra.
26. Esta relevante documentación no había sido mencionada todavía en los estudios sobre Badía.
27. Según E. Bayón del Puerto, no se realizó la consulta de los *Documents* debido a la colaboración posible de Badía con Francia tras su paso por Chipre o la probable vinculación del *Viajero* con la masonería; *cf.* E. Bayón del Puerto, 1996.
28. M. Godoy, 1956, pp. 30 y 31.
29. *Cf.* R. Mesonero Romanos, 1967, pp. 345-348.
30. *Ibid.*, p. 346.
31. *Cf.* E. Bayón del Puerto, 1996, p. 277.
32. Almirall y Llotzer, V., 1879, p. 203. Según E. Bayón del Puerto, 1996, p. 285, se desconoce el destino de esta tela; en todo caso, hoy en día se conserva otro retrato de Badía en el Centro Excursionista de Cataluña, por J. Pahissa.
33. L. Aycart y López, 1888, p. 6.
34. *La Reinaxensa*, 1888, p. 1.316.
35. *Cf.* J. Massó, 1889, pp. 175-176.
36. H. Castries, 1909, p. 169.
37. R. Ezquerra, 1943, p. 30.
38. *Ibid.*, 1947, p. 110.
39. J. Romano, 1951, p. 11.
40. C. Soldevila, 1955, p. 177.
41. M. Fontodrona, 1969, pp. 28 y 29.
42. *Cf. Memorias originals*, III, 1808, pp. 185-200.
43. *Vid.* para este asunto el comienzo de la biografía de Badía de esta misma investigación.
44. A. López Bargados, 1996, p. 292.
45. J. F. Ruiz, Casanova, 2000, p. 9.
46. *Ibid.*
47. A. de la Serna, 1998, p. 9.
48. A. Bey, 1816a, p. V.
49. *Cf. ibid.*, p. VI.
50. *Ibid.*, 1816-1817, p. X.
51. *Cf. ibid.*, 1816b, p. III.
52. *Vid.* para esta publicación, E. Bayón del Puerto, 1996, p. 282: «Con esta iniciativa podían aprovechar para publicar un trabajo riguroso y científico, de acuerdo con las normas ortográficas defendidas por uno de sus elementos más activos, Pompeu Fabra».
53. D. Badía 1919, p. 3.
54. *Ibid.*, 1943, p. 5.
55. *Ibid.*, p. 10.
56. *Ibid.*, 1982b, p. 1.
57. *Ibid.*, p. 2.
58. Datos biográficos extraídos de A. Bey, 1997, p. 12, nota 1, y P. Almarcegui, 2001.
59. A. Bey, 1997, p. 14.
60. *Ibid.*, p. 24.
61. *Ibid.*, p. 39.
62. *Ibid.*, pp. 11 y 41.
63. *Ibid.*, p. 40.
64. *Ibid.*, p. 100.
65. *Ibid.*, p. 48.
66. *Ibid.*, p. 63.
67. *Ibid.*, p. 64.

68. *Ibid.*, p. 71.
69. *Ibid.*, p. 73.
70. *Ibid.*, p. 78.
71. *Ibid.*, p. 80.
72. *Ibid.*, p. 91.
73. *Ibid.*, p. 100.
74. *Ibid.*, p. 104.
75. *Ibid.*, p. 108.
76. *Ibid.*, p. 115.
77. *Vid.* para más información sobre esta edición de la tragedia P. Almarcegui, 2002, pp. 285-287.
78. D. Badía, 1997, p. 11.

4
Poéticas del viaje

El viaje es una forma de la cultura con una lógica interna que ha permitido que a lo largo de los siglos se haya utilizado como modelo de representación y se le hayan atribuido diferentes razones, objetivos y destinos para su realización. Viajes y viajeros han coincidido según el momento histórico en el que se llevaron a cabo y las circunstancias que movían los itinerarios, al mismo tiempo que divergían sus representaciones según las razones que los guiaban. De este modo, las obras que dieron forma al traslado, los libros de viaje, en caso de realizarse –hay viajes con escritura y viajes sin escritura–, mostraron las ideas y el imaginario de la época a la que pertenecían.

Si en la antigüedad el viajero se desplazó muchas veces involuntariamente como una forma de existencia forzada, en el Medioevo el peregrinaje le hizo visitar espacios saturados simbólicamente, pues la búsqueda de los mitos fundadores se efectuó de signo en signo, siguiendo los esquemas repetidos de generación en generación. Más tarde, los relatos de embajadores y comerciantes demostraron el asombro de un mundo irrepresentable por desconocido. Descubrimientos y circunnavegaciones aproximaron los destinos y los convirtieron en grandes campos de investigación en los que aplicar las ciencias nacientes. Se inauguró un nuevo tipo de viaje empírico que hizo del viajero un mensajero de lo maravilloso de su patria en el extranjero, en vez de un mensajero de lo maravilloso del viaje en su patria, como en épocas pasadas. Ya no intentaba describir lo inexplicable únicamente a través de las asombrosas *maravillas*, sino que filtraba sus discursos por el tamiz de los sentidos; de la liberación de estos, pasó a su experimentación. El viajero proyectó sus conocimientos y descubrimientos en el país visitado, y el traslado derivó en su instrucción y formación, al tiempo que le permitió adquirir un elevado conocimiento. A finales del XVII, comenzó el viaje de formación europeo, realizado en su mayor parte por el Mediterráneo y por británicos, principalmente aristócratas que hicieron de él su prueba de grado.[1] Las características principales del viaje, como el extrañamiento o la sorpresa, desaparecieron y adquirió un mero carácter funcional.

Hubo que esperar al XVIII para que el traslado tuviera una importancia capital en Europa. Varios fueron los agentes, y elementos como la curiosidad, la novedad, la utilidad, las leyes naturales, las precisiones científicas se aplicaron en el itinerario y fueron configurando el juicio de los viajeros y lectores de este siglo. La observación directa del mundo, favorecida por estos factores, fomentó el desarrollo de la subjetividad y el ideal de describirla de forma clara exigió una reflexión que el relato anterior no había tenido. La aplicación del juicio, junto con la reflexión, concedió finalmente al desplazamiento una dignidad filosófica.[2] La experiencia del viaje influyó de forma definitiva en los cambios personales del viajero y el relato evolucionó psicológica y estéticamente.

4.1. La búsqueda en el viaje

En el siglo XVIII, el Viajero se trasladó a la *búsqueda* de aquello que había leído y aprendido. El saber que había adquirido antes de partir, formado por los planes de educación dieciochescos, tenía que ser comprobado en el transcurso del viaje. Éste permitía aplicar los sentidos; los sentidos, adquirir experiencia y la experiencia misma eran la forma necesaria para alcanzar el conocimiento. La observación y el juicio aplicados en el desplazamiento permitían eliminar los vicios de una educación demasiado libresca y teórica. El conocimiento y la competencia adquiridos antes del traslado se verificarían, cuando la experiencia del viaje permitiera comprobar en el destino que lo que se leyó se ajustaba a lo observado. De esta manera, el Viajero eligió su destino y organizó su trayecto en función de la formación que había adquirido y de aquellos elementos que deseaba aplicar en su itinerario. Desde la llegada a la geografía escogida, realizó una *búsqueda*, investigó y describió según los márgenes que le permitían los planes trazados antes de su salida.

La experiencia práctica que complementó la teórica, lo aprendido, la constituyó el desplazamiento. Sparrman viajó por su «amor a la ciencia»,[3] Volney por «la pasión misma de la instrucción»[4] y Badía por su: «Amor a las ciencias[5] [...] amor a las investigaciones, ardor por las ciencias».[6] Sólo la comprobación *in situ* de lo que ya habían aprendido confirmaba los conocimientos adquiridos antes de la partida. Y únicamente existía una manera de comprobarlo: a través de la *observación*, que engendraba y transmitía conocimiento. Además, creaba presente; el acto de observar, de testimoniar, reproducía la simultaneidad del hecho de ver un objeto y una acción, y reconstruía un instante del tiempo. Gracias a la *observación*, el hombre podía rehacer sucesos del pasado a los que no había asistido y que conocía previamente gracias a otras fuentes y viajeros. Ya no se escribía sobre hechos fabulosos –aunque sí sorprendentes– como en siglos anteriores, sino que se admitía los límites del propio punto de vista, es decir, la parcialidad de la experiencia. Una de las frases que más gustó, reproducida repetidamente por los viajeros, fue: «Yo [...] no respondo sino de lo que veo».[7]

Fue Francis Bacon, en el siglo XVI, quien asentó definitivamente las bases del empirismo y lo dignificó al defender que los sentidos constituían el trámite natural entre la mente humana y la naturaleza. Bacon era partidario de reescribir la historia natural de todos los fenómenos, no desde la autoridad del testimonio de otros hombres, sino desde la lectura del gran libro de la naturaleza, desde los hechos.[8] Mientras en la Edad Media los sentidos se habían relacionado con la corrupción y la simbolizaban, en la modernidad se veían ennoblecidos. En el momento en que el hombre comenzó a buscar y reconocer la huella de Dios en la creación, la corrupción de los sentidos finalizó y el método inductivo conquistó la inocencia de la mirada.

Puesto que el viaje aportaba conocimiento gracias a la aplicación y verificación de los sentidos, la *observación* aportó autoridad al discurso del Viajero. Todo aquello que era observado y coincidía con lo estudiado se convirtió además en verdadero. Y a los viajeros les gustaba destacarlo en sus obras como prueba incontestable de sus relatos, cuya autoridad no podía ser refutada. Como ejemplo de esto tenemos a Volney: «[...] no he querido privarme de observaciones extrañas y he incluido como verdaderas las que he podido verificar de forma analógica»,[9] Park: «Estas circunstancias incrementaban mi ansiedad por comprobar la verdad de mis propias observaciones»,[10] Thunberg: «Me he limitado a contar lo que he visto y observado por mí mismo»[11] y Badía: «Yo sólo cuento lo que vi con mis propios ojos».[12] Las palabras de Browne fueron las que reflejaron de forma más significativa cómo en el traslado dieciochesco se hallaban enfrentadas imaginación y *observación*. El Viajero no podía dejarse llevar por la primera y tenía que aplicar el juicio y los sentidos en el itinerario:

> Una mente más creativa hubiera dibujado cuadros más animados; una mente más dispuesta a la observación hubiera reunido más hechos e incidentes y una mente más vigorosa intelectualmente hubiera convertido estos hechos e incidentes en materiales más interesantes. La descripción hubiera impresionado más, y las deducciones serían más

profundas. Los trabajos presentes tienen el mérito de estar realizados a partir de observaciones hechas en el lugar y por este observador.[13]

El amor a la *verdad* del ilustrado, bajo el signo de lo real y comprobable, fue determinante y la experiencia del viaje le permitió reafirmar lo que había aprendido en su lugar de origen. Desde el comienzo de los prólogos de los libros, se citó la *verdad* como uno de los hechos más relevantes con los que había que describir lo observado. En esta línea se expresaron Ohsson: «[...] pues la verdad y la exactitud más escrupulosas son, a mis ojos, los méritos principales de esta obra»,[14] Sparrman: «Lleno de amor por la ciencia y la verdad»,[15] Chénier: «[...] el amor a la verdad»,[16] Badía: «Siempre amigo de la verdad»[17] y Volney, para quien la búsqueda de la *verdad* se hizo tan relevante que le atribuyó en su objeto un fin emocional, el amor: «En mi relato, he intentado reflejar el espíritu que apliqué en el examen de los hechos; es decir, un amor imparcial a la verdad».[18] Y el Viajero se trasladó para encontrarla o, más bien, para comprobarla. *Verdad*, en definitiva, fue el encuentro en el nuevo lugar con los contenidos de las fuentes que se habían consultado antes del traslado y su comprobación gracias a la *observación*:

> Son tantos los curiosos que han visitado Constantinopla, que no pienso detenerme en dar una completa descripción de la ciudad y sus monumentos. Sin embargo, como seria impropio guardar silencio sobre tan famosa metrópoli, después de haber estado en ella, y por otra parte a varios de mis lectores no les pesará hallar aquí a lo menos una sucinta relación de dicha ciudad, daré una idea de cuanto vi durante mi corta residencia. Describiré los objetos tales como se ofrecieron a mis ojos, sin atender a lo que hayan dicho otros viajeros.[19]

La *observación* significó la correspondencia natural entre el espíritu y la naturaleza. Se consideró, por un lado, una fuente del progreso para las ciencias y, por otro, un canal directo para el alma, que, tal y como se avanzaba en el tiempo, fue más importante plasmar. La impresión de los sentidos ayudó a esa experiencia que comenzaba a vivirse como una aventura individual y la subjetividad de lo experimentado se conformó también como una garantía de *verdad*. La transición que se había producido con la novedosa sensibilidad del Humanismo abrió el campo a la subjetividad.[20] Observando, comparando y estudiando el exterior se asentaron las bases para cambiar un día de espacio, girarse hacia uno mismo y comenzar a observarse, compararse, estudiarse e, incluso, interrogarse. El viaje se caracterizó por incidir en una *sinceridad subjetiva* con la que describir la impresión causada por los hechos y los habitantes de los itinerarios, y por acentuarla, tal y como lo confirmaban las palabras de Badía durante su viaje a Gaza, que traducían su estado de fascinación y seducción por la población:

> Es inexplicable la sensación que experimenté aquel día [...] veíame en fin sobre terreno cultivado [...] parecíame estar en Europa; mas, ¡gran Dios!, ¿qué idea venía a mezclar su dosis de amargura con tan deliciosas sensaciones? Lo confesaré, pues lo he sentido: al entrar en aquellos países circunscritos por la propiedad individual, el corazón del hombre se encoge y comprime. No vuelvo los ojos, no doy un paso sin tropezar con un seto, que parece me diga: «Alto ahí; no traspases este límite». Mi corazón se desanima, mis fibras se relajan, me abandono muellemente al movimiento de mi caballo, y me parece no ser ya el mismo Alí Bey.[21]

La *sinceridad subjetiva*, influida por los métodos científicos de la época, organizó una visión enciclopédica de los espacios y la autorización necesaria para comprobar los estudios en la novedosa sensibilidad de un mundo/laboratorio. El Viajero aplicó los conocimientos científicos que le permitían entender los procesos del universo y demostró que estaba al corriente de los últimos descubrimientos en las ciencias y las letras. El ideal científico acentuó la precisión en las descripciones, y las dotó de exactitud con un lenguaje preciso y exacto.[22] Los relatos de viaje plasmaron la relación entre la curiosidad y su aplicación científica, y los ejercicios de precisión y exactitud. A ello se sumó la aplicación de la novedosa historia natural que organizó una determinada sensibilidad frente a los fenómenos. Los destinos se describieron con un «hablar natural», que consistía en una nueva mirada con la que había que representar de manera natural y directa el mundo natural. La observación de la naturaleza se hizo narrable, lo que significó un cambio poético en la forma del relato. En un siglo en el que predominaban las «investigaciones [...] experiencias [...] descubrimientos»,[23] los libros de viajes se consideraron como «tratados de física experimental»[24] que reproducían los objetos y las acciones según los parámetros de las investigaciones científicas habituales de la época.

La disposición del discurso se caracterizó por la búsqueda de un lenguaje económico y transparente, vertido en la forma de una *estética empírica*, fruto de la observación directa y característica de los viajeros del siglo XVIII. Las palabras minuciosas de Badía cuando describía detalladamente la costa de Tánger lo reflejan de manera significativa. El paisaje era descrito como un objeto al servicio de las ciencias naturales, dispuesto para ser investigado en un frío laboratorio:

> El terreno, que forma la base de la costa de Tánger, se compone de diferentes capas de granito secundario de textura compacta o granulosa fina. Dichas capas, inclinadas hacia el oriente, forman con él un ángulo

de 50 a 70 grados; su espesor es ordinariamente de pie y medio a dos pies; su dirección en sentido este-oeste y su inclinación para formar el ángulo es del lado del norte.

La distancia de una capa a otra es ordinariamente de dos pies, y este espacio lo ocupa una arcilla poco dura que forma en la misma dirección capas intermedias con textura de pizarras.

Dichas capas de granito y arcilla se elevan muy poco sobre el nivel del mar, pues la mayor altura que les he encontrado es de 30 a 40 pies, pero su extensión es grande, pues son exactamente las mismas en el río de Tetuán ocho leguas distante. También he notado algunas capas de granito que se meten en el mar en la misma dirección y hasta una distancia considerable.[25]

Park describió del mismo modo las poblaciones paralelas al Níger: «Dentila es famosa por su hierro, para fundirlo utilizan las cenizas de la corteza del árbol de kino. Estas cenizas son blancas como la harina; no se utilizan para teñir de azul y por tanto deben ser peculiares. Las probé; no me pareció que tuviera tanto alcalí como las cenizas de mimosa, pero tenían un sabor amargo. Me dijeron que si las comía, moriría con seguridad.[26]

Para conseguir la precisión en las descripciones, fue necesario hacer uso de instrumentos científicos que permitieran *geometrizar* el espacio. Con ellos, no sólo se dotó de exactitud al discurso, sino que se le pudo atribuir una mayor legitimación al aplicar los novedosos objetos científicos en el itinerario. Browne usó «telescopio»[27] y «sextante»;[28] Niebuhr, «octante de Hadley»[29] y «astrolabio»;[30] Bruce, «telescopio»[31] y «cuadrante»,[32] y Badía, «telescopio»,[33] «cronómetro»[34] y «astrolabio».[35] El problema fue que el traslado de los viajeros con estos instrumentos científicos, extraños a los ojos de los habitantes, levantó sospechas; no les permitía pasar desapercibidos.[36]

El viaje se configuró como un desplazamiento que valoraba el registro estético geográfico como no lo había hecho anteriormente. Su motor ya no fue únicamente la «curiositas», sino también la *experiencia estética* que producía el espacio visitado y que había que representar en la escritura. Las descripciones tenían de nuevo que mostrar la experiencia del itinerario en el Viajero, es decir, cómo le impresionó sensible y emocionalmente. Así le sucedió a Badía:

Cubren esta parte de la cordillera soberbios bosques, cuyos árboles más comunes son encinas, cedros, cipreses y lentiscos. Todo cuanto este día se presentó a mis ojos me hace presumir haber sido las montañas de Chipre, en época sin duda remotísima, continuación del monte Tauro. Los panoramas pintorescos, los magníficos puntos de vista, las soberbias cascadas formadas de aguas tan transparentes como el cristal, que por todas partes embelesaban mis ojos, me hacían sentir vivamente no poder disfrutar sino de paso de tan deliciosos sitios.[37]

Y a Park:

> Apenas cerraba los ojos mi imaginación me llevaba a los arroyos y ríos de mi tierra natal; allí, mientras paseaba por la fresca orilla, veía el claro arroyo con transportes, y me apresuraba a beber el trago delicioso; pero ¡ay!, la desilusión me despertaba, y me encontraba solo y cautivo, muerto de sed en medio de los desiertos de África.[38]

Del mismo modo, la *utilidad* se convirtió en uno de los objetivos principales de la *búsqueda* en el desplazamiento de los viajeros ilustrados. El viaje era útil por ser provechoso y lo era porque, en primer lugar, aportaba conocimiento y, en segundo, dotaba de dignidad moral al Viajero, pues podía redundar en beneficio de la comunidad de la que formaba parte. Volney publicó sus viajes porque pensaba que sus investigaciones podían ser fructíferas, «podían tener alguna utilidad».[39] Badía, porque su proyecto aportaba «utilidad».[40] Y la Academia de la Historia, encargada de revisar y estudiar el proyecto de viaje del español para su aprobación, porque consideraba que cualquier proyecto que aprobara sería de «utilidad»[41] para el país.

El Viajero tuvo no sólo que buscar en el lugar que visitaba lo que había leído sobre el propio método del viaje, sino también señalar lo que debía *evitar* durante su percepción y escritura. No había que dejarse llevar por la imaginación[42] ni por la impresión o la sorpresa que provocaban los lugares visitados.[43] Si los viajes, recordaba Volney, pertenecían al género de la historia y no al de la literatura, era necesario *evitar* describir las aventuras personales y los pormenores del itinerario.[44] Tampoco había que fiarse de la memoria, y era preciso anotar todos los días hallazgos, descripciones y ocurrencias para no dar lugar a que nada se confundiera,[45] es decir, había que comprobar en el lugar incluso aquello que «no» tenía que realizarse durante el viaje y su escritura.

Si el Viajero se trasladó para comprobar con su mirada que aquellas fuentes con las que había conformado su educación coincidían con lo visitado y, al mismo tiempo, para aplicarlas metodológicamente, el itinerario se transformó en una mera *búsqueda textual.* De esta forma, el viaje no pasó a ser un descubrimiento, sino una confirmación de las fuentes ya leídas. El Viajero se desplazó en busca de lo leído y el recorrido comenzó a depender de la memoria: lo *ya visto* se convirtió en lo *ya leído*. El itinerario no sirvió para probar que el mundo existía, como en los dos siglos anteriores, sino para verificar que existía tal y como se había narrado o leído. Las geografías aparecieron como legibles y penetrables, y se desarrollaron técnicas de lectura para su interpretación: la realidad espacial recién visitada se *textualizó*. Así se fueron concretando unos textos que eran comprensibles porque en ellos había marcas, trazas, huellas e impresiones de libros y libros de viaje anteriores. El recorrido del Viajero se vio marcado por un «pre-texto» en el que había que ajustar e incluir las características del destino para que fuera reconocible e interpretable. En estos términos, la *intertextualidad* fue evidente. Los textos se comunicaban entre sí, creándose una relación semántica con relatos anteriores, cuyas ideas en el nuevo discurso del Viajero dependían de uno anterior.

Badía, durante su estancia en El Cairo, observó y describió las calles a partir de la mirada de otros viajeros. Salió a la *búsqueda* de lo que en otros desplazamientos anteriores, como los de Niebuhr, Volney o Browne, se había descrito sobre la capital egipcia. Las calles de la ciudad no eran tan tristes y sucias como: «Muchos viajeros cristianos han representado».[46] El español se refería con esta alusión a las descripciones que habían realizado Niebuhr: «Un gran número de pobres son alimentados diariamente y alojados gratis en esta mezquita»,[47] Volney: «Los alrededores están rodeados de colinas putrefactas, formadas por escombros que se van acumulando cada día»[48] y Browne: «La vista de la capital de Egipto me parece fea y desagradable».[49]

Los viajeros anteriores, seguía Badía, no habían sido suficientemente inteligentes para destacar los caracteres esenciales y respetables del islam y eran poco instruidos.[50] Alejandría, continuaba, había sido descrita de forma negativa por ellos, es decir, las huellas textuales con las que había conformado su imagen de la ciudad no coincidían con lo observado:

> No puedo trazar el cuadro de esta ciudad con tan negros colores y tan desfavorable punto de vista como lo han hecho algunos viajeros. Suponen que sus calles son estrechas e incómodas, las casas oscuras y de aspecto desagradable por la falta de ventanas, los mercados mal surtidos, los habitantes inquietos, indóciles y poco civilizados.[51]

Con estas palabras, se estaba refiriendo a las descripciones de Bruce: «No hay nada hermoso ni agradable en la actual Alejandría»[52] y Niebuhr: «[...] esta ciudad irá declinando a medida que disminuyan sus habitantes».[53] Badía añadía: «El antiguo y magnífico sarcófago lleno de jeroglíficos de que hacen mención los viajeros también desapareció».[54] Ahora hacía alusión a las palabras de Browne: «Hay también un sarcófago adornado con una serpentina de mármol en la gran mezquita que hoy se usa como cisterna».[55] En Constantinopla, continuaba el español, el serrallo del sultán poseía una antigua y magnífica columna: «Que anteriormente no pudo describirla viajero alguno».[56] La localidad ha sido tan repetidamente visitada:[57] «Que no pienso detenerme en dar una completa descripción de la ciudad y sus monumentos».[58] Sin embargo, a pesar de que no deseaba describir los objetos de la ciudad, terminaba haciéndolo, ya que no podía reprimir la experiencia que le provocaba el nuevo espacio. Eso sí, retrataría los objetos y los verificaría con el órgano sensible con el que había que hacerlo: «Tales como se ofrecieron a mis ojos».[59] Paralelamente, Volney, al mismo tiempo que mostraba las fuentes de sus viajes, señalaba que no pensaba reproducir en su escritura lo que sobre Egipto y Siria habían afirmado viajeros anteriores: «No repetiré lo que ya se ha dicho más de una vez en las obras de Paul Lucas, Maillet, Siccard, Pocoke, Greaves, Norden, Niebuhr; y recientemente en las cartas de Savary».[60]

Como se comprueba hasta aquí, resultaba tan extraño el alejamiento de las fuentes escritas con las que se estaban comparando constantemente los lugares visitados que cuando se producía, era necesario mencionarlo. El Viajero se ocupó, más que de constatar sobre el terreno lo observado y narrarlo de forma objetiva, de comprobar la inadecuación con sus fuentes y, por lo tanto, de *corregirlo*. Por ejemplo, Barrow no estaba de acuerdo con las descripciones que había hecho Vaillant y tenía que indicarlo: «La afirmación del Sr. Vaillant no tiene ningún fundamento cuando dice que, si la oveja de pelo ancho fuera llevada a la población de Namaqua, perdería parte de su carácter y tendría pelo largo y rizado».[61]

Si apenas había separación del contenido de lo ya leído y de lo ya estudiado con lo descrito en la obra del observador, la escritura se convirtió en una suerte de *repetición discursiva* de otras muchas narraciones. Badía parecía avanzar esta idea, y afirmaba:

> A las tres de la tarde entramos en Alepo. Dicha ciudad, llamada por los árabes Hhaleb, ha sido objeto de tantas descripciones, que casi todo cuanto se pudiera decir no sería más que pura repetición.[62]

De esta forma, las repeticiones discursivas en los textos se hicieron constantes. Badía reescribía frases, párrafos e ideas completas de las obras de los otros viajeros con los que había organizado su itinerario. Probablemente, utilizaba la descripción de los beduinos de Volney: «En general, los beduinos son pequeños, flacos y tostados».[63] Y afirmaba sobre ellos:

> La El Caisería de Marruecos no tiene comparación con la de Fez, pero los árabes de las montañas vecinas acuden allí a hacer sus compras, lo cual anima algún tanto el mercado. Dichos montañeses tienen todos la talla pequeña, están flacos, tostados del sol.[64]

Volney escribió sobre el nombre dado al guía de la caravana a La Meca: «Él es todavía conductor de la caravana sagrada de La Meca y tiene un nombre muy respetado, emir-Hadj».[65] Badía también usó palabras del francés al describir al bajá de Damasco:

> Este personaje goza en la corte de la más alta consideración y es mirado como uno de los primarios dignatarios del imperio otomano, tanto por la extensión de su gobierno como por el noble cargo de conducir todos los años la gran caravana a La Meca, bajo el título de Emir el Hadj.[66]

Lo mismo se puede decir de la descripción de Alejandría hecha por ambos, ya que Volney afirmaba: «La tierra está cubierta de restos de arcos; de paños enteros derribados; de bóvedas derruidas, de almenas deshechas, y de piedras corroídas y desfiguradas por el salitre».[67] Y Badía:

> Una inmensa acumulación de ruinas [...] columnas enteras o hechas pedazos, esparcidas aquí y allá, son los únicos restos de su antiguo esplendor. Un recinto de casi dos leguas, rodeado de altos y anchos muros, con torres medio arruinadas, y un inmenso hacinamiento de fragmentos y paredones que ocupan aquel espacio.[68]

Volney: «La época de construcción de la mayor parte de las pirámides no se conoce; pero sí es evidente la de la más grande, que nunca nadie la ha refutado. Herodoto la atribuye a Cheops».[69] Y Badía:

> Atribúyese la gran pirámide a *Cheops*, que vivía sobre ochocientos cincuenta años antes de la era cristiana; mas yo pienso que es mejor creerla anterior a la época histórica; porque si fue obra de aquel príncipe, existirían otros testimonios que la simple relación de Herodoto.

Volney: «Pero sí había una diferencia [entre pastores turcomanos y árabes], el país frecuentado por los turcomanos era rico en pastoreo, lo que les permitía alimentarse y dispersarse menos que las tribus del desierto».[70] Y Badía:

> También encontré varios grupos de pastores turcomanos, pero ¡qué diferencia entre ellos y los pastores árabes! [...]. Al parecer disfrutan de todas las comodidades y placeres de la vida pastoril, y entre ellos es donde se deberían buscar exclusivamente los modelos de aquellos pastores tan celebrados por los poetas»[71]

Chénier: «Las calles están mal pavimentadas [en Fez] y son tan estrechas, que dos caballeros no podrían pasar de frente».[72] Y Badía: «Las calles son muy oscuras [en Fez], porque no solamente son estrechas en términos de ser casi imposible marchar de frente dos hombres a caballo».[73] Niebuhr: «El puerto de Constantinopla es uno de los más bellos del mundo».[74] Y Badía: «El puerto de Constantinopla es el mejor del mundo».[75] Niebuhr: «[Galata] está extremadamente poblada».[76] Y Badía: «El arrabal de Galata, contiguo a los de Tophana y de Pera, es grande, muy poblado».[77] Niebuhr: «Hace falta llevar una luz cuando se visitan [las catacumbas de Alejandría] y al entrar hay que disparar un tiro al aire para espantar las bestias salvajes».[78] Y Badía: «Antes de penetrar en ellas, es prudente disparar algunos tiros de fusil o pistola, tanto para espantar a las bestias feroces [...]. Éntrase luego con luces, y provisto de una cuerda que sirve de guía, y cuya extremidad queda atada a la puerta».[79]

Niebuhr: «Los árabes a caballo, con la lanza o la pistola en la mano, avanzan a veces a toda marcha sobre el enemigo».[80] Y Badía: «Tres, cuatro o más jinetes parten juntos dando grandes gritos, y al aproximarse al término de la carrera, disparan su fusil en desorden».[81] Niebuhr: «Algunos llevan un bonete alto, cubierto por una tela doblada de algodón; lo cubren enteramente con una gran pieza de tela fina: el bonete se llama kaouk y parece ser de origen turcomano».[82] Y Badía:

> El *kauk* o alto bonete turco lo llevan sólo los turcos y rara vez los árabes. Estos cubren la cabeza con un bonete rojo de altura desmesurada y anchura casi igual, el cual cuelga por detrás de más de medio pie, de suerte que cubre toda la parte posterior del cuello; rodea su cabeza un chal de muselina o seda rayada por debajo de la parte colgante del bonete.[83]

Niebuhr: «Las gentes refinadas de Oriente no parecen grandes conocedores en materia musical [...]. Lo único que entiende un viajero europeo en los países orientales es la música, se escucha en las calles, y es muy mala».[84] Y Badía: «Orquesta muy desagradable a cualquier oído habituado a la música europea, como por desgracia era el mío».[85] Bruce: «En La Meca hay un número de eunucos blancos, cuyos servicios se dedican al templo y al sepulcro de Medina».[86] Y Badía: «Desempeñan el servicio de la Kaaba cuarenta eunucos negros, que son guardas y domésticos de la casa de Dios».[87] Browne: «Alejandría no tiene ahora muchos monumentos, los principales pertenecen al esplendor de la conquista asiática».[88] Y Badía: «En fin, la ciudad magnífica, obra del gran Alejandro, opulenta capital de los Tolomeos, deliciosa residencia de Cleopatra, no es sino sombra de la pasada grandeza».[89]

El relato de viajes devino una *reescritura* de otros anteriores. En muchos casos, incluso los nombres de los autores aparecieron a modo de fuentes en las narraciones. Los lugares visitados, las rutas de los itinerarios anteriores y otras experiencias provocaron un espejo de complicidad para todos los experimentos de los viajeros siguientes, al tiempo que legitimaban el discurso. Grandpré, por ejemplo, escribió en la introducción de su obra que las fuentes de sus viajes habían sido los libros de Volney, Vaillant, Sparrman, Park y Browne.[90] Browne también señaló sus fuentes:

> Muchos libros se han escrito sobre Egipto [...]. Los de Pococke y Norden son conocidos por sí mismos –trabajos valiosos por lo que respecta a las antigüedades [...]. Los escritos de Niebuhr no necesitan ser defendidos por su valor [...]. Volney y Savary están en manos públicas [...] él [Volney] describió Oriente con una mirada poco favorable [...] de El Cairo las fuentes de información son pocas y escasas».[91]

Park hizo constantes comparaciones durante su trayecto con el viaje de Houghton:

> Fui por la tarde a presentar mis respetos al soberano y le pedí permiso para pasar por sus territorios hacia Bondou. Su nombre era Jatta. Era el mismo hombre venerable y benigno que había descrito el Mayor Houghton;[92] [...]. Me aseguró que ninguno de los comerciantes de Gambia pensaba que me vería de nuevo, pues les habían informado hacía tiempo de que los moros de Ludamar me habían asesinado, como hicieron con el Mayor Houghton».[93]

Finalmente, un ejemplo muy representativo de *reescritura* en el que se llegaron a articular tres obras y tres fuentes diferentes, cada una de ellas deudora de las demás. Sonnini destacó la belleza de los gerbos, animales del desierto, y reprochó a Buffon, cuya descripción había utilizado, el poco detalle con que había retratado a estos cuadrúpedos.[94] Más adelante, Badía realizó un comentario sobre las descripciones de Sonnini. Badía: «Pueblan el desierto gran número de chacales, lagartos y una prodigiosa multitud de gerbos, animalitos muy lindos, sobre los cuales hay una excelente disertación del viajero Sonnini».[95]

El relato fue más preciso y exacto cuanto más se comparó con el de otros viajeros. El contraste entre los textos pasó a ser una forma de medición que proporcionó autoridad al discurso. Influidos por la nueva perspectiva de los enciclopedistas, el Viajero leyó lo visitado horizontalmente, a un mismo nivel, como si de una definición en el diccionario se tratase. Realizó así un *ejercicio comparado* que situó los referentes del destino y de él mismo a idéntica altura, y facilitó la asimilación e incorporación de las características del destino. El ejercicio sirvió para asegurar de nuevo la realidad de lo que se mencionaba, y proporcionó un relato más fiel y preciso. Así lo demostraban las palabras de Badía, cuando comparaba y rectificaba los mapas de los cartógrafos más relevantes de su época:

> Una multitud de observaciones astronómicas hechas con instrumentos excelentes [...] no me dejan duda alguna tocante a su exactitud. De aquí se infiere cuántos errores ha de haber en las cartas de Arrowsmith, del Mayor Renell, de Delille, de Goldbéry y de Chénier.[96]

Contrastando los descubrimientos con el universo conocido y utilizando referentes comunes entre los lectores y el Viajero, los primeros pudieron sentir lo mismo que el segundo había sentido al desplazarse.[97] Así (solo a modo de pequeña muestra), se utilizaron una serie de construcciones sintácticas caracterizadas por el uso de los términos comparativos, por ejemplo: *como* y *parecer*.

Otro de los elementos básicos de la *búsqueda* en el viaje fue la aplicación del *método de conocimiento* que el Viajero había ido adquiriendo durante su formación. Documentar, percibir y, posteriormente, escribir, así como buscar, observar, interpretar, experimentar, juzgar y realizar conclusiones conformaron el proceso obligado que había que realizar en el itinerario. Estos condicionamientos de la conciencia visual fueron determinantes para organizar el orden de la percepción en el viaje y el de las descripciones posteriores. El Viajero pasó a ocupar un primer plano, pues sus funciones como privilegiado observador le permitían aplicar los elementos del *método de conocimiento* característico del viaje en la época. A partir de los relatos estudiados, se puede establecer una estructura «tipo» de su *búsqueda*. El *método de conocimiento* lo formaron los siguientes elementos y en este mismo orden: observación, examen, reflexión, clasificación, comparación y descripción. Sirva como ejemplo de la estructura las palabras del propio Badía:

> Entre las ruinas que existen en Couclia se halla un objeto admirable, a saber: muchos lienzos de una muralla extraordinaria, compuesta de dos hileras de piedras enormes que forman la base, y extendidas unas sobre otras; encima se eleva otra hilada de piedras [...]. Esta obra colosal parece haber sido elevada por manos gigantescas; no pudiendo creer a mis ojos, quise desde luego persuadirme no ser aquella masa sino una pasta antigua petrificada; pero en vano me inclinaban a esta idea su color negruzco y un principio de descomposición: es imposible equivocarse; son piedras, pero de tan enorme dimensión que se queda uno pasmado al imaginar los esfuerzos que ha debido costar la traslación y colocación en su sitio. ¿Sería acaso arquitectura ciclópea?...[98]

Los relatos del Viajero se caracterizaron porque combinaron dos elementos significativos de la época. Por un lado, la aplicación de algunas de las novedosas *ciencias* y, por otro, la necesidad de experimentar los *acontecimientos* que proveía el viaje.[99] Las descripciones se dividieron en dos grandes grupos habitualmente mezclados entre sí: aquellos que presentaban las observaciones y descripciones específicas del destino, y aquellos que mostraban las reflexiones morales, políticas y filosóficas ocasionadas tras la observación.[100]

Ésta llevó naturalmente a la *reflexión*[101] y a la *hipótesis*, otras características del itinerario. Según Goldbéry, todo lo visto en África invitaba a la *reflexión*: «[...] todo en África me invitaba a pensar, a meditar, a reflexionar, a comparar y a investigar».[102] Antes de reflexionar, era necesario examinar con mucha atención y detalle los lugares visitados:

> Me he convencido por medio de un examen atento, de la profundidad de los pozos, cualidad, temperatura y gusto del agua que proviene de un solo manantial, cuyo nivel se halla a cincuenta pies debajo de tierra, y cuya reunión se debe a la filtración de las aguas fluviales. El gusto salobre que el agua adquiere allí debe atribuirse a la descomposición de la selenita, mezclada con la tierra.[103]

Con el ejercicio de *hipótesis*, el Viajero inauguró la costumbre de construir una serie de suposiciones de las realidades físicas a partir de la observación de lo diferente, es decir, de todo aquello que consideraba ajeno a sus referentes. Como aparecía, de forma repetida, en las descripciones de Badía:

> Tiene el canal corriente tan rápida como un río y cuya dirección es del mar Negro al mar de Mármara. Dicho fenómeno lo causa la multitud de ríos que desaguan en el mar Negro y la poca superficie que presenta a la evaporación en latitud tan elevada; de suerte que si el mar Negro no tuviera desagüe por el Bósforo, debería necesariamente crecer y extenderse hasta que pudiera ofrecer superficie bastante para establecer el equilibrio entre la cantidad de agua suministrada por los ríos y la masa absorbida por la evaporación.[104]

Los objetos tenían que ser examinados repetidas veces para conformar las ideas.[105] La idea verificada sólo por uno de los sentidos podía ser inexacta en un contexto en el que se aspiraba a la mayor precisión y fidelidad posibles («Si no enteramente exacta [...], por lo menos sumamente aproximada»).[106] De ahí que se hiciera necesario recoger y conseguir *pruebas* para demostrar la veracidad de lo que se había percibido, pues estas permitían aplicar otros sentidos para certificar lo que se había visitado y proseguir la investigación una vez vuelto al lugar de origen con el fin de demostrar la verdad o la falsedad de lo visto. A lo largo del itinerario, hubo muchas deducciones que no pudieron ser realizadas porque no existían *pruebas* que las verificaran suficientemente.[107] La falta de ellas impidió a Badía elaborar sus reflexiones: «No podré decidirme sobre esto [si son o no las ruinas de la ciudad de Palmira] por falta de material para dedicarme a las investigaciones».[108] Los viajeros trajeron consigo colecciones de historia natural con hierbas e insectos,[109] reunieron vegetales exóticos[110] e introdujeron en los índices de sus obras clasificaciones temáticas según los parámetros de las clasificaciones naturales (una cuestión que ya ha sido objeto de amplios estudios).[111]

El Viajero acostumbró también a dibujar lo visitado. La reproducción de las imágenes, junto con la reunión de *pruebas*, legitimó el discurso, pues hizo necesario el uso de otros sentidos para verificar el traslado. En este caso, los *dibujos* certificaron visualmente lo que describía de forma verbal. Con croquis rápidos realizados por viajeros que normalmente no dominaban la técnica, los relatos se fueron cargando a lo largo del XVIII de reproducciones de grabados.[112] Desde comienzos de siglo, cuando las publicaciones presentaron grabados de mediana calidad, hasta finales, cuando la realización se llevó a cabo por especialistas que formaban parte de las grandes expediciones llevadas a cabo para tal efecto, la calidad de los *dibujos* se vio totalmente transformada (la relación entre viaje e iconografía está siendo objeto de estudio en los últimos años).[113]

La comparación con lo ya sabido supuso también salir a la *búsqueda* de los lugares señalados en otros «pre-textos» no únicamente verbales, como lo fueron los mapas. El Viajero pensó que el mundo podría ser como la cartografía que había consultado, es decir, que su recorrido estaba marcado por la memoria de las imágenes y los nombres que aparecieron en los mapas. Las representaciones cartográficas de la tierra habían nacido también de la experiencia del viaje.[114] Y fue el siglo ilustrado el que añadió a los propósitos del itinerario la búsqueda de verificaciones cartográficas, pues ya no se trataba de llenar/rellenar espacios en blanco o apropiarse de ellos con nominalizaciones, como en épocas anteriores, sino de buscarlos, *confirmarlos* y *rectificarlos* durante el viaje. En este contexto, fue el cartógrafo Rennell el que añadió a los objetivos del viaje la *búsqueda* y comparación en el terreno visitado con los datos de los mapas. Con ello, se pudieron identificar los posibles errores de las fuentes cartográficas en los destinos. Este propósito aproximó los discursos del Viajero a la labor científica de su tiempo. Con ello, otra vez textualizó la realidad espacial del Otro para enmendarla con la experiencia del viaje, y desarrolló unas técnicas de lectura que permitieron *confirmar y corregir* lo visto. Así lo demostraban las palabras de Volney, cuando describía de forma detallada las fuentes cartográficas de sus viajes:

> Para que quedara más claro lo que diría sobre Egipto y Siria, adjunté dos mapas de estos lugares. El del delta y el desierto del Sinaí de Egipto

> lo he hecho a partir de las observaciones astronómicas de Niebuhr, viajero al servicio del rey de Dinamarca en 1761: es el más reciente y exacto publicado. Este mismo viajero fue la fuente para mi mapa de Siria que he completado con el de Danville y mi propio itinerario.[115]

Y Badía, cuando contaba la forma en la que planeó su viaje:

> Antes de visitar la parte occidental de África, el estudio reflexivo de la geografía física de esta parte del mundo, comparado con las nociones que nos han transmitido la historia y tradición sobre las grandes revoluciones del globo, y algunos indicios suministrados por los geógrafos y viajeros de estos últimos tiempos sobre la situación de la parte interior de este continente, me condujeron casi simultáneamente a dos ideas, que, emanando de un mismo principio y prestándose mutuo apoyo, parece concurren a forzar el asentimiento por un grado de probabilidad mayor que el que podía prometerse de un objeto de esta naturaleza.[116]

Los lugares visitados tenían que seguir los parámetros de lo que ya había sido consultado; así aquello que podía ser extraño, novedoso o ajeno fue interpretado a partir de lo conocido. Esta forma de aproximación provocó que las diferencias se transformaran en usos y costumbres. El mundo recién visitado se *relativizó* y lo distinto se redujo hasta carecer casi de importancia. Se trataba de aplicar y proyectar la base familiar del Viajero de lo conocido para neutralizar la angustia normalmente asociada a los hechos extraños e insólitos, de los que no tenía referencias previas y podían desconcertarlo. Aquello que no se pudo explicar fue enjuiciado e integrado en los referentes del Viajero con el fin de aproximarlo a él. Se trataba de instaurar un orden para huir del caos, de alejarse de la representación de un nuevo espacio que resultara extraño con objeto de aplicar lo aprendido y dotarlo de una lógica interna. Las siguientes palabras de Badía representaron una imagen indiscutible de cómo se redujo lo extraño y novedoso, y se *relativizó* lo visitado. Para describir y comparar el «carácter» turco con el árabe, era necesario hacerlo previamente entre el francés y el inglés:

> El carácter de los turcos es serio e incluso melancólico. Comparado con el de los árabes, me parece puedo asegurar que si unos y otros llegasen al grado de civilización europeo tendrían los árabes el carácter francés, los turcos el inglés.[117]

El Viajero se proyectó principalmente en las acciones de minimizar y evaluar lo observado según lo aprendido, puesto que no se podía enjuiciar sin haber establecido antes unos parámetros: «[Los objetos tenían que ser] clasificados según los conocimientos que se habían adquirido antes de la salida».[118] De esta forma, el *aspecto dinámico* que caracterizó el viaje, es decir, la posibilidad del encuentro con lo novedoso, se redujo y se hicieron evidentes los tratados teóricos que formaban al observador y sus influencias enciclopédicas. El Viajero tenía que ordenar y colocar los nuevos sucesos en el lugar que le correspondían para aplicar su propio mundo. Badía, por ejemplo, cuando visitó por primera vez el desierto, lo comparó con las descripciones de Linneo, sus antecedentes más inmediatos:

> Todo lo que se conoce de los desiertos de arena que rodean la cordillera del Atlas al este y al sur, prueba que no se componen, como los de Tartaria, del humus depauperatus de Linneo [...] sólo he visto grandes capas de arcilla glutinosa, que tengo por producto volcánico submarino, llanuras de arena movible, compuesta en su totalidad de un polvo silicoso de cuarzo y feldespato, mezclado con un detritus de conchas finísimo, y bancos de marga caliza muy moderna, formada sin duda por la aglomeración de la arena o del detritus animal.[119]

Para Park, el río Níger era semejante al Támesis: «[...] el majestuoso Niger, brillando con el sol de la mañana, como si fuese el Támesis a su paso por Westminster».[120] Para Vaillant, África era igual a Suiza: «[la región de Auteniquois] es la Limagne de África».[121] Para Grandpré, en Cabende (África) había un «pan de azúcar».[122] Según Browne: «Las cebollas egipcias eran tan suaves y blandas como las de España».[123] Y, finalmente, a Bruce el descubrimiento de las fuentes del Nilo le hizo imaginarse como un don Quijote: «[...] llegar y triunfar como D. Quijote en la isla de Barataria, aunque con más fortuna y sabiduría. ¡Llegar y triunfar sobre todos los reyes de la tierra, sus armas, sus filósofos y sus héroes!».[124] El Viajero vio e interpretó los espacios visitados a través de su contexto y no permitió que lo ajeno y extraño, características del itinerario, inquietaran sus representaciones.

A lo largo del siglo XVIII, se consolidó el interés por la elaboración de series completas y los objetos adquirieron valor porque ejemplificaban un conjunto de categorías sistemáticas. En 1735 Linneo publicó su *Sistema Naturae*, donde desplegó un método clasificatorio diseñado para categorizar todas las plantas del planeta, conocidas o no por los europeos. En 1759, sacó a la luz *Instructio peregrinatoris*, una obra en la que sistematizaba la forma con la que el Viajero tenía que observar y apuntar. Las instrucciones eran claras: primero, había que cifrar la altura de las montañas; después, el flujo de las mareas, la salubridad del aire, las temperaturas y descomponer la naturaleza en tres reinos, litológico, botánico y zoológico. El objetivo no era sólo clasificar y nombrar las especies y los productos de la naturaleza, sino además atender a sus posibles conexiones, relaciones y dependencias. Una reflexión comparada de los siguientes índices de los libros de viaje leídos por Badía evidencia lo dicho anteriormente y la forma en que se catalogaron las poblaciones, costumbres y climas según métodos clasificatorios de carácter universal. Volney: «Los turcomanos. Los kurdos. Los árabes-beduinos. Los maronitas. Los drusos».[125] Houghton: «Algunos detalles del clima y sus producciones. Sobre el loto. Agricultura y manufacturas. Costumbres de los naturales».[126] Thunberg: «Alimentos de los japoneses. Maneras con las que aprenden sus principales conocimientos. Sus bebidas».[127] También las descripciones de Barrow, realizadas a partir de métodos clasificatorios: «Se dice también que la composición es totalmente diferente a la de las rocas que se encontraron en las montañas vecinas, lo que llevaría a pensar en Europa a un naturalista que estos inmensos bloques de granito provienen probablemente de erupciones volcánicas»[128] y las de Sparrman, alumno de Linneo, a partir del método comparado: «La educación particular de la nación francesa contrasta con las costumbres de los holandeses de esta colonia».[129] Fruto de los sistemas clasificatorios, junto con la emergencia de la historia natural como una estructura de conocimiento, se consolidó una *conciencia planetaria* que ayudó a fijar el orden buscado por el Viajero, cuyas descripciones se establecieron a partir de dicha influencia. Ordenar los objetos de la naturaleza fue la tarea más importante de una ciencia con la que se alteró la información de los seres vivos para ceñirlos a un modelo preconcebido del pensamiento. La construcción de una escala global, basada en las descripciones de la historia natural, se aplicó de la misma forma en Europa, Asia o África, e influyó en la forma de comprenderse los europeos a sí mismos e interpretar sus relaciones con los otros.

En la misma línea, los textos con los que se había formado el Viajero, que describían los descubrimientos de diferentes y lejanas culturas, obligaron a repensar los conceptos de la propia época y civilización. La occidental, que parecía única, se encontró en medio de varias civilizaciones y el concepto de antigüedad tuvo que ser interrogado sobre lo que había constituido en épocas anteriores obligado por los últimos descubrimientos.[130] Europa se interesó por sus orígenes y las vinculaciones que pudo tener con civilizaciones pasadas; el componente judeo-cristiano de la cultura occidental se ligó al descubrimiento de una civilización anterior. A través de las comparaciones con antiguas culturas, se prestigió y proyectó una suerte de idea universal con el espíritu típico dieciochesco. Los encuentros con el sánscrito, el védico, el pahlevi, Asiria, Egipto... convirtieron lo ajeno y extraño en primitivo e hicieron de la tierra un todo. A ello se sumó la idea del espíritu común de los pueblos que inauguró un concepto de humanidad que compartía iguales ideas. Las individualidades culturales se integraron en un único conjunto en el que asimilar las características del Otro en la mejor sociedad posible, la civilizada. Como si existiera la necesidad de proyectar una edad de oro utópica, que obligara a ordenar, reducir y relativizar las manifestaciones del Otro. La Ilustración, movida por los descubrimientos, desplazó, en su última fase, los límites de su tiempo hacia el pasado y se identificó con un período en el que Europa se definió como el centro de una civilización y ligó el legado del Mediterráneo consigo misma.

Estos descubrimientos modificaron las representaciones del espacio visitado del Viajero, quien se desplazó y se trasladó a nuevos lugares para confirmar que, si había algunas características comunes entre el país de origen y el de destino, éstas realmente existían, pero muchas veces desde tiempos históricos diferentes. Así, el lugar visitado era visto, más bien recreado, en un tiempo y un espacio anteriores, aquellos en los que pudo darse una vinculación con el origen del Viajero, pero que siempre representaban un pasado para el otro lugar. El viaje fue concebido no sólo como *otro lugar*, sino como un emplazamiento en el que investigar una identidad desaparecida ligada de nuevo al Viajero. De esta forma, los destinos visitados se convirtieron en objetos estáticos e inamovibles vinculados a tiempos remotos. El hombre civilizado no se encontró frente a un otro, sino con un yo anterior, y el traslado significó un *reencuentro con la historicidad* con la que podía situarse de frente a hechos históricos pasados que le podían enaltecer.

Fueron quizás las palabras de Volney (el ilustrado tardío que más influyó en los viajeros europeos del siglo XIX a Oriente) las que mejor relacionaron el objetivo del viaje con el reencuentro de una civilización y su pasado. Si el francés se trasladó, fue para buscar elementos de su pasado que se encontraran en el destino elegido, tal y como advertía desde el comienzo y el prólogo de sus viajes:

> Había leído y entendido que de todos los medios para ilustrar el espíritu y formar el juicio, el más eficaz era el de viajar [...]. Algunas ideas me decidieron por Asia, Siria y sobre todo Egipto [...]. Es en estos lugares, me dije, donde han nacido la mayor parte de las opiniones que nos gobiernan; de donde han salido las ideas religiosas que han influido negativamente en nuestra moral pública y, particularmente, en nuestras leyes y, sobre todo, en nuestras formas sociales. Es, por lo tanto, interesante conocer los lugares donde nacieron estas ideas [...] *en una palabra juzgar por su estado presente cuál fue su estado en los tiempos pasados* [la cursiva es mía].[131]

Esto significó buscar en el país visitado restos de la propia cultura, que, al haber sido comunes en siglos anteriores (por ejemplo, el helenismo), situaban las descripciones de los lugares visitados en un espacio anacrónico, estático e inmovible. Así lo afirmaba Badía, por ejemplo, cuando, para explicar los paisajes de Chipre, tenía que remitirse al lugar del mito, un espacio que ennoblecía su narración:

> En fin, si se compara la construcción, posición y antigüedad del edificio con la tradición y la fábula, resulta de una manera probable haber sido obra de una mujer; que esta mujer tenía gran poder en la isla; que Citera e Idalia debían mirarse como formando parte de sus jardines; que si hubiera existido algún poeta en la isla, divinizara sin duda aquellos objetos, haciendo la deificación de la heroína, que compararía a Venus, hija de Júpiter; alegoría de la fecundidad de la materia o, mejor, de la atracción universal que precedió mucho a la civilización de los griegos y aún a la de los egipcios, sus maestros.[132]

Y Park, quien remitió al lugar común oriental por excelencia del XVIII europeo, *Las mil y una noches*: «Estas historias parecían tener semejanza a las de *Las mil y una noches*, pero en general eran más ridículas».[133] En resumen, los relatos de viajes constituyeron una representación del pasado que hacía referencia a una constante reescritura, pues hacían alusión a acciones, fuentes y hechos anteriores.

Sin embargo, no era posible que todo lo que el Viajero había percibido en el desplazamiento hubiera sido estudiado y leído previamente. El traslado le puso en contacto con situaciones, espacios y habitantes absolutamente nuevos, de los que antes no tenía ningún referente. El viaje ya no fue sólo una *búsqueda* de los elementos anteriormente estudiados, sino el resultado de la experiencia que provocó el *encuentro* con los elementos que lo caracterizaron. Significó una relación entre los aspectos del mundo exterior e interior del Viajero que modificaron su percepción y alteraron su identidad.

4.2. El encuentro en el viaje

La experiencia provocada por el viaje se construyó a partir del encuentro con los elementos que lo organizaban y la influencia que tenían en el Viajero. Un estudio detallado de sus dispositivos y partes demuestra que los elementos más destacados son los siguientes. En primer lugar, el encuentro con el *Otro*. Las características del destino proporcionan al Viajero un conocimiento, una transformación y una alteración. En segundo, los tres elementos básicos que forman la estructura del viaje: la *salida* –que indica la separación del lugar del que se parte–, el *traslado* –la expansión hacia el destino del viaje– y la *llegada* –la identificación o no del Viajero con este mismo destino–. Y finalmente, en tercer lugar, la *tensión* que existe entre la separación del espacio de procedencia, de aquello de lo que en principio se aleja, y el lugar visitado, aquello que *añade* y *agrega* a medida que realiza el itinerario. Este repaso a las nociones más relevantes del itinerario y su análisis a partir de los relatos de viaje muestran la forma en que influyeron en la escritura e identidad del Viajero.

4.2.1. La salida

Cuando el Viajero comenzó su aventura, se trasladó de un lugar a otro. El acto de salir consistió en separarse de las asociaciones y vinculaciones que tenía con el lugar de origen, lo que significó introducir la inquietud, pues ante el traslado se intuyó la presencia de lo desconocido. Quien dijo viajar dijo sufrir una separación, sentir la dificultad de abandonar lo que era familiar, más aún, sentir miedo a lo desconocido, el miedo de quien se enfrentó a la experiencia de lo novedoso que implicaba el hecho de viajar.

El 29 de junio de 1803, Badía salía de Tarifa rumbo hacia Tánger. En la tercera página del relato explicaba cómo se sentía tras la salida de su país:

> La sensación que experimenta el hombre que por primera vez hace esta corta travesía no puede compararse sino al efecto de un sueño. Al pasar en tan breve espacio de tiempo a un mundo absolutamente nuevo y sin la más remota semejanza con el que acaba de dejar, se halla realmente como transportado a otro planeta.[134]

Los escasos kilómetros que separaban Tarifa de Tánger contrastaban vivamente con el espacio tan diferente al que estaba llegando. El tiempo era medido por el espacio, y éste a través de la nueva imagen, que presentaba un tiempo tan ajeno, tan extraño, que no podía ser comparado sino con un espacio inasible –un «planeta»–, y no gobernable –el «sueño»–. Al mismo tiempo, Badía parecía estar abandonado a la deriva, a merced de las circunstancias en el devenir de su navegación, a medio camino entre dos orillas, en este caso la *salida* y el destino de su viaje, España y Marruecos.

De modo semejante le ocurría a Park cuando mostraba las dudas y el extrañamiento que le producía su *salida* hacia el reino de Bondu al principio de su viaje. Alejarse del lugar de origen significaba aventurarse hacia lo novedoso, y esto siempre implicaba un peligro:[135] «Tenía ante mí una región y bosque ilimitados, sus habitantes eran ajenos a la vida civilizada, y para la mayoría, un blanco era objeto de curiosidad o saqueo. Me di cuenta de que abandonaba cualquier referencia europea y que me alejaba para siempre de las comodidades de la sociedad cristiana».[136] Park parecía estar siguiendo con sus palabras los presupuestos de los viajeros medievales y sus mapas, donde lo ignoto se describió con imágenes de animales monstruosos y el espacio de lo extraño se situó más allá de la geografía cristiana.

Cuatro meses más tarde, y nuevamente de camino de Tánger a Fez, esta vez ya en el interior de Marruecos, el *Viajero* expresaba sus dudas ante el desplazamiento:

> Educado en diferentes países de la Europa civilizada, me veía por primera vez al frente de una caravana, caminando por un país salvaje, sin otra garantía para mi seguridad individual que mis propias fuerzas. Partiendo de la costa septentrional de África e internándome en el mediodía, decíame a mí mismo: ¿Seré bien recibido en todas partes? ¿Qué vicisitudes me aguardan? ¿Cuál será el término de mis proyectos? ¿Seré acaso víctima desgraciada de algún tirano?[137]

Independientemente de que las interrogaciones retóricas fueran o no un recurso literario, expresó las dudas que le producía la continuación del viaje, a la vez *salida* y partida de Tánger, hacia el interior de Marruecos. Vacilaciones ocasionadas por la incertidumbre que le provocó el nuevo recorrido, tan extraño y novedoso que le hacía dudar de los referentes adquiridos. La *salida* le hizo apartarse de una matriz social establecida. En ambos textos, la partida del viaje supuso una separación del espacio del procedencia que originaba inseguridad y vacilaciones:

> Después de haber pasado tantos años en los estados cristianos estudiando en sus escuelas las ciencias de la naturaleza y las artes útiles al hombre en el estado de sociedad, sea cual fuere el culto o religión de su corazón, tomé por fin la resolución de viajar a los países musulmanes.[138]

La *salida* le permitió iniciar un proceso por el que podía convertirse en otra figura social influida por todo lo novedoso. Este cambio, casi iniciático, también le significó en muchos aspectos una ruptura con el país de origen. De ahí la incertidumbre: cada partida significaba una rotura de vinculaciones que quizás no podría ser reparada; era por lo tanto un inicio y una ruptura para el Viajero.

Del mismo modo, si la *salida* implicó un inicio y una ruptura, pues significó abandonar el lugar de procedencia, también supuso una *agregación* al nuevo espacio. Por ejemplo, si Badía dudó al salir del primer destino de su viaje, Tánger, no habituado como lo estaba a recorrer África, apenas cuatro meses después abandonaba Fez con gran tristeza porque ya se encontraba mucho más unido al país visitado:

> Atravesando la multitud que se agolpaba llenando los patios de mi casa y las calles, pasamos a la mezquita de Muley Edris, donde después de rezada la oración, nos separamos llorando.[139]

Estas palabras indicaron cómo el traslado aportó nuevos referentes, los cuales le permitían asimilar los lugares que visitaba, tal y como lo demostraba la triste despedida con la que Badía se separó de sus amigos cuando abandonó Fez:

> Habiéndome finalmente resuelto mi partida de Fez para Argel, me despedí de Muley Abduselem y demás amigos con mucha mayor tristeza que la primera vez, pues me veían emprender un viaje azaroso y temían no volverme a ver.[140]

Fue quizás la alteración de las costumbres durante el viaje la que mostró mejor la *asimilación* de algunas de las características del país visitado. Badía tuvo que modificar su vida cotidiana para acomodarla al traslado y a la nueva nación. Y, tras cambiar sus costumbres, se vio obligado a alterar sus referentes a través de su propia adaptación al espacio. El español mudó sus hábitos a medida que se desplazaba:

> Particípele mi llegada [al marqués de Almenara en Constantinopla], y al punto aquel respetable amigo me envió su dragomán, criados y barcos para atravesar el Bósforo; llevó su delicadeza hasta el punto de destinarme en su casa una habitación que había hecho alhajar a la turca, para no contrariar mis costumbres.[141]

Y continuó describiendo los cambios que el viaje había introducido en sus costumbres, de los que fue realizando una paulatina absorción: «Contra nuestra costumbre nos pusimos en marcha a las nueve de la noche [cuando lo solían hacer de madrugada]».[142]

4.2.2. El traslado

Trasladarse, transitar, desplazarse se convirtió en una de las principales características del viaje. El *traslado* obligó a variar de lugar y, en cada cambio, la relación con el lugar visitado se modificó. Durante el tránsito se llevaron a cabo dos movimientos característicos. El primero fue de *expansión* hacia el lugar al que se iba, destino del viaje. Y el segundo, de *contracción*, provocado por la dirección de la que se provenía y la ruptura de vinculaciones del traslado.[143] Nuevamente los dos movimientos proyectaron la *tensión* que sufría el Viajero a lo largo del tránsito.

Al poco tiempo de salir hacia Tánger (primer destino de su viaje),

Badía experimentó la primera *tensión* y el desequilibrio del desplazamiento. Entre dos destinos, en medio del mar, describió sus pensamientos:

> Aquí [de Tarifa a Tánger] el observador toca en una misma mañana las dos extremidades de la cadena de la civilización, y en la pequeña distancia de dos leguas y dos tercios, que es la más corta entre ambas orillas, encuentra la diferencia de dos siglos.[144]

La proximidad de los dos espacios acentuó, al mismo tiempo que contrastó, sus diferencias. Mientras se alejaba de España y se aproximaba a Marruecos, convertidos ambos lugares en orillas –límites– tanto de salida como de llegada, Badía percibió claramente la incertidumbre que producía el *traslado.* Fue en el movimiento que lo caracterizaba, en el desplazamiento entre la partida y la llegada, cuando se evidenciaron las peculiaridades del viaje. Sin *traslado* no había cambios de espacios, y sin éstos no había encuentros con el Otro y, por lo tanto, no existía posibilidad de alteración de los referentes.

A lo largo del *traslado*, tuvo que enfrentarse de nuevo con una serie de alteraciones que modificaron su vida cotidiana. El tránsito suponía unas dificultades en el ámbito diario que añadían un plus de ansiedad y obstáculos. Por ejemplo, el viajero, escribió Badía, no podía moverse solo, y necesitaba varias horas para hacer su equipaje y emprender la marcha:

> Dispuesto todo lo necesario para mi viaje, empleé todo el martes 25 de octubre en hacer salir mi equipaje de la ciudad [...] salí de casa a caballo a las cinco de la tarde en compañía del kadí, que también iba montado; todos los demás alfaquíes y talbes de la ciudad y algunos criados me seguían a pie.[145]

Una descripción característica de estos libros de viaje que mostró las dificultades del *traslad*o fue la explicación de las largas y copiosas caravanas que acompañaban a sus protagonistas. Por ejemplo, Park se trasladó con una gran caravana formada por 30 soldados europeos, 6 carpinteros, de 15 a 20 negros, 50 asnos y 6 caballos o mulas, lo que le imposibilitó un desplazamiento fácil y rápido.[146] Además, el Viajero tenía que moverse con un sinfín de criados, lo que dificultaba de nuevo el traslado y en, algunos casos, el cumplimiento de los objetivos del viaje:

> Deseaba comenzar a ocuparme de mis negocios [en Tánger]; la eterna compañía de mi turco, que no me dejaba un instante, noche y día, me incomodaba infinitamente, no permitiéndome dedicar a trabajo alguno.[147]

También era necesario hacer uso de un *traductor*, que servía como nexo de unión entre el espacio visitado y la cultura de origen, pero dificultaba de nuevo el itinerario,[148] pues era lo primero que había que buscar tan pronto como se llegaba a un nuevo lugar y, sobre todo, podía tergiversar, si así lo deseaba, la información de la traducción, ya que tenía el poder del acceso a la lengua. Asimismo, fijaba el conocimiento del lugar, pues era el encargado de decidir por qué lugares había que transitar. Badía utilizó diferentes traductores a lo largo de sus viajes:

> Tuvimos una larga conversación [con el gobernador de Chipre], que versó toda sobre política. MM. Nicolidi y Francudi, que me habían acompañado, me servían de intérpretes, porque el gobernador no hablaba el árabe ni las lenguas de Europa, ni yo entendía el turco.[149]

Paralelamente, Niebuhr,[150] Browne[151] y Houghton[152] hicieron uso de ellos para poder trasladarse por sus destinos.

El *traslado* significó además someterse a unas presiones físicas que lo dificultaban y producían problemas de salud. Las principales enfermedades sufridas fueron oftalmías (inflamación de los ojos, provocadas por el sol y las altas temperaturas), disentería (enfermedad infecciosa con diarreas y sangre) y fiebres. Tal y como le ocurrió a Badía: «La oftalmia, considerada como la única enfermedad endémica del país, me parece proviene de una causa puramente mecánica»,[153] y a los viajeros Sonnini: «Oftalmía»;[154] Browne: «Oftalmía»,[155] «disentería»[156] y «fiebre»,[157] y Volney: «Casi todo el mundo lleva vendas, señal de una naciente o convaleciente oftalmía».[158] Como señaló Badía, casi a modo de resumen de las dificultades en el viaje, el *traslado* supuso una serie de diferencias y cambios respecto al lugar de procedencia que afectaron a su salud: «La mudanza de clima, mis anteriores fatigas y el nuevo género de vida que había abrazado alteraron un tanto mi salud».[159] A ellas se añadieron las tormentas sufridas en barcos, la caída de meteoritos, los ataques de sed en el desierto, los asaltos de ladrones e incluso los traslados en camellos o en dromedarios. Estas dificultades fueron recreando una imagen del Viajero mucho más cercana a la figura del héroe desarrollada en la literatura de viajes del siglo XIX.

Las dificultades mostraron una serie de impedimentos que no permitían asimilar completamente los referentes del país visitado. De esta forma, se vio obligado a alejarse de las características del destino para aproximarse a los referentes contraídos antes del viaje y refugiarse en ellos. La *expansión* hacia el destino se paralizó o más bien se ralentizó y el Viajero se contrajo hacia su contexto:

El país se compone de vastas llanuras interrumpidas por colinas y cubiertas de una hierba que las haría semejantes a los prados de Inglaterra si estuviesen cultivadas. El aspecto de estas hermosas praderas, casi enteramente abandonadas, hería tanto más vivamente mi corazón cuanto que en Europa y Asia los hombres, estrechados en espacios reducidos, perecen en parte o arrastran una existencia miserable.[160]

Sin embargo, el desplazamiento que implicó el *traslado* también hizo que el Viajero fuera adaptándose al espacio y asimilara otros referentes. De nuevo, se evidenció la *tensión* entre la *separación* del lugar de origen y la *fusión* con el destino.

Cuanto más se movió, más se dirigió y se expandió hacia el destino al que se aproximaba, al mismo tiempo que transitaba por más espacios diferentes y citaba los lugares que «atraviesa»[161] (el contenido semántico de este verbo denota la apropiación del espacio descrito). En su viaje de Roseta a El Cairo por el Nilo, Badía cruzó por más de cuarenta poblaciones. Durante su trayecto apenas tuvo tiempo para describirlas, pues la ansiedad de llegar a El Cairo era tan evidente que el flujo de *expansión* que le llevaba hasta el destino y el movimiento del propio traslado se materializaron en la imposibilidad de parar y de describir lo que transitaba:

A las dos y media, hallándome a la altura de *Schobra,* sobre la derecha del río, comencé a divisar la tercera pirámide.

A las tres y cuarto dejamos *Chifeïta* a la derecha, y una hora más tarde pasábamos por delante de *Darauck*, situado en la punta del S del Delta en el paraje donde se parten los brazos del Nilo.

A las cinco teníamos a *Schalakan* sobre la ribera derecha; y seis horas más tarde fondeamos felizmente en *Bulak*, que es el puerto de El Cairo, sobre la misma orilla.[162]

Lo mismo le sucedió a Park; su movimiento le impidió describir con detalle la nómina de lugares que franqueaba:

En cuanto llegamos a Gungadi, una gran ciudad, donde paramos alrededor de una hora hasta que los asnos, que se habían caído detrás de nosotros, se levantaron. Allí observé un buen número de dátiles y árboles, y una mezquita construida de arcilla, con torrecillas añadidas, en cuyos pináculos había huevos de avestruz. Un poco después de la puesta de sol llegamos a Samee, en los bancos de Senegal, un hermoso y estrecho río que desciende despacio hacia un lecho de grava y arena.[163]

De este modo, el movimiento se determinó por los nombres de los espacios que se atravesaban; a mayor número, mayor movimiento y traslado. Y las pausas en el viaje, por las descripciones de los lugares; a mayor número, mayores pausas realizadas:

> El sábado 10 de marzo a las diez de la mañana, salí de Rabat con dirección a Marruecos [...] El camino sigue en este paraje la orilla del mar, que es una cadena de rocas inaccesibles [...]. El paisaje se compone de pequeñas colinas de roca caliza [...] El terreno es tierra arenisca mezclada en algunas partes de arena pura, con poco arcilla y muestras de ocre.[164]

4.2.3. La llegada

Fue quizás en el acto de la *llegada* cuando mejor se percibió el proceso de *unión* con los elementos que integraban el destino o la diferencia que existía con ellos. Llegar implicó establecer un intento de unión entre el Viajero y el contexto visitado, y alcanzar el fin o el término del desplazamiento. Fue, en definitiva, en esta acción donde se sintetizaron las alteraciones y los cambios que se habían producido desde que comenzó el viaje y se llevó a cabo aquél.

La *llegada* fue un proceso de *asimilación* con los elementos que conformaban el nuevo lugar. A lo largo del viaje, no fue necesario llegar al destino establecido para incorporar elementos diferentes. Cada arribada a un lugar significó e incorporó los principios que caracterizaron el final del desplazamiento. Por ejemplo, Badía describió positivamente la vida en la ciudad de Tánger al mes y medio de llegar a ella, lo que demostró cómo se había ido incorporando al espacio visitado: «Poco tiempo después de mi llegada a Tánger mi existencia comenzó a hacerse bastante agradable».[165] Lo mismo le ocurrió durante su llegada y posterior estancia en Trípoli, once meses antes de terminar su viaje. Sus descripciones aparecían en términos favorables, lo que denotaba su cohesión con el espacio visitado, al que se iba uniendo lentamente. Viniendo, como había venido, del noroeste de África, pudo ir asimilando otros elementos de Oriente que le permitieron comparar lo novedoso de Trípoli con sus referentes marroquíes. De esta forma, las diferencias parecían diluirse:

> Dicha población [Trípoli] se compone de moros, turcos y judíos, y como al principio el gobierno era absolutamente turco, la civilización está mucho más adelantada que en Marruecos. La seda y el oro se emplean de ordinario en los trajes; la corte es magnífica cuanto puede serlo. La mayor parte de los habitantes conocen y poseen varias lenguas europeas: el bajá habla el italiano: cosa mirada como pecado más o menos grave entre los marroquíes. La sociedad es asimismo mucho más franca y libre que en Marruecos.[166]

Los límites o confines de su viaje, que aparecían a modo de sombra porque le hacían dudar y extrañarse, terminaron incorporándose en su propio contexto. En este proceso, lo desconocido para el Viajero se volvió conocido gracias a los elementos del desplazamiento, que obligaron a alterar sus referentes. Por ejemplo, si durante la estancia de Badía en Marruecos sus comparaciones tenían que ver en su mayor parte con Europa:

> Dichas calles [en Fez] están muy limpias en general; la multitud de gente que por ellas circula todos los días es tan grande como una feria; podríase comparar este cuadro a una grosera imitación de las galerías del Palais-Royal en París.[167]

Cuando salió de Larache rumbo a La Meca, comenzaron a aparecer otras referencias que demostraban cómo su conocimiento se había ampliado en contacto con los lugares ya visitados:

> El culto de Marruecos es más sencillo y místico; en Trípoli, más complicado y pomposo.[168]
>
> [...]
>
> Los turcos son en su conducta pública muy diferentes de los demás musulmanes en la época de Ramadán y pascua.[169]

Como resultado de esta *unión* con el destino, el Viajero fue formando un orden diferente al que tenía cuando salió de su lugar de origen.

Muchas veces en el proceso de la *llegada*, se convirtió en un mero *divulgador*; el acto de arribar implicó transmitir conocimientos. El Viajero, que adquirió la ventaja de moverse en contextos diversos, informó de noticias, actitudes y conocimientos que había observado durante el viaje, pero también se volvió mensajero de las singularidades de su patria. Así le ocurrió, por ejemplo, a Badía cuando discutió en Fez con algunos sabios y consiguió hacerlos dudar de sus libros hasta obligarlos a razonar y, de ese modo, poner en evidencia sus referentes ilustrados:

> Eran asiduos de mi círculo varios de los principales sabios de Fez y fui testigo frecuentemente de sus fastidiosas e interminables disputas. Por eso me valí del ascendiente que tenía, para hacerlas cesar, pero deseando producir mayor, y sobre todo más útil efecto, me propuse inspirarles dudas sobre sus libros y maestros; en efecto, logrado este primer paso, no me fue difícil abrir una nueva carrera a estos hombres, cuya perfectibilidad se hallaba paralizada por aquella especie de estancamiento espiritual.[170]

De esta forma demostró que, a pesar de que iba ensanchando sus conocimientos, nunca abandonó sus referentes europeos. A medida que prosiguió el viaje, que llegó a La Meca y que continuó hacia Turquía (fin de su itinerario), prosiguió con sus comparaciones con lo ya conocido y estudiado antes de su salida de España. Al mismo tiempo, el final de su aventura estuvo cada vez más contaminado por las dificultades características del traslado, tales como el cansancio físico, enfermedades, prisas y apenas pausas en su recorrido. Esto puso en evidencia que Badía no pareció adaptarse ni a las circunstancias del viaje en sí ni a los elementos ajenos que presentaban los lugares visitados. A ello se añadieron los objetivos de la *salida*, *traslado* y *llegada* expuestos en sus *Viajes*. Desde el comienzo de la obra, indicó que su destino era La Meca; sin embargo, unas líneas más adelante señaló que recogería los conocimientos de su traslado para los conciudadanos de la que sería su patria, Francia: «País que escogeré finalmente por patria».[171] Es decir, desde el principio del libro anticipó que tras su periplo volvería a Francia, lo que concedió una importancia destacada a este país, pues se estableció como el referente principal de la lectura. No obstante, al final de la obra señaló que quería continuar viajando: «Extender el círculo de mis conocimientos por medio de nuevos viajes»,[172] lo que significó que, a pesar de su vuelta, ansiaba salir de nuevo para continuar sus viajes. El deseo de Badía por volver a viajar mostró su fascinación por el traslado, y sus comparaciones y referentes en la obra, la prueba de la importancia que concedió al país en el que vivió y preparó su edición, Francia.

Estas afirmaciones demuestran que los *Viajes* se movieron entre la dialéctica del alejamiento del país de origen y la *agregación* con el territorio de destino. Una vez más, el traslado se caracterizó por la *tensión* que significó la *división* del lugar del que se provenía y algunas de las asimilaciones que el Viajero realizó tras haber visitado otras geografías. Unas asimilaciones que, en el caso del ilustrado, se definieron a partir de la alteración de su identidad –veremos en qué manera y de qué forma– suscitada por el propio viaje y uno de los destinos más destacados en la época: Oriente.

Notas

1. *Cf.* L. Romero Tobar, 2000, p. 233. *Vid.* también: «Estos viajes educativos, tan próximos por otra parte al *Bildungsroman,* producen esa transformación profunda del partícipe en la que el componente subjetivo tiene un papel destacado, puesto que el viajero comienza el recorrido siendo de una manera y lo concluye transformado en su ser y en su comportamiento», L. Romero Tobar, 2000, p. 234.
2. *Cf.* E. J. Leed, 1992, p. 215. *Vid.* también para el discurso filosófico del viaje AA. VV., 1999a, pp. 101-123.
3. A. Sparrman, I, 1787, p. VII.
4. C. F. Volney, 1788, p. 11.
5. *Manuscrits copias*, I, s. d., p. 125.
6. A. Bey, 1997, p. 308.

7. D. Badía, 1997, p. 374.
8. *Cf.* J. Pimentel, 2003, p. 50.
9. C. F. Volney, 1788, p. 13.
10. M. Park., 1800, p. 30.
11. C. P. Thunberg, I, 1796, p. XVI.
12. D. Badía, 1997, p. 651. Nota del *Viajero* al pie de página.
13. W. G. Browne, 1806, pp. IV y V.
14. M. I. Ohsson, I, 1788, p. VIII.
15. A. Sparrman, I, 1787, p. VII.
16. L. de Chénier, I, 1787, p. VII.
17. D. Badía, 1997, p. 586.
18. C. F. Volney, 1788, p. 13.
19. D. Badía, 1997, p. 692.
20. *Vid.* para este asunto J. Carrillo, 1999, p. 58, cuando describe el ascenso de Petrarca al monte Ventoux: «Petrarca intentaba expander su campo visual por encima de sus estrechos límites diarios de percepción. El extraño y continuo panorama que veía desde la cumbre del monte Ventoux fue un encuentro que le permitió controlar su destino y el mundo que se extendía a sus ojos [...]. La aspiración de Petrarca de comprender el mundo desde un punto de vista individual estaba ligado a los orígenes del desarrollo fundamental de la subjetividad europea que culminó en el radical subjetivismo de Descartes».
21. D. Badía, 1997, p. 581.
22. *Cf.* AA. VV., 1999a, p. 51. *Vid.* también: «El ideal científico de precisión de este período ayudó a entender la transición de la historia natural aristocrática de la Ilustración, defendida por Cook y Banks, a la geografía más sistemática de Rennell –que asentó la ambición científica de Alí Bey y Richard Burton–. Hasta cierto punto pareció una transición del uso sistemático de categorías cualitativas a un nuevo énfasis de precisión cuantitativa, que mostró un mapa más comprensible –del que Rennell se convirtió en maestro– lo que supuso que la observación del viajero estuviera sujeta a estrictos requerimientos con el fin de crear objetividad», *ibid.*
23. A. Sparrman, I, 1787, p. V.
24. *Ibid.*, p. XV.
25. A. Bey, 1997, pp. 186-187.
26. M. Park., 1992, p. 314.
27. W. G. Browne, 1806, p. 148.
28. *Ibid.*, p. 179.
29. C. Niebuhr, I, 1776-1780, p. 2.
30. *Ibid.*, p. 39.
31. J. Bruce, 1817, p. 35.
32. *Ibid.*
33. A. Bey, 1997, p. 277.
34. *Ibid.*, p. 189.
35. *Ibid.*, p. 201.
36. *Cf.* M. L. Pratt, 1992, p. 17: «Los extranjeros, con sus poco discretos instrumentos, sus obsesivas mediciones –de la gravedad, la velocidad del sonido, pesos y distancias, el curso de los ríos, altitudes, presiones barométricas, eclipses, trayectorias de las estrellas– fueron el objeto de continuas sospechas».
37. D. Badía, 1997, pp. 678 y 679.
38. M. Park., 1991, p. 134.
39. C. F. Volney, 1788, p. 12.
40. *Documents originals*, I, 1801, p. 83.
41. A. Bey, 1997, p. 462.
42. *Cf.* C. F. Volney, 1788, p. VI.
43. *Cf. ibid.*

44. *Cf. ibid.*
45. *Cf. Documents originals*, I, 1801, p. 57
46. D. Badía, 1997, p. 389.
47. C. Niebuhr, I, 1776-1780, p. 96.
48. C. F. Volney, 1788, p. 161.
49. W. G. Browne, 1806, p. 51.
50. A. Bey, 1997, p. 285.
51. *Ibid.*, p. 346.
52. J. Bruce, 1817, p. 41.
53. C. Niebuhr, 1776-1780, pp. 18-26.
54. D. Badía, 1997, p. 351.
55. W. G. Browne, 1806, p. 97.
56. D. Badía, 1997, p. 710.
57. *Cf.* C. Niebuhr, 1776-1780, pp. 36-40.
58. D. Badía, 1997, p. 692.
59. *Ibid.*
60. C. F. Volney, 1788, p. 187.
61. J. Barrow, 1801, p. 382.
62. D. Badía, 1997, p. 664.
63. C. F. Volney, 1788, p. 284.
64. A. Bey, 1997, p. 368.
65. C. F. Volney, 1788, pp. 453 y 454.
66. D. Badía, 1997, p. 653.
67. C. F. Volney, 1788, p. 17.
68. D. Badía, 1997, p. 346.
69. C. F. Volney, 1788, pp. 192 y 193.
70. *Ibid.*, p. 271.
71. D. Badía, 1997, p. 679.
72. L. de Chénier, I, 1787, p. 66.
73. A. Bey, 1997, p. 232.
74. C. Niebuhr, I, 1776-1780, p. 2.
75. D. Badía, 1997, p. 694.
76. C. Niebuhr, I, 1776-1780, p. 26.
77. D. Badía, 1997, p. 695.
78. C. Niebuhr, I, 1776-1780, p. 41.
79. D. Badía, 1997, pp. 360 y 361.
80. C. Niebuhr, I, 1776-1780, p. 43.
81. A. Bey, 1997, p. 151.
82. C. Niebuhr, I, 1776-1780, p. 129.
83. D. Badía, 1997, p. 650.
84. C. Niebuhr, I, 1776-1780, p. 142.
85. A. Bey, 1997, p. 143.
86. J. Bruce, 1817, p. 2.
87. D. Badía, 1997, p. 476.
88. W. G. Browne, 1806, p. 346.
89. D. Badía, 1997, p. 346.
90. L. M. J. Grandpré, I, 1801, p. I.
91. W. G. Browne, 1806, pp. V-VI.
92. M. Park., 1800, pp. 59 y 60.
93. *Ibid.*, p. 397.
94. *Cf.* C. M. Sonnini, 1800, pp. 94 y 95.
95. D. Badía, 1997, p. 366.
96. A. Bey, 1997, p. 231.
97. *Cf.* R. González de Clavijo, 1999, p. 45.

98. D. Badía, 1997, p. 327.
99. *Cf.* Batten, C. L., 1978, p. 46.
100. *Cf. ibid.*, p. 23.
101. M. Park. 1800, p. 322.
102. S.-M.-X.- Goldbéry, I, 1972, p. 19.
103. A. Bey, 1997, p. 484.
104. D. Badía, 1997, p. 692.
105. *Cf.* C. F. Volney, 1788, p. IV.
106. D. Badía, 1997, p. 393.
107. *Vid.* para el tema de las pruebas recogidas en el viaje por los viajeros ilustrados P. Almarcegui., 2005, pp. 101-113.
108. D. Badía, 1997, p. 659.
109. *Cf. Memorias originals*, III, s. d., p. 1v.
110. *Cf.* C. P. Thunberg, I, 1796, p. XI. En la tradición hispánica se pueden consultar los índices de viajeros como J. de Acosta, F. de Azara, J. B. Bru de Ramón y P. F. Dávila
111. *Vid.* para el estudio del coleccionismo en la época AA. VV., 1994b; P. Findlen, 1994 y G. Olmi, 1992.
112. *Cf.* P. A. Clayton, 1984, p. 60.
113. *Vid.* para la relación entre viaje e iconografía AA. VV., 1988b, 1988c, 1991a, 1992, 1995b, 1995e y 2004; C. Peltre, 1995 y 1997b. Y, por supuesto, la colección de ACR, *Les orientalistes*, que reproduce, según un orden geográfico, la pintura hecha por artistas y viajeros a Oriente.
114. M. Milanesi, 2001, p. 131.
115. C. F. Volney, 1788, p. 14.
116. A. Bey, 1997, p. 437.
117. D. Badía, 1997, p. 717.
118. *Cf. Documents originals*, I, 1801, p. 61.
119. A. Bey, 1997, p. 439.
120. M. Park., 1800, p. 226.
121. F. Vaillant, 1790, p. 117.
122. L. M. J. Grandpré, I, 1801, p. 29.
123. W. G. Browne, 1806, p. 136.
124. J. Bruce, 1817, p. 343.
125. C. F. Volney, 1788, p. 721.
126. M. Houghton, 1798, p. 202.
127. Ch. P. Thunberg, 1796, p. 5.
128. J. Barrow, 1801, p. 60.
129. A. Sparrman, 1787, I, p. 111.
130. *Cf.* R. Shaw, 1950, p. 89. *Vid.* también para este asunto: «[Al final de la ilustración] se hacen las primeras excavaciones al pie del Vesubio, aparecen las primeras vistas de Baalbek, de Palmira, de las pirámides y la esfinge de Gizeh; se publican las primeras traducciones europeas del sánscrito y, enseguida, de los jeroglíficos egipcios. Se trata igualmente de reorientar el pensamiento hacia fuentes antiguas: hay una redescubrimiento de la doctrina zoroástrica, los símbolos egipcios y cabalísticos aparecen con fuerza en los ritos masónicos y, además, se pretende actualizar el problema de la Revelación primitiva», J.-C. Berchet, 2004, p. 102.
131. C. F. Volney, I, 1788, pp. 11 y 12.
132. D. Badía, 1997, p. 303.
133. M. Park., 1800, p. 54.
134. A. Bey, 1997, p. 133.
135. *Cf.* D. van der Cruysse, 2002, p. 85.
136. M. Park., 1800, p. 56.
137. A. Bey, 1997, p. 213.

138. *Ibid.*, p. 132.
139. *Ibid.*, p. 305.
140. *Ibid.*, p. 398.
141. D. Badía, 1997, p. 692.
142. A. Bey, 1997, p. 425.
143. *Cf.* E. J. Leed, 1992, p. 101.
144. A. Bey, 1997, p. 134.
145. *Ibid.*, p. 211.
146. M. Park., 1800, p. 393.
147. A. Bey, 1997, p. 142.
148. *Vid.* sobre este asunto S. Moussa, 1995, p. 23: «Perteneciendo a dos mundos, el traductor está constantemente a punto de equivocarse en su cometido. Personaje ambiguo, hay que poner en cuestión su capacidad misma para establecer una relación entre Oriente y Occidente [...]. En efecto, tiene un poder que le falta al viajero: el acceso al Otro por la lengua».
149. D. Badía, 1997, p. 285.
150. C. Niebuhr, 1776-1780, p. 17.
151. W. G. Browne, 1806, p. 15.
152. M. Houghton, 1798, p. 28.
153. D. Badía, 1997, p. 370.
154. C. M. Sonnini, 1800, p. 536.
155. W. G. Browne, 1806, p. 363.
156. *Ibid.*, p. 29.
157. *Ibid.*
158. C. F. Volney, 1788, p. 167.
159. A. Bey, 1997, p. 192.
160. *Ibid.*, pp. 215 y 216.
161. El verbo atravesar (pasar cruzando de una parte a otra) aparece repetidas veces en los *Viajes*, A. Bey, 1997, pp. 212, 214 y 310.
162. D. Badía, 1997, p. 386.
163. M. Park., 1800, p. 96.
164. D. Badía, 1997, p. 321.
165. A. Bey, 1997, p. 191.
166. D. Badía, 1997, pp. 251-252.
167. A. Bey, 1997, p. 242.
168. D. Badía, 1997, p. 254.
169. *Ibid.*, p. 716.
170. A. Bey, 1997, p. 247.
171. *Ibid.*, p. 132.
172. D. Badía, 1997, p. 729.

5
El descubrimiento de Oriente por los viajeros europeos

El elemento más destacado dentro de los conceptos que integraron la estructura del viaje lo constituyó el encuentro con el Otro. En el nuevo espacio y con los habitantes que lo conformaron, el Viajero entró en contacto con lo desconocido y ajeno, el Otro. Un descubrimiento que le permitió ir definiéndose a sí mismo y mostrar sus referentes culturales y sociales.

El traslado alteró la identidad del Viajero, puesto que le exigió que abandonara o reafirmase lo que había ido definiendo y había conformado su identidad antes del comienzo del itinerario. Su yo se desnudó y se redujo a los *elementos móviles* que sólo se ponían en evidencia durante el desplazamiento. De este modo, éste se convirtió en un experimento moral que determinó qué aspectos del yo se dejaban atrás en el contexto en que fueron surgiendo y cuáles conformaron el carácter inalterable del individuo en movimiento. En estas circunstancias, el encuentro con el Otro del viajero de finales del siglo XVIII se presentó como una proyección de sí mismo, tal y como se comprobará a lo largo de este capítulo. Entró en contacto con el Otro en la medida en que se reflejó él mismo, y, en este proceso, intentó proyectar en el nuevo espacio sus conocimientos culturales y reconocer los lugares según estos presupuestos.

En todos los casos, fue el desplazamiento el que puso en evidencia una serie de singularidades, que nunca se hubiera mostrado sin esta categoría. El viaje y el descubrimiento que proporcionó del Otro alteraron los referentes del Viajero, ya que su identidad se desnudó y se *reafirmó* gracias a las ideas, las impresiones y las percepciones realizadas durante el itinerario.

Fue especialmente Descartes quien estableció el encuentro con el Otro como un método de conocimiento. Las premisas del filósofo destacaron la necesidad del conocimiento individual y este, la necesidad del conocimiento del Otro,que era importante en la medida en que servía para la propia comprensión del Viajero. Y la época ilustrada se caracterizó por una búsqueda de autoidentificación de sí misma a partir de lejanas culturas, que incorporó a los otros mundos en el propio. El descubrimiento del Otro para los viajeros europeos ilustrados se concretó fundamentalmente en Oriente, uno de los destinos preferidos y frecuentes de los desplazamientos en la época. El conocimiento del Otro o, más bien, el conocimiento de uno mismo se manifestó en los libros de viaje del XVIII en la descripción de las *semejanzas* y *diferencias* entre ambos.

5.1. La imagen del Viajero

En las descripciones y las interpretaciones que el Viajero realizó del Otro, se mostraron sus referentes culturales y sociales. Bien fuera a través de las *diferencias* que existieron entre ambos, bien a través de sus *semejanzas*, mostró su propia *imagen*.

En las obras del Viajero, el Otro no apareció como un interlocutor posible; sólo describió las características que podían ser interpretadas a partir de sus presupuestos. En el recorrido de esta proyección, uno de los primeros elementos fue la búsqueda de los factores diferenciadores entre ambos. Una vez aislados, y algunas veces denunciados, se puso en evidencia que las atribuciones negativas del Otro eran el resultado de las carencias políticas y sociales del país visitado.

Uno de los primeros rasgos que se establecieron como diferentes fue la *ignorancia*. Esta se definió como: «Falta de ciencia, de letras, y noticias, en general o particular».[1] Según el análisis de los libros de viaje objeto de este estudio, la *ignorancia* atribuida a Oriente fue debida principalmente a tres razones. En primer lugar, el Otro era ignorante porque no tenía la oportunidad de ser educado, alejado, como se encontraba, del contacto con culturas civilizadas:

> Los mequeses son los más ignorantes del mundo: verdad es que la situación geográfica de su ciudad contribuye mucho a ello [...]. En consecuencia La Meca no está destinada por su posición a ser punto mercantil [...]. ¿Qué recursos, pues quedan a los mequeses para subsistir? [...]. La Meca era muy pobre antes de la venida del profeta, y tras una corta época de gloria y riquezas adquiridas por las armas, ha vuelto a caer en la pobreza que parece haber sido su herencia. ¿Cómo, pues, esperar que florezcan allí las artes y ciencias? Su situación, desviada de todas las comunicaciones mercantiles, la mantiene hundida en la más profunda ignorancia de todas las noticias, descubrimientos, revoluciones y acciones de los demás hombres; y el pueblo de La Meca quedará siempre en el embrutecimiento y en las más densas tinieblas.[2]

Para Badía, la *ignorancia* de los habitantes de La Meca se debió a su aislamiento de las rutas comerciales, que los alejaba del contacto civilizado. Si el español aisló y denunció la *ignorancia*, fue porque interpretó al Otro según sus presupuestos ilustrados. Su formación como hombre de luces le obligó a proyectar en Oriente una de las principales características de las reformas del hombre del XVIII: una tarea educativa que perfeccionase la sociedad y la cultura. La Ilustración se midió por «las ventajas morales o civiles que producía en los hombres»[3] y era la educación la que mejor podía desarrollar estas ventajas. Como escribió Chénier, los orientales podían salir de su *ignorancia* si eran educados: «Los moros de ese tiempo [XVI] y los de nuestros días son casi los mismos; no es el tiempo, es la educación quien educa a los hombres».[4]

La segunda razón por la que se le atribuyó al Otro la *ignorancia* fue debido a su sometimiento a la religión musulmana, tal y como ya había denunciado en sus *Lettres persanes* (1721) Montesquieu, quien consideró a los seguidores de Mahoma simples e ignorantes.[5] Barrow retomó presupuestos semejantes y afirmó que los musulmanes de África eran «rudos e incultos».[6] La tercera razón del uso de este término fue consecuencia de las formas de gobierno de Oriente Medio, causa de la poca instrucción y educación de sus habitantes. Como señaló Volney: «Existen pocos libros y medios para instruir, así que puedo afirmar que estas son las causas de la ignorancia de los orientales; sin embargo, se deben ver como causas secundarias: la fuente principal sigue siendo su gobierno».[7]

El proyecto educativo ilustrado se organizó como un «método de enseñanza»[8] que recogía y establecía la forma en que se debía enseñar y estudiar a través de disciplinas diversas. El cambio en los hábitos fue una tarea que correspondió a la educación y al estudio, siempre que se enseñasen las materias adecuadas. Estas eran las llamadas «ciencias útiles»,[9] opuestas a la *ignorancia* y a las ciencias ocultas con las que se había relacionado a Oriente desde el siglo XVI.[10] Durante su estancia en Fez, Badía realizó un repaso a las carencias y necesidades de los estudios de los marroquíes que describía un plan educativo de la época. En este repaso, analizaba el estado de las ciencias de la geometría, astronomía, matemáticas, geografía, metafísica, química, anatomía, medicina, música, historia y literatura:

> Para el estudio de la geometría tienen a Euclides, que me enseñaron en grandes tomos en folios muy apolillados porque no hay quien tenga pecho para leerlos y mucho menos para copiarlos [...]. La astronomía se reduce a algunos preliminares indispensables para tomar la hora con astrolabios muy groseros [...]. En lo tocante a las matemáticas sólo conocen

> la resolución de un cortísimo número de problemas. La geografía no se estudia. La física es la de Aristóteles, mas apenas aplican a ella la más ligera atención [...]. La metafísica es el campo de batalla donde más se ejercitan y aún añado que en esta ciencia consumen aquellos doctores todas sus fuerzas morales [...]. La química no existe para estos pueblos [...]. La anatomía está del todo desterrada por la religión [...]. En relación con la medicina, sólo estudian algunos detestables empíricos y casi ignoran la existencia de los grandes maestros antiguos [...]. La gravedad musulmana abandona el ejercicio de la música a las mujeres y a las clases ínfimas de la sociedad [...]. No faltan en el imperio historiográfico, escritores de la historia del país y de la nación, mas sus obras se leen poco. La de otros pueblos lo ignoran absolutamente. El idioma se halla en un punto de degradación. Carecen de imprenta y la gran imperfección de su escritura proviene de que confunden frecuentemente las letras [...]. Tal es el estado de las ciencias en Fez, ciudad que puede mirarse, si me es permitida la comparación, como la Atenas de África, por el gran número de doctores y pretendidos sabios.[11]

En muchos casos, la educación se vinculó a otras nociones, como la *instrucción*, que se estableció como una de sus partes fundamentales y se definió como: «La acción de instruir (enseñar, advertir)»[12] e «impartir conocimiento; educación; información».[13] Así, escribió Badía, el gobernador de Tánger carecía de *instrucción* porque no estaba capacitado para educar a su descendencia: «No se halla en estado de conocer cuán útil es al hombre la instrucción [el gobernador de Tánger], de modo que la niega a sus hijos por sistema los cuales tampoco saben leer ni escribir».[14]

El Viajero se estableció como el posible transmisor del proceso educacional. La transformación cultural del país al que se trasladó y el progreso científico dependían de la renovación y la reforma que se realizasen en los estudios. Y él, como hombre de luces, fue el responsable de llevarlas a cabo. Badía se erigió como la persona que, gracias a su formación, podía eliminar creencias y vaticinios erróneos. Con sus conocimientos racionales y científicos, fue capaz de predecir los eclipses y explicar la manera en la que se habían formado. De este modo, cuando los astrólogos anunciaron al pueblo marroquí las desgracias que provocaban estos fenómenos, consiguió: «Destruir la impresión de tan ridículas predicciones».[15] Sin embargo, muchas veces tuvo problemas para poner en práctica sus conocimientos, que si bien le hacían crecer como sujeto a lo largo de sus viajes, le imposibilitaban su labor como hombre ilustrado. Así, en un territorio en el que la ley prohibía tocar a las serpientes por su carácter impuro y en el que no existía la costumbre de elaborar raciocinios resultaba imposible el progreso en las ciencias:[16]

Presumo será una especie desconocida, mas, por desgracia, era animal inmundo que la ley prohíbe tocar, y me fue imposible examinarlo a mi placer y dibujarlo, lo que hubiera sido un segundo crimen a los ojos de los que me rodeaban. Así es que mis criados se dieron prisa para quitar y arrojar muy lejos aquel animal tan bello como curioso. ¿Cómo han de poder adelantar las ciencias naturales en los países musulmanes?[17]

Otra diferencia entre el Viajero y el oriental fue la *barbarie*, un concepto que ya ha sido ampliamente estudiado y que se encuentra opuesto al de civilización. La *barbarie* se identificó con: «Rudeza, falta de cultura en el modo de vivir y hablar»[18] y: «La calidad de ser bárbaro (inculto, no civilizado, no educado; rudo, brusco, salvaje).[19] Los orientales eran bárbaros porque no aplicaban las ciencias y, por ejemplo, se asombraban con la realización de medidas trigonométricas.[20] Y también porque no aprovechaban las ventajas del trato con los europeos y los propios viajeros, que les permitiría rescatar sus propios y antiguos valores culturales:

Estamos ansiosos de dar a la luz las opiniones y recuerdos de la Antigüedad, las bellezas de la literatura árabe y asiática, pero mientras nuestras librerías estén ocupadas en mostrar las enseñanzas de diversas naciones, distribuiremos, con mano parsimoniosa, las bendiciones de la verdad de la religión para las naciones benignas de la tierra. Los nativos de Asia provienen, con algo de ventaja, de nosotros, incluso los pobres africanos, que consideramos como bárbaros, se parecen a nosotros.[21]

Para Badía, La Meca se hallaba hundida en la antigüedad, un estado que la vinculaba a la *barbarie*, puesto que era ajeno a las realidades ilustradas: «En el antiguo estado de barbarie y pobreza que parece haber sido su herencia».[22] El Imperio turco, definido por la filosofía política como símbolo del gobierno despótico desde el siglo XVI, era además musulmán, lo que según los ilustrados fue la causa de su indiscutible *barbarie*:[23] «El turco añade a la barbarie y orgullo musulmán la barbarie y orgullo propios de su nación».[24] Finalmente, Niebuhr creyó que los árabes y musulmanes eran bárbaros, debido a su falta de educación.[25] El Viajero retomó los referentes con los que había organizado su desplazamiento e inscribió la experiencia del viaje en las relaciones que mantenía antes de comenzarlo. Así evitó el extrañamiento y la sorpresa ante la presencia del Otro, lo asimiló a sí mismo y recuperó sus propios códigos culturales, mediante un ejercicio en el que aisló las *diferencias* entre ambos, elaboradas a partir de sus propios conocimientos.

Otra diferencia entre el oriental y el Viajero fue la *pereza*,[26] un concepto que apareció también bajo los términos de *molicie* e *indolencia*. La *pereza* se definió como: «Negligencia, tedio o descuido de las cosas a que estamos obligados. Es uno de los pecados capitales».[27] La *molicie* se identificó con: «Blandura, suavidad [...]. Pecado torpe contra natura»[28] y «lujo; facilidad para la vida voluptuosa».[29] Para Badía, los habitantes de Egipto, Chipre, Turquía y Marruecos se caracterizaron por su *pereza*. Las gentes de Alejandría no cuidaban adecuadamente sus diques debido a: «La desidia natural de los musulmanes».[30] En Chipre: «La indolencia de su carácter es bien conocida».[31] El turco tenía: «Pereza habitual [...]. Verdad es que semejante desidia no era vicio peculiar suyo, pues los demás tártaros no eran menos perezosos que él».[32] En Tánger, las gentes se definían por: «La ociosidad: a cualquier hora del día se las ve sentadas o tendidas cuan largas son por las calles y otros parajes públicos».[33] Además, en la ciudad marroquí había diversiones en las que emplear el tiempo y los habitantes permanecían ociosos todo el día incitando a los otros a la inactividad: «El moro desocupado sale de su casa por la mañana, se sienta en tierra en la plaza o en un paraje público; algunos otros habitantes van llegando casualmente y hacen lo mismo».[34] Algo similar ocurría con los soldados de Jedda, siempre abandonados a la ociosidad:

> Compónese la guarnición de doscientos soldados turcos o árabes; mas no piense nadie que montan guardias o prestan algún servicio militar: su ocupación se reduce a pasar el día sentados o echados en un café, jugando al ajedrez, fumando o tomando café.[35]

Y en Turquía, país en el que las gentes pasaban los días inactivos:

> Días enteros sentado en completa inacción física y moral, fumando en su pipa o tomando café y otras drogas, embriagándose con licores o píldoras de opio; enervar sus fuerzas físicas con excesos reiterados de deleites naturales o contra naturaleza, tales son los placeres que constituyen la felicidad de los musulmanes, y si se dignan prestar atención a un espectáculo cualquiera, es únicamente cuando se les presenta el simulacro de los únicos objetos que forman sus delicias exclusivas.[36]

En Modón, la población permanecía desocupada: «En completa inacción los habitantes, que no ejercen arte ni comercio alguno».[37] También vinculado a la isla se encontraba otro de los términos bajo los que apareció la pereza, la *molicie*. Cuando sus habitantes conseguían el dinero suficiente para satisfacer su sensualidad, se abandonaban en un estado de *molicie*.[38]

Como demuestran estos ejemplos, el Otro representó la negligencia, el tedio y el descuido, lo que favoreció la inercia y el actuar sin ningún objetivo. Una inercia causada muchas veces, según estos viajeros, por las facilidades sexuales que ofrecía la poligamia en Oriente, la cual, una vez puesta en práctica, permitía saciar todos los deseos y dejar abandonado al Otro en un estado de *molicie* y miseria.[39] Asimismo, proseguían, la inactividad y el tedio eran consecuencia de la fatalidad a la que se hallaban sometidos los orientales; condenados por el determinismo al que obligaba su religión, no luchaban por salir de su condición y se aburrían sometidos a su suerte.

Otras *diferencias* entre el Viajero y Oriente las constituyeron las diversidades políticas y jurídicas. Existían claros contrastes entre la sociedad civilizada de origen y la del país visitado, y esta última se hallaba sometida a una multitud de privaciones que era necesario describir. Por ejemplo, el Viajero denunció el poder absoluto que ejercía el gobierno sobre la propiedad. Volney criticó las relaciones que se establecían entre los habitantes de Oriente, sus propiedades y el gobierno despótico que los tutelaba. Las propiedades individuales no eran respetadas en Egipto puesto que pertenecían por entero a aquél: «La naturaleza de un gobierno que no conocía ni la propiedad ni la seguridad de las personas».[40] En Siria, sólo el sultán podía decidir sobre el derecho de uso de las propiedades conquistadas: «Los sultanes se conceden, a título de conquista, la propiedad de todas las tierras de Siria, no existe para los habitantes ningún derecho de propiedad financiera ni inmobiliaria».[41] Esta última denuncia tuvo su fuente más inmediata de nuevo en Montesquieu, quien criticó a los gobiernos que ejercían un poder absoluto sobre la propiedad.[42]

Badía retomó afirmaciones semejantes, y señaló que las carencias educacionales y la pobreza de Marruecos eran consecuencia de la falta de propiedades de sus habitantes, sin las que no podían comerciar y, por lo tanto, enriquecerse. Esta carencia la atribuyó, al igual que Montesquieu y Volney, al poder ejercido por un gobierno único, en este caso del sultán, quien permanecía como dueño absoluto de ellas:

> En una nación en que no existe la propiedad, pues el sultán es dueño de todo, en que el hombre no tiene la libertad de vender o disponer del fruto de su trabajo, en fin donde no se le deja gozar de él o hacer ostentación ante sus conciudadanos, fácil es conocer la causa de su inercia, embrutecimiento y miseria.[43]

Igual sucedió en Palestina. El habitante no podía disfrutar de ninguna propiedad porque la mayor parte se encontraba sometida a la voluntad del sultán: «Al entrar en aquellos países circunscritos por la propiedad individual, el corazón del hombre se encoge y oprime. No vuelvo los ojos, no doy un paso sin tropezar con un seto, que parece me diga: Alto ahí; no traspases este límite».[44] Y en Chipre, donde no existía una fórmula política que garantizase: «La propiedad individual»,[45] verdadera causa esta, junto con la falta de libertad en Oriente, de los problemas económicos y políticos. Relacionada íntimamente con estas últimas afirmaciones se encontraba, como se verá más adelante, una de las principales características de la imagen de Oriente según los viajeros europeos a lo largo del XVII, y sobre todo el XVIII: el *despotismo*.

El campo jurídico apareció igualmente desprotegido. Y, otra vez, hubo que volver a Montesquieu para buscar los antecedentes inmediatos de las afirmaciones de los viajeros. Según el pensador francés, el derecho público estaba mucho mejor representado en Europa que en Asia.[46] Así, Badía afirmó de los turcos: «Es una nación sin la menor idea de derecho público ni de los derechos del hombre».[47] Sobre el modo en que se ejerció la justicia en Oriente, el español destacó lo fácil que resultaba extorsionarla: «Hasta el crimen más negro se perdona, siempre que el delincuente pone en la balanza la cantidad de oro, que según la avaricia del juez equivale a la gravedad del hecho».[48] Y denunció también la precaria autoridad que ejercía el gobierno en Libia, causa de que se llenasen los caminos de delincuentes y los viajeros tuvieran que arriesgar su vida.[49] En la misma línea, señaló que la sucesión del gobierno en Oriente se caracterizaba por su falta de leyes:

> Ninguna ley fija los derechos de los pretendientes [a trono][50] y que el pueblo no se halla «en estado de darse un gobierno representativo, sufre el yugo en silencio [...]. El soldado tiraniza; el pueblo bajo sufre; pero los grandes no se resienten en manera alguna, y la máquina anda como puede.[51]

Bruce resaltó el mal gobierno de la ciudad de Waggora (Etiopía) –que provocó la destrucción de las riquezas naturales– con objeto de denunciar el poder arbitrario de los gobernantes musulmanes: «A estas plagas hay que añadir otras, la más grande, el mal gobierno que está destrozando rápidamente todas las ventajas de la naturaleza, el clima y la situación».[52] En estas circunstancias de gobierno desgraciado, resultaba habitual el desinterés de los nativos hacia su soberano: «La indiferencia de los pueblos hacia su soberano es una de las principales causas que facilitan y favorecen la rebelión de los bajás en las provincias [en Turquía]».[53] Badía señaló que los habitantes marroquíes se sentían despreciados por él: «En el Imperio de Marruecos todos somos igualmente despreciables en el concepto del emperador».[54] En definitiva, el gobierno era absolutista y, puesto que no había sido elegido por el pueblo, este no tenía por qué sentirse representado.[55]

Pero todo podía transformarse si se proyectaban las ventajas políticas y sociales europeas en el país del Otro, tarea que, en muchos casos, correspondió al Viajero. Badía se preguntaba qué sería Egipto: «¿En circunstancias más favorables y bajo un gobierno titular?»,[56] en un verdadero ejercicio de *proyección* de su persona y posibilidades. Igual le ocurrió a Browne, quien se imaginó Darfur en otras circunstancias diferentes de gobierno: «Mientras cogía el camino hacia Darfur, pensé en las ventajas que les daría un gobierno estable».[57]

Una diferencia más entre el país de origen del Viajero y el visitado fue la *falta de libertad*. Esta era debida, como afirmó Volney, a la manera tiránica en la que ejercía el poder el sultán, quien obligaba a los habitantes a someterse a su estricta voluntad: «En Siria y en todo el imperio turco, los paisanos son, como todos los demás habitantes, tratados como esclavos por el sultán».[58] En otros lugares, escribió Badía, la división de poderes había permitido que la autoridad del sultán disminuyera, como ocurrió en Chipre[59] y en La Meca,[60] cuyos habitantes se rebelaron contra su poder pero parecían haber heredado su tiranía, pues lo ejercían del mismo modo, es decir, de forma arbitraria. En resumen, el Viajero interpretó al Otro a partir de condicionantes políticos: las diferencias señaladas eran el resultado de no encontrar en el país visitado las que consideró como conquistas europeas.

En el papel que estaba obligado a desarrollar como sujeto capaz de proyectar las conquistas políticas de su civilización, la mejor forma para variar la condición jurídica, política y social del otro país la constituyó la posibilidad de instaurar una *constitución*. Esta se definió como el orden necesario para ejecutar un buen gobierno: «Ordenanza, establecimiento, estatuto, reglas que se hacen y forman para el buen gobierno y dirección de alguna República o Comunidad»,[61] «normalmente está hecha por una autoridad superior, civil o eclesiástica».[62] La *constitución* definía las leyes fundamentales que podían organizar un estado, una labor que para el Viajero correspondió evidentemente a Europa. De esta forma, se convirtió en el impulsor de reformas políticas y, de nuevo, cada vez que hacía mención a la necesidad de implantar una *constitución,* describió al Otro a partir de sus códigos culturales:

> El imperio de Marruecos no posee ninguna constitución o ley escrita. El modo de suceder al trono no está determinado, y antes de verse dueño del imperio, cada soberano tiene siempre que combatir a sus hermanos y otros pretendientes, los cuales, cada cual por su lado, arman a los pueblos en su favor, de suerte que la muerte de un monarca marroquí arrastra siempre consigo la de cien mil hombres.[63]

Lo mismo, continuaba Badía, sucedió en Turquía; fue la falta de una norma regulada por la *constitución* que asegurase la sucesión del trono del califa lo que permitió el dominio de los turcos otomanos en Asia Menor y Oriente Próximo:

> Los cristianos, engolfados en otro tiempo en las disputas escolásticas, y los árabes, divididos por igual causa y faltos de una constitución que asegurase la sucesión del trono del califato, abrieron con deplorable apatía las puertas a aquella irrupción [de los turcos otomanos].[64]

Y por último, si a la isla de Chipre, que para el español representó el lugar más fascinante de su viaje, se le sumara una *constitución*, sería: «Uno de los más dichosos países de la tierra [si] una constitución liberal asegurase la libertad y propiedad individual».[65]

Otra forma clave para transformar los países visitados fue proyectar uno de los conceptos básicos de la época ilustrada, la *civilización*. Según el primer diccionario francés que recogió esta voz –Trévoux, 1721–, esta significó, antes que nada, un acto de justicia: «Término de jurisprudencia. Es un acto de justicia, un juicio que hace civil un proceso criminal. La *civilización* convierte las informaciones en investigaciones y al revés».[66] En España, el término no apareció recogido en la edición del *Diccionario de Autoridades* de 1732, pero su forma verbal, «civilizar», se encontró atestiguada en textos a partir de 1730. Hubo que esperar hasta la década de 1760 para que el sustantivo se documentase. Bajo este término, se agruparon valores como la urbanidad, la cortesía y las buenas costumbres, hasta que se relacionó, de forma definitiva, con la noción de progreso: «[...] por obra conjunta de la dulcificación de sus modos de vida y la acción de la cultura, a ese estado superior, siempre perfectible e íntimamente ligado a la noción de progreso, que designará civilización».[67] La *civilización* se definió finalmente como: «Estadio cultural propio de las sociedades humanas más avanzadas por el nivel de su ciencia, artes, ideas y costumbres».[68]

Para los viajeros ilustrados, la *civilización* fue una conquista europea y Oriente sólo podía avanzar hacia el progreso manteniendo relaciones con Europa. Así, señalaba Badía, si Egipto había progresado, era gracias a los vínculos que mantuvo con los integrantes de la expedición francesa de 1798, cuyo contacto civilizador obligó a los orientales a que desarrollaran un mayor respeto hacia los europeos:

> Las inmensas ventajas de la civilización, de la táctica militar, de la organización política, de las artes y ciencias de las naciones europeas, que han tenido la ocasión de conocer; las ideas filantrópicas comunes a todas las clases de la sociedad, que han tenido tiempo para apreciar, les han inspirado una especie de respeto hacia las naciones.[69]

De forma inversa ocurrió con buena parte de los habitantes de Oriente fue su falta de relación con la *civilización* lo que conllevó su falta de progreso. Por ejemplo, los árabes estaban sin «civilizar»[70] y los wahhābíes eran también gente «poco civilizada».[71] Fue necesaria la figura de un mediador, un transmisor de la *civilización*, el Viajero en definitiva, para que los ayudase a modificar su estado. Así, afirmó Goldbéry, Europa podía llevar la *civilización* a África.[72] También Park: «¡Qué extraordinario sería que las mentes de estas gentes tan deterministas y fieles, pudieran civilizarse con el espíritu benevolente y suave del cristianismo!»,[73] y Badía, quien creyó que los turcos no progresaban porque: «Se hallan en la imposibilidad de civilizarse por sí mismos».[74] Lo mismo aseveró de los habitantes de La Meca, quienes parecían estar esperando a ser civilizados:

> Ciegamente sumisos a sus jefes, sufren en silencio toda clase de fatigas, y se dejarían conducir al cabo del mundo. En fin, se ve en ellos los hombres más dispuestos a la civilización, si se les supiese dar la dirección conveniente.[75]

Probablemente, la forma más clara de proyección de los referentes culturales del Viajero en el Otro fue cuando utilizó el término *ilustrado* para reseñar las carencias de Oriente. Este término se definió de forma metafórica a partir de la luz, «inspirar, o alumbrar interiormente, con luz sobrenatural y divina»[76] y «poseída por una luz mental; instruida, bien informada; libre de prejuicios y superstición».[77] En España, su uso tuvo sobre todo una fuerte impronta pedagógica,[78] se relacionó con conquistas intelectuales[79] y se utilizó para explicar y comentar los atributos del Otro.[80] Para Badía, el hecho de que los beduinos de Arabia hubieran aceptado la religión musulmana se debió a que eran «poco ilustrados»,[81] por lo que no razonaron ni se interrogaron sobre su dogma de fe. Por otro lado, los cuidados que prodigaban las mujeres de Konia (Turquía) a sus hijos eran «ilustrados»,[82] ya que habían sabido desarrollar sus conocimientos para que estos niños presentasen un limpio y cuidadoso aspecto físico. Otros utilizaron el término de luces o *lumières*, es decir, ilustración, para describir de nuevo el papel de reformador que le correspondía al Viajero. Según Goldbéry, él mismo podía introducir la ilustración en el continente y «proyectar las luces en África».[83]

En resumen, la mayor parte de las *diferencias* respecto al Otro implicaron el punto de partida individual del Viajero. Sin separarse o escindirse de su lugar de origen, no tomó la distancia necesaria espacio-temporal que el propio viaje le aportó. La lógica interna de éste, influida esta vez por el descubrimiento que significó el encuentro con el Otro, determinó que el Viajero se *concentrase* en sí mismo.

Durante el encuentro con el primero, el segundo buscó y aisló las diferencias con el habitante del país y las *singularizó* para marcar los contrastes consigo mismo. Pero, al mismo tiempo, distinguió las analogías que tenía con él. Este método de reconocimiento consistió en buscar las *semejanzas* entre ambos. De esta manera, comparó lo recién visitado con sus referentes y ambos se situaron a un mismo nivel, lo que permitió una incorporación más fácil del Otro a la identidad del que se trasladó. En este proceso del descubrimiento de Oriente, *diferencias* y *semejanzas* se fueron alternando entre sí. La imagen del Otro se fue transformando en una suerte de *sugestiva equivalencia* del Viajero. Esta forma de representación demostró su carácter irreductible.

Quizás uno de los ejemplos más notables de las *semejanzas* entre ambos se produjo en la descripción de Badía de la historia del profeta del islam. El Dios que protegió a Mahoma en la difusión de la religión musulmana fue el mismo que compartieron papas y reyes del contexto cultural del español: «Bien pronto el Dios de Moisés, de Josué, de Carlos IX, de Inocencio [...] y de Pizarro cubrió con sus alas protectoras las empresas de Muhammed».[84] Mahoma se convirtió en un Dios ligado a importantes personajes históricos que habían compartido elementos civilizadores con Badía y así lo relacionó con su cultura para acelerar su proyección en el Otro. Asimismo, vinculó la conversión de sus habitantes con motivos económicos:

> ¿Qué recursos, pues, quedan a los mequeses para subsistir? [...]. El entusiasmo religioso, para empeñar a los extranjeros a que vengan a dejar su dinero en el país [...]. No le queda para la subsistencia otro recurso que el entusiasmo religioso.[85]

Igual sucedió con la conversión general de algunos pueblos de Oriente al islam; si se llevó a cabo, fue sólo por un interés determinado, el económico: «El celo religioso se resfría con el tiempo, cuando no lo secunda un interés inmediato y directo».[86] Con estas palabras, Badía relacionó la religión musulmana con el «mercantilismo», muestra típica de la modernidad europea. La *asimilación* del Viajero del Otro hizo que lo novedoso se introdujera dentro de sus coordenadas culturales, una vez más buscando y resaltando las *semejanzas* entre uno y otro, con objeto de acelerar su proyección en él. Así sucedió, por ejemplo, durante la estancia en Chipre de Badía, quien rompió su descripción apasionada del paisaje con una reflexión realista con la que asimilaba las singularidades del Otro. La Citera clásica se vio reducida a una pequeña región gala:

> Las Gracias, las Ninfas y los Amores no quisieron embellecer a mis ojos el cuadro de la pobre Citera, que no me es posible comparar sino a la más miserable aldea del condado Venaissin o de Limagne en Auvernia [Auvergne, región del centro de Francia].[87]

Lo mismo ocurrió en Idalia (Chipre), lugar que le recordó a una población francesa: «La moderna Idalia, semejante al más infeliz pueblecillo de los llanos de Beauce»,[88] y en Fez, al comparar las ofrendas que hacían los musulmanes en la mezquita dedicada a Muley Edris con la productividad de las minas de los cristianos: «A ambos lados del sepulcro se ven dos grandes cofres para recibir las ofrendas pecuniarias que, multiplicadas por la gracia del gran Dios de los fieles creyentes, son más productivas que ninguna mina explotada por los cristianos».[89] De la misma manera, Volney comparó el paisaje del descenso por el Nilo con las planicies del Loira:

> En este viaje, remontando por el río, hemos comenzado a tener una idea general del sol, el clima y las producciones de este país tan célebre. Nada muestra mejor su aspecto que los huertos de la base del Loira o las planicies de Flandes; pero habría que quitarles las casas de campo y los árboles, y sustituirlas por algunos bosques claros de palmeras y sicomoros y algunas poblaciones situadas sobre las laderas.[90]

Fue probablemente la descripción entusiasta del paisaje de Palestina de Badía el texto que mejor representó el intento de incorporación del Otro a su contexto cultural. Si este destino resultó interesante, lo fue, ante todo, porque recordaba al espacio del que provenía. Por sus tierras cultivadas, por sus casas habitadas, por sus hombres que cruzaban a caballo los cultivos, le pareció encontrarse en Europa:

> Acostumbrado tanto tiempo a recorrer los desiertos con grandes caravanas, es inexplicable la sensación que experimenté aquel día [...]. Veíame en fin sobre terreno cultivado; encontraba de trecho en trecho pueblos y caseríos habitados; mis ojos podían a cada instante descansar deliciosamente sobre cuadrados variados de plantíos; topaba a cada paso con seres de figura humana viajando a pie o a caballo y casi todos bien vestidos; parecíame estar en Europa.[91]

Existió otro tipo de descripciones en las que ya no hacía falta recurrir a las *diferencias* o a las *semejanzas* para realizar la proyección del Viajero y que se caracterizaron porque manifestaron de *manera clara y directa una autoridad en/sobre el Otro*. En estas circunstancias, su identidad apareció definitivamente reforzada. Un modo de poner en práctica este proceso fue manifestando de forma evidente las analogías del nuevo espacio y sustituir lo percibido por sus conocimientos. El Viajero describió el nuevo lugar y lo comparó con su contexto, de tal manera que no narró lo que visitaba sino que lo *sustituyó* por lo que conocía. Por ejemplo, Badía cambió en este texto la ciudad turca de Kütahya por la imagen de un teatro europeo. Las descripciones del nuevo espacio desaparecieron y se vieron diluidas en un referente conocido:

> Estaban reedificándola en la época en que yo estuve allí, añadiendo alrededor una fila de tribunas elevadas. Esta singularidad, unida a las pinturas que adornaban el interior del edificio, me chocó tanto que me creí transportado de repente a un teatro de Europa.[92]

Nótese también cómo al comparar el lugar con un teatro añadió a su retrato una carga de irrealidad y ficción: lo que percibió necesitaba presentarse distinto de lo que en realidad era. De la misma forma ocurrió en otras partes de su obra. En este caso, el entorno de los alrededores de Mogador, en Marruecos, se vio sustituido por el alpino de Suiza:

> El paisaje se compone enteramente de hermosísimas montañas, sobre las que se hallan gran número de casas aisladas, lo cual les da un aire semejante a las montañas de Suiza.[93]

En este ejercicio, apareció por vez primera elementos de Oriente que podían ser usados para el beneficio y la mejora de Europa. En este caso, fue la fertilidad del paisaje la que, si se hubiese hallado en el propio continente, podría haber sido usada para otros efectos y ofrecer mayor utilidad. El Viajero intentó proyectarse en el nuevo espacio en una voluntad reformista:

> A las once de la mañana entramos en un bosque de encinas altísimas, grandes retamas y almendros cubiertos de flor, en tan gran cantidad que, por lo que produce la tierra espontáneamente, inferí que si los habitantes de aquel cantón cultivasen este ramo de agricultura y comercio, podrían surtir los mercados de una parte de Europa y, sin embargo, a pesar de estas riquezas naturales, andan casi desnudos o cubiertos de andrajos, durmiendo en tierra o a lo más sobre una estera.[94]

Otro elemento que podía ser beneficioso para Europa fue la introducción del asno como animal de carga. El poco gasto que suponía su alimentación y la gran cantidad de servicios que era capaz de prestar en poco tiempo demostraban lo provechoso de su uso.[95]

El concepto de *utilidad*, ya mencionado anteriormente, fue otro de los elementos de Oriente provechosos para Europa. Con definiciones como: «Provecho, conveniencia, interés, o fruto, que se saca de alguna cosa en lo físico o moral»,[96] a lo largo del siglo XVIII, la importancia del término hizo que apareciera vinculado a conceptos como la nobleza, la belleza, la razón y el bien común.[97] Badía proyectó sus ideas arbitristas en los paisajes fértiles de Marruecos pues, a pesar de no estar cultivados, ofrecían la posibilidad de ser útiles:

> El país se compone de vastas llanuras interrumpidas por colinas y cubiertas de una hierba que las haría semejantes a los prados de Inglaterra si estuviesen cultivadas. El aspecto de estas hermosas praderas, casi enteramente abandonadas, hería tanto más vivamente mi corazón cuanto que en Europa y Asia los hombres, estrechados en espacios reducidos, perecen en parte o arrastran una existencia miserable[98] [...]. [En Fez] hay muy poca tierra que dé utilidad, ni se ven aves, a excepción de las grandes bandadas de paso.[99]

Badía expuso su aspiración arbitrista de que la tierra fuera útil y señaló lo que debería hacerse para mejorarla. Con este ejercicio, no describió *lo que veía*, sino *lo que desearía ver*.

El Viajero interpretó la naturaleza según la incidencia que él mismo podía tener o había tenido en ella. En su papel de transmisor de conocimiento y generador de reformas, sus descripciones no fueron neutrales y mostraron la voluntad de organizar el territorio visitado. El optimismo que ocasionó el progreso técnico y las nuevas formas de pensamiento le obligaron a describir los espacios en los que la industria humana podía ser proyectada. Se trataba de unas descripciones que pusieron en evidencia los cambios que podía realizar el hombre en la naturaleza, y que revertían en el beneficio y el bienestar, tanto del habitante como del Viajero.[100] El hombre era capaz de transformar las condiciones naturales gracias a la potencia humana, que le permitía aplicar los instrumentos conocidos y, así, aumentar el bien social.

Esta necesidad de ver proyectada la mano del hombre ilustrado en la naturaleza, ya convertida en paisaje, obligó a incluir un léxico determinado en los relatos de viaje.[101] El nuevo espacio apareció cargado de términos que eran utilizados según las posibilidades que se tenían de incidir en él. Desde el siglo XVI, la cultura había aparecido en los tratados de retórica y poética vinculada a los términos de agricultura. Algunos de los empleados por los viajeros fueron: «sembrado»,[102] «cultivados»,[103] «incultas»,[104] «fertilidad»,[105] «jardín»,[106] «no cultivado»[107] y «fertilidad sorprendente».[108] Poco a poco, se incorporaron los términos ilustrados a las descripciones del paisaje. Y, puesto que estos eran siempre valores significativos de las reformas conseguidas por las luces, las representaciones de la naturaleza, transformada o no por el hombre, se vieron relacionadas con un ejercicio de nobleza y bien común, y a la inversa. Las descripciones pasaron a ser metáforas y sinécdoques mediante las cuales se podía interpretar la situación política y social de los países visitados. Un paisaje inútil era metáfora de un mal gobierno, y un mal gobierno era causa de la esterilidad del paisaje. Grandpré, por ejemplo, relacionó la fertilidad del terreno con la cultura del país colonizador –a mayor cultura, mayor fertilidad–: «La tierra no es semejante a su cultura [la de los holandeses del cabo de Buena Esperanza] la mayoría de los alrededores son de arena, otros no admiten vegetación, y otros se reafirman en su esencia destructora opuesta a la fertilidad».[109] Volney afirmó que la falta de frutos en Siria estaba relacionada directamente con su mal gobierno: «Tal y como hemos visto en Siria, el país parece preservado de estos inconvenientes: si sus productos no responden a sus medios, es menos por su estado físico que por su régimen político, verdadera causa de la situación».[110] Bruce señaló que un gobierno inadecuado destrozaba las ventajas que producía el terreno: «A estas plagas hay que añadir otras, la más grande, el mal gobierno que está destrozando rápidamente todas las ventajas de la naturaleza, el clima y la situación».[111]

En los mismos términos, a la incidencia de la industria humana en el paisaje se sumaron las pruebas o huellas arquitectónicas, cuyo ejemplo más característico lo constituyeron las ruinas, un concepto que ha sido objeto de amplios estudios y que no desarrollaré en esta investigación. En el caso del viajero de finales del XVIII, pusieron en evidencia la manera en que el hombre había actuado en el paisaje en tiempos pasados y relacionaron otra vez a Oriente con un tiempo anterior:

> Antiguamente rodeaban la ciudad de Marruecos jardines y plantaciones que se extendían a mucha distancia. Para regarlos, se conducía el agua de millares de fuentes del Atlas por medio de canales o arroyos descubiertos y por acueductos o grandes conductos subterráneos, ahora sólo quedan las ruinas de obras tan vastas; el hombre instruido padece al ver aquella multitud de canales destruidos y la tierra, que sus aguas hacían antes fértil y productiva, convertida en árido desierto.[112]

En esta última fase del encuentro con el Otro, la *asimilación* fue tal que las características del país visitado aparecieron incluso mejores que las propias. Por ejemplo, Badía realizó en sus *Viajes* una comparación entre los jardines de Rabat y los de Europa en la que destacaron y predominaron las excelencias de los primeros: «El embeleso que en mí produjeron los jardines de Rabat es tan grande que los prefiero bajo todos los aspectos a los más bellos y apreciados que he visto en Europa, no obstante al lujo estudiado de los cristianos».[113] Lo mismo ocurrió con la forma en que se celebraba la boda entre los marroquíes. El español, aplicando la idea del hombre dieciochesco que se interrogaba sobre la función de la religión, resaltó las virtudes del matrimonio musulmán por encima de las otras creencias. Entre todos los enlaces, el del islam era el más valioso ya que no necesitaba ceremonia que lo validase, lo que lo hacía semejante a un matrimonio civil:

> La ley permite a los musulmanes cuatro mujeres legítimas, y tantas concubinas como puedan mantener; estas últimas son compradas o hechas prisioneras en la guerra o recibidas como regalo. Las otras se empeñan por un contrato hecho entre el pretendiente o sus parientes, y los de la pretendida ante el kadí y testigos; la unión se verifica sin ceremonia alguna religiosa, de modo que el casamiento es puramente civil. Pero es de notar que, no obstante la falta de la sanción religiosa que dan a este vínculo los de otras religiones, las leyes de la castidad conyugal y la paz doméstica se observan mucho mejor en los matrimonios musulmanes que en los de otras creencias.[114]

El Viajero destacó también la *hospitalidad* de los musulmanes.[115] El carácter universal que la distinguió, la manera en que se ofreció a cualquier persona, tuviera el culto que tuviera y procediera de donde procediera, se relacionó con la voluntad ilustrada de universalización, lo que la hizo más próxima al habitante del XVIII:[116]

> Dichos establecimientos están siempre abiertos; las caravanas y pasajeros entran y salen libremente y sin obstáculo, sin pedir permiso al entrar ni al despedirse; cada cual pasa allí todo el tiempo que quiere [...]. Tan bella institución en un imperio como el turco es efecto del principio de la moral religiosa, la cual establece, como una de las obligaciones indispensables de todo musulmán, la hospitalidad con el pasajero, cualquiera que sea su nación o culto.[117]

Chénier también destacó esta *hospitalidad* y afirmó que era una característica común de los pueblos árabes.[118] Lo mismo hizo Barrow, quien la definió como el único rasgo destacable de los africanos: «Sus mentes son rudas y no cultivadas, sólo hay una virtud en la que destacan, la hospitalidad a los extranjeros».[119]

En conclusión, durante el proceso del traslado, el Viajero entró en contacto con los elementos que conformaban su identidad. A medida que se llevó a cabo el trayecto, el itinerario le permitió reactivar sus imágenes y reactualizar el código que ya poseía antes de su salida. El traslado no sólo alteró su identidad, sino que la *reafirmó* y, en el proceso de conocimiento, el Otro fue conocido en la medida en que se reflejó en él.[120]

5.2. El reflejo del Viajero

El descubrimiento del Otro fue necesario. Si anteriormente se vio cómo durante esta relación se reafirmaron las singularidades que el Viajero ya transportaba consigo antes de su salida, Oriente permitió también aproximarse a algunas particularidades que habían permanecido desconocidas hasta entonces. Estas podían ser interpretadas como unas singularidades del Otro que, a manera de espejo, revertían una imagen de doble invertido y se conformaban como sus obsesiones y deseos, además de mostrar las carencias de la sociedad de origen y una crítica a ella misma. En ambos casos, el Otro se manifestó como una alteridad constitutiva que complementó al Viajero y mostró sus necesidades. En las descripciones peyorativas de Oriente, se definió de forma negativa. Estudiar las imágenes negativas de Oriente significó estudiar al viajero de finales del XVIII, quien construyó su identidad a través del *reflejo* del Otro, presentándose de forma diferente a lo que era. Cada cultura tuvo la necesidad de producir una imagen inversa para que se erigiera como un contramodelo negativo, y los modelos fueron indisociables de sus contramodelos.[121]

Y es de esta forma como las representaciones de Oriente del Viajero se convirtieron en una extraña paradoja. Mientras su formulación se constituyó como una negatividad de la sociedad de origen, como una especie de maleficio y por una extraña inversión de signos, también representó sus necesidades. Él no tomó parte sólo en la sociedad que visitó, sino también en los deseos de su propia cultura. Y estos hechos remitían siempre a una alteridad, que a su vez reflejaba a Oriente, de tal forma que mientras la geografía se convirtió en imprescindible para definir a Europa, al mismo tiempo cuanto más la describió, más se alejó la representación del Oriente real. Cuando el Viajero hacía la representación negativa del otro país, no sólo estaba mostrando su relación con este lugar, sino sus deseos. Y, cuando describía las características peyorativas del Otro, criticaba y ponía en evidencia las carencias de su propia sociedad.

Dentro de estos contramodelos o imágenes negativas del Viajero, una de las formas que recorrió la mayor parte de los libros de viajes la constituyó la denuncia al islam, una denuncia que se organizó como una forma encubierta de crítica a la sociedad europea y a los presupuestos religiosos que ella misma sostenía. El recorrido de las denuncias demostró que la causa de las carencias y los rasgos negativos de Oriente se encontraba en su defensa de la religión y que esta fue interpretada a partir de principios políticos.

El siglo XVIII se distinguió por una necesidad de aproximación y comprensión del islam, que vino determinada por la propia necesidad de Europa de conocerse a sí misma. Lo que antaño fueron interpretaciones negativas medievales arraigadas en el consciente colectivo, producidas por la rápida expansión del islam, y en el Renacimiento una necesidad de saber motivada por el descubrimiento del mundo se convirtió en el siglo XVIII en la respuesta para explicar la importancia, la exaltación y el declive del imperio que más cercano había estado a Europa en los años anteriores y que se había conformado como la síntesis del islam: el turco otomano.[122] La expansión de este imperio obligó a que se modificaran las relaciones entre Europa y los países musulmanes, pues, por un lado, su aparición como una estructura política unificada hizo que se constituyera en un interlocutor válido de Europa y, por otro, sus producciones se convirtieron en un objetivo comercial del continente. El árabe desapareció del horizonte europeo, pero el islam turco y la idea de Oriente surgieron como una civilización. La decadencia del gran Imperio otomano, entendida como quiebra de una civilización y como un debilitamiento político, debido a la relevancia adquirida en tiempos pasados, favoreció la investigación.

En estas fechas, en las que el cosmopolitismo y el enciclopedismo legitimaron el conocimiento, los viajes al Medio Oriente se multiplicaron y se separó el ansia del saber de la historia sagrada. De la inicial curiosidad, sobre todo comercial, de la primera parte del siglo XVIII, se derivó a la reflexión en la segunda. El interés de la antigüedad grecorromana se trasladó al destino; en 1781 se crearon las primeras sociedades orientalistas y, a partir de 1873, los congresos sobre orientalismo,[123] es decir, la definición académica de la disciplina que enseñó y escribió sobre Oriente. En otras palabras, gracias a traductores, lingüistas, filósofos e historiadores, este lugar penetró culturalmente en Europa, al mismo tiempo que se volcó en su imaginario y se expresó en organizaciones simbólicas y manifestaciones culturales diversas.

En el interés de la época por el islam, se encontró la búsqueda de las relaciones existentes con la cultura del Viajero. La religión musulmana importó en la medida en que ponía a Europa en contacto con los textos de la filosofía griega[124] y, sobre todo, a través de la analogía que pudo existir entre el cristianismo y el islam.[125]

Otro motivo de interés por el islam fue la relevancia que concedió a la escritura árabe, lengua sagrada en la que se reveló el Corán. La educación se convirtió en la época ilustrada en uno de los valores más destacados, y una religión que mantuviera en sus presupuestos la defensa de la escritura tenía que interesar mucho más que otras, puesto que relacionaba un suceso religioso con otro cultural.

Otra fuente de atracción fue la idea de universalización mantenida por la época ilustrada. De nuevo fueron los pensadores ilustrados franceses quienes, atendiendo a los presupuestos de proyectar de forma universal el espíritu y las ideas de las luces, inauguraron una nueva valoración del islam como fuerza religiosa en su totalidad. El universalismo, como afirmación de una naturaleza común, llegó a establecer una igualdad de poder de las culturas, pero significó también una reducción de lo humano.

El islam fue semejante al cristianismo, y ambos modelos, de la religión en general. De esta forma, cuando se interpretó negativamente al primero, se estaba criticando al hecho religioso en conjunto. Estos presupuestos significaron la aparición en Europa de un concepto cultural del islam en su globalidad. Durante el siglo XVIII, el hombre impulsado por la razón se alejó por primera vez del culto. La defensa de la razón se apoyó en el dominio ejercido sobre la naturaleza y la aplicación como modelo descriptivo e interpretativo de las ciencias naturales. A este sentimiento de «verdad», se sumó una conciencia de supremacía política y civilizadora, donde los europeos ilustrados encontraron una razón de ser: la fuerza y la cultura coincidían con la verdad. Y la religión, continuaban defendiendo, no compartía estos presupuestos, pues sometía al hombre, le obligaba a vivir en la esclavitud y le determinaba con sus dogmas. El pensamiento secular adquirió una nueva visión de lo universal en la especulación intelectual y en la práctica política. Fueron los filósofos ilustrados los que se apartaron del hecho religioso y los que reflexionaron sobre la felicidad fuera de toda referencia religiosa. A partir del momento en el que la abandonaron, apareció una realidad autónoma para cada hombre, quien vivió ya sólo para sí mismo y para la sociedad a la que pertenecía.[126]

En el contexto de estos presupuestos universalistas, Badía destacó el islam como una religión en su totalidad. El culto servía como elemento de unión a todos los hombres que la profesaban. Era tanto el poder que le sugería dicha unión que la siguiente descripción se vio contaminada enteramente por ella, e incluso cuando interpeló a sus lectores los convirtió en una fuerza en su totalidad:

> Sólo en el monte Aarafat es donde se puede formar idea del espectáculo imponente que ofrece la peregrinación de los musulmanes: un concurso innumerable de hombres de todas naciones, de todos colores, llegados desde las extremidades de la tierra a través de mil peligros e innumerables fatigas para adorar juntos un mismo Dios, el Dios de la Naturaleza; el habitante del Cáucaso presentando una mano amiga al etíope o al negro de Guinea; el indio y persa hermanados con el berberisco y el marroquí; todos mirándose como hermanos, o como individuos de una misma familia, unidos por los vínculos de la religión [...]. ¡No hay culto que presente a los sentidos espectáculo más sencillo, más tierno, más majestuoso![127]
>
> Escritores de todas las naciones han escrito bien que mal sobre la religión musulmana e historia de nuestro Profeta. Las limpias o adulteradas

fuentes de donde cada autor ha bebido sus materiales y el paso de estos a través de los perjuicios, pasiones, entusiasmo, y aun la filosofía, han corrompido más o menos sus descripciones. Si únicamente escribiese para los musulmanes, desde luego suprimiría el presente artículo, mas como mis trabajos han tenido siempre por objeto la humanidad entera y escribo para hombres de todas las naciones y cultos, he juzgado conveniente y aun necesario, dar siquiera una idea de su religión.[128]

El islam fue interpretado como una universalización de las religiones y su denuncia derivó en una crítica a la profesión de todas ellas en general, algo claramente ejemplificado en los comentarios de Badía sobre el hecho religioso al poco tiempo de comenzar su viaje. El hombre debía liberarse de la religión y pensar por sí mismo: «Pero en fin, ¿cuál es el culto en la Tierra que no hayan alterado la codicia de los charlatanes o la necia timidez del pueblo?».[129] Judíos y musulmanes, continuaba, formaban parte de sectas y no de religiones, una idea que mostró la falsedad con la que relacionó a ambos cultos:

Los judíos del reino de Marruecos viven en la más horrorosa esclavitud [...]. Y es que los judíos habitan junto con los moros sin tener un barrio separado, como sucede en otras ciudades donde reina el islamismo [...]. Esta terrible desigualdad de derechos entre los individuos de ambas sectas se remonta hasta la cuna.[130]

Los trabajos de Voltaire se constituyeron como fuente primordial del Viajero en la representación del islam.[131] Escribió uno de los estudios básicos que influyeron en la conformación de la imagen del Viajero a Oriente, *Essai sur les moeurs* (1756). En la obra, repasó la formación de las costumbres (más cercana a las construcciones culturales de los sujetos) y analizó los elementos que componían el islam desde la perspectiva de una historia de las religiones. Anteriormente, había expuesto sus ideas principales sobre la religión, fuente para él del fanatismo y la crueldad, que tenía que ser extirpada de la sociedad. En el *Essai sur les moeurs*, estableció una relación paradójica entre el islam, religión intolerante que practicaba la tolerancia, y el cristianismo, religión tolerante que practicaba la intolerancia. Para él, Jesús era bueno pero los cristianos se habían vuelto intolerantes, mientras que los musulmanes eran tolerantes a pesar de tener un mal profeta. En su obra, denunciaba a Mahoma como impostor y realizaba una disociación entre él y el islam histórico, que hasta entonces se había identificado con su fundador y se dejaba absorber por él. Según el pensador francés, el Profeta habría sido el único musulmán que no creía verdaderamente, puesto que no podía ignorar él mismo que era un impostor.[132]

Volney heredó las ideas de Voltaire, aplicó la de la tolerancia atribuida a la religión musulmana y escribió: «Como él [Mahoma] se opuso siempre a toda novedad, asustados por sus anatemas, los tiñó de un espíritu de perdón, de donde proceden algunas muestras de una especie de tolerancia».[133] También retomó la afirmación del Profeta como impostor y señaló: «Mahoma: no quería aclarar: sino reinar; no buscaba discípulos, sino sujetos. Y en los sujetos, no buscó razonamientos, sino obediencia. Para conseguirlo más fácilmente, lo relacionó todo con Dios».[134]

En este recorrido, la reseña de los elementos positivos del islam se constituyó como un contramodelo al cristianismo, es decir, como una imagen de las insuficiencias que presentaba la religión en Europa, algunas de las cuales las constituían la *sencillez* y la *austeridad*. Al mismo tiempo, desde una perspectiva histórica de las religiones, el islam apareció como más evolucionado que el cristianismo, pues se había desarrollado en un período posterior, lo que lo convertía en más abstracto y racional. Como destacó Badía, era sencillo en sus costumbres, austero y, sobre todo, no tenía intermediarios entre Dios y el hombre:

> De lo dicho se infiere que el «Islam» o religión de «Muhhammed» es austera. La palabra «islamismo» quiere decir «abandono de sí mismo a» Dios y sobre esta base principal se funda el culto. La fe viva en la existencia de un solo Dios, la pureza, la oración, la caridad y la mortificación por medio del ayuno y peregrinación son sus caracteres esenciales, caracteres que la harán respetable a todas las naciones y edades, a los ojos de los filósofos que la conozcan por otras relaciones que las que han dado novelistas o viajeros poco instruidos.[135]
>
> La religión musulmana es en extremo sencilla: no tiene misterios, ni sacramentos, ni los intermediarios entre el hombre y Dios conocidos con el nombre de «sacerdotes» o «ministros», tampoco altares, imágenes, ni ornamentos. Dios es invisible, su altar es el corazón del hombre y todo musulmán es sumo pontífice.[136]

El islam se instauró como un contramodelo de los valores del Viajero, es decir, como una forma de recordar a Europa sus carencias. Montesquieu, Voltaire y la mayor parte de los viajeros ilustrados lo interpretaron a partir de una visión política y una historia de las religiones e instituciones. Oriente se cargó políticamente porque presentó el reflejo de la propia Europa, que, intentando conocerse desde un punto de vista político, estudió al Otro como si fuera ella misma.

En esta crítica a la religión, el islam se convirtió en la causa principal de las deficiencias de Oriente, y la degradación de su sistema político, el resultado de profesar la religión musulmana, como lo mostraban las siguientes palabras de Volney: «Así será fácil demostrar que los problemas de los estados y la ignorancia de los pueblos en esta parte del mundo, son los efectos más o menos inmediatos del *Coran* y su moral».[137] Otro ejemplo de que la degradación política de Oriente fue la consecuencia de la defensa de su religión principal fueron las palabras de Badía. Si denunció al islam, fue porque estaba usurpando el papel que le correspondía a la política, y era obligado que existiese una clara separación de poderes entre religión, política y jurisprudencia. Los cultos y dogmas, afirmó, no podían ser identificados nunca con la moral y la legislación.[138] La religión lo invadía todo: «[Son pueblos los árabes] incapaces de sostenerse en cuerpo político, sino cuando las ideas religiosas reunían allí todas las voluntades».[139] Igualmente, Volney describió las usurpaciones políticas y jurídicas de su libro sagrado: «El *Corán* contiene el germen y el desarrollo de todos los conocimientos de la legislación, de la política y de la jurisprudencia».[140] Chénier denunció estas mismas implicaciones: «El código religioso [en Marruecos] sustituye al código civil; la ciencia de la jurisprudencia se ha reducido a la aplicación de los principios reunidos en el *Corán*».[141]

Y es precisamente en el Corán donde se encontró escrita la palabra revelada que profesaban los musulmanes, el centro y la sinécdoque de la denuncia al islam. Este libro, símbolo de la religión en general y del islam en particular para el Viajero, se convirtió también en la causa principal de las carencias civilizadoras de Oriente. Para Park, el Corán no podía ser el único objeto de estudio de la población oriental: «Cuando el niño ha aprendido de memoria algunas oraciones y puede leer y escribir algunas partes del *Corán*, se le reconoce como suficientemente instruido, y con esta falta de educación comienza la carrera de su vida».[142] Para Ohsson, en los colegios coránicos había que estudiar más materias que el libro sagrado: «Los alumnos de las madrasas no se ocupan de la diversidad de las letras árabes, pero disfrutan de los ejercicios de la ciencia del *Corán* y de sus comentarios».[143] Para Browne, los musulmanes: «Son ignorantes en todo excepto en el *Corán*[144] [...]. Estudiar el *Corán* es una labor que no ofrece sino desventajas».[145] Y por último, Badía describió de forma casi despectiva la manera de enseñar en las escuelas coránicas:

> Figúrese cualquiera un hombre sentado en tierra con las piernas cruzadas, dando gritos espantosos o salmodiando en tono de lamentación, rodeado de quince a veinte muchachos, puestos en círculo con sus libros o tablitas de escribir en la mano y repitiendo casi simultáneamente con su maestro los agudos gritos o la salmodia completa discordancia; figúrese cualquiera, digo, tan grosero cuadro y tendrá una idea exacta del aspecto de estas escuelas. En cuanto a la materia que se trata, puedo asegurar que

bajo diversos nombres sólo contiene una sola [...] es decir, que todos los estudios se reducen al Corán.[146]

Hubiera querido hacerme con un Corán escrito en La Meca; pero es difícil hallarlo, y aún entonces horriblemente escrito, y tan lleno de mentiras, que de nada sirve. La Meca no tiene escuelas regulares, sino es aquellas donde se enseña a leer y escribir. Para lo demás, sólo hay algunos talbes o doctores, que por capricho, vanidad o codicia de alguna retribución, van a sentarse debajo de los pórticos o galerías del Haram, donde se ponen a leer en alta voz para atraer a los oyentes, los cuales acuden de ordinario unos tras otros a colocarse en círculo en torno del doctor. Éste explica, lee o predica como puede, y se va y vuelve cuando le da la gana. Tales son los medios de instrucción que se hallan en la santa ciudad.[147]

De esta lectura política del islam que realizaron filósofos y viajeros ilustrados derivó algunos atributos del Otro interpretados a partir de prejuicios e intuiciones, como los siguientes: «Estamos obligados a decir que la mayor parte de los salvajes [moros], constituyen el pueblo más cruel y más abyecto de los pueblos conocidos».[148] Park: «Descubrí en la mayoría de sus rasgos una disposición hacia la crueldad y la astucia; y no podía contemplar su fisiognomía sin sentir una sensible inquietud. De lo salvaje de sus ojos, un extranjero deduciría inmediatamente que son una nación de lunáticos. La traición y malevolencia de su carácter se manifiestan en sus incursiones contra los pueblos de los negros saqueadores».[149] Houghton: «Los moros son los pueblos de la tierra más vanidosos, más orgullosos, y quizás los más supersticiosos, los más feroces y los más intolerantes».[150] Volney: «El resto no es más que un velo de frases vacías de sentido; una declamación enfática de atributos divinos que no muestran nada a nadie; un alegato de cuentos pueriles, de fábulas ridículas; en total, una composición tan vacía y fastidiosa, que no hay persona capaz de defender la lectura».[151]

Los viajeros ilustrados no aplicaron el saber filológico e histórico al estudio del islam ni un conocimiento exhaustivo de sus destinos y emplearon la *observación* como un principio para describirlos, una *observación* que, al fin y al cabo, se había constituido en el XVII y, sobre todo en el XVIII, como la experiencia sensible que sirvió para avalar su propia credibilidad. Y en estos viajes existía una gran diferencia entre la perspicaz *observación*, y las costumbres de un país y el conocimiento profundo. Los libros de viaje se cargaron de descripciones del Otro con interpretaciones valorativas que, en el siglo XIX, fueron heredadas por la mayor parte de los artistas y escritores denominados orientalistas.[152] En estos últimos, ya no había interpretaciones ni desde el punto de vista político ni desde el de la historia de las religiones, sino un elenco de prejuicios aceptados sin ninguna interrogación, heredados de la lectura del XVIII. Pero esto fue, en la mayoría de los casos, la consecuencia del estudio de la imagen de Oriente en las obras de artistas y escritores del XIX. Fuera de este ámbito, existió una serie de investigadores orientalistas que aplicaron el rigor filológico e histórico característico del primer tercio del XIX en sus obras, a través de las cuales puede estudiarse hoy Oriente de una forma ejemplar. Es hora de recorrer y recordar este *Otro Orientalismo*, además de reconstruir el proceso con que se ha ido definiendo el rostro del Otro para analizar y desmontar los estereotipos que se le han atribuido históricamente.

Otro de los conceptos que mostró el reflejo del Viajero, o las carencias y las necesidades de Europa, fue el *despotismo*. Este se constituyó principalmente como la denuncia contra los regímenes políticos tiránicos en Europa y, ya en Francia, se insertó en el centro del debate que se estableció sobre la gobernabilidad de Luis XIV durante su minoría de edad. De este modo, cuando se estaba denunciando el *despotismo* en Oriente, se estaba interrogando también sobre la esencia misma de la monarquía en Europa y las razones por las que un pueblo se debía o no someter a una única autoridad. El discurso sobre el *despotismo* oriental representó un discurso sobre la monarquía absolutista de los países civilizados. El absolutismo de la monarquía francesa encontró en Asia un contramodelo para denunciar el estado general de las monarquías y el destino que estas podían alcanzar; como si al aprender a descifrar en el exterior las estructuras de un poder imposible, los europeos descubrieran que habían conseguido las mejores claves para interpretar su propio presente. Y al islam, constituido como el motivo principal de las insuficiencias políticas y civilizadoras de Oriente, se le añadió el *despotismo* como otra de sus causas principales. Este término se definió como un dominio absoluto: «Absoluto, independiente. Aplícase regularmente al dominio»[153] y: «Un ejercicio de la absoluta autoridad».[154] En la definición del *Dictionnaire de Trévoux* de 1721 apareció vinculado de forma directa al pueblo de Asia: «Forma de gobierno despótico, o gobierno despótico, donde el soberano es maestro absoluto, una autoridad sin límites, un poder arbitrario que tiene como regla su autoridad. Tal es el gobierno de Turquía, los mongoles, Japón, Persia y casi toda Asia. El principio, el carácter y los males que entraña el despotismo han sido suficientemente desarrollados por nuestros mejores escritores».[155] El *despotismo* tenía un poder nivelador; intentaba destruir los poderes intermedios. En él, no existían ni relaciones contractuales, de garantía para la seguridad de las personas y de los bienes, ni derechos políticos o civiles.

Este concepto se convirtió en uno de los objetos de estudio y de denuncia de la mayor parte de los filósofos y viajeros de las luces, quienes lo vincularon directamente a los países musulmanes. Desde

Bodin, la idea se había identificado con la monarquía tiránica o señorial,[156] muestra de la «extrema corrupción política».[157] Según el pensador francés, el poder real absoluto estaba ligado a las leyes de la naturaleza y los pueblos meridionales, sometidos como lo estaban a regiones ardientes, eran más proclives a la tiranía. Las formas de gobierno, siguiendo ideas aristotélicas, se clasificaban según la manera en que había sido ejecutada la soberanía. Estas formas eran la monarquía, la aristocracia y la democracia, y de ellas derivaban la tiranía, la plutocracia y la anarquía. La historia era un proceso en continuo cambio que iba alternando las tres formas según el espacio histórico, el lugar y las costumbres. El ejemplo principal a partir del cual Bodin fue organizando su teoría fue la historia del Imperio turco musulmán. El Gran Turco se erigió como modelo de la monarquía tiránica, puesto que en él se concentraba el poder político, militar y religioso. Y como causa de tal concentración de poder, su declive contemporáneo fue estudiado a partir del *despotismo* que había defendido.

Las ideas políticas de Bodin se organizaron como una de las bases del pensamiento político del XVII y XVIII, y, por lo tanto, una de las fuentes de la imagen de Oriente de buena parte de los viajeros ilustrados de finales del XVIII, quienes heredaron la idea de la vinculación entre los turcos y el *despotismo*. Para Volney, el espíritu turco se caracterizó por éste: «El gobierno de los turcos en Siria es un puro despotismo militar; es decir, las voluntades de los habitantes están sometidos a las voluntades de una parte de los hombres armados, los cuales deciden sus intereses».[158] Y para Badía, el *despotismo* de este pueblo lo volvió necio y bruto:

> Unidas tales causas [el poco estudio de las ciencias] a la existencia precaria de un gobierno despótico, al estado de desconfianza o, por mejor decir, de guerra que existe continuamente en un país donde los gobernantes tienen unas creencias religiosas diferentes de las que casi todos los gobernados, y a las ideas erróneas de la dicha, que les inspiran desde su más tierna infancia, hacen que el turco, incapaz de abrir su corazón a una franca e inocente alegría, se crea, no obstante dichoso y más hombre cuanto más se acerca al estado de los brutos.[159]

Montesquieu recogió la noción de *despotismo* de Bodin del Gran Señor Turco y las regiones asiáticas, y, sobre todo, la relación entre monarquía señorial y las leyes de la naturaleza y las introdujo en su obra *De l'esprit des lois*.[160] El *despotismo* defendía un principio igualitario y su objetivo se cifraba en extender la igualdad en la servidumbre: frente al déspota todos parecían esclavos. De esta forma, se hacían necesarios los regímenes de tal naturaleza para gobernar a los imperios sin estructura. Montesquieu añadió a los presupuestos de Bodin la idea ilustrada de que la religión era la causa de la debilidad del gobierno y el retraso de la sociedad islámica, y la señaló como la causa del *despotismo*.[161] En las sociedades musulmanas, la religión tenía mayor influencia que en cualquier otro lugar y, mientras al gobierno moderado le convenía la religión cristiana, al despótico le interesaba la musulmana. Al mismo tiempo, seguía defendiendo las leyes de la naturaleza como la causa de las singularidades de los habitantes y el gobierno en Oriente, y les concedía la misma importancia que la religión. En los estados despóticos, los súbditos estaban sometidos como esclavos al dominio de su gobernante.[162]

Tal y como repetía Badía: «Yo dormía por la noche con las cortinas de mi cama coronadas de pájaros libres en el país de la esclavitud»,[163] o: «¡Desgraciada política asiática, que siempre va armada del veneno y el puñal!».[164] Sobre el gobierno en Marruecos afirmaba: «Es tan despótico[165] [...]. Y pesa desde muy antiguo sobre este imperio»,[166] y declaraba que en los habitantes de los aduares que rodeaban Fez había: «Aquel aire de desconfianza, natural al hombre que sabe debe ser libre y siente al mismo tiempo pesar sobre sí los hierros del más bárbaro despotismo».[167] Al pie de la ciudad de Rabat, existían grandes campos que podían ser cultivados y ofrecer riquezas a sus habitantes, pero debido a la forma despótica en la que se ejercía el poder, que nunca beneficiaba a los ciudadanos, se mantenían en la miseria:

> Sin embargo, a pesar de tantas riquezas naturales, andan casi desnudos o cubiertos de andrajos, durmiendo en tierra o a lo más sobre una estera... ¡Horror y execración al gobierno despótico, cuyos súbditos son tan desgraciados, cuando la naturaleza los colma con sus dones![168]

Según Chénier, el emperador de Marruecos era un tirano que ejercía su gobierno despóticamente.[169] Badía, Browne y Grandpré destacaron el *despotismo* de algunas regiones musulmanas de África. Y, para el español, dado que el Gran Señor de los turcos pasaba: «la vida en medio de sus mujeres y eunucos»,[170] estaba obligado a delegar y dividir su poder en manos de los visires y de los bajás; el modelo del verdadero *despotismo* se encontraba en Marruecos: «Donde se ha de buscar el modelo del verdadero despotismo».[171] Para Browne, los beys y sultanes de Darfur ejercían su poder como déspotas.[172] Y para Grandpré, el gobierno de Angola era despótico.[173]

Badía realizó un texto que permitía recorrer la definición del *despotismo* defendida por Montesquieu y Voltaire. El fragmento narraba cómo los delincuentes de Fez estaban obligados a refugiarse en las mezquitas como última posibilidad para huir de él:

> Dicho santuario sirve de asilo a los infelices perseguidos por el despotismo; refugiados en su recinto, pueden negociar el perdón y aguardar la restitución del goce de sus derechos, con la seguridad de que no será violado su asilo. No existe sin embargo ley alguna positiva en favor de semejante inmunidad, pero está fundada sobre la opinión pública, y el monarca que abusando de su poder se atreviera a quebrantarla estaría perdido, pues causaría una revolución. ¡Cuán respetable es un prejuicio tan útil a la humanidad en los países donde el habitante, privado de toda garantía civil, se halla sepultado en la sima horrorosa del despotismo![174]

Según Montesquieu, el poder sólo podía ser detenido por el poder. El *despotismo* se podía evitar si los poderes estaban divididos, encargados a órganos distintos e independientes, entre los que se establecían controles recíprocos que aseguraban su funcionamiento armónico.[175] Badía recogió esta idea en el texto y expuso que la ejecución de la justicia no tenía que ser realizada únicamente por el monarca, sino también por el pueblo a fin de que los poderes permanecieran perfectamente separados y divididos. Voltaire adelantó en su obra la idea del *despotismo* como un fantasma o «monstruo»,[176] consecuencia de fuerzas más significativas que se relacionaban con presupuestos irracionales arraigados en el imaginario, idea que fue heredada por la mayor parte de los viajeros del XIX, quienes consideraron este rasgo como un tipo o modelo del oriental.[177] En el texto anterior de Badía, la alusión a la infelicidad causada por el *despotismo*, la exaltación manifiesta al compararlo con una «sima horrorosa» o la posibilidad de una revolución indican la manera en la que fue interpretando el término a través de juicios de valor casi inconscientes, y se aproximó a algunas de las referencias anteriores de Voltaire.

Por último, el *Viajero* relacionó el *despotismo* con los conocimientos militares de los habitantes de Oriente. El español, quien aludió varias veces en su obra a la mala conservación y estructura de los cuerpos militares de los países visitados,[178] señaló que los turcos se habían hecho soldados por orgullo y para tener la posibilidad de ejercer su poder:

> Este orgullo le hace preferir la profesión de soldado a cualquier otra; es soldado por religión, porque todo musulmán debe serlo, pero también lo es por predilección, porque es para él el oficio más útil y le abre las puertas a la independencia y despotismo.[179]

En conclusión, el *despotismo* se sumó a las características de Oriente que lo obligaban a estar sumido en el retraso.

Otro de los caracteres que se establecieron como un contramodelo de Europa lo constituyó el *fanatismo*. El viajero europeo deseaba evitar en su sociedad esta lacra, de ahí que la denunciase. El término no apareció recogido en el *Diccionario de Autoridades* de 1732, y se incorporó en el léxico oficial de España en 1791 con el significado, «del que defiende con tenacidad extremada opiniones erradas»,[180] así como el que trabaja sobre proyectos puramente ideados y soñados.[181] Sin embargo, se encontró atestiguado, alrededor de 1760, en una serie de textos en los que aparecía vinculado a la religión. La definición recogida era la de una postura desviada o extremosa del credo, identificada por la ortodoxia católica con los seguidores de la religión reformada.[182] Actualmente, se sigue relacionando con una defensa extremada de la religión.[183]

Para Volney, los árabes se encontraban: «Inflamados por el fanatismo de su religión».[184] Para Badía, reproduciendo casi al pie de la letra sus palabras, los turcos salieron a luchar con el estandarte del Profeta: «Para inflamar así el fanatismo religioso [...]. Desprovistos como lo están de sentimientos de honor y entusiasmo patriótico que no existen».[185] También los habitantes de Siria y Egipto eran fanáticos:

> Creí notar que el fanatismo del pueblo de Damasco excede al de los de Egipto, pues un europeo no puede sin riesgo presentarse vestido con el traje de su país, y se ve precisado a adoptar el de levante.[186]

Finalmente, para Chénier: «Los musulmanes tienen por su *Corán* un respeto fanático».[187] Todos estos testimonios indicaban de nuevo que otro término atribuido al Otro, como el *fanatismo*, se hallaba relacionado directamente con la profesión de la religión musulmana.

Otro contramodelo del Viajero fue el *fatalismo*. Había que evitarlo, puesto que el determinismo de la religión sometía al hombre, no le permitía actuar según su raciocinio y le privaba de la libertad de actuar por sí mismo. Oriente era el espacio de la fatalidad. Sobre esta región pesaba un determinismo en que convergían a la vez la necesidad de una suerte de fatalidad poética y la convicción de una predestinación religiosa. El término no apareció recogido en el *Diccionario de Autoridades*, pero sí la forma *fatal*, vinculada al destino o al hado,[188] de donde derivó *fatalista*: «Quien cree que todas las cosas pasan por una necesidad inevitable».[189] De nuevo Voltaire afirmó que la religión musulmana se caracterizaba por su fatalidad, sometida como lo estaba a la voluntad divina. Bajo esta definición, el término se proyectó al islam en general. Así, afirmaba Badía, los turcos estaban dominados por el *fatalismo*:

> Estableciendo la doctrina del fatalismo y proclamando odio y aversión a todo individuo opuesto al islamismo, los privaban del primer resorte del

buen gusto, haciéndoles mirar como inútiles los recursos combinaciones de la sabiduría humana y los privaban de las ventajas de una comunicación íntima con los europeos, únicos que podían instruirlos.[190]

Los habitantes de Arabia confiaban tanto en el destino que les aguardaba, debido a su *fatalismo*, que preferían no tomar medicina alguna antes de enfermar: «Como consecuencia de su conciencia fatalista».[191] En su opinión, los turcos y árabes eran fatalistas y, por lo tanto, no se preocupaban en absoluto por cuidar su salud.[192]

El Viajero destacó también la *superstición* de los orientales, y la relacionó directamente con el islam. De nuevo, los antecedentes se encontraban en Bodin, quien afirmó que existía en Oriente debido al clima.[193] Park aseveró que todos los musulmanes eran supersticiosos: «Los rígidos musulmanes poseen, con prejuicios y superstición, toda la intolerancia de su secta».[194] Badía creyó que los habitantes de La Meca estaban condenados: «A la superstición, ignorancia y miseria».[195] En la península arábiga, continuaba, se defendía la *superstición*, lo que determinó la ignorancia y la desgracia de sus habitantes: «Las prácticas supersticiosas que son siempre el apoyo, consuelo y esperanza del hombre débil, ignorante y desgraciado».[196] Y, finalmente, los viajeros Grandpré, Goldbéry y Houghton señalaron que los angoleños,[197] los senegaleses[198] y los moros[199] eran supersticiosos.

Existió una razón principal que los filósofos del XVII y XVIII añadieron al debilitamiento de las instituciones sociales y políticas de los musulmanes: el sometimiento de los pueblos meridionales al clima de sus países. Apenas tenido en cuenta por unos pocos viajeros ilustrados, resulta interesante retomarlo por la influencia que adquirió en la atribución de ciertos rasgos en el oriental a lo largo del siglo XIX. Montesquieu y Voltaire heredaron parte de esta idea y relacionaron también el clima con los diferentes caracteres y las pasiones de los hombres,[200] de tal forma que de sus escritos fueron derivando los tipos y rasgos que, ya en el XIX, se atribuyeron sin ninguna clase de explicación o razonamiento al oriental. El mismo Voltaire, a pesar de que a lo largo de sus trabajos predominó la influencia de los hábitos y costumbres en el hombre frente a la de las leyes naturales, realizó un pequeño aparte en el que relacionó a las mujeres con las condiciones atmosféricas en las que vivían. Los viajeros Chénier y Badía parecieron recoger las ideas de Montesquieu. El primero afirmó que el clima influía en el temperamento[201] y el segundo escribió que las mujeres eran ardientes debido al clima que soportaban:

> La ley del divorcio es gran freno para las mujeres y la poligamia, al mismo tiempo que satisface la naturaleza en climas tan ardientes, deja sin excusa al hombre que quisiera satisfacer un capricho desordenado.[202]

Los demás viajeros ilustrados repararon en él, pero sólo para describirlo. En cada llegada a una nueva ciudad, durante el recorrido por el paisaje, el Viajero le dedicó su atención, dado que de él dependía la riqueza o la prosperidad material del país. Como objeto científico, su representación fue un lugar común en los libros de viaje del XVIII. Volney realizó una inusual alusión a la teoría climatológica de Montesquieu que resulta de extraordinario interés. Rechazó la idea de que existieran unos datos característicos e invariables del oriental sometidos a las leyes naturales y, heredero como era de Voltaire,[203] defendió una suerte de «construcción cultural» del sujeto. Los habitantes de Oriente no estaban sometidos al clima, sino que podían mediante sus costumbres o necesidades ir modificando su carácter: «Así, debido a los hechos históricos o a los hechos naturales, la propuesta de Montesquieu, impresionante a primera vista, se encontró con un análisis paradójico que debía su éxito a la novedad de las características de las materias tratadas en el *De l'esprit des lois*, y a la admiración indirecta que resultó de las naciones que las admitieron».[204]

En resumen, los conceptos anteriormente expuestos se establecieron como contramodelos del Viajero, quien se reflejó en una serie de imágenes negativas que mostraban las carencias e insuficiencias de su país y las críticas a la sociedad de origen. El retraso de la sociedad musulmana fue atribuido a la debilidad de sus instituciones políticas y al despotismo, y todo ello a la religión, interpretada a partir de principios políticos. En definitiva, estas características se establecieron como el reflejo de aquello que había que evitar en Europa, y el Otro fue interpretado como si formara parte del continente.

5.3. Los deseos del Viajero

Si hasta ahora he estudiado las características del Otro que mostraron una crítica a la sociedad de origen del Viajero, existieron otras singularidades que permitían interpretar sus deseos, ansiedades y obsesiones. Una de ellas la constituyó el *deseo sexual desenfrenado* que se atribuyó al oriental e impregnó, sobre todo en el XIX, la imagen del Otro en los libros de viajes. Sin embargo, mientras a lo largo del siglo ilustrado esta noción se constituyó como consecuencia del clima y la geografía en la que vivía, en el XIX se transformó en un rasgo inherente de su carácter. Tanto en un caso como en el otro, el *deseo sexual desenfrenado* fue la imagen del Viajero, aquello que parecía no tener lugar en su contexto habitual y que recorrió sus obsesiones. Observó, interrogó y experimentó, y a pesar de que creyó que las condiciones de su experiencia eran neutras, también participó en el juego imaginario del deseo. De esta forma, mientras Europa presentaba una escena social pervertida que había que evitar, Oriente simbolizó el lugar donde se podían proyectar la mayor parte de los deseos que permitía no encubrirlos o vivirlos secretamente.[205] Los deseos se presentaron como objetivos que podían ser gozados por una moral natural, típica del XVIII, ajena y alejada de toda sospecha. Contra la espiritualidad occidental, el pensamiento más «sensualista» que ofreció Oriente se destinó a organizar un programa de «agradables sensaciones». Todo se vivió con una conciencia fuera de culpa, donde no hacía falta justificar la simple felicidad de existir,[206] y fue, sobre todo, el viajero del XIX quien lo realizó de esta manera.

Según Montesquieu, el *deseo sexual desenfrenado* estaba relacionado con el clima, pues el calor de los países del sur provocaba un mayor deseo. Badía, influido por estas ideas, afirmó que los turcos sólo ansiaban «satisfacer su sensualidad»[207] y Chénier que: «El clima, que influye infinitamente en el temperamento, hace que el libertinaje sea generalizado».[208] El oriental se presentó y se describió como un organismo natural, fruto de las ideas científicas de la época, cuyo desenfreno sexual se podía explicar a través de razones físicas. El Viajero aplicó las mismas leyes que regían el mundo físico para regir también el humano.

En estos términos, parecía habitual que esta suerte de *estética empírica natural* que permitía gozar libremente de la sensualidad y el deseo con el que se relacionó al habitante de Oriente apareciera despojado de todo aquello que tenía que ver con el *amor.* Los orientales podían tener deseos sexuales, pero no amar. En las obras del Viajero, los habitantes de las poblaciones visitadas parecían desconocer el *amor* y fueron presentados como personas que sólo se preocupaban por sus deseos sexuales. Así lo recogió Volney cuando describió a los habitantes de Siria: «Esta sorpresa evidencia la opinión que tenemos de ellos y podemos concluir que ignoran absolutamente *el amor* tal y como lo entendemos nosotros».[209] En estas circunstancias, algunos viajeros ilustrados, como Badía en un fragmento citado anteriormente, señalaron la *poligamia* como una posibilidad para reparar el deseo que provocaba el clima de Oriente. El calor suscitaba deseo y éste se resolvía gracias a la *poligamia*:

> La ley del divorcio es gran freno para las mujeres y la poligamia, al mismo tiempo que satisface la naturaleza en climas tan ardientes, deja sin excusa al hombre que quisiera satisfacer un capricho desordenado.[210]

La *poligamia* constituyó un objeto de los trabajos de los filósofos ilustrados. En sus escritos aparecía como un concepto inherente a los países del sur y, por lo tanto, a la religión musulmana. En su voluntad de encontrar una explicación, la hallaron en la edad fértil de las mujeres, sometidas al clima de los países orientales. Puesto que envejecían antes de tiempo y perdían su belleza juvenil, los hombres las abandonaban y se casaban de nuevo.

En las sociedades urbanas burguesas europeas de la época las relaciones entre el hombre y la mujer mediante el matrimonio parecían estar alienadas; el contacto se había roto y Oriente podía ser el espacio posible para modificarlas. El Otro reflejó las pasiones del Viajero y una forma para ponerlas en orden. Se organizaron de igual forma que la sociedad de donde provenía y, al mismo tiempo, se erigieron como una posibilidad para denunciarla. Cadalso utilizó la descripción de la *poligamia* en sus *Cartas marruecas* para criticar de forma directa a su propia sociedad en una cita harto significativa. En boca del personaje Gazel escribió: «La poligamia entre nosotros está no sólo autorizada por el gobierno, sino mandada expresamente por la religión. Entre estos europeos, la religión la prohíbe y la tolera la pública costumbre».[211]

Oriente devino el espacio de los deseos y, como tal, un lugar vacío en el que construirse. El Viajero elaboró las formas de sus ansiedades en una geografía que acogió la construcción y la escritura de su mirada, de todo lo que no encontró en su contexto habitual y que perteneció al terreno de sus deseos. Como página en blanco, el destino representó una ausencia para crearse, construirse e imaginarse. Poco a poco, el Viajero, que había interpretado los espacios de su itinerario a partir de sus referentes, los proyectó, mostrando lo que deseaba tener. La alternativa de Oriente se configuró como una huida, una fuga, del contexto habitual que permitía escapar de los elementos que configuraban los usos y rutinas acostumbrados. Oriente fue deseado y, por ello, se constituyó como incompleto e irrealizable, pues remitía constantemente a una alteridad. Asimismo, se conformó como una constante ilusión y desilusión; aquello que tanto había costado alcanzar nunca podría coincidir con el territorio del deseo y, la mayor parte de las veces, se representó con una decepción. No hallar, no identificar en Oriente las irrealidades de los deseos inundó el viaje de una profunda tristeza. Cuando por fin se llegó al lugar al que pertenecían las imágenes largamente deseadas, se descubrió que estas no existían. Y no podían hacerlo porque pertenecían al espacio de la ausencia del imaginario.

Esta geografía devino para Europa el escenario de un imaginario múltiple que nacía desde un punto de vista exterior, en el que se proyectó el Viajero y no dejaba apenas hablar al Otro, y posterior, con una escritura realizada fuera del espacio visitado, elaborada a partir de las notas escritas durante el viaje. Las representaciones de Oriente se establecieron como discursos imaginarios que no permitían ni aproximarse al Otro ni reflexionar sobre él. Una y otra, la búsqueda de los deseos y la de las imágenes creadas de Oriente, se erigieron como incompletas y remitieron a la ausencia. En este espacio, el Viajero pudo construirse una nueva identidad que lo situó conforme a sus deseos. Por un lado, y por todas las características descritas hasta el momento, el propio viaje a Oriente lo permitió. Y por otro, la ficción, característica del relato, ofreció una enorme libertad para que se construyera como un personaje literario.

Un ejemplo de todo ello lo constituyó Badía tal y como avanzaba hacia el final de su viaje. De la proyección de sus referentes como ilustrado, característico de buena parte de sus *Viajes*, fue aproximándose poco a poco a la construcción de la identidad de sus deseos. Inmerso en la escritura y con toda la libertad que le ofreció la ficción, se describió a sí mismo dentro de un espectáculo y se nombró como su personaje protagonista: Alí Bey. Con este nombre, se convirtió en un signo que había que descodificar y se alejó de la identidad previa al viaje:

> Sólo en el monte Aarafat es donde se puede formar idea del espectáculo imponente que ofrece la peregrinación de los musulmanes [...]. ¡No hay culto que presente a los sentidos espectáculo más sencillo, más tierno, más majestuoso!... ¡Filósofos de la tierra! Permitid a Alí Bey defender su religión.[212]

El caso de Badía resultó extraño y muy significativo, puesto que publicó sus obras bajo pseudónimo. Desde 1814 hasta 1818 –fechas de sus ediciones en francés, inglés, alemán e italiano– hasta su muerte, no se reveló su verdadera identidad en sus publicaciones. Gracias a ello, pudo narrarse y construirse a sí mismo sabiendo que nunca sería identificado con Badía, lo que le supuso una gran autonomía. El hecho literario permitía analizar los deseos bajo la forma de su representación, es decir, en Alí Bey.

El uso del *disfraz*, el atuendo árabe durante el trayecto, mostró ciertas características de sus deseos. Muchos otros viajeros antes y, sobre todo, después de él, románticos, por ejemplo, viajaron simulando una identidad árabo musulmana con su indumentaria; sin embargo, cuando publicaron sus obras no escondieron su verdadero nombre. En el caso de Badía, el *disfraz* sirvió para simular o desfigurar una procedencia que no deseaba que se conociera. El cambio del aspecto exterior marcó desde el comienzo el conocimiento de la separación entre Oriente y el contexto del que provenía. También la necesidad de crear, desear, una nueva identidad fuera de los valores culturales habituales, una suerte de «travestización cultural»,[213] transgresión simbólica con la que renunció a sí mismo para hacerse *Otro*. Asimismo, adoptar el *disfraz* fue abandonar el aspecto occidental que podía obligarle a convertirse en un objeto de estudio o un espectáculo para el

Otro, cuando este lo observase, lo que equivaldría a invertir la finalidad de su investigación. En el último caso, fue utilizado para evitar el traumatismo que producía el encuentro.

El traslado y su representación literaria permitieron también convertir a Badía en *protagonista* y *héroe* de los acontecimientos. Las dificultades que implicaba el viaje, buena parte de ellas provocadas por la naturaleza, lo erigieron como personaje principal. Por ejemplo, las tormentas en el mar: «Parece que el destino me condenó a no hacer el viaje por mar sin accidente [...]. ¡Cómo pintar la confusión y turbación de la gente en aquel momento fatal!».[214] En la fatalidad estaba la tragedia y, en medio, el *héroe* Badía conseguía superarla gracias a sus conocimientos y reflexiones:

> Di orden de remar; mis compañeros no sabían: señalé su lugar a cada cual, y después de distribuirles los remos, les expliqué la maniobra, y me puse a cantar como los marineros del mar Rojo, para darles el compás y hacerlos mover con uniformidad. ¡Qué espectáculo! Yo estaba casi desnudo, descubierto a los golpes de mar, lluvia y granizo; atado al timón sin saber a dónde ir, sufriendo horribles vómitos y obligado a cantar para reglar la uniformidad de la maniobra [...]. En fin, después de pasar una hora entera en tan horrorosa agonía, comenzaron a aclararse las nubes; un rayo de luna sirvió para orientarme y llevó la alegría hasta el fondo de mi corazón. «Nos hemos salvado», exclamé.[215]

Otra de las circunstancias que le permitieron representarse como *héroe* fue el papel que a veces le tocó ejercer como galeno. Los pequeños conocimientos médicos que había adquirido, más bien medicinas de su botiquín, le hacían diferenciarse de los habitantes del país y erigirse como centro de atención en las poblaciones visitadas. Cuando curaba a aquel que, obligado por su religión, se hallaba «sometido a la voluntad de Dios»,[216] se convertía en objeto de deseo del Otro, quien lo admiró y lo situó por encima de él. En algunos casos, la capacidad meramente instrumental que tenía de sanar le otorgó un poder casi religioso, pues el Otro, que relacionó la sanación con fuerzas trascendentales, trasladó al *Viajero* estos poderes.

Para construirse como personaje principal del relato, necesitó de un contexto que rodease la acción. En muchos casos, el espacio en el que se integró se convirtió en un *escenario* o *espectáculo*. Bajo estos términos, aparecían descripciones que rememoraban el teatro, lugar de grandes acciones, donde se narraban las historias de hombres ilustres, los viajeros, en lugar de la reproducción directa de la naturaleza que los rodeó. Y eso representó Oriente para Badía, un teatro y un *escenario* donde poder crear una determinada imagen de sí mismo. En medio del *espectáculo* de una gran tormenta, describió aquello que podía infundir deleite, asombro o dolor:

¡Qué espectáculo! Yo estaba casi desnudo, descubierto a los golpes de mar, lluvia y granizo; atado al timón sin saber a dónde ir, sufriendo horribles vómitos y obligado a cantar para reglar la uniformidad de la maniobra.[217]

Otras veces Oriente, convertido en el escenario del imaginario de Badía, no coincidía con la realidad y aquello que se describió a través de la grandilocuencia de un espectáculo se materializó en una sensación de *extranjería*. Al no ser halladas las imágenes deseadas, las descripciones se volvieron ajenas y lejanas:

> Pasado el río, el país fue haciéndose continuamente montuoso; las alturas inmediatas limitaban la vista. A la una bajamos a un hermosísimo llano.[218]
>
> Tuve la satisfacción de contemplar a mis anchas las masas colosales que tenía delante.[219]

En estas condiciones, la naturaleza apareció como un interlocutor y, en las descripciones, se plasmó su situación interior: «El horizonte, por el mar, se extiende a tan inmensa distancia, que la vista confunde a lo lejos el mar con el cielo, los cuales parecen como un caos o niebla espesa».[220] En la inmensidad del mar y el cielo, el paisaje flotaba, casi desaparecía, desprovisto de naturaleza humana. Badía se perdió en él y, al mismo tiempo, se identificó en la búsqueda de un *interlocutor posible, la naturaleza*, en la que encontrar la ausencia a la que remitía su imaginario. En las descripciones, se manifestaron plásticamente algunas de sus emociones. Los hombres tenían que evitar contrariar a la naturaleza y dejar que actuase con la fuerza que le era característica.[221] El *Viajero* dejó de ver la presencia del hombre como algo necesario en el paisaje: «La mano del tiempo, siempre más poderosa que los vanos esfuerzos del hombre, restituye a la Naturaleza lo que el arte le había arrebatado».[222]

A veces, en la búsqueda de los deseos, Oriente excedió lo simbólico, el sueño bajo el que se había imaginado, y no se encontró relación alguna entre el objeto de búsqueda y el encuentro con el espacio. En estas circunstancias, aparecieron la *desilusión* y la *tristeza* provocadas por la *melancolía* y la *nostalgia*.

> Al desembarcar me condujeron a unos montones de ruinas desiertas; y cuál sería mi sorpresa y dolor al convencerme, por el testimonio de mis propios ojos, que igual suerte aguardaba al «míkkias» [columna para medir el nivel del agua en el Nilo].[223]

Tristeza y *desilusión* que remitían sobre todo al tiempo y espacio del pasado, categorías alejadas de la contemporaneidad del *Viajero*, más expuestas a la interpretación y próximas al orden de lo simbólico. El dolor se produjo al no haber compartido la experiencia del tiempo anterior del destino, al sentir el pesar de un espacio perdido.

Al hecho de recordar tiempos anteriores se sumó el de rememorar personajes y acciones míticas. Para intentar describir la búsqueda de los deseos en Oriente se hizo necesario acudir al espacio del *mito*. Éste permitía aproximarse a elementos inexplicables:

> Quizá el aspirante o candidato sería detenido allí para sufrir las pruebas o participar de los misterios de la iniciación. En tal caso, cuando lo restituían a la luz en medio del jardín, debía creerse transportado a una región celestial [...] ¿Si estaría también en uso semejante preliminar en las iniciaciones de Afroditis, como no los descreo?... Hablo de las iniciaciones primitivas, anteriores a las que se usaban en los templos de la Diosa. [...]. En ninguna otra comarca he visto ganado más hermoso, numeroso y bien mantenido, ni mieses más bellas. Es de presumir que la gracia divina protege a los habitantes particularmente.[224]

Badía recurrió a ficciones alegóricas más próximas a su imaginario, intermediario mágico entre sus pensamientos y él mismo, para describir Oriente.[225] Estas ficciones podían ser recompuestas de nuevo en el destino de forma artificial o casi mágicamente. De esta forma, Oriente se convirtió en un punto de partida o inicio con el que soñar y soñarse. Buena parte de los elementos anteriores se materializaron en la escritura a través de *imágenes*. Una de las características que definió los relatos de viaje, una determinada poética enriquecida por el tiempo y el espacio, se plasmó en las descripciones de los lugares visitados. El tiempo del viaje se representó a través del espacio, y este por medio de la creación de *imágenes*:

> Salí inmediatamente de la mezquita, en cuya puerta habían preparado una mula para el sultán; el animal estaba rodeado de infinito número de sirvientes y grandes oficiales de la corte. Delante había dos hombres armados de una pica o lanza que mantenían perpendicularmente y cuya longitud era de unos catorce pies. Seguían de cerca la comitiva setecientos soldados negros armados de fusiles, apretados sin orden ni preferencia y rodeados de mucha gente. El kaid y yo nos situamos en medio del paso, inmediatos a los dos lanceros. A nuestro lado iba el presente llevado en hombros de mis criados y de los hombres que me enviaron.[226]

La imagen de esta comitiva se identificó gracias al tiempo y el espacio recorrido. Si se deseara reproducir la descripción habría de nuevo que volver a la imagen, a sí misma, y remitirse a su propio orden de formación. Oriente apareció descrito con *imágenes* que se sucedían sin ningún orden y que acogían más el espacio del sueño, sin sucesión cronológica, que el de la realidad. La escritura de Badía presentó el orden de la memoria, un fluir de *imágenes* más cercanas a la impresión que le producían que a una disposición temporal. La pretensión de tener una pura mirada/imagen significó el riesgo de plegarse a una mera dramatización de lo real. Las descripciones se convirtieron en grandes planos fijos y trágicos, alejadas de la acción con la que se había identificado la narrativa:

> Estaba recostado sobre un pequeño colchón y una almohada, y delante de él, sentados sobre una alfombra, su gran alfaquí y dos de sus favoritos. Luego que me vio, se sentó y dio orden de traer otro colchón de terciopelo azul lo mismo que el suyo; hízole poner a su lado y me obligó a sentar en él.[227]

Y si las *imágenes* intentaron plasmar los deseos, tal y como se conformaron se fueron alejando del sujeto. Alejadas de la realidad, pues remitían a aquello que el *Viajero* desconocía aunque desease, adquirieron un poder deformante.[228]

Los *Viajes* de Badía fueron mostrando, poco a poco, sus deseos sobre Oriente. Bien fuera por los elementos que integraban el viaje, bien por el destino elegido, bien por el espacio de ficción del relato o por una mezcla de los tres elementos, ya no *buscaba* ni *encontraba*, sólo *anhelaba* a Oriente.

Badía fue avanzando. De las largas y copiosas páginas en las que había proyectado sus referentes ilustrados, y con el traslado a Oriente, que le permitió revisitar su código cultural e ir definiendo las características que poseía antes de comenzar el viaje, puso en evidencia otras necesidades. El Otro también le ofreció la posibilidad de dialogar consigo mismo y con sus deseos. Su narración dejó de situarse por detrás, a la búsqueda de lo ya conocido, y lo hizo por delante, muy por delante, en el lugar que marcó el teatro, el espectáculo, la tragedia, el escenario, es decir, Oriente, un espacio en el que construir una identidad que no tuvo lugar, porque no existió el destino, Oriente, que le concediera un espacio. Badía intentó crearse a sí mismo con la tensión que implicó la imposibilidad de hacerlo y, gracias a estas dificultades, creó un espacio casi inexistente: Oriente.

Notas

1. Recojo y reproduzco las acepciones del *Diccionario de Autoridades* y *The Oxford English Dictionary*. *Cf.* AA. VV., I, 1963, p. 207.
2. D. Badía, 1997, pp. 486 y 487.
3. J. Cadalso, 1980, p. 91.

4. L. de Chénier, I, 1787, p. 8.
5. Montesquieu, 1999, p. 125.
6. J. Barrow, 1801, p. 83.
7. C. F. Volney, 1788, p. 591.
8. P. Álvarez de Miranda, 1992, p. 431.
9. *Vid.* para este asunto E. Martínez Ruiz, 1998, p. 21: «[ciencias útiles son las] que defienden los educadores del Setecientos, dominados por el pragmatismo y el utilitarismo que imprimen a la nueva cultura. Animados por una confianza plena en la educación y con el optimismo generado por la creencia en la bondad del progreso y de la ciencia, los ilustrados consideran que las ciencias útiles son la panacea de la sociedad, en el sentido de que son las únicas que pueden proporcionar el bienestar y la felicidad [...]. De esta forma se les irá concediendo a las nuevas ciencias un protagonismo creciente, con su inclusión en los planes educativos y en las reformas de la enseñanza».
10. *Vid.* el trabajo de J. Bodino, 1992, p. 795: «[...] el pueblo meridional [...] se ocupa en la contemplación de las ciencias naturales y divinas [...]. Que los pueblos de mediodía son señalados para el estado de las ciencias más ocultas [...], sea por demasiado dados a las contemplaciones divinas y naturales». Cito la primera impresión en español, J. Bodino, *Los seis libros de la república*, Bevilaqua, Turín, 1590, pues la primera edición de la obra se encuentra en latín, *De republica libri sex*, París, Du Puys, 1586.
11. A. Bey, 1997, pp. 250-253. *Vid.* para las afirmaciones de Badía sobre la historia *ibid.*, p. 251, nota 46.
12. Real Academia Española, II, 1963, p. 285.
13. AA. VV., V, 1961, p. 356.
14. A. Bey, 1997, p. 157.
15. *Ibid.*, p. 303.
16. *Cf. ibid.*, p. 248.
17. *Ibid.*, p. 376.
18. Real Academia Española, I, 1963, p. 557.
19. AA. VV., I, 1961, p. 665.
20. *Cf.* A. Bey, 1997, p. 366.
21. M. Park., 1800, pp. 352 y 353.
22. D. Badía, 1997, p. 493.
23. *Cf.* H. Djaït, 1990, p. 48.
24. D. Badía, 1997, p. 722.
25. *Cf.* C. Niebuhr, I, 1776-1780, p. 15.
26. *Cf.* Goody, J., 1997.
27. Real Academia Española, III, 1963, p. 22.
28. *Ibid.*, II, 1963, p. 591.
29. AA. VV., IX, 1961, p. 379.
30. D. Badía, 1997, p. 364.
31. *Ibid.*, p. 290.
32. *Ibid.*, p. 683.
33. A. Bey, 1997, p. 152.
34. *Ibid.*, p. 174.
35. D. Badía, 1997, p. 419.
36. *Ibid.*, p. 718.
37. *Ibid.*, p. 270.
38. *Cf. ibid.*, p. 721.
39. *Cf.* J. Goytisolo, 1981, p. 97.
40. C. F. Volney, 1788, p. 557.
41. *Ibid.*, p. 402.
42. Montesquieu, 1964, p. 72.

43. A. Bey, 1997, p. 392.
44. D. Badía, 1997, p. 581.
45. *Ibid.*, p. 338.
46. Montesquieu, 1964, p. 111.
47. D. Badía, 1997, p. 720.
48. *Ibid.*, p. 290.
49. *Cf. ibid.*, p. 261.
50. *Ibid.*, p. 387.
51. *Ibid.*, p. 388.
52. J. Bruce, 1817, p. 212.
53. D. Badía, 1997, p. 727.
54. J. Cadalso, 1980, p. 100.
55. *Cf.* M. Sharafuddin, 1994, p. 275.
56. D. Badía, 1997, p. 399.
57. W. G. Browne, 1806, p. 196.
58. C. F. Volney, 1788, p. 561.
59. *Cf.* D. Badía, 1997, p. 338.
60. *Cf. ibid.*, p. 506.
61. Real Academia Española, 1963, p. 536.
62. AA. VV., III, 1961, p. 877.
63. A. Bey, 1997, p. 390.
64. D. Badía, 1997, p. 720.
65. *Ibid.*, p. 338.
66. AA. VV., 1721, II, p. 617.
67. P. Álvarez de Miranda, 1992, p. 407.
68. Real Academia Española, I, 1963, p. 563.
69. D. Badía, 1997, p. 350.
70. *Ibid.*, p. 389.
71. *Ibid.*, p. 533.
72. *Cf.* S.-M.-X.- Goldbéry, 1972, p. 150.
73. M. Park., 1800, p. 38.
74. D. Badía, 1997, p. 726.
75. *Ibid.*, p. 434.
76. Real Academia Española, II, 1963 p. 212.
77. AA. VV., 1961, III, p. 191.
78. *Cf.* P. Álvarez de Miranda, 1992, p. 190. *Vid.* también: «Lo que sí puede decirse en exclusividad del siglo XVIII es que en él cristaliza con máxima pujanza lo que podríamos llamar la conciencia del siglo, la auto convicción de que se vive en un momento histórico peculiar, renovador y distinto», *ibid.*, p. 201.
79. *Cf. ibid.*, p. 181.
80. *Cf. ibid.*, p. 184.
81. D. Badía, 1997, p. 509.
82. *Ibid.*, p. 682.
83. S.-M.-X.- Goldbéry, 1972, p. 11.
84. A. Bey, 1997, p. 259.
85. D. Badía, 1997, p. 486.
86. *Ibid.*, p. 723.
87. *Ibid.*, p. 290.
88. *Ibid.*, p. 305.
89. A. Bey, 1997, p. 238.
90. C. F. Volney, 1788, p. 20.
91. D. Badía, 1997, p. 581.
92. *Ibid.*, p. 688.
93. A. Bey, 1997, pp. 342 y 343.

94. *Ibid.*, p. 314.

95. *Cf.* D. Badía, 1997, p. 356.

96. Real Academia Española, III, 1963, p. 402.

97. *Cf.* P. Álvarez de Miranda, 1992, pp. 301-309.

98. D. Badía, 1997, pp. 215 y 216.

99. *Ibid.*, p. 311.

100. *Vid.* para este asunto J. Perona, 1998, pp. 46-47: «Porque los trozos de paisaje elegidos [por el Viajero] están fuertemente humanizados, han sido modificados por el hombre, convirtiéndolos en un vergel. Han dejado de ser naturaleza, carecen de la disposición caprichosa y desorganizada de los parajes no tocados por el hombre. Estos son productivos, han sido trabajados, ordenados para desterrar su informidad. Los espacios resultantes son un ejemplo de algo que se estima mucho: la industria humana, la administración: su capacidad para modificar las condiciones naturales y utilizar los medios para mejorar la existencia, la aplicación de los instrumentos que el hombre tiene a su alcance para aumentar su bienestar. Estos parajes son, pues, un canto a esa potencia transformadora, a la capacidad humana para generar riqueza y dar forma a las condiciones brutas de la naturaleza, para organizar mediante la industria un paisaje ordenado y feraz, que repercutirá en el buen estado del campesino y de sus condiciones materiales. Representan ejemplos del esfuerzo humano para acrecentar una prosperidad sin límite y suponen, consecuentemente, una mirada optimista sobre el progreso técnico».

101. *Vid.* también: «Estos primeros paisajes [siglo XVIII] son descriptivos. Se especifican los accidentes geográficos y la disposición de unos respecto a otros. La imagen se muestra tal y como se ve, objetivamente, sin implicación emocional del espectador. Se enumeran las llanuras, los ríos, los valles y las montañas, tratando de fijar sus rasgos definitorios. Y también los cultivos: sus tipos, su variedad, su riqueza», J. Perona, 1998, p. 46.

102. *Vid.* para el estudio de las descripciones del paisaje ilustrado y romántico la obra de E. Ortas Durand, 1999 y más concretamente para el asunto de la utilidad de la naturaleza y su calidad estética las páginas 53-96. «Dicha vinculación de criterios productivos y estéticos en la contemplación del entorno caló hondamente en ilustrados y reformistas, sobre todo a raíz de la generalización de los planteamientos agraristas que recorrieron la Europa de la segunda mitad del Siglo de las Luces, impulsando un desarrollo económico y comercial que tuvo uno de sus cimientos en la ampliación de zonas cultivadas, así como en las actividades destinadas a la mejora de las mismas [...]. En este ámbito ideológico se enmarca la proliferación de esa preocupación del viajero ilustrado, guiado por el signo de lo útil, por una naturaleza contemplada desde el punto de vista del reformador que actúa como notario de la actualidad», E. Ortas Durand, 1999, pp. 56 y 57.

103. A. Bey, 1997, p. 331.

104. D. Badía, 1997, p. 309.

105. A. Bey, 1997, p. 329.

106. *Ibid.*, p. 338.

107. *Ibid.*, p. 313.

108. J. Barrow, 1801, p. 83.

109. L. M. J. Grandpré, I, 1787, p. 45.

110. *Ibid.*, p. 172.

111. C. F. Volney, 1788, p. 528.

112. J. Bruce, 1817, p. 212.

113. A. Bey, 1997, p. 365.

114. *Ibid.*, p. 319.

115. *Ibid.*, p. 162.

116. Se confunde S. Moussa, 1995, p. 93, cuando escribe que la hospitalidad de los musulmanes no es apenas destacada por los viajeros del XVIII.

117. M. Taha-Hussein, 1962, p. 311.

118. D. Badía, 1997, p. 656.

119. *Cf.* L. de Chénier, II, 1787, p. 154.

120. J. Barrow, 1800, p. 83.

121. *Vid.* A. Lahjomri, 1973, p. 142 *:* «La ignorancia se encontraba, como acabamos de ver, en el origen de esta imposibilidad de representar, o "pensar" las poblaciones extranjeras, una característica de esta literatura y humanismo, pues en su representación del mundo no había lugar para otra cosa que no fuera la representación de sí mismos».

122. *Cf.* J.-C. Berchet, 1987, p. 98.

123. *Vid.* también para las relaciones que establece Europa con el islam: «El recorrido por un interés mayor de Medio Oriente puede situarse a partir de la Edad Media, paralelo a la expansión del Islam, cuando la unidad ideológica cristiana del mundo latino fue forjando una imagen antagonista, amparada en el extrañamiento del Otro, para contextualizar las Cruzadas con una serie de discursos con los que Europa fue construyendo su imagen de Oriente. Hacia el siglo XI, esta percepción se debilitó, paralela a la evolución de la mentalidad occidental, la aproximación se volvió filosófica (Federico II de Hohenstaufen, Roger Bacon, Ramón Llull...) y, aunque se siguió combatiendo el Islam, se profundizó en su conocimiento. Asimismo, el peligro del Imperio mongol supuso el encuentro de un mundo pagano más allá del Islam –Oriente lejano– lo que confirmó cómo el término "pagano" no era exclusivo de la religión mahometana. Con la expansión del Imperio Otomano, cuyo desarrollo coincidió con los problemas surgidos en el seno mismo del cristianismo, el interés por el Islam no decayó, pero se alteró su imagen negativa. Durante el Renacimiento, siguiendo a los viajeros y sus descubrimientos marítimos y comerciales, así como a las instalaciones de las misiones cristianas, se abrieron academias e institutos para el estudio de la lengua y la cultura de India, Japón y China», M. Rodinson, 1980, p. 50. Algunos otros títulos relevantes que recorren el interés de Europa por el islam son, AA. VV., 1987a, 1988a, 1989a, 1991a, 1999b y 2000c; V. V. Barthold, 1947; J. Berque, 1957, 1961 y 1994; A. Damiana, 1979; N. Daniel, 1966 y 1993; H. Djaït, 1990; H. Hanafi, 1990; M. A. T. Hatamleh, 1969; T. Hentsch, 1988; L. Lowe, 1995; J. M. Mackenzie, 1995; P. Martino, 1970; B. Melman, 1992; M. R. Menocal, 1987; H. Nouty, 1958; E. W. Said, 1978; R. Schwab, 1950; R. W. Southern, 1962; J. P. Thieck, 1992; J. Tolan, 2003; B. S. Turner, 2000 y J. Waardenburg, J., 1963.

124. A. Bey, 1997, p. 259

125. *Cf.* M. Balard, 1988, p. 21.

126. *Cf.* P. Martino, 1970, p. 67.

127. *Vid.* J.-C. Berchet, 1987, pp. 97 y 98: «Nuestros "filósofos" [ilustrados] han querido situar la problemática de la felicidad por encima de toda referencia religiosa, para poder pensarla a partir de la ciudadanía de los hombres y la moral natural. En efecto, a partir del momento en que no se soportaron para vivir las prescripciones celestiales transmitidas por los profetas, fue necesario pensar nuestra existencia terrena como una realidad autónoma, caminando hacia su propio valor, hacia su propia finalidad. [...] Cada hombre existió para y por sus semejantes: individuo y sociedad».

128. A. Bey, 1997, p. 438.

129. *Ibid.*, p. 257.

130. *Ibid.*, p. 287.

131. *Ibid.*, p. 181.

132. *Vid.* para el estudio de la relación entre Voltaire y el islam el trabajo de H. Djavâd, 1974.

133. «Es evidente que los capítulos del *Coran* fueron escritos de forma ocurrente durante los viajes de Mahoma y sus expediciones militares. ¿Llevaría siempre un monje consigo? Se cree todavía, según un pasaje equivocado del libro, que Mahoma no sabía leer ni escribir. Cómo es posible que un hombre que comerció durante 20

años, un poeta, médico, legislador, ignorase lo que los más tiernos niños de su tribu conocían», Voltaire, I, 1990, p. 270.

134. C. F. Volney, 1788, p. 553.

135. *Ibid.*, p. 552.

136. A. Bey, 1997, p. 285.

137. *Ibid.*, p. 261.

138. C. F. Volney, 1788, p. 397.

139. *Cf.* A. Bey, 1997, p. 246.

140. D. Badía, 1997, p. 494.

141. C. F. Volney, 1788, p. 398.

142. L. de Chénier, I, 1787, p. 161.

143. M. Park., 1800, pp. 180 y 181.

144. Ohsson, M. I., II, 1787, p. 475.

145. W. G. Browne, 1806, p. 341.

146. *Ibid.*, p. 517.

147. A. Bey, 1997, p. 246.

148. *Ibid.*, p. 485.

149. S.-M.-X. Goldbéry-de, 1972, p. 510.

150. M. Park., 1800, pp. 188 y 189.

151. M. Houghton, 1798, p. 139.

152. C. F. Volney, 1788, p. 552.

153. Orientalista es el término utilizado para designar a la persona que se dedica al estudio o la representación de Oriente. El estudio de esta disciplina se realiza sobre todo a partir de finales del siglo XVIII. Durante esta época, tal y como se ha visto en este apartado de la investigación, la aproximación a Oriente trancurre en la mayoría de los casos en el campo de la política. En el XIX, la representación política da paso a una interpretación más subjetiva y los textos se cargan de prejuicios, algunos atributos negativos del Otro. Puesto que el estudio de Oriente se ha venido realizando a través principalmente de los textos de este último siglo, su representación aparece llena de prejuicios e intuiciones. Fuera de este campo, sin embargo, existen ejemplares investigaciones sobre Oriente para aproximarse al estudio de este espacio. Gramáticos comparatistas, arabistas y sanscritistas hacen del estudio de Oriente una muestra inmejorable para conocer la cultura europea. Y estas investigaciones son ejemplares y necesarias para conocerlo. Es hora de realizar un recorrido por los procesos discursivos con los que se constituyó la imagen de Oriente en todos sus campos. Como aparece en AA. VV., 2000c, p. 8, es el momento también de hacer un recorrido por el *otro orientalismo*. Como una investigación clave para conocer los nombres y obras de este orientalismo, se encuentra el trabajo de R. Schwab 1950. En esta obra se realiza un repaso al interés suscitado por los estudios orientales en Europa desde 1750 hasta el siglo XX. El autor defiende la relevancia como un renacimiento de Oriente en el ámbito europeo. Asimismo, explica sus causas y enumera los escritos, autores y escuelas que se dedicaron al estudio de esta disciplina. Según Schwab, a partir del siglo XVIII todas las naciones se aproximaron a Oriente para explicarse a sí mismas: «Entonces es verdad [...] que cada nación persiste en explicar la historia del mundo a través de Oriente», R. Schwab, 1950, p. 78.

154. Real Academia Española, II, 1963, p. 223.

155. AA. VV., 1961, III, p. 256.

156. J. Bodino, 1992, p. 275.

157. *Cf. ibid.*, 1992, p. 405.

158. *Cf.* A. Grosrichard, 1979, p. 25.

159. C. F. Volney, 1788, p. 535.

160. D. Badía, 1997, p. 718.

161. «En Asia, el poder ha sido siempre despótico. Y si el servilismo no fuera extremo, existiría una división que la naturaleza del país no podría soportar», Montesquieu, 1964, p. 632.

162. *Cf.* H. Djaït, 1990, p. 47.
163. Montesquieu, 1964, p. 539.
164. A. Bey, 1997, p. 380.
165. D. Badía, 1997, p. 373.
166. A. Bey, 1997, p. 254.
167. *Ibid.*, p. 291.
168. *Ibid.*, p. 311.
169. *Ibid.*, p. 314.
170. *Cf.* L. de Chénier, I, 1787, p. 161.
171. D. Badía, 1997, p. 727.
172. *Ibid.*
173. *Cf.* W. G. Browne, 1806, p. 314.
174. *Cf.* L. M. J. Grandpré, I, 1801, p. 163.
175. D. Badía, 1997, pp. 356 y 357.
176. *Cf.* J. Botella; C. Cañete y E. Gonzalo, 1994, p. 215
177. *Cf.* A. Grosrichard, 1979, p. 30.
178. «La idea de que existe, si no una personalidad, al menos un carácter musulmán o, más vagamente, rasgos psíquicos observables, es inherente al análisis de nuestros románticos. Pero además de que su época no disponía de recursos conceptuales y metodológicos suficientes –de ahí su empirismo–, sus obras no permiten distinguir en ese "carácter" lo que es antiguo pero consolidado y que tal vez no se puede desarraigar y lo que es un accidente histórico, lo residual y lo actual», H. Djaït, 1990, p. 61.
179. *Cf.* D. Badía, 1997, p. 722.
180. *Ibid.*, p. 722.
181. P. Álvarez de Miranda, 1992, p. 595.
182. *Cf. ibid.*, p. 597.
183. *Cf. ibid.*, p. 602.
184. AA. VV., IV, 1961, p. 60.
185. C. F. Volney, 1788, p. 98.
186. D. Badía, 1997, p. 723.
187. *Ibid.*, p. 646.
188. L. de Chénier, I, 1787, p. 208.
189. *Cf.* Real Academia Española, II, 1963, p. 725.
190. AA. VV., IV, 1961, p. 95.
191. D. Badía, 1997, p. 720.
192. *Ibid.*, p. 551.
193. *Ibid.*, p. 658.
194. «Pues así como en toda suerte de animales vemos gran variedad, y en cada especie algunas diferencias notables por causa de la diversidad de las regiones, también podemos decir que casi hay tanta variedad en el natural de los hombres como hay en el de los países; antes en un mismo clima se ve que el pueblo oriental es muy diferente del occidental, y en la propia latitud y distancia del equinoccial el pueblo septentrional es diferente del meridional», J. Bodino, I, 1992, p. 795.
195. M. Park., 1800, p. 180
196. D. Badía, 1997, p. 493.
197. *Ibid.*, p. 517.
198. *Cf.* L. M. J. Grandpré, 1801, p. 54.
199. *Cf.* S.-M.-X.-Goldbéry, 1972, p. 125.
200. *Cf.* M. Houghton, 1798, p. 139.
201. *Cf.* Montesquieu, 1964, p. 613.
202. *Cf.* L. de Chénier, I, 1787, p. 125.
203. A. Bey, 1997, p. 162.
204. Juan Goytisolo señala que la explicación climatológica, avalada por Bodin, Montesquieu y Boulanger, se convirtió en el *Deu ex machina* de todas las tareas in-

herentes a los orientales, primero en la pluma de los enciclopedistas y luego en la de los filósofos y ensayistas del XIX, incluido Hegel, J. Goytisolo, 1998, p. 88. Como se ha visto, hay autores como Volney que reniegan de esta explicación. El problema es que las consecuencias que derivan de esta defensa climatológica marcará las representaciones de Oriente del XIX.

205. J.-C. Berchet, 1987, p. 100.

206. *Cf.* Potocki, J., 1980, p. 298.

207. *Cf.* J.-C. Berchet, 1987, p. 101. *Vid.* también «Para disfrutar en su plenitud de tal felicidad de vivir, posible aún en Oriente, hay que experimentar una verdadera conversión; esto implica librarse del pecado ancestral: la noción de sujeto responsable», J.-C. Berchet, 2004, p. 115.

208. D. Badía, 1997, p. 721.

209. L. de Chénier, I, 1787, p. 125.

210. C. F. Volney, 1788, p. 609.

211. A. Bey, 1997, p. 162.

212. J. Cadalso, 1980, p. 119.

213. D. Badía, 1997, pp. 441 y 442.

214. *Vid.* para este asunto, así como para la posible conversión al islam de Badía A. López Bargados, 1996, p. 292. También: «Durante todo el siglo XIX, el disfraz siguió siendo un medio cómodo para pasar desapercibido o aprestarse a todo tipo de aventuras novelescas [...]. Parecería incluso que hay una especie de ebriedad en este juego de máscaras [...]. Cambiar de vestimenta parece lo más próximo a cambiar de piel», J.-C. Berchet, 2004, p. 115.

215. D. Badía, 1997, p. 539.

216. *Ibid.*, p. 412.

217. *Ibid.*, p. 498.

218. *Ibid.*, p. 412.

219. A. Bey, 1997, p. 220.

220. *Ibid.*, p. 332.

221. D. Badía, 1997, p. 304.

222. *Cf. ibid.*, p. 527.

223. *Ibid.*, p. 670.

224. *Ibid.*, p. 395.

225. A. Bey, 1997, p. 429.

226. R. Argullol, 1983, p. 63.

227. A. Bey, 1997, p. 198.

Conclusiones

El estudio de los libros de los viajeros europeos a Oriente y sus representaciones de este destino, a partir del eje central de la vida y la obra de Domingo Badía y Leblich, constituye un análisis que permite avanzar en las investigaciones teóricas del viaje como forma cultural y la interpretación sobre Oriente. El estudio de Badía, realizado gracias a la reunión del *corpus* de manuscritos e impresos, ha significado revisar críticamente las investigaciones sobre él y establecer las condiciones y el contexto en los que realizó los viajes y su escritura. La reconstrucción de su biografía evidencia, entre otras cosas, la relevancia de los lugares visitados en sus dos viajes, en algunos casos también el destacado momento histórico en el que los llevó a cabo, y su formación y prácticas como hombre ilustrado. La identificación de las lecturas de carácter general de las bibliotecas de Vera y Córdoba, y la relación y descripción de los libros de viaje leídos hasta 1814 demuestran la manera minuciosa con que preparó los desplazamientos, el interés por las empresas viajeras europeas y su formación ecléctica ilustrada. Muestra de ello son los métodos de investigación adoptados en su itinerario, fruto de los trabajos científicos de Linneo (a través de sus alumnos Sparrman y Thunberg), Humboldt, Saussare y Lalande, así como los estudios cartográficos de Rennell, Arrowsmith y Delisle.

Hay que esperar a 1833 para que comience la recuperación de Badía en España. La recepción está condicionada por la política norteafricana, la Reinaxença catalana, los estudios de carácter antropológico y cultural y la «ficcionalización», convertido en personaje principal o secundario, de la narrativa histórica y teatral. El repaso crítico a los trabajos sobre él demuestra que compartieron las características del pensamiento de cada época en la que se realizaron, como fueron el romanticismo, el exotismo, el imperialismo, el positivismo, el poscolonialismo y el relativismo cultural.

La aproximación teórica a los libros de viaje, el análisis de las razones del traslado de los viajeros y su imagen de Oriente permiten establecer una serie de hipótesis. Los libros leídos por Badía muestran que los viajeros se desplazan para completar con la experiencia práctica del viaje su formación teórica. El Viajero se desplaza a la *búsqueda* de la proyección de sus referentes e investiga y describe según los márgenes que le permiten los planes y objetivos trazados antes de la salida. Los elementos característicos de los viajes que demuestran esta *búsqueda* y que permiten avanzar hacia una teoría del viaje son la *observación*, los *métodos científicos*, el *hablar o describir natural*, las *repeticiones discursivas*, la *reescritura* y la *intertextualidad*, *relativizar* el destino, el *reencuentro con la historicidad*, etc.

Mientras se sucede la *búsqueda* del Viajero, también se produce el contacto con situaciones absolutamente nuevas de las que antes no tenía ningún referente. El viaje ya no es una *búsqueda* de los elementos antes expuestos, sino el *encuentro* con la serie de nociones que conforman su estructura. El Viajero se halla sometido a ellas y a través de sí mismo modifica la percepción del mundo. Las principales características que definen el viaje desde la antigüedad son el descubrimiento del *Otro*, la *tensión* entre la *separación* del lugar de origen y *la agregación* de los elementos que conforman el destino y los tres elementos que configuran su estructura: la *salida*, el *traslado y* la *llegada*.

El estudio de la imagen de Oriente señala que el Viajero interpreta el destino a partir de su contexto y de sus códigos culturales. Sus referentes son *reafirmados* y, por ello, su identidad se ve alterada. La representación de Oriente pone en evidencia la *imagen* del Viajero. El recorrido de ésta está formado por tres elementos significativos que se alternan entre sí. Oriente es descrito a partir de las *diferencias* y las *semejanzas* con el Viajero hasta que *se proyecta claramente* en él. Entre ambas se encuentran la *ignorancia*; la *pereza*; la *falta de libertad*, *constitución*, *civilización e ilustración*; las *similitudes entre el paisaje oriental y europeo*, etc.

Un análisis de las procedencias y las causas de los atributos de Oriente revela con qué objeto son utilizados en el XVIII y cómo se asimilan en el XIX. Estos términos son usados por los viajeros ilustrados a partir de una visión política y una historia de las religiones e instituciones, aplicación diversa del XIX, donde, asimilados en el imaginario, brotan como estereotipos sin posibilidad de alteración.

Y si la *imagen* del Viajero afirma sus referentes, su *reflejo* muestra el estudio de los atributos negativos de Oriente como elementos que afirman las ansiedades, los deseos y la crítica a la sociedad de origen. La representación del *Otro* revierte una imagen de doble invertido que presenta una alteridad complementaria. En las descripciones de Oriente, el Viajero se define de forma negativa. En esta suerte de contramodelos, destacan las alusiones peyorativas al islam, características en los libros de viajes ilustrados. La denuncia a esta religión se organiza como una forma encubierta de crítica a la sociedad europea y a los presupuestos religiosos que sostiene. El análisis de los procedimientos que actúan e intervienen en las imágenes negativas evidencia que sus antecedentes se encuentran en la filosofía política y social del siglo XVI. Las imágenes más destacadas y repetidas son el *despotismo*, el *fanatismo*, el *fatalismo*, la *superstición*, etc.

En el descubrimiento de Oriente por el Viajero, no sólo se *proyecta* y se *refleja* él mismo, sino que muestra sus *deseos*. Imágenes negativas de Oriente, como el *deseo sexual desenfrenado*, la *incapacidad de amar* y la *defensa de la poligamia* descubren los deseos de los viajeros. Y Badía proyecta en el destino, además de estos deseos, su fantasía creando en el lugar un espacio vacío con el que construirse. Algunos de los elementos que hacen posible esta construcción son el *disfraz* de árabe; la sensación de *extranjería*; Oriente como espacio de la *desilusión*, del *mito*, de lo *simbólico*, etc.

Domingo Badía y Leblich, Alí Bey, avanza. Desde las primeras páginas de sus *Viajes*, en las que proyecta sus referentes, muestra ahora otras necesidades. Su narración deja de situarse por detrás, a la búsqueda de lo ya conocido, y lo hace por delante, muy por delante, en el lugar que marcan los deseos, Oriente, un espacio en el que construir una identidad que nunca tendrá lugar, porque no existe el lugar de los deseos, ni de la fantasía ni de la imaginación. Ojalá que el recorrido de los atributos y estereotipos de Oriente realizado en este libro permita un día su discusión, y pueda desmontarse lo que es parte del imaginario y ha dado lugar a unos maravillosos y fascinantes libros de viaje.

La Almadraba, 6 de septiembre de 2004

Bibliografía

FUENTES PRIMARIAS

1. Manuscritos

Index Alí Bey

Manuscrits copias, I, 291 pp., Archivo Histórico de Barcelona.
Manuscrits copias, II, 249 pp., Archivo Histórico de Barcelona.
Documents originals, I, 214 pp., Archivo Histórico de Barcelona.
Documents originals, II, 250 pp., Archivo Histórico de Barcelona.
Documents originals, IV, 157 pp., Archivo Histórico de Barcelona.
Memorias originals, III, 314 pp., Archivo Histórico de Barcelona.
Caja de cartón. Se encuentra sin numerar; hay aproximadamente 140 folios entre sueltos, cartas y pliegos. Archivo Histórico de Barcelona.

Fondo Rodríguez Marín

Atlas de mi viaje a Arabia y al mar Rojo, 2 pp., Fondo Rodríguez Marín, Biblioteca General de Humanidades, Consejo Superior de Investigaciones Científicas de Madrid.
Borrador del plano de La Meca, 1 p., Fondo Rodríguez Marín, Biblioteca General de Humanidades, Consejo Superior de Investigaciones Científicas de Madrid.
CAMPS Y SOLER, J., carta a P. Gayangos y Acre, 5 de enero de 1833. Y su correspondiente borrador, Fondo Rodríguez Marín, Biblioteca General de Humanidades, Consejo Superior de Investigaciones Científicas de Madrid.
Cuadernillo de notas de Alí Bey, 10 pp., Fondo Rodríguez Marín, Biblioteca General de Humanidades, Consejo Superior de Investigaciones Científicas de Madrid.
GAYANGOS Y ACRE, P., carta a J. Camps y Soler, 21 de diciembre de 1833, Fondo Rodríguez Marín, Biblioteca General de Humanidades, Consejo Superior de Investigaciones Científicas de Madrid.

—, carta a J. Camps y Soler, 3 de mayo de 1834, Fondo Rodríguez Marín, Biblioteca General de Humanidades, Consejo Superior de Investigaciones Científicas de Madrid.
Mi colección de Arabia, 3 pp., Fondo Rodríguez Marín, Biblioteca General de Humanidades, Consejo Superior de Investigaciones Científicas de Madrid.
Observaciones astronómicas, 9 pp., Fondo Rodríguez Marín, Biblioteca General de Humanidades, Consejo Superior de Investigaciones Científicas de Madrid.
Plano del Haram, 1 p., Fondo Rodríguez Marín, Biblioteca General de Humanidades, Consejo Superior de Investigaciones Científicas de Madrid.
Relacion de cuentas, 1 p., Fondo Rodríguez Marín, Biblioteca General de Humanidades, Consejo Superior de Investigaciones Científicas de Madrid.
Viaje a Arabia: de Jedda a El Cairo, 162 pp., Fondo Rodríguez Marín, Biblioteca General de Humanidades, Consejo Superior de Investigaciones Científicas de Madrid.

Correspondencia

Badía, D., carta a M. Godoy, 1 de marzo de 1808, Archivo Histórico Nacional, sección Estado, legajo 5.803.
—, «Exposición manuscrita al pueblo de Segovia», 17 de diciembre de 1809, Archivo Histórico Nacional, sección Estado, legajo 3.101.
Carlos IV, carta a J. M. Gónzalez Salmón, 28 de septiembre de 1803, Archivo Histórico Nacional, sección Estado, legajo 5.803.
Facundo Caballero, J., carta a M. L. Urquijo, 14 de abril de 1800, Archivo Histórico Nacional, sección Estado, legajo 4.822.
González Salmón, A., carta a Muley Suleymān, 5 de abril de 1804, Archivo Histórico Nacional, sección Estado, legajo 5.803.
Montarco, conde de, carta a M. Godoy, 26 de junio de 1811, Archivo Histórico Nacional, sección Estado, legajo 3.003.

2. Ediciones de los *Viajes*, por orden cronológico

Bey, A., *Voyages d'Alí Bey el Abbassi en Afrique et en Asie pendant les années 1803, 1804, 1805, 1806 et 1807*, con *Atlas des voyages d'Alí Bey*, París, P. Didot, 1814, 3 vols..
—, *Travels of Alí Bey in Morocco, Tripoli, Cyprus, Egypt, Arabia, Syria and Turkey Between the years 1803 and 1807. Written by Himself and Illustrated by Maps and Numerous Plates*, traducción de H. M. Williams, Londres, Longman, Hurst, Rees, Orme and Brown, 1816a, 2 vols.
—, *Reisen in Afrika und Asien in dem Jahren 1803 bis 1807. Aus dem französischen. Herausgegeben von F. J. Bertuch*, Weimar, Im Verlag des Landes, 1816b, 2 vols.
—, *Travels of Ali-Bey in Morocco, Tripoli, Cyprus, Egypt, Arabia, Syria and Turkey Between the years 1803 and 1807. Written by Himself and Illus-*

trated by Maps and Numerous Plates, Filadelfia, Longman, Hurst, Rees, Orme and Brown, 1816c.
—, *Viaggi di Alí Bey el-Abbassi in Africa ed in Asia dall'anno 1803 a tutto il 1807. Tradotti dal dottore Stefano Ticozzi, con tavole in rame colorate*, Milán, Tipografia Sonzogno e Comp., 1816-1817, 4 vols.
—, *Extracts from a Journal of Travels in North America, Consisting of an Account of Boston and its Vecinity. By Alí Bey and Translated from the Original Manuscript by Sq. L. Knapp*, Boston, Thomas Badger, 1818.
BADÍA, D., *Viajes de Alí Bey el Abbassi (Don Domingo Badía y Leblich) por Africa y Asia durante los años 1803, 1804, 1805, 1806 y 1807.* Traducidos del francés por P. Pérez, Valencia, Librería de Mallén y sobrinos, 1836a, 3 vols.
—, *Viajes de Alí Bey el Abbassi (Don Domingo Badía y Leblich) por África y Asia durante los años 1803, 1804, 1805, 1806 y 1807*, traducidos del francés por P. Pérez, París, Librería de los SS. D. V. Salvá e Hijo, calle de Lille n.º 4, Méjico, Librería de Galván Portal de Agustinos, 1836b, 3 vols.
—, *Viajes y aventuras del ilustre y esforzado catalán Badía durante su larga permanencia en Marruecos, escrito por el mismo*, Puerto Rico, Imprenta de J. Solves, 1861.
—, *Viatges de Ali-Bey el Abbassi (D. Domingo Badía y Leblich) per Africa y Assia durant los anys 1803, 1804, 1805, 1806 y 1807*, Barcelona, La Reinaxença, 1888, 3 vols.
—, *Atlas dels viatges d'Alí Bey el Abbassi (Domingo Badia y Leblich) per Africa y Assia durant los anys 1803, 1804, 1805, 1806, 1807*, Barcelona, L'Avenç, 1892.
—, *Viatges de Ali-Bey el-Abbassi (Domingo Badia y Leblich) per l'imperi del Marroch*, Barcelona, Tipografía Catalana, 1907.
—, *Los viajes de Alí Bey a través de Marruecos oriental, anotados y comentados por Isidro de las Cagigas*, Madrid, Imprenta del Patronato de Huérfanos de Intendencia e Intervención Militares, 1919.
—, *Viatges. Traducció de Francesc de Rupiá y Bernat Montsiá. Prefaci de Nicolau Rubió i Tudurí*, Barcelona, Barcino, 1926-1934, 13 vols.
—, *Viajes por África y Asia realizados y explicados por Domingo Badía y Leblich utilizando el nombre de príncipe Alí Bey el Abbassi*, prólogo de G. Díaz-Plaja, Barcelona, Editorial Olimpo, 1943.
BEY, A., *Alí Bey el Abbasi en Marruecos*, Barcelona, Hesperia, 1944.
BADÍA, D., *Alí Bey el Abbassi (Domingo Badía* y *Leblich). Vida aventurera del famoso explorador español. Narrada a la juventud por José Poch Noguer*, Barcelona, Araluce, 1956.
BEY, A., *Alí Bey travels*, publicado de nuevo en 1970 por Gregg International Publishers Limited Westmead, Londres, Farnborough, Hants, 1970.
—, *Viajes por Marruecos, Trípoli, Grecia y Egipto*, prólogo de J. Goytisolo, Barcelona, J. J. de Olañeta, 1982, 2 vols.
BADÍA, D., *Viajes del príncipe Alí Bey*, prólogo de J. Barceló, Madrid, El Museo Universal, 1982.
—, *Els viatges d'Alí Bey*, Barcelona, L'Atzar, 1984.
BEY, A. *Viajes por Marruecos*, edición preparada por S. Barberá, Madrid, Editora Nacional, 1985.

—, *Viaggio in Siria e Palestina*, traducción de M. Catania, Palermo, Novecento, 1991.
—, *Travels of Alí Bey in Morocco, Tripoli, Cyprus, Egypt, Arabia, Syria and Turkey between the years 1803 and 1807*, Londres, Garnet Pub, 1993.
—, *Viajes por Marruecos*, edición preparada por S. Barberá, Barcelona, Ediciones B, 1997.
BADÍA, D., *Viajes de Alí Bey*, prólogo de J. Barceló, Madrid, Compañía Literaria, 1997.
BEY, A., *Viaje por Marruecos*, Barcelona, edición preparada por S. Barberá, Círculo de Lectores, 1998a.
—, *Peregrino a la Meca*, Madrid, Jaguar, 1998b.
BADÍA, D., *Alí Bey en Marruecos. Tragedia en cinco actos*, edición, estudio y notas de C. C. García Valdés y M. McGaha, Pamplona, Eunsa, 1999.
—, *Viajes de Alí Bey*, Barcelona, Óptima, 2001.

3. Estudios sobre Badía

AA. VV., *Gran enciclopèdia catalana*, Barcelona, 1990, 26 vols.
—, *La España de Carlos IV*, Colección de Actas 2, I Reunión Científica de la Asociación de Historia Moderna, Madrid, 1991.
—, *Alí Bei, un pelegrí català per terres de L'Islam*, Barcelona, Proa, 1996.
ABD-AL-QADIR AL-JALLADI, «Alí Bey al-Abbasi bi-l-Magrib», en *Da'wat-al-Haqq*, n.ºs 6 y 7, 1971, pp. 167-171.
AIXELÀ CABRÉ, Y., «Alí Bey, un pelegri català per terres del l'Islam. Lectura etnogràfica d'un viatger», en *Alí Bei, un pelegrí català per terres de L'Islam*, Barcelona, Proa, 1996, pp. 21-34.
AKMIR, A., «Jordi de Henin i Ali Bei, dos aventurers a la cort marroquina», en *Alí Bei, un pelegrí català per terres de L'Islam*, Barcelona, Proa, 1996, pp. 127-146.
ALMARCEGUI, P., «La biblioteca de Alí Bey», en *Cuadernos de Estudios del Siglo XVIII*, n.º 10 y 11, 2001, pp. 5-16.
—, «*Alí Bey en Marruecos*. Tragedia», en *Revista de literatura*, n.º 127, 2002, pp. 285-287.
—, «From Africanism to Orientalism. Spanish Representations of the East», en *Revue d'histoire maghrebine*, n.º 112, 2003a, pp. 409-417.
—, «Fascination du voyage en Orient», en *Qantara, Institute du Monde Arabe*, n.º 48, 2003b, pp. 10-15.
—, «La metamorfosis del viajero a Oriente», en *Revista de Occidente*, n.º 280, 2004, pp. 105-117.
—, «El método de observación del viajero: Alí Bey y Carsten Niebuhr», en *Culturas de Archivo II*, Ministerio de Cultura, Junta de Castilla y León y Fundación Tapies, Barcelona, 2005a, pp. 101-113.
—, «El descubrimiento del Islam de los viajeros ilustrados europeos», en L. Romero Tobar y P. Almarcegui Elduayen, coords., *Libros de viaje: realidad vivida y género literario*, Madrid, Akal y Universidad Internacional de Andalucía, 2005b, pp. 45-67.
ALMIRALL Y LLOTZER, V., *Diari Catalá*, 1879, p. 203.

A. M., *L'Avenç*, n.º 11, 1883, pp. 118-120.
AULÈSTIA, A., *El porvenir*, n.º 185, 1867a, p. 15.
—, *El porvenir*, n.º 186, 1867b, p. 14.
—, «Domingo Badía y Leblich (Alí Bey el Abbassi), estudi de sos viatjes por Antoni Aulèstia», en *Memorias de l'Associacció Catalanista d'Excursions Cientificas*, III, Barcelona, 1879, pp. VII-XV.
AYCART Y LÓPEZ, L., *Badía, Murga y Jaudens. Síntesis de los trabajos realizados en Marruecos en el presente siglo por los exploradores españoles*, Madrid, Diego Pacheco Latorre, 1888.
A. Z., «Sobre los viajes al interior de África», en *Diario de Madrid*, 25 de noviembre de 1801a, pp. 1349 y 1350.
—, «Sobre los viajes al interior de África», en *Diario de Madrid*, 26 de noviembre de 1801b, pp. 1353 y 1354.
—, «Sobre los viajes al interior de África», en *Diario de Madrid*, 28 de noviembre de 1801c, pp. 1361 y 1362.
BADÍA, D., «Impreso firmado por el Intendente de Segovia», 22 de noviembre de 1809, Archivo Histórico Nacional, sección Estado, legajo 3101.
—, «Folleto impreso firmado por el Intendente de Segovia», 23 de noviembre de 1809, Archivo Histórico Nacional, sección Estado, legajo 3101.
BALAGUER, V., *Jornadas de gloria ó los españoles en África*, Madrid, Librería Española, 1860, 2 vols.
—, *Las calles de Barcelona*, Barcelona, Salvador Manero, 1865, pp. 36-49.
BARCELÓ, J., «Apunts sobre la vida de Domènec Badía i Leblich», en *Alí Bei, un pelegrí català per terres de L'Islam*, Barcelona, Proa, 1996, pp. 41-60.
BAUSSET, L. F. J. de, *Mémoires anecdotiques sur l'intérieur du palais et sur quelques événemens de l'empire depuis 1805 jusqu'au 1er mai 1814 pour servir a l'histoire de Napoléon*, París, Baudoin Fréres, 1827.
BAYÓN DEL PUERTO, E., «Alí Bei i la Reinaxença», en *Alí Bei, un pelegrí català per terres de L'Islam*, Barcelona, Proa, 1996, pp. 77-96.
—, «Bibliografía sobre Alí Bei», en *Alí Bei, un pelegrí català per terres de L'Islam*, Barcelona, Proa, 1996, pp. 147 y 148.
BÉCQUER, J., *Historia de Marruecos*, Madrid, Jaime Ratés, 1915.
BENET I JORNET, J. M., *El manuscrit d'Alí Bey*, Barcelona, Edicions 62, 1985.
CAILLÉ, J., *La mission du capitaine Burel au Maroc en 1808*, París, Institut des Hautes-Études Marocaines n.º XIII, 1953.
CASAS, A., *Ali-Bey. Vida, viajes y aventuras de Don Domingo Badía*, Barcelona, Luis Miracle, 1943.
CASTRIES, H., «La fin d'un roman d'aventure: les dernières années d'Alí Bey el-Abbassi (1808-1818)», en *Revue des Deux Mondes*, n.º 53, 1909, pp. 160-181.
CHATEAUBRIAND, F. de, *Itinéraire de Paris á Jérusalem*, París, Pourrat Fréres, 1860, 3 vols.
CHEGRAOUI, K., «La imatge del Marroc entre els viatgers europeus del 1790 al 1825 », en *Alí Bei, un pelegrí català per terres de L'Islam*, Barcelona, Proa, 1996, pp. 111-126.
CHELHOD, J., «Un nouvel éclaraige sur la mission et la mort d'Alí Bey», en *Studia Islamica*, n.º 80, 1994, pp. 165-169.
CINAMMOND, N. J., *El caballero Badía y Leblich y su plan de reforma de la*

Orden del Santo Sepulcro de Jerusalén, Barcelona, Gráficas Minerva, 1954.
«Conferencia del Sr. Toda», *La Vanguardia*, 10 de diciembre de 1889.
COROLEU Y ANGLADA, J. y J. PELLA Y FORGAS, *Los fueros de Cataluña*, Barcelona, Diputación de Barcelona, 1878.
Diari Català, 29 de noviembre de 1879, p. 2.
DURÁN PASTOR, M., «España en la órbita francesa (1788-1808)» en AA. VV., *Historia contemporánea de España (1808-1939)*, Barcelona, Ariel, 1997, pp. 75-88.
EPALZA, M. de, «Autour d'un centenaire: le voyageur espagnol Domingo Badia (Alí Bey al-Abbasi, 1767-1818) en Tunisie», en *IBLA* XXXI, 1968, pp. 51-61.
EZQUERRA, R., «El explorador Badía y su proyecto de conquista de Marruecos», en *África*, I, 1942, pp. 3-8.
—, «Perfil de Badía», en *África*, II, 1943, pp. 29-31.
—, «Domingo Badia: sus audaces viajes y proyectos», en *Archivos del Instituto de Estudios Africanos*, I, 1947, pp. 107-123.
FERRÉ FLORIT, D., *Bibliografía de Eduardo Toda*, Tarragona, Real Sociedad Tarraconense, 1952.
FONTRODONA, M., «Alí Bey. La increíble y agitada vida de Domènec Badia Leblich», en *Historia y vida*, II, 1969, pp. 26-37.
FORBIN, C. DE, *Voyage dans le Levant*, París, P. Didot, 1819.
FORT I COGUL, E., *Eduard Toda, tal com l'he conegut*, Barcelona, Abadía de Montserrat, 1975.
FRAU ABRINES, L., *El Diccionario Enciclopédico de la Masonería*, Barcelona, Mundial, 1891, 5 vols.
GARCÍA BLANCO-CICERÓN, J., «Alí Bey, un espía en la corte de Marruecos. Historia y aventuras del Lawrence hispano», en *Historia*, 16, VII, n.º 73, pp. 19-30.
GARCÍA DE HERREROS, E., *Quatre voyageurs espagnols à Alexandrie d'Égypte, Benjamín de Tudela (1166-71), Ibn Goubair (1183-85), Pero Tafur (1435-1439), Alí Bey el Abbassi (D. Badía, 1803-7)*, Alejandría, Société d'Archéologie d'Alexandrie, 1923.
GARCÍA FIGUERAS, T., «Españoles en África en el siglo XIX», en *Boletín de la Universidad de Granada*, n.º 18, 1946, pp. 246-261.
GARCÍA WEHBE, A., «Contribution à la biographie de Badía y Leblich alias Ali-bey», en *Revue des langues romanes,* LXXX, 1974, pp. 222-228.
GODOY, M., *Memorias del príncipe de la Paz*, Madrid, Atlas, 1956, 2 vols.
GÓMEZ DE ARTECHE, J., *Nieblas de la Historia patria*, Barcelona, Fidel Giró, 1888.
GOYTISOLO, J., *Crónicas Sarracenas*, Madrid, Alfaguara, 1981.
GREY JACKSON, J., *An Account of Timbuctoo and Houssa, Territories in the Interior of Africa by al Hage Abd Salam Shabeeny with Notes Critical and Explanatory, to which is Added Letters... Fragments, Notes and Anecdotes...*, Londres, Longman, Hurst, Rees, 1820.
HERRERA TEJADA, C., *Inventario de Francisco Rodríguez Marín*, Madrid, Consejo Superior de Investigaciones Científicas, 1996.
JUANA LÓPEZ, J. de, «La guerra de la Independencia (1808-1814)», en AA.

VV., *Historia contemporánea de España (1808-1939)*, Barcelona, Ariel, 1997, pp. 89-107.
LAFARGA, F., «Realidad y ficción en los Viajes de Alí Bey», en AA. VV., *Libros de viaje*, Murcia, Universidad de Murcia, 1996, pp. 187-195.
LAMPILLO, «Alí Bey», en *Diario de Barcelona*, 7 de noviembre de 1833, p. 4.
—, *Diario de Barcelona*, 14 de noviembre de 1833, pp. 2.298-2.300.
LEBLIC GARCÍA, V., *La familia materna de D. Domingo Badia y Leblich en Toledo*, Toledo, Ediciones Toledo, 1986.
LÓPEZ BARGADOS, A., «Ali Bei en el context de la literatura de viatges», en AA. VV., *Alí Bei, un pelegrí català per terres de L'Islam*, Barcelona, Proa, 1996, pp. 97-110.
MADRID DEL CACHO, M., *Un barcelonés prefecto de Córdoba con José Bonaparte, Domingo Badía (Alí Bey)*, Córdoba, Ayuntamiento de Córdoba, 1972.
MANSOUR EL, M., «Ceuta in anglo-moroccan relations (1806-*1815*)», en *The Maghreb Review,* n.os 4-6, 1979, pp. 129-133.
—, *Morroco in the Reign of Mawlay Sulayman*, Cambridgeshire, Middle East and North African Studies Press, 1990.
MANZANARES DE CIRRE, M., *Arabistas españoles del siglo XIX*, Madrid, Instituto Hispano Árabe de Cultura, 1972.
MARCELLUS, M.-L.-J.-A.-C., *Souvenirs de l'Orient*, París, Debécourt, 1839.
MARNIER, J., *Souvenirs de Guerre en temps de Paix 1793-1805-1823-1862*, París, Ch. Tanera, Editeur, 1815.
MARTÍN CORRALES, E., «Alí Bei i la politica espanyola davant la Mediterrània musulmana», en *Alí Bei, un pelegrí català per terres de L'Islam*, Barcelona, Proa, 1996, pp. 61-76.
MARTÍN-GAMERO, A., «La empresa marroquí de Domingo Badía», Escuela Diplomática de Madrid, 1946, memoria inédita.
MASSÓ, J., «Eduard Toda i el Museo de Reus (1933-1939)», en *Informatiu Museo*, 2001, pp. 19-23.
—, «Noticia bibliográfica», en *L'Avenç*, n.º 10, 25/X/1889, pp. 175-176.
MASSOT, J., «Los últimos días de Alí Bey», en *La Vanguardia*, 12/IV/1998, p. 45.
MAYRATA, R., *Alí Bey el Abasi. Un cristiano en la Meca*, Barcelona, RBA, 2001.
MCGAHA, M. «Domingo Badía (Alí Bey) en Marruecos», en *Espacio, Tiempo y Forma*, IX, 1996, pp. 11-42.
MERCADER RIBA, J., *«Ali-Bey», Intendente afrancesado en Segovia*, Segovia, Instituto Diego de Colmenares, 1958.
—, *Domènec, Badia, «Ali-Bey». Un aventurer català al servei de Godoy i de Josep I*, Barcelona, Rafael Dalmau, 1960.
MESONERO ROMANOS, R., *Trabajos no coleccionados del curioso parlante*, Madrid, M. G. Hernández, 1905, 2 vols.
—, *Obras*, Madrid, Biblioteca de autores españoles, 1967, 2 vols.
MICACCHI, R., «Le straordinarie avventure di Domingo Badia y Leblich e il suo soggiorno a Trípoli di Barbaria nell'inverno 1805-1806», en *Rivista delle Colonie Italiane*, VII, 1933, pp. 617-642 y 703-719.
MICHAUD, L. G., *Biographie des hommes vivants*, París, 1916, 5 vols.

«Notícia de la trobada a Paris dels papers d'Alí Bey feta per Eduard Toda», en *Revista Catalana*, VII, 1889, pp. 300-301.
ORTI BELMONTE, M. Á., *Córdoba durante la guerra de la Independencia (1798-1813)*, Córdoba, Boletín de la Real Academia de Ciencias, n.º 11, 1915.
PÉREZ DE GUZMÁN Y GALLO, J., *Viaje al interior de África de Domingo Badía y Leblich*, Madrid, Boletín de la Academia de la Historia, LXXIV, 1919.
Reinaxensa, La, 3 de marzo de 1888, p. 1.316.
—, 10 de diciembre de 1889, p. 7.541.
REKIK, A., «Voyageurs espagnols en Tunisie», en *Les cahiers de Tunisie*, n.os 151-154, 1990, pp. 227-239.
REPOLLÉS, J., *Alí Bey: un viajero fabuloso*, Barcelona, Toray, 1983.
«Reseña de viaje de Alí Bey por África y Asia durante 1803, 1804, 1805, 1806, 1807», en *Eco del Comercio*, 28 de junio de 1836, p. 131.
RICARD, R., «Contribution à l'étude du mouvement africaniste en Espagne de 1860 à 1912», en *Bulletin Hispanique*, n.º 43, 1946, pp. 247-261.
ROJAS CLEMENTE, S., *Ensayo sobre las variedades de la vid común*, Sanlúcar de Barrameda, Imprenta de Villalpando, 1807.
ROMANO, J., *Viajes de Alí Bey el Abbassi*, Madrid, Consejo Superior de Investigaciones Científicas, 1951.
ROUSSIER, P., «Les derniers projets et le dernier voyage de Domingo Badía (1815-1818) (Post-Scriptum aux Voyages d'Alí-Bey)», en *Revue Africaine* n.º 71, 1930, pp. 36-91 y 300-366.
RUBIO HERRERO, S., *Biografía del sabio naturalista y orientalista valenciano D. Simón de Rojas Clemente Rubio*, Barcelona, Griselda Bonet, 2002.
RUIZ CASANOVA, F., «El diablo en el desierto», en *ABC*, n.º 444, 29 de julio de 2000, p. 9.
SALVADÓ, A., *L'ombra d'Alí Bei*, Barcelona, Columna, 2004.
SALVADOR, T., «Español haciendo historia, francés para escribirla. Alí Bey», en *La Vanguardia*, 14 de febrero de 1961, p. 5.
SÁNCHEZ CANTÓN, F. J., «Viajeros españoles en Oriente», en *Revista del Instituto Egipcio de Estudios Islámicos*, n.º 4, 1956, pp. 1-45.
SEGURA I MAS, A., *El Magreb: del colonialismo al islamismo*, Barcelona, Universidad de Barcelona, 1995.
—, «Presentación», en *Alí Bei, un pelegrí català per terres de L'Islam*, Barcelona, Proa, 1996, pp. 11-20.
SERNA, A. DE LA, «Los viajes de Alí Bey», en *SABER/leer*, n.º 114, 1998, pp. 8 y 9.
SOLDEVILA, C., *Figures de Catalunya*, Barcelona, Aedos, 1955, pp. 174-178.
TERRASSE, H., *Histoire du Maroc*, Casablanca, Atlantides, 1959, 2 vols.
TORRES Y AMAT, F., *El vapor*, 12 de noviembre de 1833, pp. 1 y 2.
—, *Memorias para ayudar a formar un diccionario crítico de los escritores catalanes, y dar alguna idea de la antigua y moderna literatura de Cataluña*, Barcelona, Imprenta de José Verdaguer, 1836.
VAL, M. A. DEL, *Catálogo de la exposición de libros españoles sobre geografía y viajes en África*, Madrid, Instituto de Estudios Africanos, CSIC, 1948.

VALCÁRCEL, F., «Alí Bey», en *La academia: semanario ilustrado universal*, n.º 18, 1879, pp. 275-277.

4. Ediciones de otros viajeros

AFRICANO, J. L., *Della descrittione dell'Africa et delle cose notabile che quivi sono*, Venecia, Giunti, 1550, trad. anónima, Madrid, Instituto General Franco de Estudios e Investigación Hispano-Árabe, 1952 y trad. S. Fanjul, Granada, Lunwerg, 1995.

ARROWSMITH, A., «A map of Africa», en *A New and Elegant General Atlas: Comprising all the New Discoveries to the Present Time*, Boston, Thomas and Andrews, 1812.

BARROW, J., *An Account of Travels into the Interior of Southern Africa, in the Years 1797 and 1798*, Londres, T. Cadell and M. Davies in the Strand, 1801.

BORY DE SAINT-VINCENT, J.-B., *Essai sur les Iles Fortunées et l'antique Atlantide ou précis de l'histoire générale de l'Archipel des Canaries*, París, F. Didot, 1803.

BROWNE, W. G., *Travels in Africa, Egypt, and Syria, from the Year 1792-1798*, Londres, T. Cadell and M. Davies in the Strand; and Longman Hurst Rees and Orme, Paternoster-Row, 1806.

BRUCE, J., *Travels Through Part of Africa, Syria, Egypt, and Arabia into Abyssinia, to Discover the Source of the Nile*, Manchester, S. Russell, 1817.

CHÉNIER, L. de, *Recherches historiques sur les maures, et histoire de l'empire de Maroc*, París, Polytipe, 1787, 3 vols.

DAMBERGER, C. F., *Travels Through the Interior of Africa, from the Cape of Good Hope to Morocco,* Londres, R. Phillips, 1801.

DELISLE, G., *Carte de l'Afrique Francoise ou du Senegal*, París, Quai de l'Horloge, 1727.

GOLDBÉRY, S.-M.-X., *Fragmens d'un voyage en Afrique fait pendants les années 1785, 1786 et 1787*, París, Treuttel et Würtz, 1802.

GRANDPRÉ, L. M. J., *Voyage au la côte occidentale d'Afrique*, París, Dentu, 1801, 2 vols.

GUMILLA, J., *El Orinoco ilustrado, historia natural, civil y geográfica de este gran río, y de sus caudalosas vertientes: gobierno, usos, y costumbres de los indios sus habitadores, con nuevas, y útiles noticias de animales, árboles, frutos, aceites, reseñas, hierbas, y raíces medicinales: y sobre todo, se hallarán conversiones muy singulares a nuestra santa fe y cosas de mucha edificación*, Madrid, Viuda e Hijos de J. Subirana, 1741, 2 vols.

—, *El Orinoco ilustrado, historia natural, civil y geográfica de este gran río, y de sus caudalosas vertientes: gobierno, usos, y costumbres de los indios sus habitadores, con nuevas, y útiles noticias de animales, árboles, frutos, aceites, reseñas, hierbas, y raíces medicinales: y sobre todo, se hallarán conversiones muy singulares a nuestra santa fe y cosas de mucha edificación*, Valencia, Generalidad Valenciana, 1988, 2 vols.

HOUGHTON, M., *Voyages et découvertes dans l'interieur de l'Afrique; par le Major Houghton et Mungo Park*, París, Tavernier, 1798.
HUMBOLDT, A., *Über die chemisele Zerlegung des Luftkrei ses*, Berlín, 1799.
LALANDE, G., *Mémoire sur l'intériur de l'Afrique*, París, Hachette, 1972.
MÁRMOL CARVAJAL, L. DE, *Primera parte de la descripción general de África, con todos los sucesos de guerras que ha habido entre los infieles, y el pueblo cristiano, y entre ellos mismos desde que Mahoma inventó su secta, hasta el año del señor 1571*, Granada, R. Rebut, 1573.
—, *Segunda parte y libro séptimo de la descripción general de África, donde se contiene las provincias de Numidia, Libia, la tierra de los negros, la baja y alta Etiopía y Egipto con todas las cosas memorables de ella*, Málaga, R. Rebut, 1599.
—, *Descripción general de África*, I, Madrid, Consejo Superior de Investigaciones Científicas, 1953.
NIEBUHR, C., *Voyage en Arabie et d'autres Pays circonvoisins*, Ámsterdam, S. J. Baalde, 1776-1780, 2 vols.
OHSSON, I. M., *Tableau général de l'empire othoman*, París, Imprimerie de Monsieur, 1788 y 1790, 2 vols.
PARK, M., *Travels in the Interior Districts of Africa in the Years 1795, 1796 y 1797*, J. Humphreys, 1800, containing *Geographical Illustrations of Africa*, trad. de F. Iniesta, Barcelona, Serbal, 1992.
PATTERSON, W., *Relation de quatre voyages dans le pays des Hottentots et dans la Caffrerie, pendant les années 1777, 1778 et 1779*, París, Letellier, 1790.
RENNELL, J., *Geographica Illustrations*, Londres, W. Balmer and Company, 1799.
SAUSSARE, H.-B. DE, *Voyage dans les Alpes, précédés d'un essai sur l'histoire naturelle des environs de Genève*, Neuchâtel, 1780-1796, 4 vols.
SONNINI, C. M., *Travels in Upper and Lower Egypt, Undertaken by Order of the Government of France*, Londres, Debrett, 1800.
SPARRMAN, A., *Voyage au cap de Bonne-Esperance et autour du monde avec le capitaine Cook, et principalement dans les pays des Hottentots et des Caffres*, París, Buisson, 1787, 3 vols.
THUNBERG, C. P., *Voyages de C. P. Thunberg au Japon par le Cap de Bonné Espérance, les iles de la Sonde*, París, Benoît Dandré, 1796, 4 vols.
ULLOA, A. P., *Noticias americanas: entretenimientos físico-históricos, sobre la América meridional y la Septentrional oriental. Comparaciones generales de los territorios, climas y producciones de las tres especies, vegetales, animales y minerales: con relación particular de las petrificaciones de cuerpos marinos de los indios naturales de aquellos países, sus costumbres y usos. De las antigüedades: discurso sobre la lengua y sobre el modo en que pasaron los primeros pobladores*, Madrid, F. M. de Mena, 1772.
VAILLANT, F., *Voyage dans l'interiur de l'Afrique et au Cap de Bonne Espérance*, París, Garnier Frères, 1790.
VOLNEY, C. F., *Voyage en Syrie et en Égipte pendant les années 1783, 84 et 85*, París, Dugour et Durand, Librairies, 1788.

FUENTES SECUNDARIAS

AA. VV., *Dictionnaire universel françois et latin*, Trevoux, 1721, 5 vols.
—, *Enciclopedia Universal Ilustrada*, Barcelona, Hijos de J. Espasa, 1926, 70 vols.
—, *The Oxford English Dictionary*, Oxford, Clarendon Press, 1961, 20 vols.
—, *Delacroix au Maroc*, Rabat, Mission Universitaria y Cultural Francesa, 1963.
—, *The Legacy of Islam*, Oxford, Universidad de Oxford, 1979.
—, *Contributo alla storia dell'Orientalismo*, Boloña, Librería Universitaria, 1985.
—, *Metamorphoses du récit de voyage*, París, Slatkine, 1986.
—, *Orient et lumières*, Grenoble, Universidad de Grenoble III, 1987a.
—, *L'esotismo nelle letterature moderne*, Nápoles, Liguori, 1987b.
—, *L'Orient concept et images*, París, Universidad de París-Sorbona, 1988a.
—, *Pintura orientalista española*, Madrid, Fundación Banco Exterior, 1988b.
—, *Pintura orientalista en España*, Madrid, J. Soto, 1988c.
—, *L'exotisme*, Isla de la Reunión, Nueva Imprenta Dionisíaca, 1988d.
—, *Le Voyage*, Argel, Universidad de Argel, 1988e.
—, *Europa und der Orient, 800-1900*, Múnich, Bertelsmann Lexicon Verlag, 1989a.
—, *Gran Enciclopedia Rialp*, Madrid, Rialp, 1989b, 19 vols.
—, *L'Orientalisme. Interrogations*, París, Peuples méditerranéens, 1990.
—, *Miroirs de l'Altérité et voyages au Proche-Orient*, Ginebra, Slattkine, 1991a.
—, *D'un Orient l'autre*, París, CNRS, 1991b.
—, *Writing Culture: The Poetics and Politics of Etnography*, California, Universidad de California, 1986, trad. de J. L. Moreno-Ruíz, Madrid, Júcar, 1991c.
—, *Pour une littérature voyageuse*, París, Complexe, 1991d.
—, *Souvenirs de voyages. Autographes et dessins français du* XIXe *siècle*, París, Reunión de Museos Nacionales, 1992.
—, «Thèses sur l'orientalisme soutenues en France, 1970-1993», en *MARS*, n.º 4, 1994a, pp. 105-109.
—, *The Cultures of Collecting*, Londres, Reaktion Books, 1994b.
—, *Alemania y las culturas de Oriente Medio*, Sevilla, Kronos, 1995a.
—, *Delacroix: le voyage au Maroc*, París, Flammarion, 1995b.
—, *La imagen romántica del legado andalusí*, Madrid-Granada, Lunwerg, 1995c.
—, *Jacques Berque (1910-95) homme de deux rives*, París, Instituto del Mundo Árabe, 1995d.
—, *L'Oeil aux aguets ou l'Artiste en voyage*, París, Klincksieck, 1995e.
—, *Libros de viaje*, Murcia, Universidad de Murcia, 1996a.
—, *Le second voyage ou le deja-vu*, París, Klincksieck, 1996b.
—, *Pintura del siglo* XIX *«Colección Bellver»*, Córdoba, Caja Sur, 1997a.
—, *Visions of the East*, Nueva York, Tauris, 1997b.
—, *Mapping Islamic Studies. Genealogy, Continuity and Change*, Berlín y Nueva York, Mouton de Gruyter, 1997c.

—, *Orientalismos. Una aproximación contemporánea*, San Sebastián, Diputación Foral de Guipúzcoa, 1998a.
—, *Mattise. «La révélation m'est venue de l'Orient»*, Roma, Artificio, 1998b.
—, *El surgimiento de la antropología posmoderna*, Barcelona, Gedisa, 1998c.
—, *Voyages and Visions. Towards a Cultural History of Travel*, Londres, Reaktion Books, 1999a.
—, *Imperialism and Orientalism. A Documentary Sourcebook*, Massachusetts y Londres, Blackwell, 1999b.
—, *Plenitud africanista. Imaginería oriental en los años 20*, Granada, Junta de Andalucía, 2000a.
—, *Orientalismo, exotismo y traducción*, Cuenca, Universidad Castilla-La Mancha, 2000b.
—, *Orientalism a Reader*, Edimburgo, Universidad de Edimburgo, 2000c.
—, *Visions del Al-Maghrib. Pintors catalans vuitcentistes*, Barcelona, Lunwerg, 2001a.
—, *Un jardín encantado. Arte islámico en la colección Calouste Gulbenkian*, Madrid, Brizzolis, 2001b.
—, *La Péninsule Arabique dans les cartes européennes anciennes*, París, Instituto del Mundo Árabe, 2001c.
—, *L'Etrange et le Merveilleux en terres d'Islam*, París, Reunión de Museos Nacionales, 2001d.
—, *Filipinas. Puerta de Oriente. De Legazpi a Malaspina*, Barcelona, Lunwerg, 2003a.
—, *Fantaisies du harem et nouvelles Schéhérazades*, Centro de Cultura Contemporánea, Museo de Historia Natural Lyon, París, 2003b.
—, *De Delacroix à Renoir. L'Algérie des peintres*, París, Instituto del Mundo Árabe, 2004.
—, *Los libros de viaje: realidad vivida y género literario*, Madrid, Akal y Universidad Internacional de Andalucía, 2005.
ACOSTA, V., *Viajeros y maravillas*, Caracas, Monte Ávila, Editores Latinoamericana, 1993, 3 vols.
ADAM, P. G., *Travel Literature and the Evolution of the Novel*, Kensington, Universidad de Kentucky, 1983.
AGUIRRE PRADO, L., «Joaquín Costa, africanista», en *África*, n.º 328, 1969, pp. 14-17.
AIXELÀ CABRÉ, Y., *Mujeres en Marruecos, desde el parentesco y el género*, Barcelona, Bellaterra, 2000.
ALLEN, B., «Artistas y viajeros británicos en Italia al final de la década de 1770», en *El «Westmorland». Recuerdos del «Grand Tour»*, Madrid, Pinelo, 2002, pp. 23-37.
ALMARCEGUI, P., «De nuevo, *Orientalism*», en *Microfisuras*, n.º 20, 2002, pp. 102-115.
—, «La fascinación del viaje a Oriente. Lady Wortley Montagu», en *Fantasías del harén. El amor y la belleza en el harén*, Barcelona, Centro de Cultura Contemporánea de Barcelona y Diputación de Barcelona, 2003a, pp. 14-33.
—, «*Orientalism*, 20 años después», en *Quaderns de la Mediterrània*, n.os 3-4, 2003b, pp. 143-151.

—, «Oriente: genealogía de una ilusión», en *Cervantes*, Instituto Cervantes en Damasco, n.º 5, 2004a, pp. 47-56.
—, «La experiencia del viaje. Presentación», en *Revista de Occidente*, n.º 280, 2004b, pp. 5 y 6.
—, «Estudio introductorio», en *Marco Polo*, *Viatges de Marco Polo*, Barcelona, Llibres d'Index, La Tempestad, 2005, pp. 7-40.
ÁLVAREZ DE MIRANDA, P., *Palabras e ideas: el léxico de la ilustración temprana en España (1860-1760)*, Madrid, BRAE, 1992.
APOSTOLOU, I., *Les voyageurs français dans l'Orient méditerranéen: leur iconographie au XVIIIè siècle*, tesis de doctorado, París, Universidad París-Sorbona, París IV, 2003.
ARAMA, M., «Eugène Delacroix. De l'Orient rêvé à l'Orient vécu», en *Qantara*, n.º 13, 1994, pp. 20-23.
ARFAOUI, H., «Entretien avec Maxime Rodinson», en *Mars*, n.º 4, 1994, pp. 27-40.
ARFAOUI, H. y S. HADIDI, «Entretien avec Edward Said», en *Mars*, n.º 4, 1994, pp. 7-25.
ARGULLOL, R., *La atracción del abismo*, Barcelona, Destino, 1983.
—, «El viaje de viajes: Rilke en España», en *La imagen romántica del legado andalusí*, Madrid-Granada, Lunwerg, 1995, pp. 57-62.
ASENSIO, E., *La España imaginada de Américo Castro*, Barcelona, Crítica, 1992.
ASHCROFT, B. G. GRIFFITHS y H. TIFFIN, *Key Concepts in Post-Colonial Studies*, Londres, Routledge, 1998.
ASHCROFT, B. y A. PAL, *Edward Said. The Paradoxe of Identity*, Londres, Routledge, 1999, trad. de V. Pozanco, Barcelona, Bellaterra, 2000.
ASSAFFÂR ILÂ BÂRÎZ, R., *Une ambassade marocaine chez Louis-Philippe*, París, Ediciones París-Mediterráneo, 2002.
AUBADE, C., *Le voyage en Egypte de Gérard de Nerval*, París, Kimé, 1997.
AZMEH-AL, A., «Images-miroirs de l'orientalisme», en *Qantara*, n.º 13, 1994, p. 39.
BALARD, M., «La genèse de l'Orient: naissance et évolution d'un concept», en AA. VV., *L'Orient: concept et images*, París, Universidad de París-Sorbona, 1988, pp. 17-21.
BARBIER, M., *Voyages et explorations au Sahara Occidental au XIXè siècle*, París, L'Harmattan, 1985.
BARCELÓ, M., «L'Orientalisme i la peculiaritat de l'arabisme espanyol», en *L'Avenç*, n.º 28, 1980, pp. 25-28.
BARTHÉLEMY, G., *Images de l'Orient au XIXè siècle*, París, Bertrand Lacoste, 1992.
BARTHOLD, V. V., *La découverte de l'Asie. Histoire de l'Orientalisme en Europe et en Russie*, París, Payot, 1947.
BATAILLON, M., «L'arabe a Salamanque au temps de la reinassance», en *Hesperis*, n.º XX, 1935, pp. 1-17.
BATTEN, C. L., *Pleasurable Instruction: Form and Convention in Eighteenth-Century Travel Literature*, Berkeley, Universidad de California, 1978.
BAUTISTA VILAR, J., «Cánovas, africanista», en *África*, n.º 362, 1972, pp. 15-18.

—, «Viaje de Cristóbal Benítez a Tumbuctú», en *África*, n.º 377, 1973, pp. 10-12.

BAUTISTA VILAR, J. y R. LOURIDO DÍAZ, *Relación entre España y Magreb. Siglos XVII y XVIII*, Madrid, Mapfre, 1994.

BECHRI EL, T., «De l'Islam et de l'Orientalisme», en *Qantara*, n.º 13, 1994, pp. 31-34.

BEHDAD, A., «Orientalism tourism», en *Peuples mediterraneens*, n.º 50, 1990a, pp. 59-74.

—, «The discursive formation of orientalism», en *Peuples mediterranéens*, n.º 50, 1990b, pp. 163-170.

—, *Belated Travelers. Orientalism in the Age of Colonial Dissolution*, Londres, Universidad de Duke, 1994.

BELLO SANJUÁN, F., *Ensayo Bibliográfico. Libros de viaje y libreros de viejo*, Madrid, G.A.I.C.E., 1949.

BELON DU MANS, P., *Les Observations de plusieurs singularitez et choses mémorables, trouvées en Grèce, Asie, Judée, Egypte, Arabie et autres pays étranges, rédigées en trois livres*, París, Hierofine de Marnef et la veuve Guillaume Canellat, 1588.

BERCHET, J.-C., *Le voyage en Orient*, París, Bouquins, 1985.

—, «Le bonheur oriental», en AA. VV., *Orient en lumières*, Grenoble, Universidad de Grenoble III, 1987, pp. 97-112.

—, «Un marin dans le désert: Pierre Loti 1894», en AA. VV., *L'exotisme*, Isla de la Reunión, Nueva Imprenta Dionisia, 1988, pp. 305-318.

—, «Le voyageur et ses doubles. Le trouble des identités dans le récit de voyage romantique», en AA. VV., *Miroirs de l'Altérité et voyages au Proche-Orient*, Ginebra, Slatkine, 1991, pp. 151-162.

—, «El viaje a Oriente», en *Oriente-Occidente. Cartografías de una distancia*, Santander, Fundación Marcelino Botín, 2004, pp. 83-123.

BERNARD, Y., *L'Orient du XVIe siècle a travers les récits des voyageurs français: regards portés sur la société musulmane*, París, L'Harmattan, 1988.

BERQUE, J., «Perspectives de L'Orientalisme contemporain», en *Ibla*, n.º 20, 1957, pp. 217-237.

—, «Pour l'étude des sociétés orientales contemporaines», en *Correspondance d'Orient*, n.º 5, 1961, pp. 1-17.

—, «Au-delà de "l'orientalisme"», en *Qantara*, n.º 13, 1994, pp. 40-45.

—, *L'Orient second*, París, Gallimard, 2002a.

—, *Il reste un avenir*, París, Arlea, 2002b.

BIDWELL, R., *Travellers in Arabia*, Beirut, Garnet, 1994.

BINDMAN, D., «*Providence will send us a lord*: el *Westmorland* y el *Grand Tour* en los últimos años de la década de 1770», en *El «Westmorland». Recuerdos del «Grand Tour»*, Madrid, Pinelo, 2002, pp. 39-47.

BLUMENBERG, H., *Naufragio con espectador*, Madrid, Visor, 1995.

BLUNT, A., *Travel, Gender and Imperialism, Mary Kinsgsley and West Africa*, Nueva York, Imprenta de Gildford, 1994.

BODINO, J., *Los seis libros de la república*, Madrid, Centro de Estudios Constitucionales, 1992, 2 vols.

BOHLS, E. A., *Women Travel Writers and the Language of Aesthetics, 1716-1818*, Cambridge, Universidad de Cambridge, 1995.

BOISSEL, T., *La vie extraordinaire de Lady Stanhope*, París, Albin Michel, 1993.
BONGIE, C., *Exotic memories. Literature, Colonialism, and the Fin de Siècle*, Stanford, Universidad de Stanford, 1991,
BOSCH VILÀ, J., «El orientalismo español», en *Boletín de la Asociación Española de Orientalistas*, 1967, pp. 175-188.
BOTELLA, J., C. Cañete y E. Gonzalo, *El pensamiento político en sus textos*, Madrid, Tecnos, 1994.
BOULAINVILLIERS, *La vie de Mohamed*, Ámsterdam, Pierre Humbert, 1731.
BRAHIMI, D., «Mungo Park en Afrique, ou l'explorateur exploré», en *Dix-huitième siècle*, n.º 22, 1990, pp. 149-158.
BRAVO, M. T., «Precision and Curiosity in Scientific Travel: James Rennell and the Orientalist Geography of the New Imperial Age (1760-1830)», en *Voyages and Visions, Towards a Cultural History of Travel*, Londres, Reaktion Books, 1999, pp. 162-183.
BUISINE, A., *L'Orient voilé*, Cadelhan, Zulma, 1993.
BUNES IBARRA, M. Á., *La imagen de los musulmanes en la España de los siglos XVI y XVII. Los caracteres de una hostilidad*, Madrid, CSIC, 1988.
CADALSO, J., *Cartas Marruecas*, Madrid, Cátedra, 1980.
CAPELASTEGUI, P., «El tema marroquí en la pintura española», en *Antiquaria*, n.º 40, 1987, pp. 27-41.
CARNOY, D., *Représentations de l'Islam dans la France du XVIIe siècle*, París, L'Harmattan, 1998.
CARRASCO URGOITI, M. S., *El moro de Granada en la literatura*, Madrid, Revista de Occidente, 1956.
CARRILLO, J., «From Mt Ventoux to Mt Masaya», en *Voyages and Visions, Towards a Cultural History of Travel*, Londres, Reaktion Books, 1999, pp. 57-73.
CARRIZO RUEDA, S., *Poéticas del relato de viajes*, Kassel, Reichenberger, 1997.
CASTOLDI, A., *Il fascino del colibrí. Aspetti della letteratura di viaggio esotica nel Settecento francese*, Florencia, La nova Italia, 1972.
CHALABI, M. K., *Rapports Occident-Orient analices à travers les récits de voyageurs à Tyr du XVI au XIXe siècle*, Beirut, Universidad del Líbano, 1998.
CHARNAY, J. P., *Les Contre-Orients*, París, Sinbad, 1980.
CHARTIER, R., *El mundo como representación*, Barcelona, Gedisa, 1992.
CHAUVIN, V., *Bilbliographie des ouvrages arabes ou relatifs aux Arabes publiés en Europe chrétienne de 1810 à 1885*, Lieja, Imprenta H. Vaillant Carmanne, 1892-1909.
CHILDS, V., *Lady Esther Stanhope. Queen of the Desert*, Londres, Weidenfeld & Nicolson, 1990.
CHRISTIN, R., *L'imaginaire voyageur ou l'expérience exotique*, París-Montreal, L'Harmattan, 2000.
CLAYTON, P. A., *L'Egypte retrouvée. Artistes et voyageurs des années romantiques*, Tours, Seghers, 1984.
CLIFFORD, J., *Dilemas de la cultura*, Gedisa, Barcelona, 1995.
CORDERO TORRES, J. M., *El africanismo en la cultura hispánica contemporánea*, Madrid, Ediciones de Cultura Hispánica, 1949.

CORTÉS, D., «Antecedentes para la inteligencia de la cuestión de Oriente», en *Política y filosofía de la historia*, Madrid, Doncel, 1981.
CORTÉS LÓPEZ, J. L., «Los orígenes del africanismo español», en *Mundo Negro*, n.º 405, 1997, pp. 46-50.
CRUYSSE, D. van der, *Le noble désir de courir le monde*, París, Fayard, 2002.
DAGRON, C. y M. Kacimi, *Arabe, vous avez dit arabe? 25 siècles de regards occidentaux sur les Arabes*, París, Balland, 1990.
DAMIANA, A., *Enlightened Observers. British Travellers to the Near East 1715-1850*, Líbano, Universidad Americana de Beirut, 1979.
DANIEL, N., *Islam and the West*, Edimburgo, Universidad de Edimburgo, 1960.
—, «Edward Said and the Orientalists», en *Mélanges*, n.º 15, 1982, pp. 211-221.
—, *Islam et Occident*, París, Cerf, 1993.
DAUNAIS, I., *L'Art de la mesure ou l'invention de l'espace dans les rècits d'Orient*, Saint-Denis, Universidad de Vincenne, 1996.
DELACROIX, E., *Souvenirs d'un voyage dans le Maroc*, París, Gallimard, 1999.
DJAÏT, H., *L'Europe et L'Islam*, París, Le Seuil, 1978, trad. de J. Sánchez Prieto, Madrid, Libertarias, 1990.
DJAVÂD, H., *Voltaire et l'Islam*, París, Publicaciones Orientalistas de Francia, 1974.
DOIRON, N., *L'Art de voyager. Le déplacement à l'époque classique*, París, Klinsieck, 1995.
DOMINO, C., *Matisse el le Maroc*, París, Gallimard, Instituto del Mundo Árabe, 2001.
DUGAT, G., *Histoire des Orientalistes de l'Europe de XIIe au XIXe siècle*, París, Adrien Maisonneuve, 1868-1870, 2 vols.
EPALZA, M. DE, «Publicaciones españolas sobre el Magreb Árabe», en *Estudios de Asia y África*, 1981, pp. 161-76.
ESTABLET, C. y J.-P. PASCUAL, *Ultime voyage pour la Mecque. Les inventaires après décès de pèlerins morts à Damas vers 1700*, Damasco, Ministerio de Asuntos Exteriores, 1998.
FANJUL, S., *Al-Andalus contra España*, Madrid, Siglo Veintiuno, 2000.
FARFOLA, J., «África en la historia del Ejército español, durante el siglo XIX», en *África*, n.º 416 y 417, 1976, pp. 13-16.
FEE, M., «Who Can Write as Other», en AA. VV., *The Post-colonial Studies Reader*, Londres y Nueva York, Routledge, 1994.
FERNÁNDEZ ALMAGRO, M., *Granada en la literatura romántica española*, Granada, Real Academia Española, 1951.
FERNÁNDEZ GONZÁLEZ, F., *Plan de una biblioteca de autores árabes españoles*, Madrid, Revista Ibérica, 1861.
FINDLEN, P., *Possessing Nature. Museums, Collecting and Scientific Culture in Early Modern Italy*, Berkeley, Universidad de California, 1994.
FONTBONA, F., «Africanismo y orientalismo español», en *Awrāq*, anejo al volumen XI, 1990, pp. 105-130.
GANNIER, O., *La littérature de voyage*, París, Universidad de la Polinesia francesa, 2001.

García de Cortazar, J. Á., «Viajeros, peregrinos, mercaderes en la Europa Medieval», en *Viajeros, peregrinos, mercaderes en el Occidente Medieval*, Pamplona, Gobierno de Navarra, 1992, pp. 15-51.
García Figueras, T., «Españoles en África en el siglo xix», en *Mauritania*, 1945, pp. 197-200 y 237-241.
—, «La bibliografía española sobre Marruecos», en *África*, n.º 326, 1969, pp. 7-11.
—, «Fortuny, en Tetuán», en *África*, n.º 362, 1972, pp. 11-14.
—, «Viajeros españoles en África. Saturnino Ximénez I», en *África*, n.º 411, 1976a, pp. 6-9.
—, «Viajeros españoles en África. Saturnino Ximénez II», en *África*, n.º 412, 1976b, pp. 7-10.
—, «Viajeros españoles en África. Saturnino Ximénez III», en *África*, n.º 413, 1976c, pp. 6-8.
García Gómez, E., *Elogio del Islam español. Andalucía contra Berbería*, Barcelona, Publicaciones del Departamento de Lengua y Literatura Árabe, 1976.
García-Romeral Pérez, C., *Bio-bibliografía de viajeros españoles (siglo xix)*, Madrid, Ollero y Ramos, 1995.
—, *Bio-bibliografía de viajeros españoles (1900-1936)*, Madrid, Ollero y Ramos, 1997.
—, *Bio-bibliografía de viajeros españoles (siglo xvi-xvii)*, Madrid, Ollero y Ramos, 1998.
Gárulo, T., «Las traducciones del árabe al español desde 1800», en *Awrāq*, n.º IX, 1988, pp. 85-93.
Gaulmier, J., *L'idéologue Volney 1757-1820*, Ginebra, París, Slatkine, 1980.
Geertz, C., *Islam Observed*, Chicago, Universidad de Chicago, 1968, trad. A. López Bargados, Barcelona, Paidós, 1994.
Gil, J., *Hidalgos y samuráis. España y Japón en siglos xvi y xvii*, Madrid, Alianza, 1991.
—, *En demanda del Gran Kan. Viajes a Mongolia en el siglo xiii*, Madrid, Alianza, 1993.
—, *La India y el Catay. Textos de la Antigüedad clásica y del Medievo occidental*, Madrid, Alianza, 1995.
Gil Grimau, R., *Aproximación a una bibliografía española sobre el Norte de África: 1858-1989*, Madrid, Ministerio de Asuntos Exteriores, 1982.
Giner, S., *Historia del pensamiento social*, Barcelona, Ariel, 1990.
González Alcantud, J. A., *El exotismo en las vanguardias artísticas-literarias*, Madrid, Anthropos, 1989.
—, *La extraña seducción. Variaciones sobre el imaginario exótico de Occidente*, Granada, Universidad de Granada, 1993.
—, *Lo moro. Las lógicas de la derrota y la formación del estereotipo islámico*, Barcelona, Anthropos, 2002.
González de Clavijo, R., *Embajada a Tamorlán*, Madrid, Castalia, 1999.
González Hidalgo, J. L., *Tánger en la literatura española*, Madrid, Instituto de Cooperación con el Mundo Árabe, 1993.
Goody, J., «L'Oriente nell'Occidente», conferencia pronunciada en la Fundación S. Carlo de Módena, Módena, 7 de marzo de 1997.

GORSHENINA, S., *Explorateurs en Asie Centrale. Voyageurs et aventuriers de Marco Polo á Ella Maillart*, Ginebra, Olizane, 2003.
GOYTISOLO, J., *Crónicas Sarracenas*, Barcelona, Alfaguara, 1998.
GROSRICHARD, A., *Estructura del harén. La ficción del despotismo asiático en el Occidente clásico*, Barcelona, Petrel, 1979.
GROSSIR, C., *L'Islam des romantiques*, París, Maisonneuve et Larose, 1984.
GUTIÉRREZ CONTRERAS, F., «Notas sobre el africanismo a fines del siglo XIX», en *Anuario de Historia Moderna y Contemporánea*», n.os 4 y 5, 1961, pp. 325-46.
HACHICHO, M. A., «English travel books about the arab near east in the eighteenth century», en *Die Welt des Islams*, IX, 1964, pp. 1-207.
HANAFI, H., «De l'orientalisme à l'occidentalisme», en *Peuples méditerranéens*, n.º 50, 1990, pp. 115-120.
HANOUM, L., *Le Harem Imperial au XIXe siècle*, París, Complexe, 1992.
HARTOG, F., *Le miroir d'Héredote. Essai sur la représentation de l'autre*, París, Gallimard, 1980.
HATAMLEH, M. A. T., *El tema árabe en la literatura española del siglo XIX*, resumen tesis de doctorado, Madrid, Universidad Complutense, 1969.
HENTSCH, T., *L'Orient imaginaire*, París, Minuit, 1988.
HERBELOT, B. de, *La bibliothèque orientale*, París, Des Essarts, 1697.
HOFMANNSTHAL, H. von, *Instantes griegos y otros sueños*, Valladolid, Cuatro Ediciones, 1998.
HOMERO, *Odisea*, Madrid, Espasa-Calpe, 1951.
HOMS I GUZMÁN, A., *Sinibald de Mas*, Barcelona, Nou Art Thor, 1990.
HOURANI, A., *Islam in European Thought*, Cambridge, Universidad de Cambridge, 1991.
HURÉ, J., «*Aurelia* deuxième voyage –et récit de voyage– de Nerval en Orient», en AA. VV., *Metamorphoses du récit de voyage*, París, Slatkine, 1986, pp. 53-60.
HUSSEINI El, N. S., *L'Occident Imaginaire. La vision de l'Autre dans la conscience politique arabe*, Universidad de Quebec, Quebec, 1995.
JARAUTA, F., «La experiencia del viaje», en *Revista de Occidente*, n.º 145, 1993, pp. 81-90.
—, «Qué paso con Ulises», en *Claves*, n.º 96, 1999, p. 54-56.
—, «Presentación», en *Oriente-Occidente. Cartografías de una distancia*, Santander, Fundación Marcelino Botín, 2004, p. 13-20.
JUILLIARD, C., *Imaginaire et Orient. L'écriture du desir*, París, L'Harmattan, 1996.
KABBANI, R., *Europe's Myths of Orient*, Bloomington, Universidad de Indiana, 1985.
KEMP, P., «Orientalistes éconduits, orientalisme reconduit», en *Arabica*, XXVII, 1980, pp. 156-179.
—, «Désapprendre l'orientalisme», en *Arabica*, LXIII, 1984, pp. 1-35.
KHADHAR, H., «L'Orient musulman dans l'Enciclopédie», en AA. VV., *Orient en lumières*, Grenoble, Universidad de Grenoble III, 1987, pp. 113-120.
KIDWAY, A. R., *Orientalism in Lord Byron's «Turkisch tales»*, Lewiston, Universidad de Mellen, 1995.
KRISTEVA, J., *Étrangers à nous-mêmes*, París, Gallimard, 1988.

LAAMIRI, M., «De certains aspects de l'image du Maroc chez del voyageurs anglais du XIXe siècle», en *Revue Maroc Europe*, n.º 3, 1992, pp. 42-75.
LADERO QUESADA, M. Á., *El mundo de los viajeros medievales*, Madrid, Anaya, 1993.
LAFARGA, F., «Territorio de lo exótico en las letras españolas del siglo XVIII, en *Anales de la literatura española*, n.º 10, 1994, pp. 173-190.
—, «Lo familiar y lo exótico en la imagen de la naturaleza en el siglo XVIII», en *Cuadernos de Ilustración y Romanticismo*, n.ºs 4 y 5, 1997, pp. 3-19.
LAFOUGE, P.-J., *Etude sur l'orientalisme d'Eugène Fromentin dans ses «récits algériens»*, París, Peter Lang, 1998.
LAHJOMRI, A., *L'Image du Maroc dans la litterature française (de Loti à Montherlant)*, Argel, SNED, 1973.
LAURENS, H., *L'expedition d'Egipte 1798-1801*, París, Seuil, 1997.
LAVEILLE, J.-L., *Le thème du voyage dans le mille et une nuits*, París, L'Harmattan, 1998.
LEED, E. J., «Del viaggiatore incantato a quello inteligente», en *Prometeo*, n.º 31, 1990, pp. 135-144.
—, *La mente del viaggiatore*, Boloña, El Molino, 1992.
—, *Shores of Discovery. How Expeditionnaries Have Constructed the World*, Nueva York, Harper Collins, 1995.
LEWIS, R., *Gendering, Orientalism, Race, Feminity and Representation*, Londres, Routlegde, 1996.
LIAUZU, C., *L'Islam de L'Occident*, París, Arcantère, 1989.
LICARI, A., R. MACCAGNANI y L. ZECCHI, *Letteratura, esotismo e colonialismo*, Boloña, Capelli, 1978.
LITVAK, L., *Geografías mágicas. Viajeros españoles del siglo XIX por países exóticos (1800-1913)*, Barcelona, Laertes, 1984.
—, *El jardín de Alah. Temas del exotismo musulmán en España (1880-1913)*, Granada, D. Quijote, 1985.
—, *El sendero del tigre. Exotismo en la literatura española del siglo XIX (1880-1913)*, Madrid, Taurus, 1986.
—, *El ajedrez de las estrellas. Crónica de viajeros españoles del siglo XIX por países exóticos (1800-1913)*, Barcelona, Laia, 1987.
LÓPEZ-BARALT, L., *Islam in Spanish Literature*, Leiden, E. J. Brill, 1992, trad. de L. López-Baralt, Madrid, Hiperión, 1985.
—, «Repensando España desde las *Ínsulas Extrañas*», en *Quimera*, n.º 163, 1997, pp. 39-47.
LÓPEZ ENAMORADO, M. D., *Larache a través de los textos*, Sevilla, Junta de Andalucía, 2004.
LÓPEZ ESTRADA, F., *Libros de viajeros hispánicos medievales*, Madrid, Laberinto, 2003.
LÓPEZ GARCÍA, B., *Contribución a la historia del arabismo español (1840-1917). Orientalismo e ideología colonial a través de la obra de los arabistas españoles*, Granada, Universidad de Granada, 1973.
—, «Orígenes del arabismo español», en *Cuadernos de la biblioteca española de Tetuán*, n.º 19 y 20, 1979, pp. 277-291.
—, «El mundo árabe a través de tres cuartos de siglo de Revistas españolas

(1842-1917)», *Actas de las Jornadas de Cultura Árabe e Islámica*, Madrid, Instituto Hispano-Árabe de Cultura, 1981, pp. 433-438.
—, «Arabismo y orientalismo en España: radiografía y diagnóstico de un gremio escaso y apartadizo», en *Awrāq*, anejo al volumen XI, 1986, pp. 35-69.
—, «30 años de arabismo español: el fin de la almogavaría científica (1967-1997), en *Awrāq*, XVIII, 1997, pp. 11-49.
LOURIDO DÍAZ, R., *Marruecos y el mundo extranjero en la segunda mitad del siglo XVIII*, Madrid, Agencia Española de Cooperación Internacional, 1989.
LOURIDO DÍAZ, R. y J. BAUTISTA VILAR, *Relación entre España y Magreb. Siglos XVII y XVIII*, Madrid, Mapfre, 1994.
LOWE, L., *Critical Terrains. French and British Orientalisms*, Londres, Universidad de Cornell, 1995.
LYTLE CROUTIER, A., *Harems. Le monde derrière le voile*, Tokio, Belfond, 1998.
MACKENZIE, J. M., *Orientalism. History, Theory and the Arts*, Manchester, Universidad de Manchester, 1995.
MAGRI, V., *A travers quatre récits de voyage en Orient*, París, Slatkine, 1995.
MAIORANI, A., *L'esotico ricreato: forme letterarie dell'altrove orientale tra Ottocento e Novecento*, tesis de doctorado, Fundación S. Carlo de Módena, Boloña, 2002.
MALEK-ABDEL, A., «L'Orientalisme en crise», en *Diogène*, n.º 44, 1963, pp. 109-141.
MANZANARES DE CIRRE, M., *Arabistas españoles del siglo XIX*, Madrid, Instituto Árabe de Cultura, 1971.
MARTÍN ASUERO, P., *Constantinopla 1783-1916. La imagen española de Estambul durante la Cuestión de Oriente*, tesis de doctorado, Universidad del País Vasco, 1996.
—, *Descripción del Damasco Otomano (1807-1920). Según las crónicas de viajeros españoles e hispanoamericanos*, Madrid, Miraguano, 2004.
MARTÍN CORRALES, E., «Imágenes del Protectorado de Marruecos en la pintura, el grabado, el dibujo, la fotografía y el cine» en *España en Marruecos (1912-1956). Discursos geográficos e intervención territorial*, Lérida, Milenio, 1999, pp. 375-399.
—, *La imagen del magrebí en España*, Barcelona, Bellaterra, 2002.
MARTÍN GRANIZO, L., *Aportaciones bibliográficas. Viajeros y viajes de españoles, portugueses e hispano-americanos*, Madrid, Imprenta del Patronato de Huérfanos de Intendencia e Intervención Militares, 1923.
MARTÍNEZ MONTÁVEZ, P., «Sobre el aún desconocido arabismo español del siglo XIX», en *Boletín de la Asociación Española de Orientalistas*, II, 1967, pp. 3-21.
—, *Pensando en la historia de los árabes*, Madrid, Cantarabia, 1995.
MARTÍNEZ PÉREZ, A., «León El Africano, del personaje histórico a la ficción literaria», en AA. VV., *Libros de viaje*, Murcia, Universidad de Murcia, 1996, pp. 231-255.
MARTÍNEZ RUIZ, E., «El siglo XVIII español: rasgos distintivos de un período histórico», en *Carlos Linneo y la ciencia ilustrada en España*, Madrid, Fundación Berndt Wistedt, 1998, pp. 11-36.

MARTINO, P., *L'Orient dans la littérature française au XVIIe et au XVIIIe siècle*, Ginebra, Slatkine, 1970.
MAS, A., *Les turcs dans la littérature espagnole du Siècle d'Or*, París, Institut d'Études Hispaniques, 1967, 2 vols.
MASSIGNON, L., *Le Maroc dans les premières années du XVIe siècle, tableau géographique d'après Léon l'Áfricain*, Argel, Jourdan, 1906.
MATEO DIESTE, J. L., *El moro entre los primitivos*, Barcelona, La Caixa, 1997.
MAYER, C., *Le concept de despotisme oriental dans les ecrits des philosophes et des voyageurs francais du XVIIIe siècle*, tesis de doctorado, Universidad de París III, 1976.
MEISSAS, G., *Les grands voyageurs de notre siècle*, París, Hachette et C.ª, 1989.
MELMAN, B., *Women's Orients: English Women and the Middle East, 1718-1918*, Brighton, Grahame & Grahame, 1992.
MENÉNDEZ PIDAL, R., *Mis páginas preferidas*, Madrid, Gredos, 1973.
MENOCAL, M. R., *The Arabic Role in Medieval Literary History*, Pensilvania, Universidad de Pensilvania, 1987.
MICHAUD, J. F., *Biographie universelle*, Graz, Akademische Druck, 1967, 45 vols.
MILANESI, M., «Il viaggio, la scoperta, la carta», en *Segni e sogni della terra. Il disegno del mondo dal mito di Atlante alla geografia delle reti*, Milán, Electa, 2001, pp. 131-165.
MONROE, J. T., *Islam and the Arabs in Spanish Scholarship*, Leiden, E. J. Brill, 1970.
MONTESQUIEU, *Lettres persanes*, en *Ouvres complètes*, París, Éditions du Seuil, 1964.
—, *Lettres persanes*, París, Flammarion, 1999.
MORALES LEZCANO, V., «El marroquismo en la novela española», en *Cálamo*, n.º 5, 1985, pp. 13-15.
—, «La polémica entre orientalistas (a propósito de Bernard Lewis)», en *Sharq al-Andalus*, n.º 3, 1986, pp. 243-249.
—, «El norte de África, estrella del orientalismo español», en *Awrāq*, XI, 1990, pp. 17-34.
—, *Africanismo y Orientalismo español en el siglo XIX*, Madrid, UNED, 1993a.
—, *España y mundo árabe: imágenes cruzadas*, Madrid, AECI, 1993b.
MORALES OLIVER, L., *África en la literatura española*, Madrid, Instituto de Estudios Africanos, C.S.I.C., 1957.
MOUREAU, F., «L'Imaginaire vrai», en *Métamorphoses du récit de voyage*, París, Slatkine, 1986, pp. 165-168.
—, «La littérature des voyages maritimes, du Classicisme aux Lumières», en *Revue d'Histoire maritime*, n.º 1, 1997, pp. 243-264.
—, «Le récit de voyage: du texte au livre», en *Les Récits de voyages. Typologie, historicité*, Lisboa, Cosmos, 1998, pp. 241-257.
—, «Les relations de voyage en dépit de la littérature? Une autre écriture», en *Romanistische Zeitschrift für Literaturgeschichte*, n.ºs 1 y 2, 2002, pp. 91-104.
MOUSSA, S., *La relation orientale. Enquête sur la communication dans les récits de voyage en Orient (1811-1861)*, París, Klincksieck, 1995.

—, *Le voyage en Égipte. Anthologie de voyageurs européens de Bonaparte à l'occupation anglaise*, París, Laffont, 2004.
MÜLLER-WILLE, S., «Las variedades reducidas a sus especies. El concepto linneano de las especies y su significado para la biología moderna», en *Carlos Linneo y la ciencia ilustrada en España*, Madrid, Fundación Berndt Wistedt, 1998, pp. 121-136.
NETTON, I. R., *Golden Roads. Migration, Pilgrimage and Travel in Mediaeval and Modern Islam*, Surrey, Curzon Press, 1993.
NOUTY, H., *Le proche-orient dans la littérature française de Nerval a Barres*, París, Nizet, 1958.
OCKLEY, S., *Histoire de Sarrasins*, París, Nyon fils, 1708-1718.
OLMI, G., *L'inventario del mondo. Catalogazione della natura e luoghi del sapere nella prima età moderna*, Boloña, El Molino, 1992.
OLMO, G. del, *Semitistas catalanes del siglo XVIII*, Barcelona, Ausa, 1988.
ORABI-ABU, H., «El mundo árabe a través de los viajeros españoles durante el siglo XX», en *Almenara*, II, 1972, pp. 25-34.
OROZCO, M., «La Alhambra, el alhambrismo y Manuel de Falla», en *Cuadernos de la Alhambra*, n.º 9, 1973, pp. 67-99.
ORTAS DURAND, E., *Viajeros ante el paisaje aragonés (1759-1850)*, Zaragoza, Institución «Fernando el Católico», Diputación de Zaragoza, 1999.
PASQUALI, A., *Le tour des horizons. Critique et récits de voyage*, París, Klincksieck, 1994.
PELTRE, C., *L'Atelier du voyage*, París, Gallimard, 1995.
—, *Le voyage des artistes français en Grèce au XIXᵉ siècle*, París, Klincksieck, 1997a.
—, *Les orientalistes*, París, Hazan, 1997b.
PERONA, J., *Viaje a la antigüedad interior*, Granada, Osuna, 1998.
PIMENTEL, J., *Testigos del mundo. Ciencia, literatura y viajes en la Ilustración*, Madrid, Marcial Pons, 2003.
Poema de Gilgamesh, Madrid, Técnos, 1988.
PORTER, D., *Haunted Journeys: Desire and Transgression in European Travel Writing*, Princeton, Universidad de Princeton, 1991.
POSTEL, G., *De la République des Turcs*, Poitiers, Enguibert de Marnef, 1560.
POTOCKI, J., *Voyage en Turquie et en Égypte fait en l'année 1784*, París, Fayard, 1980.
POUGET-TOLU, A., *Navires et navigation aux XIVᵉ et XVᵉ siècles*, París, L'Harmattan, 2002.
PRATT, M. L., *Imperial Eyes. Travel Writing and Transculturation*, Londres, Routledge, 1992.
PRÉMARE, A.-L. de, *Les fondations de l'Islam*, París, Seuil, 2002.
PREVOST M. y R. AMAT, *Dictionnaire de biographie française*, París, Letouzy, 1959, 19 vols.
PUIG-SAMPER, M. Á. y S. REBOK, «El científico y la reina: la concesión de la Gran Cruz de Carlos III a Alexander von Humboldt», en *Revista de Occidente*, n.º 280, 2004, pp. 81-91.
RABY, J., *Venice, Dürer and the Oriental mode*, Londres, Publicaciones de Sotheby, 1982.
RAHIMIEH, N., *Oriental Responses to the West*, Nueva York, E. J. Brill, 1990.

RAQUEJO, T., *El arte árabe: un aspecto de la visión romántica de España en la Inglaterra del siglo XIX*, tesis de doctorado, Madrid, Universidad Complutense, 1987.
—, *El palacio encantado. La Alhambra en el arte británico*, Madrid, Taurus, 1990.
REAL ACADEMIA ESPAÑOLA, *Diccionario de Autoridades*, Madrid, Gredos, 1963.
REDOUNE, J., *L'Orient arabe vu par les voyageurs anglais*, Argel, Empresa Nacional del Libro, 1988.
RIBERA Y TÁRRAGO, J., *La música árabe y su influencia en la española*, Madrid, Mayo de Oro, 1985.
RICHARD, J., *Les Récits de Voyages et Pélérinages*, Brepols, Turnhout, 1981.
RIDAO, J. M., «Reflexión sobre el arabismo español», en *Quimera*, n.º 157, 1997, pp. 56-60.
RIDON, J.-X., *Le voyage en son miroir*, París, Kime, 2002.
ROBBINS, B., «Secularism, Elitism, Progress, and Other Transgressions: On Edward Said's *Voyage in*, en AA. VV., *The Pre-occupation of Postcolonial Studies*, Durham y Londres, Universidad de Duke, 2000, pp. 157-171.
RODINSON, M., *La fascination de l'Islam*, París, François Maspero, 1980, trad. de R. Martínez Castellote, Madrid, Júcar Universidad, 1989.
—, «Fantome et realites», en *Qantara*, n.º 13, 1994, pp. 29-34.
ROMERO TOBAR, L., *El viaje europeo de Larra*, Madrid, Ayuntamiento de Madrid, 1992.
—, *Panorama crítico del romanticismo español*, Madrid, Castalia, 1994.
—, «El viaje vertical: globos aerostáticos y costumbrismo», en *Compás de Letras*, Madrid, UCM, 1995, pp. 145-161.
—, «Valera en Italia: Nápoles, Florencia y Turín en cartas inéditas», *Annali dell'Istituto Universitario Orientale*, Sezione Romanza, XL, 1998, pp. 339-365.
—, «Viajes y géneros literarios», en *Valle Inclán (1898-1998): Escenarios*, Santiago de Compostela, Universidad de Santiago de Compostela, 2000, pp. 221-238.
—, «Los seudónimos colectivos», en *Escribir en España entre 1840 y 1876*, Madrid, Visor, 2002, pp. 93-103.
—, «Escribir viajes, re-leer viajes», en AA. VV., *Los libros de viaje: realidad vivida y género literario*, Madrid, Akal y Universidad Internacional de Andalucía, 2005, pp. 34-50.
ROQUE, M.-À., «Introducción», en *El islam plural*, Barcelona, Icaria, Antrazit, IEMed, 2003.
RUBIO TOVAR, J., *Libros españoles de viajes medievales*, Madrid, Taurus, 1986.
Russell, G. A., *The Arabic Interest of the Natural Philosophers in Seventeenth-century England*, Leiden, E. J. Brill, 1994.
SACY, S. DE, *Chrestomathie arabe*, Osnabrück, Biblio Verlag, 1826.
SAID, E. W., *Beginnings. Intention and Method*, Nueva York, Universidad de Columbia, 1975.
—, *Orientalism*, Nueva York, Pantheon Books, 1978, trad. M. L. Fuentes, Madrid, Libertarias, 1990.

—, «Postface à l'Orientalisme», en *Mars*, n.º 4, 1994, pp. 49-69.
—, *Culture and Imperialism*, Nueva York, Alfred A. Knopf, 1993, trad. N. Catelli, Barcelona, Anagrama, 1996.
—, *The World, the Text and the Critic*, Londres, Vintage, 1991, trad. R. García Pérez, Barcelona, Debate, 2004.
SALINAS, M., *Voyages et voyageurs en Algérie, 1830/1930*, Toulousse, Privat, 1989.
SCARPI, P., *La fuga e il ritorno. Storia e mitología del viaggio*, Venecia, Marsilio, 1992.
SCHWAB, R., *La renaissance orientale*, París, Payot, 1950.
SEGALEN, V., *Ensayo sobre el exotismo*, México, Fondo de Cultura Económica, 1989.
SEVILLA ANDRÉS, D., *África en la política española del siglo XX*, Madrid, CSIC, 1960.
SHARAFUDDIN, M., *Islam and Romantic Orientalism. Literary Encounters with the Orient*, Nueva York, Tauris, 1994.
SHOUKANY, M. N., *Orientalism and the Arab Literary Responses: Studies in Ahmad Faris Al-Shidyaq, Charles M. Doughty, Joseph Conrad, Jabra I. Jabra and Tawifiq Yusuf Awwad*, Austin, Universidad de Texas, 1990.
SOLER, I., *El nudo y la esfera. El navegante como artífice del mundo moderno*, Barcelona, El Acantilado, 2003.
SOTO PÉREZ, J. L., *Arabismo e ilustración*, Oviedo, Universidad de Oviedo, 1985.
SOTOMAYOR, C., *Una lectura orientalista de Juan Goytisolo*, Madrid, Fundamentos, 1990.
SOUTHERN, R. W., *Western Views of Islam in the Middle Ages*, Cambridge, Massachusetts, 1962.
STARKEY, P., *Unfolding the Orient*, Beirut, Ithaca, 2001, 2 vols.
TAHA-HUSSEIN, M., *Le romantisme français et l'Islam*, Líbano, Dar Al-Maaref, 1962.
TERDIMAN, R., «Ideological voyages: concerning a Flaubertian dis-orientation», en *Europe and its Others*, I, Essex, Universidad de Essex, 1984, pp. 28-40.
TERRY, J. J., *Mistaken Identity. Arab Stereotypes in Popular Writing*, Washington, American-Arab Affairs Council, 1985.
THIECK, J. P., *Passion d'Orient*, París, Karthalu, 1992.
THOMPSON, J., *The East Imagined, Experienced, Remembered*, Dublín, Galería Nacional de los Museos de Irlanda, 1988.
THOMSON, A., *Barbary and Enlightenment. European Attitudes towards the Maghreb in the 18th Century*, Leiden, E. J. Brill, 1987.
THORNTON, L., *Peintres et Voyageurs en Turquie, en Egipte et en Afrique du Nord*, París, Jean Soustiel, 1975.
TOLAN, J., *Les Sarrasins*, París, Flammarion, 2003.
TOLMACHEVA, M., «The medieval arabic geographers and the beginnings of modern orientalism», en *Middle East Studies*, n.º 27, 1995, pp. 142-156.
TOUATI, H., *Islam et voyage au moyen âge*, París, Seuil, 2000.
—, *L'armoire à sagesse. Bibliothèques et collections en Islam*, París, Aubier, 2003.

TURNER, B. S., *Orientalism: Early Sources*, Londres y Nueva York, Routledge, 2000.

VEGA, M. J., *Imperios de papel. Introducción a la crítica poscolonial*, Barcelona, Crítica, 2003.

VERNET, J., *El Islam y Europa*, Barcelona, El Albir, 1982.

—, *Lo que Europa debe al Islam de España*, Barcelona, El Acantilado, 1990.

VIÑES MILLET, C., *Granada y Marruecos. Arabismo y africanismo en la cultura granadina*, Granada, Sierra Nevada 95/ El legado andalusí, 1995.

VOLTAIRE, *Essai sur les mœurs*, París, Garnier, 1990, 2 vols.

WAARDENBURG, J., *L'Islam dans le miroir de L'Occident*, La Haya, Mouton y Compañía, 1963.

WIET, G., «Un rapport britannique sur la prise de la Mecque par les wahabites», en *Mélanges*, n.º 43, 1967, pp. 312-328.

WILLIAM, W., «*Rubbing up against others*: Montaigne on Pilgrimage», *Voyages and Visions. Towards a Cultural History of Travel*, Londres, Reaktion Books, 1999.

WOLFZETTEL, F., *Ce désir de vagabondage cosmopolite*, Tübingen, Wege und Entwicklung des französisches Reiseberichts in 19. Jahrhundert, 1986.

—, *Le discours du voyageur. Pour une histoire littéraire du récit de voyage en France du Moyen au XVIIIe siècle*, París, PUF, 1996.

—, *Reiseberichte und mytische Struktur*, Wiesbaden, Franz Steiner Verlag, 2003.

—, «Relato de viaje y estructura mítica», en AA. VV., *Los libros de viaje: realidad vivida y género literario*, Madrid, Akal y Universidad Internacional de Andalucía, 2005, pp. 10-24.

WOLFZETTEL, F. y F. ESTELMAN, *L'Egypte après bien d'autres, répertoire des récits de voyage de langue française en Egypte, 1794-1914*, Turín, Moncalieri, Centro Interuniversitario de Investigación del Viaje en Italia, 2002.

WOODHULL, W., *Transfigurations of the Maghreb*, Minneapolis, Universidad de Minessota, 1993.

YEGENOGLU, M., *Colonial fantasies. Towards a Feminist Reading of Orientalism*, Cambridge, Universidad de Cambridge, 1998.

ZOLLNA, I., «La ilustración francesa y su repercusión en las teorías lingüísticas españolas: la influencia de los "ideólogos", en *Aufklärung: Literatura y cultura del siglo XVIII en la Europa occidental y meridional*, Frankfurt am Main, 2004, pp. 263-275.

ZUMTHOR, P., *La mesure du monde*, París, Seuil, 1993, trad. A. Martorell, Madrid, Cátedra, 1994.